Maximilian Schaechter

Anleitung zur Wundbehandlung

Maximilian Schaechter

Anleitung zur Wundbehandlung

ISBN/EAN: 9783743344129

Hergestellt in Europa, USA, Kanada, Australien, Japan

Cover: Foto ©berggeist007 / pixelio.de

Manufactured and distributed by brebook publishing software (www.brebook.com)

Maximilian Schaechter

Anleitung zur Wundbehandlung

ANLEITUNG

ZUR

WUNDBEHANDLUNG.

VON

DR. MAXIMILIAN SCHAECHTER,

OPERATEUR DER I. CHIR. UNIVERSITÄTSKLINIK ZU BUDAPEST.

WIESBADEN.

VERLAG VON J. F. BERGMANN.

1887.

MEINEM HOCHGEEHRTEN LEHRER

HERRN

Professor JOSEF von KOVÁCS

ALS ZEICHEN MEINER

VEREHRUNG UND DANKBARKEIT

GEWIDMET.

VORWORT.

Den Einfluss zu besprechen, welchen die Leistungen der modernen Wundbehandlungsmethoden auf die Entwicklung der chirurgischen Wissenschaft und den Fortschritt der practischen Chirurgie ausgeübt, ist heute bereits überflüssig. Seit zwei Decennien wird rastlos an der Verwirklichung des Ideals in der chirurgischen Therapie, der sicheren und ungestörten Heilung aller Wunden gearbeitet. Allenthalben verkündet man triumphirend, dass dies durch die Desinfection der Wunden — durch die Antisepsis — gelungen sei. Wer jedoch schon heute ein Urtheil in der Frage der Wundbehandlung fällen will, und mag er sich dabei auch auf ein reiches Material und auf die Erfahrungen vieler Jahre stützen, kann nur zögernd eine Entscheidung treffen.

Man könnte glauben, dass dieses Zögern nur durch jenen Wechsel bedingt sei, der auch hier, wie auf dem Gebiete einer jeden Erfahrungswissenschaft zur Geltung gelangt, und der damit begründet zu werden pflegt, dass das „Bessere" ein Feind des „Guten" ist. Wenn wir jedoch auch davon absehen, dass das ungewisse „Besser" nicht immer ein siegreicher Feind des gewissen „Gut" sein könne, und wenn wir auch anerkennen wollen, dass der Wettstreit um die Anwendung und Empfehlung von Wundbehandlungsmitteln und Methoden in der That ein edler Wettstreit zwischen „Gut" und „Besser" sei, so müssen wir doch zugleich constatiren, dass dabei oft der Zweck mit den Mitteln verwechselt und der Grundsatz ausser Acht gelassen wird, dass Mittel und Methoden nur im Dienste eines po-

sitiven und unabänderlichen Princips stehen und daher nicht in den
Mitteln das Heil gesucht werden dürfe, zu welchen nur die verstän-
dige Durchführung des Princips führt.   .

Nicht also darum, als ob die ins Fach schlagende Litteratur
Mangel an Producten und speciell Mangel an Daten, welche die
Antisepsis in der Wundbehandlung betreffen, litte, nicht als ob
Wenige und Unberufene sich mit der Lösung dieser Frage beschäftigten, nicht aus diesen oder ähnlichen Gründen ist es schwer
und dennoch nicht überflüssig, über dieses Thema noch mehr zu
sprechen und zu schreiben: sondern insbesondere desshalb, weil
im Labyrinthe der „begründeten" Anschauungen und „sinnreichen"
Theorien, im Wuste der mit den Prätensionen der Glaubhaftigkeit auf-
tretenden „genauen" Observationen und „tausenden" Erfahrungen die
Orientirung überaus schwer fällt, und sich darin selbst Der leicht verirrt,
dessen Augen eine nüchterne Skepsis vor Blendung bewahrt. Zum
Glück führt auch hier das strenge Festhalten am Princip ans Ziel.
Indem wir Mittel und Methoden vom Gesichtspuncte des sicheren
Princips der Wundbehandlung einer Kritik unterziehen, können wir
einen leitenden Faden zur Lösung der mannigfach |auftauchenden
Fragen gewinnen.

Ein solcher Leitfaden will dieses Buch sein, und dieser Zweck
hat auch die Richtung bestimmt, welche ich beim Verfassen desselben einschlug. Da die Wundbehandlung auf dem von der Natur
vorgezeichneten Pfade wandeln muss, und da dieser Pfad auf der
einen Seite von dem natürlichen Heiltriebe, auf der anderen von den
störenden Factoren der Heilung begrenzt wird, befasst sich dem entsprechend der erste Theil des Buches mit den Arten und Hindernissen der Wundheilung. Der zweite Theil erörtert den Einfluss der
Behandlung auf die Heilung der Wunden, und insoferne die zweckmässige und ungestörte Heilung durch die sogenannte antiseptische
Wundbehandlung am meisten gesichert erscheint, werden im dritten
Theile die Mittel dieser Wundbehandlung und deren Anwendungs-
arten besprochen und im vierten Theile die Anpassung der Wundbehandlungsmethoden an die verschiedenen Arten der Verwundungen
erläutert. — Als Anhang wird kurz das Wundbehandlungsverfahren
der I. chirurgischen Universitätsklinik zu Budapest vorgeführt, das
zumeist darum Interesse verdient, weil das Institut selbst die Ver-

körperung jener Ideen bildet, welche im wichtigsten Factor der modernen Wundbehandlung — in der Reinlichkeit — wurzeln.

Das Buch erschien auch in ungarischer Sprache im Verlage der Franklin-Gesellschaft zu Budapest; und wenn ich mir auch nicht anmaasse, mit meiner bescheidenen Arbeit in der so reichen deutschen Litteratur eine Lücke auszufüllen, so glaube ich doch auch hier kein ganz unberufener Interpret der Ideen zu sein, zu deren eifrigsten Vorkämpfern ja eben auch die deutsche Litteratur zählt.

Durch die Widmung an Herrn Professor Kovács wollte ich meinem Danke Ausdruck verleihen, den ich meinem hochgeehrten Lehrer schulde, der mir mit Rath und That hülfreich zur Seite stand, und dessen Initiative auch dieses Werk seine Entstehung verdankt.

Budapest, 1. August 1886.

Dr. Maximilian Schaechter.

Inhaltsverzeichniss.

Seite

Vorwort VII

I. Theil.

Die Arten der Wundheilung und deren Hindernisse.

Erstes Capitel. Die Wunde. Das Geschwür. Natürlicher Heiltrieb. Arten
der Wundheilung 1

Zweites Capitel. Primäre oder rasche Verklebung. (Prima intentio.) Wunden,
die zur raschen Verklebung geeignet sind. Plasmatische Circulation.
Zwischensubstanz. Zur raschen Verklebung nöthige Zeitdauer. Hindernisse der raschen Verklebung 2

Drittes Capitel. Heilung durch Granulation (Secunda intentio). Bedingungen der Granulation. Eiterung. 6

Viertes Capitel. Heilung unter dem Schorf. Vortheile der Heilung unter
dem Schorf. Hindernisse der Heilung unter dem Schorf 8

Fünftes Capitel. Infection der Wunden. Arten der Wundinfection . . 9

Sechstes Capitel. Sephthaemie. Local-Symptome der Sephthaemie. Wunddiphtheritis. Septisches Erysipel. Gangrène foudroyante. Allgemein-
Symptome der Sephthaemie. Prognose der Sepsis. Anatomischer Befund
bei Sepsis 11

Siebentes Capitel. Wesen der Sepsis; Gährung. Factoren der septischen
Gährung. Chemische Gifte bei Sepsis. Mikroorganismen bei Sepsis. Verhältniss der Mikroorganismen zur Sepsis. Entzündung, Fieber und Mikroorganismen. Zymoid (Billroth). Fibrinferment (Edelberg). Ursachen der
Sepsis. Niederlassungsorte der Mikroorganismen bei Sepsis 18

Achtes Capitel. Eindringen der Mikroorganismen in die Wunde. Keime
der Mikroorganismen in der Luft — atmosphärische Infection. Mikroorganismen an den mit der Wunde in Berührung kommenden Gegenständen.
— Contact-Infection. Inklination der Wunden zur Sepsis. Resistenz
der Wunden gegen die Sepsis. Entzündungswall. Einfluss des Schorfes auf die Resorption der infectiösen Stoffe. Wundsecret als Vermittler der Wundinfection 31

Seite

Neuntes Capitel. Pyohämie. Arten der Pyohämie. Local-Symptome der Pyohämie. Thrombophlebitis. Allgemein-Symptome der Pyohämie. Schüttelfrost und Fieber bei Pyohämie. Eiter-Metastasen. Pyohämischer Icterus. Verlauf der Pyohämie. Anatomischer Befund bei Pyohämie . . 39

Zehntes Capitel. Ursachen der Pyohämie. Ursachen der Eiterung. Mikroorganismen bei Pyohämie. Inclination und Resistenz der Wunden gegen die Pyohämie 45

Elftes Capitel. Pyo-Sephthaemie 52

Zwölftes Capitel. Wundrose-Erysipelas. Local-Symptome des Erysipels. Erysipel der Schleimhäute. Allgemein-Symptome des Erysipels. Verlauf des Erysipels. Heilwirkung des Erysipels. Schädliche Wirkung des Erysipels. Anatomischer Befund bei Erysipel. Mikroskopischer Befund der erysipelatösen Haut 53

Dreizehntes Capitel. Aetiologie des Erysipels. Mikroorganismen bei Erysipel. Inclination und Resistenz der Wunden gegen das Erysipel . 59

Vierzehntes Capitel. Wundstarrkrampf (tetanus traumaticus) 62

II. Theil.

Die Verhältnisse der Wundheilung und die Aufgaben der Wundbehandlung.

Erstes Capitel. Aufgaben der Wundbehandlung. Technik der Wundbehandlung. Die Bereitung der Wunde. Blutstillung; Catgut. Vereinigung der Wundflächen; Nähmaterial. Ableitung des Wundsecrets; Drain. Endgiltige Versorgung der Wunde; Verband. Chemismus der Wundbehandlung; Fernehalten der Infection. Ruhe der Wunde 65

Zweites Capitel. Einfluss der Wundbehandlung auf die Heilung durch rasche Verklebung. Bereitung der zur prima intentio geeigneten Wundflächen. Blutstillung. Vereinigung der Wundflächen. Druckverband. Verhinderung der Wundinfection 75

Drittes Capitel. Einfluss der Wundbehandlung auf die Heilung durch Granulation. Beförderung der Granulationsbildung. Ableitung des Wundsecrets. Deck-Verband. Granulationsverband 78

Viertes Capitel. Einfluss der Wundbehandlung auf die Heilung unter dem Schorf. Schorfbildung 84

Fünftes Capitel. Eintheilung der Wundbehandlungsmethoden 85

Sechstes Capitel. Offene Wundbehandlung. Irrigation der Wunden. Immersion der Wunden 86

Siebentes Capitel. Occludirende Wundbehandlung. Behandlung im luftleeren Raum. Verschorfung. Lüftung der Wunden. Guerin: Watteocclusionsverband 90

Achtes Capitel. Die Infection ausschliessende-aseptische- und die Infection bekämpfende-antiseptische-Wundbehandlung. Vorbereitende Antisepsis. Antisepsis während der Operation. Antisepsis in der Nachbehandlung . 93

Neuntes Capitel. Desinfection der Luft. Wirkung des antiseptischen Spray 95

Zehntes Capitel. Desinfection der Hände, der Instrumente, der Schwämme.
Asepsis des Ligaturmaterials. Resorption des aseptischen Catgut. Asepsis
des Nähmaterials. Asepsis des Drain. Asepsis der Verbandstoffe. Ver-
bandstoffe 99
Elftes Capitel. Desinfection der Umgebung der Wunde. Desinfection der
Wunde. Eigenschaften der aseptischen Heilung der Wunden . 114
Zwölftes Capitel. Reinlichkeit in der Wundbehandlung . . 119

III. Theil.

Antiseptica und mit selben verbundene Wundbehandlungsmaterialien und antiseptische Wundbehandlungsmethoden.

Erstes Capitel. Der Zweck und der Werth der Antiseptica in der Wund-
behandlung 122
Zweites Capitel. Carbol oder Phenol. Wirkung des Carbols auf die Mikro-
organismen. Wirkung des Carbols auf die Gewebe. Carbolintoxication. Nach-
weis des Carbols im Urin. Ursachen der Carbolintoxication. Therapie der
Carbolintoxication. Andere Eigenschaften des Carbols als Antisepticums . 126
Drittes Capitel. Anwendung des Carbols in Listers Wundbehandlung.
Listers Verfahren bei Operationen. Listers Verband. Protective Silk.
Carbolgaze. Mackintosh. Verbandwechsel. Listers Verfahren bei trau-
matischen Verwundungen. Würdigung der Lister'schen Methode . . . 131
Viertes Capitel. Modificationen der Lister'schen Carbolantisepsis. Asthalter:
Carbolisirter Luft-Spray. Feuchter Carbolgaze-Verband. Bruns: Carbol-
gaze. Carbolwatte. Carboljute. Carbolisirter Schwammverband. Berieselung
des Verbandes. Billroth: Battist. Volkmann: Carbol-Salicylverband.
Burchardt: Carbol-Heftpflasterverband. Continuirliche Irrigation mit Carbol-
lösung. Verneuil: Pulverisation prolongée. Carbolpulver 143
Fünftes Capitel. Wirkung des Salicyls auf die Mikroorganismen und die
Fermentsstoffe. Wirkung des Salicyls auf die Gewebe. Salicylintoxication.
Thiersch: Wundbehandlung mit Salicyl. Salicyl-Watte. Salicyl-Jute.
Feuchte Salicyl-Verbandstoffe. Continuirliche Irrigation mit Salicyllösung.
Salicylpulverband. Neudörfers Wundbehandlungsverfahren. Salicyl-Salbe.
Salicyl-Carbol-Behandlung 151
Sechstes Capitel. Thymol. Ranke: Wundbehandlung mit Thymol. Con-
tinuirliche Thymolirrigation 156
Siebentes Capitel. Benzoë. Benzoë-Watte. Brovn: Benzoëtinctur . . . 159
Achtes Capitel. Antiseptica aus der Phenol- und Benzolgruppe. Salicyl-
methyläther. Resorcin. Salicylresorcinketon. Trichlorphenol. Aseptol.
Trinitrophenol 159
Neuntes Capitel. Naphtalin. Naphtalin-Watte und Jute. Werth des
Naphtalins in der Wundbehandlung 161
Zehntes Capitel. Theer. Theer-Werg. Oacum. Petroleum. 163
Elftes Capitel. Balsame als Antiseptica: Kampfer, Menthol, Perubalsam,
Styrax, Aloë 164
Zwölftes Capitel. Aetherische (flüchtige) Oele als Antiseptica. Terpentin.
Tereben. Juniperusöl. Eucalyptusöl 166
Dreizehntes Capitel. Ozon. Hyperoxydirtes Wasser 168

Seite

Vierzehntes Capitel. Pflanzensäure als Antiseptica. Citronensäure. Gerbsäure. Graf: Tannin-Watteverband. Katechu. Essigsäure. Trichlor-
essigsäure. Plumbum aceticum. Essigsaure-Thonerde. Essigweinstein-
saure-Thonerde 169
Fünfzehntes Capitel. Antiseptica, die auch als Vehikel anderer Antiseptica
dienen: Kohle, Glycerin, Zucker, Alkohol 173
Sechzehntes Capitel. Jod. Wirkung des Jod auf die Mikroorganismen.
Anwendung des Jod in der Wundbehandlung. Jodtannintinctur. Jodkali-
Jodlösung.) 176
Siebenzehntes Capitel. Jodoform. Antiseptische Wirkung des Jodoform.
Wirkung des Jodoforms auf die Gewebe. Nachweis des Jodoform im Urin.
Wirkung des Jodoform auf die weissen Blutkörperchen. Jodoformgeruch.
Reizende Localwirkung des Jodoform. Symptome der Jodoformintoxication.
Ursachen der Jodoformintoxication. Therapie der Jodoformintoxication.
Anwendung des Jodoformpulvers. Jodoformverbandstoffe. Jodoformbrei.
Jodoformemulsion. Jodoformirte Nähseide. Jodoformirter Drain. Jodo-
formcollodium. Vortheile des Jodoform. Specifische Wirkung des Jodoform.
Jodoform in Wundhöhlen. Jodol 177
Achtzehntes Capitel. Chlor. Salzsäure. Chloroform. Chloral. Chlor-
kalk. Unterchlorigsaures Natron. Kochsalz 191
Neunzehntes Capitel. Chlor-Metallverbindungen als Antiseptica. Chlor-
zink. Wirkung starker und schwacher Chlorzinklösungen. Chlorzinkschorf.
Chlorzinkverbandstoffe. Ferrum sesquichloratum 194
Zwanzigstes Capitel. Quecksilber-Sublimat. Wirkung des Subl. auf die
Mikroorganismen und die Albuminate. Anwendung des Subl. zur Des-
infection. Anwendung des Subl. auf die Wunden. Sublimatintoxication.
Sublimatwundbehandlung. Subl. Catgut. Subl. Nähseide. Sublimat-Gaze-
Subl.-Glaspulver. Subl. Sand. Subl.-Asche. Subl. Glaswolle. Bruns-
Walcher: Sublimat-Holzwolle Trockenverband. Feuchter Sublimatverband.
Offene Wundbehandlung mit Sublimat. Sublimat. Sublimatserum als
Antisepticum. Kalomel 197
Einundzwanzigstes Capitel. Schwefelverbindungen als Antiseptica.
Schwefelsäure. Schwefelige Säure. Schwefel-Kohlenstoff. Zincum sul-
furicum. Cuprum sulfuricum. Zincum sulfo-carbolicum. Alaun . . . 208
Zweiundzwanzigstes Capitel. Bismuthum subnitricum. Kocher: Wund-
behandlung mit Wismuth. Secundärnaht. Wismuth-Emulsion. Toxische
Wirkung des Wismuths. Werth des Wismuth in der Wundbehandlung.
Argentum nitricum 211
Dreiundzwanzigstes Capitel. Borsäure. Chromsäure. Kalium bichro-
micum 213
Vierundzwanzigstes Capitel. Zincum oxydatum. Kalium hypermanga-
nicum 215
Fünfundzwanzigstes Capitel. Werth des Suchens nach neuen Anti-
septicis. Wenig benutzte Antiseptica: Chinin. Chinolin. Helenol. Ozokerit.
Natron.-Silicilicum. Kaffee 216
Sechsundzwanzigstes Capitel. Dauerverband. Indication und Vortheile
des Dauerverbandes. Esmarch-Neuber: Dauerverbände. Verbandstoffe bei
Dauerverbänden. Bruns: Trocken-Verband. Schede: Heilung unter dem
feuchten Blutschorf. Würdigung des Dauerverbands 217

Seite

IV. Theil.

Anwendung der verschiedenen Wundbehandlungsmaterialien und Wundbehandlungsmethoden bei den Wunden verschiedener Körpertheile und den verschiedenen Arten der Verwundungen.

Erstes Capitel. Anpassung der Wundbehandlungsmethoden an die verschiedenen Arten der Wunden 224

Zweites Capitel. Wunden des Kopfes. Verband bei Kopfwunden. Wunden der Schädelknochen. Verbandwechsel bei Kopfwunden. Antiseptica bei Kopfwunden. Heilungsstatistik der Trepanationen 225

Drittes Capitel. Wunden des Gesichts. Wunden der Gesichtshöhlen. Verband bei Wunden der Gesichtshöhlen. Jodoformgaze bei Wunden der Mund- und Nasenhöhle. Irrigation der Mund- und Nasenhöhle. Thermokauter bei Operationen in der Mund- und Nasenhöhle. Dauerverbände bei Wunden des Gesichts 228

Viertes Capitel. Wunden am Halse. Verband bei Wunden des Halses. Kropfekstirpation 231

Fünftes Capitel. Wunden am Thorax. Wunden der Rippen. Ableitung des Wundsecrets bei Wunden der Brusthöhle. Wunden der Brusthöhle bei antiseptischer Behandlung 233

Sechstes Capitel. Wunden der Bauchwand. Wunden der Bauchhöhle. Verhältniss des Peritoneums zur Infection. Vorsichtsmassregeln bei Laparotomien. Antiseptica, Spray bei Laparotomien. Toilette der Bauchhöhle. Drainage der Bauchhöhle. Blutstillung bei Laparotomien. Verband nach Laparotomien. — Druckverband nach der Entfernung von Bauchgeschwülsten. Einfluss der antiseptischen Wundbehandlung auf den Heilungsverlauf der Laparotomien 236

Siebentes Capitel. Wunden der Harnorgane. Einfluss des Urins auf die Wundheilung 246

Achtes Capitel. Wunden des Scrotum und der Hoden. Wunden der Scheide. Behandlung periuterinaler Abscesse durch die Scheide. Wunden am Damme. Wunden des Mastdarms 248

Neuntes Capitel. Wunden der Extremitäten. Wunden der Weichtheile. Behandlung der Sehnenscheiden- und Schleimbeutelentzündung 251

Zehntes Capitel. Amputationen. Einfluss der künstlichen Blutleere auf die Resorption der Wundflächen. Osteotomien und Resectionen. Antiseptische Contentivverbände. Wundbehandlung bei Nekrotomien und Knochenausschabungen 253

Elftes Capitel. Gelenkwunden. Exarticulationen. Drainage der Gelenke. Jodoform bei Gelenkwunden. Antiseptische Behandlung von Gelenkaffectionen 260

Zwölftes Capitel. Behandlung der Abscesse. Jodoform bei Senkungsabscessen 263

Dreizehntes Capitel. Wunden der Blutgefässe. Behandlung von Blutextravasaten. Wunden der Nerven. Nervennaht 266

Vierzehntes Capitel. Wundbehandlung bei plastischen Operationen. Hamilton's Schwamminplantation 268

Funfzehntes Capitel. Behandlung traumatischer Wunden. Antiseptica bei traumatischen Verwundungen. Behandlung von Schnitt-, Stich-, Contusions- und Schusswunden. Brand- und Congelationswunden. 270

Sechzehntes Capitel. Traumat. Verwundungen der serösen Körperhöhlen. Stichwunden der Brusthöhle und der Bauchhöhle. Schusswunden der Brust- und Bauchhöhle 278

Siebzehntes Capitel. Complicirte Knochenbrüche. Heilung complicirter Knochenbrüche unter dem Schorf. Verbandstoffe bei der Behandlung complicirter Knochenbrüche. Behandlung der Conquassationen. Behandlung der Knochenschüsse. Behandlung complicirter Luxationen. Stich- und Schusswunden der Gelenke 281

Achtzehntes Capitel. Antisepsis und conservative Behandlung. Primäre intermediäre und secundäre Amputationen. Einfluss der antiseptischen Wundbehandlung auf die Heilerfolge bei Amputationen und Gelenks-Resectionen 286

Neunzehntes Capitel. Antiseptische Behandlung inficirter Wunden. Behandlung septischer Wunden. Wundbehandlung bei Pyohämie. Vorkehrungen gegen die Verbreitung der Sepsis und Pyohämie. Behandlung des Erysipels 290

Zwanzigstes Capitel. Behandlung infectiöser Entzündungen. Behandlung der Phlegmone, des Carbunkels, scrophulöser und tuberculöser Entzündungen und Geschwüre. Behandlung syphil. Entzündungen und Geschwüre. Behandlung vergifteter und Biss-Wunden. Behandlung bei seniler Gangräne 294

Einundzwanzigstes Capitel. Antiseptische Wundbehandlung in der Kriegschirurgie. Primäre Antisepsis. Verbandpäckchen. Antiseptica in der Kriegschirurgie. Verbandstoffe in der Kriegschirurgie. Offene Wundbehandlung in der Kriegschirurgie. Werth der antiseptischen Wundbehandlung in der Kriegschirurgie 298

V. Theil.

Anhang: Wundbehandlung an der I. chirurgischen Universitäts-Klinik zu Budapest.

Erstes Capitel: Hygienische Verhältnisse der Anstalt. Wundbehandlung. Vorkehrungen zu Operationen. Antisepsis während der Operation. Verband. Nachbehandlung. Antiseptica. Verbandstoffe 313

Zweites Capitel. Wundbehandlungsverfahren an der Klinik: bei Kopfwunden, Wunden im Gesicht, Mammaamputationen, Laparotomien, Herniotomien, Castrationen, Lithootomien, Senkungsabscessen, Operationen an den Extremitäten und traumatischen Verwundungen 322

Uebersicht und Würdigung der Factoren und Resultate der antiseptischen Wundbehandlung 330

ERSTER THEIL.
Die Arten der Wundheilung und deren Hindernisse.

ERSTES CAPITEL.

Die Wunde. Das Geschwür. Natürlicher Heiltrieb. Die Arten der Wundheilung.

Die Wunden sind Substanzverluste der Gewebe, welche die Bedingungen der Heilung besitzen, wogegen man unter der Benennung der Geschwüre Substanzverluste zusammenfasst, bei welchen die Bedingungen der Heilung fehlen, und die Symptome der Gewebsdestruction in den Vordergrund treten. Die Wunde kann unter gewissen Verhältnissen zum Geschwüre werden, hingegen können wir auch dem Geschwüre durch gewisse Heilverfahren die Bedingungen der die Wunden charakterisirenden Heilung geben.

Die Hauptbedingung der Heilung der Wunden liegt darin, dass der natürliche Heiltrieb ungestört zur Geltung gelangt.

Dem lebenden Organismus wohnt stets nicht nur die Neigung zur Erhaltung der Integrität des Ganzen, sondern auch zur Wiederherstellung der Mängel und speciell der durch die Wunden repräsentirten Mängel, inne. Es lässt sich daher von jeder Wunde erwarten, dass sie zuheilt, dass der lebende Organismus an die Stelle der fehlenden Gewebe neue, den früheren ähnliche, oder selbe ersetzende Gewebe schafft. Wenn dem so ist — und Tausende und Abertausende Beispiele beweisen, dass dem wirklich so ist, — so können wir weiter gehen und behaupten, dass die Wunde auch zu heilen vermag, wenn ausser der Vitalität des Organismus Nichts zur Heilung der Wunde beiträgt.

Der Verlauf der Heilung kann jedoch durch von aussen wirkende Factoren gestört und sogar verhindert werden, und die Beseitigung dieser Hindernisse ist es, worin die Aufgabe der Wundbehandlung liegt.

Die Hindernisse der Wundheilung sind entweder durch physische oder durch physiologische Ursachen bedingt, d. h. es sind entweder Hindernisse, die das Verheilen der Wunden mechanisch stören, oder solche, welche die vitalen Eigenschaften der Wundflächen oder des Organismus so beeinflussen, dass diese zu einer Function, zu einer Lebensäusserung, deren Resultat die Heilung der Wunde bilden würde, schlechterdings nicht fähig sind.

Die mechanischen Hindernisse der Wundheilung sind schon seit langer Zeit bekannt, gehörig gewürdigt wurden sie aber erst, seitdem es gelungen, die Physiologie der Wundheilung und die Hindernisse physiologischen Ursprungs klar zu legen.

Jene Substanzverluste der weichen und soliden Gewebe, die wir Wunden nennen, werden durch die Function des lebenden Organismus auf zwei- resp. auf dreierlei Art ersetzt. Es kann die Wunde durch rasche Verklebung — per primam intentionem — und durch Granulationsbildung — per secundam intentionem — heilen. Die Heilung durch Granulation schreitet in Folge der Entzündung der betreffenden Gewebe mit Secretbildung vorwärts, oder es fehlen die Symptome der Entzündung und auch das Wundsecret, und die Granulation führt ohne diese begleitenden Umstände zur Heilung; und dies ist die dritte Art der Heilung der Wunden: die Heilung unter dem Schorf oder die trockene Granulation.

ZWEITES CAPITEL.

Primäre oder rasche Verklebung (prima intentio). Zur raschen Verklebung geeignete Wunden. Plasmatische Circulation. Zwischensubstanz. Zeitdauer der raschen Verklebung. Hindernisse der Heilung per primam intentionem.

Durch rasche Verklebung (per primam intentionem) heilen die Wunden, wenn die lebensfähigen Wundflächen genau an einander gefügt sind und die zwischen die Wundflächen sickernde, klebrige plasmatische Substanz zur Organisirung genügende Zeit hat.

Was verstehen wir unter der Lebensfähigkeit der Wundflächen? Worin besteht die Organisirung der klebrigen Zwischensubstanz? Und welches ist die hiezu nöthige Zeitdauer?

Die Lebensfähigkeit der Wundflächen wird fast durch dieselben Factoren bestimmt, welche die Vitalität und die Ernährung der Gewebe im Allgemeinen beeinflussen. Die Integrität der zur Verklebung bestimmten Theile, die ungestörte Function der zu- und abführenden Gefässe ist es, worin die Lebens- und Ernährungsfähigkeit der Wundflächen zum Ausdruck gelangt. Es werden daher zur Heilung per primam Wundflächen am besten geeignet sein, deren Gewebe durch die vorangegangene Verwundung in ihrer Integrität und ihrer Ernährung am wenigsten gelitten. Am besten geeignet ist daher die mit einem scharfen Instrument bereitete frische Wundfläche, manchmal auch die gut granulirende und nicht eiternde ältere Wundfläche; am wenigsten geeignet die gequetschte, gerissene, gebrannte oder anderswie zerstörte Wundfläche. Am besten verkleben die Wundflächen des reichlich vascularisirten Unterhautzellgewebes und des Muskelgewebes, am schlechtesten die Wundflächen des an Blutgefässen armen Fettgewebes. Oft werden zum Verschluss von Wunden auch die benachbarten serösen Häute herbeigezogen, deren seröse Flächen durch plastisches Exudat an einander geklebt, die Verklebung der Wunde beschleunigen.

Dass auch Gewebstheile, die ganz vom Kreis der Blutcirculation getrennt wurden, in manchen Fällen noch zur primären Verklebung geeignet sind, dass z. B. die gänzlich abgeschnittene Nasenspitze an ihre frühere Stelle rasch anzukleben vermag, findet seine Erklärung darin, dass unmittelbar nach der Verwundung resp. der Vereinigung der Wundflächen die Erhaltung resp. die Ernährung der Gewebe durch die sogenannte plasmatische Circulation vermittelt wird.

Die Wege der plasmatischen Circulation sind die Gewebszwischenräume, ihr Stoff die zwischen die Wundflächen sickernde Zwischensubstanz, welche aus dem Gemische von Blutbestandtheilen und der aus den eröffneten Lymphgefässen und Lymphräumen heraussickernden Gewebssäfte besteht. Diese Zwischensubstanz vermag eine Zeit lang das Blut zu ersetzen, und diese Eigenschaft der Zwischensubstanz kommt desto besser zur Geltung, je früher sie in die Gewebszwischenräume des zu ernährenden Theiles gelangt, und je kleiner dieser durch die plasmatische Circulation zu erhaltende Gewebstheil selbst ist.

Der plasmatischen Circulation fällt daher während der ersten Zeit der Heilung durch rasche Verklebung eine wichtige Rolle zu. Auf diesem Wege gelangt nicht allein der zur Erhaltung nöthige Nährstoff zu den Geweben, sondern es wird auch die der Heilung hinderliche, überflüssige Zwischensubstanz resorbirt und manchmal auch jene Stoffe, die, auf diese Art in den Organismus gelangend, nicht nur die Heilung der Wunde stören, sondern auch den Ursprung schwerer Allgemein-Erkrankungen bilden. Diese plasmatische Circulation bildet also auch den Weg der Wundinfection.

Die Zwischensubstanz, welche auch das Aneinanderkleben der Wundflächen während der ersten Zeit nach deren Vereinigung bewirkt, ist keine ständige Materie. Ihr Hauptzweck ist das mechanische Zusammenkleben der Wundflächen und diesem Zwecke entspricht sie so lange, bis die Organisirung ihrer Bestandtheile mit Hülfe der Nachbargewebe angefangen, in das Gemengsel des Fibrins und weisser Blutkörperchen die Bindegewebs- und Muskelzellen der nachbarlichen Wundflächen hineinwuchern, und durch diese neue Substanz hindurch die neu gebildeten Capillargefässe die Circulation mit der gegenüberliegenden Wundfläche direct hergestellt haben. Wenn dies geschehen, wenn die flüssigen Bestandtheile der Zwischensubstanz resorbirt, ihre geformten Bestandtheile die eben beschriebene Metamorphose durchgemacht, und so an die Stelle der Zwischensubstanz die den bleibenden Verschluss der Wunde sichernde Narbe getreten, dann sagen wir, dass die Heilung durch rasche Verklebung vollendet ist.

Die Zwischensubstanz entspricht jedoch den eben erwähnten Aufgaben nur dann, wenn sie eine gewisse Quantität nicht übersteigt, d. h. wenn sie nicht so gross ist, dass sie die Wundflächen nicht nur nicht mit einander verklebt, sondern selbe sogar von einander entfernt, und durch den Druck, den sie auf die Gefässöffnungen der Wundfläche ausübt, diese verstopft, so dass sie zur Wiederaufnahme der Blutcirculation nicht geeignet sind.

Um vieles nachtheiliger, als die grosse Menge der Zwischensubstanz, wirkt das Wundsecret auf den Process der raschen Verklebung. In der ersten Zeit nach der Verwundung ist dieses Wundsecret zum grossen Theile Blut, welches aus den Oeffnungen der verwundeten Gefässe theils spontan, theils in Folge des grösseren Seitendruckes der umgebenden Theile hierher fliesst, und sich hier mit Lymphe und Gewebssaften mengt. Dieses Wundsecret bildet ein mechanisches Hinderniss der raschen Verklebung, und da es nicht leicht resorbirt wird, sogar ein ständiges Hinderniss, das auch sonst noch als fremder Körper irritirend auf die umgebenden Gewebe wirkt. Die grösste Bedeutung erlangt es jedoch dadurch, dass es als Nährboden der infectiösen Stoffe dient.

Aus dem Gesagten ergiebt sich von selbst, dass es die Aufgabe der auf die rasche Verklebung hinzielenden Wundbehandlung bilden wird, sowohl den Raum für die Anhäufung einer grösseren Menge von Zwischensubstanz zu versperren, als auch dem Ausströmen einer grösseren Menge von Wundsecret, also namentlich dem Ausströmen von Blut in die Wunde hindernd in den Weg zu treten.

Die Zeitdauer, während welcher die rasche Verklebung der Wunden erfolgt, steht natürlich im Verhältnisse zur Art der Verwundung resp. zur Grösse der Wunde, schwankt aber trotzdem zwischen nicht sehr weiten Grenzen. Wie gross immer nämlich die Wundflächen sein mögen, darf die Zwischensubstanz, wie wir gesehen haben, eine gewisse Quantität nicht übersteigen, ohne dass hiedurch die rasche Verklebung verhindert würde. Die Menge dieser Zwischensubstanz einerseits und die Beschaffenheit der Wundflächen andererseits bestimmen also die Zeitdauer der raschen Verklebung; und da diese Factoren nothwendigerweise in den meisten Fällen dieselben sein müssen, so kann auch die Zeitdauer der raschen Verklebung in den meisten Fällen nur die gleiche bleiben. Diese Zeitdauer beträgt einmal, zweimal oder dreimal 24 Stunden. Was über diese Zeit hinaus geschieht, ist nur die Consolidirung der neu gebildeten Gewebe resp. der Narbe und deren Accommodation an die durch den Druck oder die Zerrung der Nachbargewebe bedingten Verhältnisse. Im Wesen ist daher die Zeitdauer der raschen Verklebung bei der Plastik der Lippe dieselbe wie bei der Verklebung der Lappen des Schenkelstumpfes.

Die Verklebung der Wundflächen per primam erfolgt daher entweder rasch, oder sie erfolgt überhaupt nicht, und im letzteren Falle sind die hindernden Factoren entweder im Gesammtorganismus des Individuums, oder in den Wundflächen, oder ganz ausserhalb des Kranken zu suchen. Die Schwäche und die Debilität des Organismus bilden das allgemeine Hinderniss; die Unzulänglichkeit der Wundflächen, die

grossere Menge der Zwischensubstanz oder des Wundsecrets nebst
mangelhafter Berührung der Wundflächen, welcher das Klaffen der
Wundflächen zu Grunde liegt, bilden die localen Hindernisse; Fremdkörper, besonders das Hineingelangen infectiöser Stoffe in die Wunde,
bilden die äusserlichen und oft wichtigsten Hindernisse. So eines oder
das andere dieser Hindernisse zur Geltung kommt, erfolgt die rasche
Verklebung der Wunden nicht, aber noch ist die Möglichkeit der Heilung durch Granulation gegeben.

DRITTES CAPITEL.

Heilung durch Granulation (secunda intentio). Bedingungen der Granulation. Eiterung.

Bei der Wundheilung durch Granulation (per secundam intentionem)
kommt zum grossen Theile die reproductive Fähigkeit der Wundflächen
zur Geltung. Die Granulation wird von den Geweben der Wundflächen
gebildet und zwar in jener Menge, welche der Grösse der Wunde, und
in einer Qualität, die den Eigenschaften der durch die Verwundung ge-
troffenen Gewebe entspricht. Während jedoch bei der Heilung per primam sämmtliche Gewebe an der Bildung der Narbe theilnehmen, wird
das durch Granulation producirte Narbengewebe hauptsächlich vom
Bindegewebe gebildet. Die granulirende Wundfläche besteht aus kleineren und grösseren, runden oder spindelförmigen Granulationszellen,
aus einer mehr weniger feuchten homogenen Zwischenzellensubstanz und
einem in dieser Substanz zwischen den Zellen verlaufenden feinen Ca-
pillarnetz, ist mehr weniger hellroth, von körnigem Aussehen und sammet-
artig anzufühlen.

Aus dem Granulationsgewebe wird faseriges Bindegewebe, in welches
die Gefässe der Nachbartheile hineinwachsen, und an dessen Stelle später
auch das ebenfalls reproductionsfähige Muskel- oder Nervengewebe tritt,
das aber auch ständig bleiben kann. Nur eine Gewebsart wird stets
neu gebildet, und dies ist die die Narbe bedeckende Epidermis. Die
Ueberhäutung der Narbe geht nämlich nie von dem Granulationsgewebe,
sondern stets von den Epidermiszellen der Wundränder aus, welche auf
die ihnen eigene Art sich vermehren und wenn das Granulationsgewebe

die Höhe des Hautniveaus erreicht, über dasselbe hinüberwachsen oder auch über den Rand hinüber in die Tiefe greifen und die Granulationen überhäuten, noch ehe diese den Substanzverlust ganz ersetzt und die Wunde ganz ausgefüllt haben. Nur die oberen Schichten der Epidermiszellen und des Rete Malpighii nehmen an der Ueberhäutung theil, die Organe der Epidermis, wie es die Talg- und Schweissdrüsen und die Schleimdrüsen der Schleimhäute sind, fehlen dem entsprechend in der Oberhaut der Narbe. Die Granulationsnarbe hat die Tendenz zur Schrumpfung und wird mit der Zeit stets rigider, durch anhaltenden Zug jedoch kann sie gedehnt, durch Anwendung von Salben und Bädern auch erweicht werden.

Die Bildung der Granulationsnarbe oder die Heilung durch Granulation währt desto länger, je weniger die Wundflächen geeignet sind, den Impuls zum Beginn der Granulation zu geben und die Granulationsbildung im weiteren Verlauf zu befördern.

Der Beginn der Granulationsbildung hängt von der vitalen Fähigkeit der Gewebe der Wundflächen ab. Wenn die Gewebe der Wundflächen durch die vorangegangene Verwundung oder durch einen anderen Umstand so sehr gelitten, dass sie ihre Vitalität eingebüsst, so wird der Beginn der Granulationsbildung erst durch die spontane Ausscheidung oder artificielle Entfernung dieser lebensunfähigen Gewebstheile ermöglicht.

Die spontane Ausscheidung, Abstossung, dieser nicht lebensfähigen Gewebstheile wird zumeist von einem Process begleitet, den man vor nicht langer Zeit mit dem Begriffe der Heilung durch Granulation fast identificirte und lange Zeit hindurch als das hervorragendste Symptom dieser Heilungsart betrachtete: dies ist die Eiterung. Die Eiterung ist kein unbedingt nothwendiges Symptom der Heilung durch Granulation, ja nicht einmal der Abstossung der abgestorbenen Gewebstheile. Dies beweist die Erfahrung, und auch die pathologische Definition der Eiterung macht dies leicht erklärlich.

Wo tritt Eiterung ein? Die Eiterung ist eine Consequenz der Entzündung. Wenn mit der Verwundung der Anstoss zur Entzündung der Wundflächen und der umgebenden Theile gegeben wurde, so wird die Heilung durch Granulation auch in Begleitung dieses Symptoms ihren Anfang nehmen, und wenn die entzündliche Irritation auch weiter anhält, so schreitet die Granulation auch mit Eiterung vorwärts; und

wird auch die Eiterung erst mit der vollständigen Heilung der Wunde
ihren Abschluss finden. Die Verwundung giebt aber, wie wir sehen
werden, nicht immer Anlass zur Entzündung, und es kann daher selbst
eine grosse Wunde durch Granulation heilen, ohne dabei zu eitern.
Aehnlich verhält es sich mit der Eiterung, welche die Abstossung der
abgestorbenen Gewebstheile begleitet. Wenn diese Gewebe irritirend
auf ihre Umgebung wirken und Anlass zur Entzündung geben, so wird
auch ihre Abstossung mit Eiterung verbunden sein, wenn aber ihre irritirende Wirkung nicht von Bedeutung ist, so wird auch die Eiterung
kaum bemerkbar sein.

Die Eiterung im Anschlusse an die Granulation ist stets als ein die
Heilung störender Factor zu betrachten und auf Entzündung erregende
Ursachen zurückzuführen.   Entzündung erregende Ursachen aber sind:
eine Art der Verwundung, die entweder unmittelbar das Absterben von
Gewebstheilen oder Ernährungsstörungen zur Folge hat, die indirect zu
Gewebsnekrosen führen, ferner die Ansammlung einer grösseren Menge
von Wundsecret in der Wunde und das Eindringen fremder Körper,
besonders aber das Eindringen infectiöser Stoffe in die Wunde.

Ueberdies wirken auf die Granulationsbildung störend ein: der
Mangel an Vitalität, die Kachexie des Organismus, directe Beschädigung
der Granulationen und die Infection der Wunde. Aber auch eine zu
üppige Granulation entspricht oft dem Zwecke der Wundheilung nicht,
und ist es in solchen Fällen Aufgabe der Wundbehandlung, die allzu-
reiche Granulation auf das nöthige Maass zurückzuführen.

VIERTES CAPITEL.

Heilung unter dem Schorf. Vortheile der Heilung unter dem Schorf. Hindernisse der Heilung unter dem Schorf.

Bei der Heilung unter dem Schorf wird die Ersetzung des Substanzverlustes ebenfalls durch Granulationsbildung besorgt. Die Granulationsfläche liegt hier unter einer Kruste, die aus eingetrocknetem Blute und
Gewebssäften, eventuell aus abgestorbenen und eingetrockneten Gewebs-
resten besteht.

Diese Kruste ist der S c h o r f, welcher, ob spontan, d. h. durch das

Eintrocknen des Blutes und der Gewebssäfte an der Luft entstanden, oder auf künstliche Art, nämlich durch Anwendung von ätzenden und die Gewebe bei Entziehung der Feuchtigkeit zerstörenden Mitteln erzeugt wird, hat die Bedeutung für die Heilung der Wunde, dass unter demselben die Heilung ungestört verlaufen, die Granulation den ganzen Substanzverlust ersetzen, ja sogar die Ueberhäutung der Granulation erfolgen kann.

Der Vortheil der Heilung unter dem Schorf ist evident, es findet dies seine Analogie in der Heilung der occulten Verletzungen, namentlich der Heilung der nicht complicirten Knochenbrüche. Der Regenerationsprocess, die Granulation, kann unter dem Schorfe ungestört vorwärts schreiten, weil der Schorf die schwachen Granulationen vor jedem mechanischen Insulte schützt und so die Entzündung in der Umgebung der Wunde und daher die Eiterung verhindert. Das Meiste zur Hintanhaltung der Entzündung und Eiterung leistet der Schorf dadurch, dass er ähnlich, wie bei den nicht complicirten Knochenbrüchen die Haut, die infectiösen Stoffe von der Wunde ferne hält, dem Eindringen der infectiösen Keime den Weg verlegt.

Zur Heilung unter dem natürlichen Schorf sind, wie leicht zu ersehen, nur die wenig secernirenden Wunden geeignet, den künstlichen Schorf können wir bei jeder Wunde erzeugen, aber der Schorf sichert eben nicht in allen Fällen die Heilung ohne Eiterung.

Wenn unter dem Schorfe sich irgend welches Wundsecret ansammelt, so kann dies zur Entzündung und zur profusen Eiterung führen, was um so gewisser erfolgt, wenn die verschorfte Wundfläche gross ist, in dem Schorfe Sprünge entstehen und durch dieselben infectiöse Stofte zur Wunde gelangen.

FÜNFTES CAPITEL.

Die Infection der Wunden. Die Arten der Wundinfection.

Bei jeder Art der Wundheilung bildet die Infection das bedeutendste und folgenschwerste Hinderniss. Die Infection ist jener Factor, der alle Arten der Wundheilung, die rasche Verklebung sowohl, als die Heilung durch Granulation und unter dem Schorf zu stören, selbst die kleinste Wunde zur schweren und gefährlichen Erkrankung zu gestalten und mit seinem geheimnissvollen Wirken den Heiltrieb des stärksten Organismus zu lähmen vermag.

Was ist die Infection? Die Infection ist eine locale Vergiftung der Wunde und auf diesem Wege eine Vergiftung des Gesammtorganismus. Die Folge dieser Vergiftung ist in erster Reihe die Störung der Wundheilung, ihr Endresultat, der Tod des Organismus.

Die Ursachen und Factoren dieser Infection sind heute bereits einigermaassen bekannt, der Zusammenhang jedoch, der zwischen diesen Factoren und der Vergiftung des Organismus besteht, ist derzeit zum Theile noch in Dunkel gehüllt.

Die Ursachen der Wundinfection betreffend, gehen die Meinungen noch sehr auseinander. Während ein Theil der Forscher die Infection der Wunden auf chemisch herstellbare und nachweisbare Gifte zurückführt, sieht ein anderer Theil das Wirken kleiner, lebender Organismen in den Symptomen der Wundinfection; und da man in inficirten Wunden und in deren Secreten, oft auch in anderen Theilen des inficirten Organismus das organische Gift chemisch nachweisen und mit dem Mikroskope die lebenden Mikroorganismen in denselben erkennen kann, so hält ein grosser Theil der Forscher die Wundinfection für das Resultat der Gesammtwirkung von chemischen Giften und giftigen Mikroorganismen und die Gifte selbst für Producte der Mikroorganismen.

Ehe wir an die Analyse dieser auf die Wundinfection bezüglichen Ansichten gehen, müssen wir die Symptome der Infection auseinandersetzen. Die infectiösen Wundcomplicationen können ihren Symptomen nach in mehrere Hauptgruppen getheilt werden. Der eine Symptomencomplex deutet auf die Infection der Sephthaemie (faulenden Blutmischung) hin. Hierher gehören der Spitalsbrand (Gangraena nasocomialis) und die Wunddiphteritis, welche als Localsymptome der septischen Infection oder als locale Sepsis aufgefasst werden können. Ein anderer Symptomencomplex giebt das Bild der Pyohaemie (eiterige Blutmischung). Ein drittes Symptomencomplex kennzeichnet die Infection, die man Wundrose (Erysipelas) nennt, und die eventuell auch zur Sephthaemie und Pyohaemie führen kann, die aber auch für sich eine schwere Complication der Wunde bildet.

SECHSTES CAPITEL.

Sephthaemie. Localsymptome der Sephthaemie. Wunddiphtheritis. Spitalsbrand. Septisches Erysipel. Gangrène foudroyante. Allgemein- Symptome der Sephthaemie. Prognose der Sepsis. Anatomischer Befund bei Sepsis.

Die faulige Zersetzung der Wunde und deren Endresultat, die Sephthaemie, sind in ihrem Verlaufe acut oder chronisch, und treten dem entsprechend ihre zahlreichen Symptome mehr oder weniger in den Vordergrund. Diese Symptome sind theils an der Wunde, theils im ganzen Organismus zu erkennen. An der Wunde selbst lässt sich die septische Infection oft nur daran erkennen, dass die Heilung der Wunde stehen bleibt, die rasche Verklebung, auf die man rechnen konnte, nicht zu Stande kommt, oder die Granulationsbildung plötzlich aufhört.

In den meisten Fällen jedoch zeigt sich die septische Infection an der Wunde selbst und in ihrer Umgebung in viel auffallenderen Symptomen. Die Wundfläche verliert ihre hellrothe Farbe, wird blass, trübe, grau, grünlich, sogar braun, wie von einer missfarbigen Membran überzogen und übelriechend. Nebstdem wird die frische Wundfläche oder sammetartige Granulationsfläche trocken, steif, manchmal brettartig hart, hierauf wieder in einzelnen Fällen pulpös erweicht. Einzelne Theile der erkrankten Wundflächen stossen sich ab, die Wunde ulcerirt, und während in manchen Fällen die septische Erkrankung mit der Abstossung der inficirten Theile ihr Ende erreicht, schreitet sie in anderen nach allen Richtungen weiter. Diese Metamorphosen der Wunde bezeichnen Ernährungsstörungen infectiöser Natur der Wundflächen, bezeichnen das Gerinnen und Erstarren der homogenen Zwischenzellensubstanz der Granulationen, bezeichnen diphtheritisähnliche Infarse der Wundflächen, bezeichnen den Zerfall, den Brand und das Absterben der Gewebe, und das Product dieser Destruction ist jenes Wundsecret, das aus dem stinkenden Gemengsel von Gewebssäften, Blut und zerfallenen faulen Gewebstheilen besteht und das man mit der Benennung J a u c h e kennzeichnet. — Diesen krankhaften Zustand der Wunde heissen wir W u n d - f ä u l n i s s, Wundbrand oder, die historische Benennung beibehaltend, H o s p i t a l b r a n d, oder, der Aehnlichkeit mit der diphtheritischen Erkrankung der Schleimhäute halber, die W u n d d i p h t h e r i t i s. Dass

Hospitalbrand und Wunddiphtheritis dieselbe Krankheitsform sind, hat
bereits H e i n e klar erwiesen; dass diese Krankheitsform aber septischen
Ursprungs ist, dass sie ein Localsymptom der septischen Erkrankung
bildet, geht am klarsten daraus hervor, dass die Allgemein-Symptome,
die sich als Consequenz dieser Localerkrankung an diese unmittelbar
anschliessen oder mit ihr nur in indirectem Zusammenhange stehen, in
allen Fällen die ähnlichen sind.

Bei diesem Zustande der Wunde ist in der Nähe derselben in
grösserer oder geringerer Ausdehnung die Entzündung infectiösen Ursprunges zu constatiren, die in ihrem Verlaufe ebenfalls zum Zerfall der
Gewebe führt und, in der Richtung der Venen und Lymphgefässe
weiter schreitend, immer grössere Territorien in den Kreis der Erkrankung zieht.

P h l e b i t i s und L y m p h a n g i o i t i s sind daher Begleitsymptome
der localen Entzündung. Im Lumen der entzündeten Blutader gerinnt
das Blut, hernach schmilzt der Thrombus zur Jauche, und die losge-
trennten Theile führen als Emboli das septische Gift bald in die ent-
ferntesten Theile des Organismus. Diese Allgemein-Verbreitung der Erkrankung vermitteln auch die Lymphräume und die Lymphgefässe, und
indem sie in erster Reihe die krankhafte Substanz in die centralen
Lymphdrüsen absetzen, geben sie zu deren Entzündung mit jauchigem
Zerfall Anlass.

Während die Venen und Lymphgefässe zur Verbreitung der Erkrankung dadurch beitragen, dass sie die Verpflanzung der pathogenen
Stoffe vermitteln, droht die Erkrankung der Arterien dem Leben mit unmittelbarer Gefahr. Selbst die sonst sehr resistenten Arterienwandungen
können nämlich für die Dauer dem destructiven Process nicht widerstehen, sie werden arrodirt und zerfallen. Der innerhalb der erkrankten
Wandungen gebildete Thrombus zerfällt, und so entstehen geringere oder
sogar unstillbare Blutungen aus der Wunde, je nachdem die Wandungen
kleiner Capillargefässe oder grösserer Arterienzweige der Zerstörung anheim fallen.

Während nun in der Tiefe der septischen Wunde die Gewebe zerfallen, zeigen sich in der Umgebung der Wunde auch auf der Oberfläche
die Symptome der faulen Erkrankung. Um die oberflächlich verlaufenden, entzündeten und angeschwollenen Venen herum entzündet sich auch
das Unterhautbindegewebe, schwillt schmerzhaft an und zerfällt rasch —

septische Phlegmone, und dabei fehlt an der Haut selten die umschriebene Röthe, welche die Wundrose charakterisirt.

Das Erysipel, welches sich der septischen Wunderkrankung an-
schliesst und bald in der Umgebung der Wunde, bald an entfernteren
Stellen des Körpers zum Vorschein kommt und das hier ein Theil-
Symptom der allgemeinen Erkrankung bildet, ist nicht mit jenem Ery-
sipel identisch, von dem wir als einer selbständigen Complication der
Wunden noch sprechen werden.

Diese Reihenfolge der septischen Symptome ist ihrem Verlaufe nach
rasch, der Ausgang in den meisten Fällen tödtlich.

Den raschesten Verlauf hat jene septische Erkrankung der Wunde,
welche die fast blitzschnell tödtende Gangrène foudroyante (Maisonneuve) bildet. Bei dieser septischen Erkrankung beginnt schon in
einigen Stunden nach der Verwundung in den Weichtheilen, nach der
Behauptung Anderer (Gosselin) besonders in dem Knochenmark die
faulige Zersetzung mit solcher Vehemenz, dass Fäulnissgase selbst in
den Venen zur Entwickelung kommen.

Die Anhäufung von Fäulnissgasen in der Form von Blasen im
Unterhautgewebe ist auch sonst häufig ein begleitendes Symptom des
septischen Gewebszerfalls; am ausgesprochensten kommt sie jedoch bei
einer Form der septischen Erkrankung, dem sog. brandigen Emphysem vor.

Wie aus dem bisherigen zu ersehen ist, bildet das Localsymptom
der septischen Wunderkrankung eine krankhafte Entartung der Wunde,
welche zum jauchigen Zerfall der Gewebe führt, und die Verbreitung
dieser Jauche oder richtiger gesagt, die Verbreitung der zur Verjauchung
führenden Factoren im Organismus führen zu den Allgemein-Symptomen
der Sephthaemie.

Die Allgemein-Symptome der Sephthaemie können jedoch
nicht immer so augenfällig aus dem Zustande der Wunde abgeleitet
werden. Oft treten die Allgemein-Symptome der Sepsis bei kleinen
Wunden und fast ohne Localsymptome auf, und während an der Wunde
und in deren Umgebung ausser einer leichten Trübung, geringer Röthung
und mässiger Schwellung kaum etwas zu sehen ist, geht der Organismus
unter den Allgemein-Symptomen einer schweren septischen Erkrankung
zu Grunde.

In der Reihe der Allgemein-Symptome der Sepsis steht an erster

Stelle das Fieber. Dieses Fieber ist durch keinen besonderen Typus gekennzeichnet. Es kann anhaltend mit mässigen oder grösseren Temperaturerhöhungen, es kann remittirend mit Remissionen am Morgen und Exacerbationen am Abend sein. Manchmal sinkt die Temperatur beträchtlich unter das Normale und steigt wieder hoch hinauf. Solch hohen Exacerbationen pflegt ein mehr weniger lang anhaltender Schüttelfrost voranzugehen, und dieser Schüttelfrost mit darauf folgender Temperaturerhöhung ist ein charakteristisches Symptom der Wundinfection.

Oft ist das Fieber mit bedeutender Schweissabsonderung verbunden, in manchen Fällen ist jedoch der Körper trocken, heiss (calor mordax), und da sich dem Fieber auch heftiger Kopfschmerz zugesellt, so bietet das Allgemein-Befinden des Kranken, das auch schon vor dem Fieber deprimirt zu sein pflegt, das ausgeprägte Bild einer schweren Allgemein-Erkrankung. — Somnolenz, oft tiefer Sopor, ja sogar Bewusstlosigkeit begleiten das erste Auftreten der septischen Temperaturerhöhung.

Wenn die Intensität der Infection nicht bedeutend war, und wenn die Ursache der Infection zu wirken aufgehört, so hat mit den ein- oder zweimaligen Temperaturerhöhungen das septische Fieber sein Ende erreicht, die Wunde reinigt sich, die Granulation schreitet weiter vor, das Befinden des Kranken wird besser und die Gefährlichkeit der überstandenen Erkrankung kommt nur in der langsamen Erholung des Kranken zum Ausdruck. Wenn aber die infectiöse Noxe nach den ersten Fieberanfällen nicht aus dem Organismus ausgeschieden wird, sondern neben den oben beschriebenen localen Symptomen die Infection immer neue Nahrung erhält, so wiederholen sich die Fieberanfälle und hören erst mit dem Tode des Kranken auf. Bei so tödtlich verlaufender Sepsis ist es, wo das Fieber die denkbar höchste Temperatur erreichen und auf den möglichst niedrigen Grad fallen kann. Dagegen giebt es auch Fälle, bei denen die septische Infection tödtlich verläuft und die Körpertemperatur anhaltend unter dem Normalen bleibt.

Wenn die septische Infection in gewissen Zwischenpausen erfolgt, so kann auch das septische Fieber ganz intermittiren, und bezeichnet ein jeder neue Fieberanfall die aufs neue erfolgte Infection.

Während bei dem Fieber, das der nicht sehr intensiven Infection folgt, ausser den gewöhnlichen Symptomen des Fiebers, als da sind: frequenter Puls, Kopfschmerz, Trockenheit der Zunge, Durst und all-

gemeine Niedergeschlagenheit, andere Symptome der Sephthaemie nicht
in den Vordergrund treten, wird das länger anhaltende oder in gewissen
Zeiträumen wiederkehrende septische Fieber auch von andern Erkran-
kungssymptomen des Organismus begleitet. —

Von den unmittelbar sichtbaren Symptomen müssen der Zustand
des Mundes und der Zunge hervorgehoben werden. Die Zunge
ist trocken, im Anfange ohne Belag, später mit eingetrocknetem Epithel
bedeckt, schmutzig braun, und sind an ihr, wie auch an der Schleimhaut
des Mundes zahlreiche Sprünge sichtbar. Der Athem ist übelriechend.

Brechreiz und Erbrechen bezeichnen oft den Anfang der Infection, bleiben aber zuweilen auch ständige Symptome der Sephthaemie,
besonders in Fällen, wo auch das Peritoneum in den Kreis der septischen Infection gezogen wurde. —

Hartnäckig anhaltendes Erbrechen verursacht auch die Erkrankung des Darmtractes, welche auch ein häufiges Symptom der
septischen Infection bildet, und die anfänglich in anhaltender Obstipation,
später in profusen und wässerigen Stuhlentleerungen und schliesslich in
unstillbarer, oft blutiger Diarrhoe zum Ausdruck gelangt und den letalen
Ausgang befördert. — Dass da, wo der ganze Digestionsapparat in dem
soeben erwähnten Maasse an der septischen Erkrankung Theil nimmt,
auch von Verdauung und Appetit keine Rede sein kann, ist leicht begreiflich, und thatsächlich haben die Kranken Ekel vor allen Speisen. —

Auch der Icterus ist ein ständiges Symptom der septischen Erkrankung, und zwar jene Form, die, wie aus dem Wesen der Krankheit
zu folgern, als haematogen aufgefasst werden muss, — obzwar auch
die Leber oft an der Erkrankung Theil nimmt, anschwillt und schmerzhaft wird.

Anschwellung und Schmerzhaftigkeit sind auch seitens der Milz
zu constatiren, und diese Milzschwellung ist, wie bei jeder infectiösen
Erkrankung, auch hier fast ein ständiges Symptom.

Die Anomalien der Blutcirculation bei der Sephthaemie
sind theils auf die stellenweise Erkrankung der Blutgefässwandungen,
theils auf centrale Veränderungen zurückzuführen. Die durch septische
Embolien verursachten Ecchymosen und Infarcte sind bereits erwähnt worden, und es erübrigt noch zu bemerken, dass derartige Stasen
auch durch die veränderte Beschaffenheit des Blutes begünstigt werden,

dass aber hierbei auch der mangelhaften Function des Herzens ein gut
Theil zufällt. —

Das Herz degenerirt in Folge des hohen Fiebers auch in der
Structur seiner Wandungen, und wird überdies von dem durch das inficirte Blut ernährtem Nervencentrum auf reflectorischem Wege störend
in seiner Function beeinflusst. Der Puls ist dem entsprechend frequent, aber klein und schwach und in Folge dessen oft gar nicht fühl-
bar, oft auch ausbleibend. Die Herztöne sind oft sehr stark, in manchen
Fällen kaum hörbar, einzelne Herztöne nicht rein. Noch unregelmässiger
und schwächer ist die Herzaction, wenn auch das Pericardium an
der Erkrankung Theil nimmt, und seröse oder auch blutige Exudate im
Herzbeutel hinzutreten. In solchen Fällen ist die Herzdämpfung grösser,
der Herzstoss kaum wahrnehmbar, Herztöne nicht zu hören, Puls kaum
zu fühlen.

Im Blute sind oft (aber nicht immer) Bacterien unter dem Mikroskop nachweisbar, und in solchen Fällen führt ein Tropfen Blut rasch
die Trübung der Nährflüssigkeit herbei.

Derselbe Process, der die eben erwähnten Veränderungen geschaffen,
verursacht auch die Erkrankung der serösen Häute der Brusthöhle. Die
septische Entzündung der Pleura, seröse, blutige, eiterige, ja sogar
jauchige Ergüsse in die Brusthöhle fehlen bei der länger verlaufenden
Sepsis nie, und selbst bei der schnell tödtenden selten. Es schliessen
sich die durch diese Exudate verursachten Respirationsbeschwer-
den denjenigen an, die durch die Erkrankung der Lungen bedingt sind.

Die desquammative Entzündung der Lunge ist ein häufiges
Symptom der Sepsis, und Embolien und Infarcte dieses Organes bilden
auch häufige Complicationen dieser Erkrankung. Das Athmen ist in
Folge dessen erschwert, die Athemzüge frequent, oberflächlich, und oft
tritt der Tod unter Erscheinungen des Lungenoedems ein. —

Die Nieren sind, wie bei jeder fieberhaften Erkrankung, auch
hier afficirt, um so mehr, da sie das Filter des krankhaft veränderten
Blutes bilden. In den günstigsten Fällen finden wir cyanotische Induration, in den meisten Fällen aber ganz ausgesprochene desquammative
Entzündung der Nieren und Nierenbecken, in den Glomerulis Embolien,
in den Pyramiden Infarcte. Die Quantität des Urins zeigt keine grösseren Differenzen, als der durch den grossen Durst verursachten grösseren

Wasseraufnahme entspricht, und von abnormen Bestandtheilen sind Albumin nicht immer, Indican nur bei protrahirtem Verlauf zu finden.

Lähmungen, welche im Verlaufe der Sephthaemie die Muskeln befallen, sind auf Embolien der Gehirn- und Rückenmark-Capillaren und auf die Consequenzen dieser Embolien zurückzuführen. Solche Embolien können auch Amblyopie oder Amaurose verursachen, obzwar neuere Untersuchungen eine Art der Retinitis bei Sephthaemie ergeben haben, bei welcher die Zerstörung der Sehkraft durch Anschoppung von Bacterien in den Capillaren der Retina verursacht sein soll.

Dies sind die Allgemein-Symptome, die bei der septischen Wund-infection sich den localen zugesellen, und zwar so, dass sie mit letzteren in Proportion stehen, d. h. mit ihnen Schritt halten, oder so, dass sie an Intensität die letzteren überflügeln, oder auch so, dass sie hinter ihnen zurückbleiben.

Wenn die Allgemein-Symptome hinter den Localsymptomen an In-tensität zurückbleiben, ist die Prognose der sephthaemischen Er-krankung keine absolut ungünstige. Der locale Process kann zum Still-stande kommen, die inficirten und zerfallenen Gewebe lösen sich oder können von den gesunden Theilen losgelöst werden, und es beginnt eine kräftige, lebensfähige Granulationsbildung an der Abgrenzung der abgestossenen Theile, die auch den Organismus vor weiterer Infection schützt und zur Ersetzung der Substanzverluste geeignet ist. —

Die Prognose der septischen Infection ist auch dann nicht absolut ungünstig, wenn die Allgemein-Symptome intensiver sind als die localen, in dem Falle nämlich, wenn die septischen Allgemein-Symptome bei einer kleinen und scheinbar wenig veränderten Wunde auftreten. Der gesunde und lebenskräftige Organismus vermag den durch eine kleine Wunde eingedrungenen infectiven Stoff zu eliminiren, die beängstigenden Fieberanfälle verschwinden, und der Kranke genest.

Unbedingt tödtlich sind jene septischen Infectionsfälle, bei welchen die localen und die allgemeinen Symptome sich decken, wo den localen Tod der Gewebe der allgemeine Verfall des Organismus begleitet und die wiederholten heftigen Fieberanfälle und die Degeneration des Herzens zum Marasmus und zum Tod führen. —

Der anatomische Befund entspricht in den meisten Fällen den noch im Leben observirten Symptomen, wenn deren Constatirung bei der auffallend schnellen Verwesung dieser Leichen (selbst bei kühler

Temperatur binnen 10—12 Stunden) überhaupt möglich ist. Wir finden
alle Details der localen Fäulniss, wir finden den jauchigen Zerfall und
die Haemorrhagien in der Umgebung der Gefässe, wir finden die
brüchige Herzmusculatur, die Pneumonie, die Infarcte und das Oedem
der Lungen, in der Pleurahöhle das Exudat, an der Pleura und am Pericardium die Ekchymosen, die Anschwellung der Leber, die Anschwellung
der dunkel gefärbten Milz, die Hyperaemie der Nieren, und die besonders
charakteristische Inflammation und die Ekchymosen der Magen- und
Darmschleimhaut. Das Blut ist dunkelbraun, kaum geronnen oder ganz
flüssig, besonders in den grösseren Venen mit Fäulnissgasen gemengt,
von Mikrococcus- und Bacterien-Colonien strotzend, und befördert überall,
wo es sich hypostatisch in den Organen angesammelt, den raschen
Zerfall, die Verwesung der Gewebe.

Es lässt sich nach alledem nicht verkennen, dass derselbe Process,
welcher für die Sepsis am Lebenden charakteristisch war, die Fäulniss
der Gewebe und der Zerfall des Organismus, auch in der Leiche in
höherem Grade als gewöhnlich zur Fortsetzung gelangt.

Wir stehen daher vor der Frage, was die Ursache dieses raschen
Zerfalles der Gewebe und welches der Hauptfactor der septischen Infection sei, aus dessen Wirken wir die Symptome der Sepsis einzeln
und in ihrer Gesammtheit zu erklären im Stande wären.

SIEBENTES CAPITEL.

**Wesen der Sepsis. Gährung. Factoren der septischen Gährung.
Chemische Gifte bei Sepsis. Mikroorganismen bei Sepsis. Beziehung
der Mikroorganismen zur Sepsis. Wirkung der Mikroorganismen im
Allgemeinen. Microbes septigues (Pasteur). Entzündung, Fieber und
Mikroorganismen. Zymoid (Billroth). Fibrinferment (Edelberg). Ur-
sache der Sepsis. Aufenthaltsorte der Mikroorganismen bei Sepsis.**

Wir haben als das wichtigste der septischen Symptome an der
Wunde den Zerfall der Gewebe hervorgehoben. Dieser Zerfall, diese
Fäulniss der Gewebe ist das Resultat einer Gährung. — Die Gährung
findet im Organismus alle ihr nothwendigen Bedingungen vor. In den
Geweben und speciell im Blute ist der Boden zur Gährung vorhanden,

in der normalen Temperatur des Körpers findet sich die zur Gährung nöthige Wärme, und wenn sich zu all dem noch die Gährung erregenden Stoffe gesellen, so beginnt die Fermentation. — Da die Gährung eine Metamorphose der Kohlenstoffverbindungen, eine Spaltung der complicirteren organischen Stoffe, also auch der Gewebe, in einfachere Verbindungen bedeutet, so lässt sich aus der Definition der Gährung der Zerfall der Gewebe bei Sepsis in der That gut ableiten. Die aus dem Zerfall der Gewebe resultirende Jauche ist ein Gährungsproduct, Gährungsproducte sind die bei diesem Zerfall, dieser Fäulniss sich entwickelnden Gase, von welchen das Ammoniak und das Hydrothion auch ohne Reagentien schon durch den Geruch zu erkennen sind, und Producte der Gährung bilden auch jene Alkaloide, welche aus den faulenden Geweben auf dem Wege complicirter chemischer Analysen hergestellt werden können. —

Die Gewebe kann man auch auf dem Wege der chemischen Analyse in ihre elementaren Bestandtheile zerlegen; ihr spontaner Zerfall jedoch, jener indirecte Uebergang vom Leben zum Tode (nercrobiosis), der als ein Hauptsymptom der Sepsis beschrieben wurde, ist nur auf dem Wege der Gährung möglich. Die Gährung erfordert hinwieder Feuchtigkeit und Wärme. Die Feuchtigkeit liefert den Geweben das Blut, das auch selbst der vollkommenste gährungsfähige Stoff ist, und eben dieses Blut liefert mit Hülfe der Lebensfunction des Organismus auch die Wärme. — Diese Feuchtigkeit und diese Wärme wirken auch bei der Verbreitung des septischen Zerfalles mit. — So kann z. B. das mumificirte Fingerglied längere Zeit in Verbindung mit den gesunden Theilen bleiben; den Anstoss zur septischen Gährung giebt es erst dann, wenn in seinem mit dem gesunden zusammenhängenden Theile, der noch warm und feucht erhalten wird, der Zerfall beginnt. —

Die zur Gährung resp. zur Fäulniss prädisponirenden Factoren, der Boden, die Feuchtigkeit und die Wärme sind daher im Organismus selbst vorhanden, sie finden sich alle in der offenen Bresche des Organismus, in der Wunde vor; was jedoch den Zersetzungsprocess hier thatsächlich in Gang bringt, kommt von aussen in die Wunde und von hier in den Organismus. —

Dass die den septischen Zerfall anregenden Stoffe nicht in dem Organismus selbst sind und ihren Einfluss an dem weniger resistenten Flecke, in der Wunde zur Geltung bringen, sondern dass sie in der

2*

That von aussen hierher kommen, ist eine Thatsache, zu deren Beweis
nicht einmal jene Analogie nöthig ist, wie sie z. B. die Weingährung
bietet, wo der Wattepfropf in der Oeffnung der Eprouvette die Gährung
des Traubensaftes verhindert. — Es giebt Verletzungen des Organismus,
wo der Boden zur Gährung geeignet ist, wo Wärme und Feuchtigkeit
vorhanden sind, Gewebstheile zerfallen und auch resorbirt werden, und
doch keine Gährung eintritt und keine Sepsis sich zur Verletzung gesellt, einfach aus dem Grunde, weil der verletzte Theil nicht offen liegt,
weil die deckenden Weichtheile, insbesondere die Haut dem Eindringen
der Gährungserreger den Weg verlegen. Der auffallende Unterschied,
den die Heilung complicirter und nicht complicirter Knochenbrüche zeigt,
die geringe Störung im Gesammtorganismus, bei welcher der Knochen
dann zusammenheilt, wenn die Haut darüber unversehrt ist, und die
Gefahr, die das Leben fortwährend bedroht, wenn zu den Bruchenden
durch die Oeffnung der Haut und durch die Wunde der Weichtheile ein
Weg führt, dieser Unterschied ist es, der deutlich darauf hinweist, dass
wir die Erreger der septischen Gährung ausserhalb des Organismus
suchen müssen.

Eine lange Reihe der hierauf bezüglichen Versuche steht uns zur
Verfügung, wenn wir an die Bestimmung dieser Krankheitserreger gehen.
Wir wollen hier die Resultate dieser Experimente nur kurz und in der
Reihenfolge geben, in welcher sie mit einander logisch zusammenhängen
und zur Aufklärung der verwickelten Frage beitragen.

Indem wir in der Untersuchung der Infectionsproducte die Erklärung der Krankheitsursachen suchen, begegnen wir im Secret der
septischen Wunde und im sephthaemischen Organismus zweierlei Arten
von Elementen, die im gesunden Organismus nicht zu Hause sind. Wir
finden im Secret der septischen Wunde, manchmal auch im Blute und
in den einzelnen Organen des sephthaemischen Kranken durch geeignete
Verfahren zu extrahirende Gifte, und unter dem Mikroskop nachweisbare, in Nährflüssigkeiten weiter cultivirbare kleine lebende Organismen. Dass in der neuesten Zeit beim Erforschen der Krankheitserreger besonders diese beiden Elemente die Aufmerksamkeit auf
sich zogen, findet seine Erklärung darin, dass es mit Hülfe derselben
chemischen Verbindungen und dieser lebenden Mikroorganismen gelingt,
manche Theile des Symptomencomplexes, der das Bild der Sepsis bietet,

im Wege des Experimentes zu produciren und zum Theile auch an dem Versuchsthiere hervorzubringen. —

Da viele der chemischen Producte, die sich bei der fauligen Zersetzung der Gewebe bilden, als da sind: kohlensaures, buttersaures und valeriansaures Ammoniak, Leucin, Tyrosin, Hydrothion, Schwefelammonium und andere Ammoniakverbindungen, die septischen Erscheinungen hervorzubringen nicht vermögen (Panums' Versuche), musste man nothgedrungen andere chemische Gifte suchen. Ein solches Gift fand man (Bergman und Schmiedeberg) im schwefelsauren Sepsin, einem krystallinischen, an der Luft leicht zerfliessendem basischen Salze, welches aus faulender Bierhefe hergestellt wurde. Das Callidin (Nenky) und das Peptotoxin (Brieger 1884), welche aus faulenden Stoffen extrahirt wurden, erwiesen sich ebenfalls als putride Gifte; die Wirkung des letzteren ist der des Curare ähnlich. Es gelang auch, ein Glycerinextract des putriden Giftes herzustellen (Mikulicz und Hiller) in einer Lösung, die von allen Mikroorganismen frei war, und mit welcher man den ganzen Symptomencomplex der septischen Allgemeinerkrankung am Versuchsthiere produciren konnte. Da es jedoch bisher nicht gelungen, das septische Gift rein zu gewinnen, d. h. eine chemische Verbindung herzustellen, welche die Local-Symptome sowohl, als die Allgemein-Symptome hervorzubringen, die Fäulniss der Wunde und die damit verbundene Infection des Organismus zu erregen im Stande wäre, so bleibt die Annahme (Hiller), dass das im Glycerinextracte befindliche Gift als Ferment den Anstoss zur Fäulniss giebt, eine nicht unanfechtbare Hypothese. Fest steht nur, dass es ein vorwiegend chemischer Process ist, dessen Bild die Sepsis bietet, und dass die beim Fäulnissprocess zur Entwickelung kommenden Gifte, die Ptomaine, manche der septischen Krankheitserscheinungen zu erklären vermögen. Den ganzen Vorgang der Wundfäulniss und der sich an diese anschliessenden Sephthaemie auf rein chemische Agentien zurückzuführen, ist jedoch derzeit nicht möglich.

Mehr Erfolg verheissend ist jene Richtung, welche bei der Erklärung der septischen Infection zur Annahme der Schädlichkeit kleiner lebender Organismen gelangt. — Im Secrete der septischen Wunde findet man zur Classe der Spaltpilze (Schyzomicetes) gehörende kleine lebende Organismen, die in diesem Secret sich bewegen und vermehren. Dieselben, auf anderen günstigen Nährboden verpflanzt, leben und vermehren

sich daselbst weiter, und zugleich mit dieser Vermehrung beginnt die
Gährung und Zersetzung der Nährsubstanz.

Von den im Wundsecrete sich aufhaltenden Spaltpilzarten sind besonders die kugelförmigen oder sphärischen C o c c e n und die länglichen,
stäbchenförmigen oder fadenförmigen B a c t e r i e n und B a c i l l e n von
Bedeutung. — Diese Formen bilden hier die Gattung, deren Individuen
einzeln, oder zu zweien, dreien, und mannigfach zusammenhängend und
einigermaassen an Grösse, Form und Farbennuance, wie hinsichtlich
ihres Verhaltens gewissen Farbstoffen (Anilinfarben) gegenüber verschieden, zu verschiedenen Benennungen Anlass geben. Bald sind die Coccen-
formen, bald die Bacterien an Zahl überwiegend, und da beim Fortschreiten der septischen Zersetzung die Zahl der Coccen abnimmt und
die der Bacterien grösser wird, so schien einst die Annahme B i l l r o t h s
gerechtfertigt, dass Coccen und Bacterien Uebergangsformen derselben
Gattung bilden (Coccobacteria), und da auch die Grösse der einzelnen
Formen eine verschiedene ist, dieser Unterschied ebenfalls auf Differenzen im Entwickelungsstadium zurückzuführen sei. Die Resultate
der Arbeiten K o c h s und die mit der Methode der Reinzüchtung der
· Mikroorganismen erzielten Resultate überhaupt weisen jedoch nun immer
mehr darauf hin, dass die einzelnen Formen der Mikroorganismen eben
so vielen Arten derselben entsprechen, wenn auch wieder andere Versuche ergeben, dass dieselbe Art, auf verschiedene Nährsubstanzen ver-
pflanzt, verschiedene Formen anzunehmen vermag, und diese Form,
durch mehrere Generationen gezüchtet, zumeist mit der Constanz des
Nährbodens eine gewisse Stabilität erlangt (H a u s e r).

Nachdem wir die Anwesenheit solcher Mikroorganismen im Wundsecret der septischen Wunde constatirt haben, müssen wir noch eine
ganze Reihe der Vorfragen beantworten, ehe wir den Zusammenhang,
der zwischen diesen Mikroorganismen und der Infection der Wunde besteht, aufzuklären vermögen.

Wir können mit der Frage beginnen, o b M i k r o c o c c e n u n d
B a c t e r i e n b l o s i m S e c r e t e d e r s e p t i s c h e n W u n d e (oder
d e r i n f i c i r t e n W u n d e ü b e r h a u p t) z u f i n d e n s i n d? Mikrococcen und Bacterien findet man nicht blos im Secret der inficirten
Wunde; sie sind insbesondere auch im Secret der gut granulirenden
Wunde zu finden, sie leben und vermehren sich daselbst, man findet
sie sogar in dem minimalen blutigen Secret der per primam heilenden

l

Wunde. Durch eine lange Reihe von Versuchen gelang es mir selbst nie, ein Wundsecret zu finden, das von Mikroorganismen ganz frei war, und konnte ich mich von der Existenz derselben im Wundsecrete ganz gesunder, d. h. aseptischer und in Heilung begriffener Wunden mit der Untersuchung unter dem Mikroskope sowohl, als durch Weiterzüchtung auf Peptongelatine in jedem Falle überzeugen. Es giebt also Mikroorganismen auch im Secrete von Wunden, die ungestört heilen, und wo die Anwesenheit derselben weder von localen, noch von Allgemein-Symptomen der Sepsis begleitet ist.

Giebt es Mikroorganismen-Arten — Mikrococcen oder Bacterien — die ausschliesslich in septischen Wunden oder im Secrete derselben zu finden sind? Bezüglich dieser Frage führten die bisherigen Forschungen zu mannigfachen Resultaten. Einigermaassen sichere Anhaltspunkte boten erst die Untersuchungen von Klebs, der das »Microsporon septicum« als pathogenen Organismus aus faulenden Stoffen züchtete, besonders aber die Untersuchungen Kochs, dem es gelungen, den Mäusesepsis-bacillus rein, ohne Zumengung anderer Mikroorganismen zu züchten. Auch Pasteur gelang es, mit seinem »microbe septique« durch mehrere Reinculturgenerationen septische Erscheinungen am Versuchsthiere zu produciren, während Cohn das Bacterium termo für den specifischen Erreger der septischen Fäulniss hielt. Hauser fand neuestens zur Proteus-Gattung gehörende Mikroorganismen (Proteus vulgaris, Prot. mirabilis und Prot. Zenkeri), die im Secrete septischer Wunden und in der Jauche anderer ulcerirender Geschwüre (Carcinom) vorkommen, und die rein gezüchtet und auf fäulnissfähige Stoffe gegossen in kurzer Zeit die Fäulniss derselben bewirkten und, auf Kaninchen und Meerschweine geimpft, die Thiere unter Symptomen der Sepsis tödteten. Rosenbach züchtete aus dem Inhalte eines stinkenden Pancreasabscesses, aus dem Schweisse eines stinkenden Schweissfusses und aus dem Secrete einer putrid gewordenen complicirten Fractur Bacillen und nannte sie ob ihrer Fäulniss erregenden Eigenschaften Bacillus saprogenes I. II. III. Wenn sich auch die Wichtigkeit der Resultate dieser Versuche nicht abstreiten lässt, so verlieren sie dennoch an praktischer Bedeutung, wenn wir, die Reihe der Versuche betrachtend, sehen, dass die septische Infection, an welcher diese Versuchsthiere zu Grunde gehen, und jene septische Erkrankung, die wir am Menschen als Wundcomplication zu

beobachten Gelegenheit haben, nicht identisch sind, dass Kochs Mäusesepsis, bei welcher die geimpften Bacterien im Blute sich in ungeheuerer
Anzahl vermehren, während an der Impfstelle die Reaction sich in einem
unbedeutenden Oedem kund giebt, dass diese Sepsis und jene Infection, deren Symptome wir geschildert, in der That wenig ähnliche,
vielleicht sogar ganz verschiedene Erkrankungen sind.

Noch mehr verlieren an praktischem Werth die eben genannten
Versuche, wenn wir als Ergänzung der obigen Frage noch jene andere
Frage beantworten müssen, ob blos die durch Koch und Pasteur,
Rosenbach und Hauser entdeckten Mikroorganismen bei
der septischen Wunderkrankung vorkommen, oder ob
auch im Beisein anderer Mikrobenarten die Symptome
der Sepsis zur Observation gelangen? Ich kann mich bei der
Beantwortung dieser Frage wieder auf eine ganze Reihe der von Anderen
und auch von mir selbst gemachten Versuche stützen, wenn ich behaupte,
dass es eine gar nicht zu bestimmende Anzahl von Mikroorganismen
gibt, die, theils aus dem Secrete septischer Wunden, theils aus anderen
faulenden Stoffen gezüchtet, zur Fäulniss der organischen Gewebe und
zu Infectionssymptomen am Versuchsthiere führen, so dass wir hierin
Neelsen unbedingt beistimmen, wenn er behauptet, dass es viel leichter
sei, das Verzeichniss jener Mikroorganismen zu geben, die in dem Secrete solcher Wunden nicht vorkommen, als das Verzeichniss jener,
die in einem oder anderem Falle daselbst zu finden sind, und aus deren
Zusammenwirken seiner Meinung nach das Krankheitsbild resultirt, das
wir als das klinische Bild der Sepsis kennen. In jedem septischen
Wundsecret finden sich verschiedene Mikroorganismen vor, die, rein
weiter gezüchtet und auf Thiere geimpft, eines der septischen Symptome fast ausnahmslos zur Folge haben, und dieses constante Symptom ist das Fieber. Wenn Billroth die verschiedenen Formen der
Mikroorganismen im septischen Wundsecrete für verschiedene Entwicke-
lungsstadien derselben Art hielt, so ist dies eine Annahme, die durch
die Reinzüchtung zwar die Haltbarkeit verloren, die aber seiner Zeit dadurch begründet war, dass in jedem Falle der septischen Wunderkrankung die verschiedensten Mikroorganismen zu finden sind.

Indem man die Erfahrungen zur Entscheidung der beiden letzteren
Fragen zusammenfasst, lässt sich derzeit als Factum nur festhalten,
dass es keine Mikroorganismenart gibt, die ausschliess-

lich nur bei septischer Wunderkrankung vorkäme, ferner
dass es keinen Mikroorganismus gibt, der, rein gezüchtet
und auf Thiere geimpft, sämmtliche Symptome der Sepsis
hervorzubringen im Stande wäre, und endlich, dass es keine
septische Wunderkrankung des Menschen gibt, bei der
nur eine Art der Mikroorganismen zu finden wäre. —

Was bewirken die Mikroorganismen in der Wunde?
Zur Lösung dieser Frage können wir erst dann schreiten, wenn wir
über das Wirken der Mikroorganismen im Allgemeinen unterrichtet sind.
Gewisse chemische Processe, gewisse chemische Metamorphosen der
organischen Verbindungen verlaufen im Beisein von Mikroorganismen.
Nach Pasteurs musterhaften Experimenten kann es als feststehend betrachtet werden, dass insbesondere jene chemische Metamorphose der
organischen Verbindungen, die man Fermentation (Gährung) nennt, nur
im Beisein von Mikroorganismen möglich ist. Und da constatirt wurde,
dass die septische Fäulniss ein Gährungsprocess sei, so müssen wir
consequent auch zugeben, dass die septische Fäulniss nur in Anwesenheit von Mikroorganismen möglich sei. Bedeutet dies, dass die
Mikroorganismen die Urheber der septischen Zersetzung
seien? Diese Bedeutung der Mikroorganismen können wir so lange
nicht als feststehend betrachten, so lange die Art ihrer Wirkung nicht
aufgeklärt ist.

Wenn die Mikroorganismen auf den Beginn der Gährung Einfluss
haben, so muss dieser Einfluss in ihren Lebensfunctionen begründet
sein. — Betrachten wir die Gährung und die Lebensfunctionen der
Mikroorganismen neben einander, so finden wir, dass mit dem Fortschreiten der Gährung auch die Zahl der Mikroorganismen zunimmt,
und wenn die Gährung einen gewissen Grad erreicht, ein Theil der
Mikroorganismen abstirbt, und andere Mikroorganismen, wahrscheinlich
mit anderen Lebensbedingungen, zur Entwickelung und Vermehrung gelangen. Pasteur erklärt dieses Nebeneinander der Gährung und dieser
Reihenfolge des Erscheinens, der Vermehrung und des Absterbens der
Mikroorganismen damit, dass in die zur Gährung geeigneten Stoffe aus
der Luft die Keime jener Mikroorganismen gelangen, die sich hier vermehren und bei ihrer Vermehrung den Sauerstoff der Luft verbrauchen.
Wenn diese, von Pasteur »Aërobies« genannten Mikroorganismen den
ganzen zur Verfügung stehenden Sauerstoff aufgebraucht, und wenn sie

beim Verschluss des Nährsubstrates weiteren Sauerstoff aus der Luft
nicht erhalten können, so sterben sie ab und, während sie bis dahin
sich an der Oberfläche hielten, sinken sie nun auf den Grund des Ge-
fässes. Gleichzeitig beginnt die Entwickelung und Vermehrung von
Mikroorganismen, deren Keime aller Wahrscheinlichkeit nach auch bereits früher in die Nährsubstanz gerathen, und die bei ihrer Entwickelung und Vermehrung die stickstoffhaltigen Verbindungen zersetzen.
Diese Mikroorganismen nennt Pasteur Anaërobien«, d. h. Mikroorganismen, die zu ihren Lebensfunctionen keines Sauerstoffes bedürfen,
und da dieselben die Urheber der Zersetzung von stickstoffhaltigen Verbindungen sind, so sind sie auch die eigentlichen Factoren der Fäulniss.
Der Sauerstoff, der bei Gelegenheit dieser Zersetzung frei wird, kann
wieder zur Ernährung von Aërobiekeimen dienen. Wenn die Nährsubstanz, d. h. der gährungsfähige Stoff mit der Luft frei verkehrt, so
ist die Entwickelung und das Leben der Aërobien und Anaërobien auch
neben einander möglich, so dass die Aërobien sich in den oberen
Schichten etabliren und, indem sie hier eine dünne membranartige
Schichte bilden, die tieferen Schichten von der Luft abschliessen und
diese der Vermehrung und der zersetzenden Wirkung der Anaërobien
überlassen. Ein solcher Anaërobie ist nach der Meinung Pasteurs auch
jener Mikroorganismus, den er Microbe septique nennt, und von dessen
Schädlichkeit er sich dadurch überzeugte, dass die Nährsubstanz, worin
er diesen Microbe rein gezüchtet, durch mehrere Züchtungsgenerationen
hindurch wirksam war, d. h. infectiös wirkte.

      Wenn wir auch die eben skizzirte geistreiche Erklärung Pasteurs für
die Fermentation und die Fäulniss anzunehmen bereit wären, so sind
wir noch weit entfernt, damit ein Verständniss für jene Wirkung der
Mikroorganismen zu gewinnen, durch welche die septische Infection bedingt sein soll. —

      Wenn wir zugeben, dass die Local-Symptome der Sepsis — der
Zerfall und die Zersetzung der Gewebe — durch die Lebensfunctionen
der Mikroorganismen verursacht werden, so ist die nächste Frage, womit die Allgemein-Symptome der septischen Infection
erklärt werden können? Wie verursachen die Mikroorganismen
das Fieber, die vielfachen Entzündungen, die jauchigen Exudate seröser
Flächen etc.? — Entzündungen bewirkt das Trauma, Entzündungen verursachen chemische Reize, und diese Entzündungen können auch zu

Exudaten führen, und Fieber und lethaler Ausgang im Gefolge von Blutvergiftungserscheinungen sind auch bei anderen Vergiftungsarten zu observiren. Ja es kann sogar das klinische Bild der septischen Infection künstlich durch subcutane Injection einer jauchenartigen Nährflüssigkeit producirt werden, aus welcher durch minutiöse Filtrirung die Mikroorganismen ausgeschlossen wurden (Hiller, Hauser), und in welcher daher im besten Falle nur die Zersetzungsproducte der Fäulniss resp. das durch die Mikroorganismen producirte oder neben ihren Lebensfunctionen zur Entwickelung gelangte Gift vorhanden ist. —

Jene Versuche, bei welchen von Mikroorganismen freie, aber der Einwirkung von Mikroorganismen bereits ausgesetzte, also zersetzte oder in Zersetzung begriffene Nährsubstanzen noch immer ihre giftigen Eigenschaften behielten, lassen darauf schliessen, dass nicht die Mikroorganismen als solche, sondern die im Anschlusse an ihre Lebensfunctionen zur Entwickelung gelangenden Gifte die wirksamen Factoren der Sepsis sind. — Für solche giftige Stoffe hält man die Substanzen, welche aus dem Secret der septischen Wunden und aus den faulenden Geweben selbst bereitet werden können und neben welchen die Mikroorganismen bei der septischen Infection nur eine untergeordnete Rolle haben sollen. Hiller schied aus septischer und bacterienhaltiger Nährflüssigkeit durch sorgfältiges Filtriren und Waschen die Mikroorganismen aus, und die auf diese Art ihrer Nährsubstanz beraubten und gewissermaassen aufs Trockene gesetzten Bacterien verursachten weder am Versuchsthiere septische Erscheinungen, noch schadeten sie ihm selbst, der 1½ Cubikcentimeter dieser reinen Bacterienflüssigkeit sich unter die Haut injicirte, während ein Glycerinextract der bacterienfreien Flüssigkeit sich wirksam erwies. — Er betrachtet die Erscheinungen der Sepsis als ein Resultat des Zusammenwirkens lebender Mikroorganismen und chemischer Fermente, schreibt den letzteren jedoch eine grössere Bedeutung zu. Wenn auch der erste Theil dieser Versuche, insoferne sie den Beweis für die Arglosigkeit der rein filtrirten Bacterien bilden soll, eben dadurch, dass mit der Filtrirung der geeignete Boden für die Entwickelung der Thätigkeit der Mikroorganismen entzogen wird, nicht stichhaltig ist, so beweist der zweite Theil dennoch, dass die mikroorganismenfreie Nährsubstanz chemische Bestandtheile enthält, die zur Vergiftung des Organismus geeignet sind. Aehnliche Versuche führen nun allgemein zu der Annahme, dass die septischen Erscheinungen als das Resultat der Gesammtwirkung

von lebenden Organismen und chemisch wirkenden Fermenten aufgefasst
werden müssen, wenn auch die Meinungen darüber noch nicht einig
sind, ob das Ferment mit den Mikroorganismen unzertrennbar zusammenhängt, gleichsam eine Eigenschaft der Mikroorganismen bilde
und mit der Vermehrung der letzteren sich ebenfalls vermehre, oder ob
das giftige Ferment sich erst bei der Zersetzung aus den präexistirenden
Bestandtheilen der Gewebe bilde. Samuel z. B. sieht in der specifisch
septischen Wirkung die Wirkung der Zersetzungsproducte — des Hy-
drothions, Ammoniaks etc. —, und er meint, dass das Walten der
Mikroorganismen auf den Anstoss zum septischen Zerfall und die Fortsetzung desselben beschränkt sei. Hauser fand, dass die in stinkender
Jauche vorkommenden Proteusbacterien bei der Zersetzung der organischen Gewebe giftige Substanzen erzeugen, die, aus der bacterienfreien
Flüssigkeit mit Wasser oder Alkohol extrahirt, wohl den Tod des Ver-
suchsthieres herbeiführen, dass aber die bacterienfreie Flüssigkeit kein
Ferment enthält, welches die faule Zersetzung der Gewebe erregen
könnte.

Fieber und Entzündung wird daher durch die Anwesenheit der
Mikroorganismen nicht zur Genüge erklärt, und so wird die Annahme
eines Entzündung und Fieber erregenden Ferments immer mehr zur
Nothwendigkeit. Dieses Ferment nannte Billroth Zymoid und mit
besonderer Rücksicht auf Entzündung und Fieber phlogistisches
Zymoid. Dieser ziemlich dunklen Bezeichnung gab Edelberg einen
greifbaren Körper, als er durch Experimente bewies, dass das im Blute
circulirende freie Fibrinferment ein Factor sei, der Fieber zu erregen im
Stande sei und den Nachweis erbrachte, dass dieses freie Fibrinferment
bei der septischen Erkrankung auch wirklich im Blute vorhanden und
zwar in grosser Menge vorhanden sei. Die Anhäufung dieses freien
Fibrinferments ist seiner Meinung nach das Resultat der Einwirkung der
Mikroorganismen, die, in die Blutkörperchen eindringend, durch Zersetzung
dieser das Fibrinferment erzeugen. Die Anwesenheit des freien Fibrinferments würde also das Fieber und das stellenweise Gerinnen des
Blutes und die auf diese Art entstehenden Embolien und Infarcte erklären. Und auch das Auftreten dieses Fibrinferments liesse sich mit
der Wirkung der Mikroorganismen vereinbaren, aber das freie Fibrinferment ist auch ohne Sepsis oft im Blute nachweisbar, und erklärt auch
noch nicht alle Symptome der Sepsis; ja selbst das Freiwerden des

Fibrinferments bedarf noch einer Erklärung. — Nach der Annahme Rosenbachs sind nur gewisse Mikroorganismen mit solch invasiven Eigenschaften ausgestattet, dass sie, in die Blutbahn gelangend, den ganzen Körper durchsetzen und mit ihren Ptomainen vergiften.

Was ist also nach alldem die Ursache der septischen Symptome, worin finden diese ihre Erklärung? Alles Bisherige zusammengefasst, können wir auf diese Frage auf Grund der Experimente, deren Resultate wir kennen, und deren Verlässlichkeit ausser Zweifel gesetzt ist, damit antworten, dass die Symptome der septischen Erkrankung vom Zusammenwirken mehrerer Factoren bedingt sind. Weder jene chemischen Gifte, welche aus septischen Wundsecreten oder faulenden Geweben und Jauchen überhaupt hergestellt werden können, noch jene Mikroorganismen, die in septischen Wundsecreten, im Blute und anderen Organen der sephthaemisch Erkrankten gefunden werden, können für sich allein alle Symptome der Sepsis verursachen. Zwischen diesen Factoren und der septischen Wunderkrankung besteht ohne Zweifel ein Zusammenhang; die Art dieses causalen Zusammenhanges ist aber noch nicht genau bekannt. Die Erklärung der septischen Infection, verursacht durch Einwirkung von Organismen mittelst Fermenten, die durch diese producirt oder vermehrt werden, ist zwar plausibel genug, wir dürfen jedoch nicht vergessen, dass diese Erklärung eine plausible Hypothese, aber derzeit noch keine unumstösslich bewiesene Thatsache ist. —

Im Rahmen dieser Erklärung finden auch noch manche der auseinander gehenden Meinungen Raum; sie verträgt sich mit jener Meinung, welche, nachdem die Wirkung giftiger Fermente nicht zu leugnen ist, annimmt, dass diese Fermente mit den Mikroorganismen in die Wunde und von hier in den Organismus gelangen, und sie verträgt sich auch mit jener anderen Meinung, nach welcher das Ferment schon in dem gesunden Blute und in den gesunden Geweben existirt, und nur durch das Hineingelangen und die Vermehrung der Mikroorganismen aus seinen bis dahin neutralen Verbindungen frei gemacht wird. Am wenigsten lässt sie sich noch mit jener Ansicht vereinigen, laut welcher die Sepsis, wie auch die übrigen Infectionskrankheiten selbst ihre Noxe erzeugt, und die Mikroorganismen nur Träger des ausser ihrer Lebensfunction stehenden Giftes sind.

Wenn der causale Zusammenhang zwischen Mikroorganismen und

septischer Infection auf solch schwacher Basis steht, scheint die Erörterung
der Frage, ob die septische Erkrankung einen speciellen Mikroorganismus
hat, fast überflüssig. Koch gelang es, eine Bacterienart zu züchten, die
seiner Ansicht nach bei Mäusen eine der Sephthaemie analoge Krankheit hervorzurufen im Stande sei. Das Bacterium dieser Mäusesepsis
kann aber weder am Kaninchen, noch an anderen Thieren dieselbe
Krankheit verursachen, und so ist es auch höchst wahrscheinlich, dass
die sogenannte Mäusesepsis auch mit der septischen Erkrankung des
Menschen nicht identisch ist. Auf noch viel weniger sicherem und bei
der entwickelten Experimentationsmethode fast ganz unhaltbarem Boden
fusst jene andere Ansicht (Naegele, Buchner, Gravitz), nach welcher
die ursprünglich zu einer·Gattung gehörigen Spaltpilze im Nährboden,
den ihnen der Organismus bietet, verschiedenartig verändert werden und
bei einer gewissen Acclimatisation die Urheber der verschiedensten
Krankheiten sein können.

Nur wenn der causale Zusammenhang zwischen den Mikroorganismen und der Infection der Wunde ganz klar gelegt sein wird, wird das
Suchen des specifischen Mikroorganismus zur wirklich actuellen Frage
werden. Bisher sind wir zu dieser Klarheit nicht gelangt, und wir
acceptiren nur auf Grund gewisser Analogien den Satz, dass die Sepsis
von Mikroorganismen erzeugt wird, da wir in der That doch nur wissen,
dass die Sepsis eine in Begleitung von Mikroorganismen auftretende
Krankheit ist. Das Wie der Entstehung der Sepsis in Gegenwart der
Mikroorganismen ist nur eine labile Hypothese, und noch immer behält Flügge Recht, wenn er behauptet: So wenig wir zur Zeit nur
einigermaassen die Zersetzungsvorgänge bei der Fäulniss in Form von
chemischen Gleichungen zur Anschauung bringen können, so sind wir
noch weniger im Stande, über die Morphologie der Fäulnisserreger Bestimmtes zu sagen. Welche von den im Fäulnissgemisch vegetirenden
unzähligen Formen von Spaltpilzen als harmlose Ansiedler, welche als
Gährungserreger aufzufassen sind, und auf welche von den letzteren die
einzelnen Phasen des Fäulnissprocesses zu vertheilen sind, darüber ist
noch so gut wie nichts Sicheres bekannt.« —

Und bei diesem Stande der Frage haben wir nur noch zu sehen,
wo wir den die septische Infection vermittelnden Mikroorganismen im erkrankten Organismus begegnen? Die
Frage besitzt auch mit Rücksicht auf das eventuell zu ergreifende Heil-

verfahren praktische Wichtigkeit. Bei der septischen Wundinfection
finden wir Mikroorganismen im Wundsecrete, in den Zwischenräumen
der Gewebe, wir finden sie im Organismus überall vor, wo die Symptome
der Infection in krankhaften Alterationen der Gewebe und Organe sich
kundgeben. Wir finden Bacterien in den entzündlich infiltrirten Geweben, den jauchigen Exudaten, den Lungen, in der Milz, den Nieren
und besonders in der Mucosa des Darmtractes; und den an letzterer
Stelle sich massenhaft anhäufenden Mikroorganismen schreibt man auch
die unstillbare Diarrhöe der septisch Erkrankten zu. Von der grössten
Wichtigkeit und höchst charakteristisch ist die Anwesenheit von Mikroorganismen in den Lymphbahnen und im circulirenden Blute. In den
Bahnen der Blutcirculation finden wir überall Mikroorganismen; in den
kleinen Capillaren und im langsam kreisenden Blute häufen sie sich zuweilen so sehr an, dass sie nicht nur das Lumen der Capillargefässe
vollständig ausfüllen und verstopfen (z. B. bei Retinitis septica die Capillaren der Retina), sondern auch, wie es Ziemiazky nachgewiesen,
die Gefässwände durchdringen und sich in den Gewebszwischenräumen
etabliren und vermehren. Es muss aber auch noch bemerkt werden,
dass trotzdem Alles dafür spricht, dass im Blute sephthaemischer Kranken stets Mikroorganismen sind, diesbezügliche Experimente nicht selten
negativ ausfallen. Die Ursache dieser Inconstanz ist in Dunkel gehüllt.

ACHTES CAPITEL.

**Eindringen der Mikroorganismen in die Wunde. Mikroorganismen
in der Luft; atmosphärische Infection. Mikroorganismen, die an
Gegenständen haften; Contact Infection. Inclination der Wunden zur
Sepsis. Resistenz der Wunden gegen die Sepsis. Entzündungswall.
Einfluss des Schorfes auf die Resorption der infectiösen Stoffe. Das
Wundsecret als Vermittler der Infection.**

Woher und auf welche Art gelangen die Mikroorganismen in die Wunde und in den Organismus? Dass
kleine lebende Organismen die Zersetzung der organischen Gewebe an-
regen, darin stimmen Viele überein, die hinsichtlich der Abstammung
resp. der Herkunft dieser Mikroorganismen ganz verschiedener Meinung

sind. Abgesehen davon, dass die Anhänger der Generatio spontanea
eben auf die Genesis der Mikroorganismen ihre Lehre basirten, die
trotz Allem, was dagegen spricht, nicht das Resultat abstracter Specu-
lationen, sondern das Ergebniss concreter und geistvoller Versuche ist, —
abgesehen also von dieser Lehre, nach welcher die Mikroorganismen aus
gewissen praeformirten Geweben und bei unbekannten Dispositionen entstehen, giebt es Forscher, die der Ansicht sind, dass die Mikroorganismen auch im gesunden Organismus und in den gesunden Geweben vorhanden sind, und im Falle der septischen Infection nicht eben von
aussen in die Wunde — als locus minoris resistentiae — kommen
müssen. Den Beweis hierfür wollten sie durch Experimente erbracht
haben, bei welchen aus dem gesunden Thierkörper entnommene organische Gewebe im Beisein von Mikroorganismen in Fäulniss übergingen,
selbst wenn das Hinzutreten von Mikroorganismen ihrer Meinung nach
ausgeschlossen war. Die Lehre von der Generatio spontanea verfällt
aber immer mehr, und die letzterwähnte Ansicht von der Anwesenheit
von Mikroorganismen im lebenden Gewebe des normalen thierischen
Organismus wird in dem Maasse entkräftet, in welchem die Experimentationsmethode vollkommener wird und mit Hülfe derselben Experi-
mentationsfehler leichter zu vermeiden sind. Wenn es auch vielen und
glaubwürdigen Forschern nicht gelungen war, organische Stoffe, als
Fleisch, Blut, Milch etc., so zu conserviren, dass diese längere Zeit hindurch nicht in Fermentation und Fäulniss übergingen, ist dies anderen
auf Jahre hinaus gelungen. Die organischen Stoffe blieben unverändert,
wenn es gelang, sie in Gefässen unterzubringen, deren Luft durch Erhitzung oder durch Compression selbst für die Lebenserhaltung der
Mikroorganismen untauglich gemacht worden, und wenn bei der Manipulation dieser fäulnissfähigen Stoffe durch geeignete Vorkehrungen die
Möglichkeit des Hinzugelangens infectiöser Keime ausgeschlossen war.
Da es also gelungen, verschiedene Theile der organischen Gewebe Jahre
hindurch durch Abschluss von den organischen Bestandtheilen der Luft
so zu conserviren, dass selbe von Mikroorganismen frei blieben und
auch nicht in Fäulniss übergingen, und da andererseits die Zersetzung
dieser Stoffe und das Erscheinen von Mikroorganismen unausbleiblich
erfolgte, wenn dieses Abschliessen zufällig oder absichtlich unterbrochen
wurde, so lässt sich mit grösserer Positivität als das Gegentheil behaupten, dass die Mikroorganismen, welche in den fäulnissfähigen Stoffen,

also auch in der Wunde auftreten, nicht auch schon früher dort waren,
nicht daselbst aus den organischen Bestandtheilen der Gewebe entstanden, sondern von aussen hierher gelangten.

Mikroorganismen, in deren Begleitung die Wunde septisch werden
kann, gelangen zur Wunde entweder aus der Luft, wo deren Keime zu
Millionen vorhanden sind, oder von den Gegenständen, die mit der
Wunde in Berührung kommen. Da die Luft von jeher der Factor war,
dem man die Infection der Wunden zuschrieb, und da insbesondere
auch Tyndalls Versuche erwiesen, dass Mikroorganismen neben Staub-
partikelchen in so grosser Anzahl in der Luft vorhanden sind und hier
eine so wichtige Rolle spielen, dass selbst die Wahrnehmung des
Lichtes durch sie vermittelt wird, und da endlich Pasteur mit voller
Bestimmtheit die organischen Keime der Luft für die Erreger der Fermentation bezeichnete, so richtete sich auch bei der Forschung nach
den Ursachen der Wundinfection die Hauptaufmerksamkeit auf diese in
der Luft schwebenden Keime. —

Die Erfahrung lehrt und Experimente beweisen es, dass aus der
Luft zur Wunde organische Keime gelangen können, welche auf den
Beginn der Infection von Einfluss sind, aber Erfahrungen und Experimente beweisen auch, dass diese organischen Keime der Luft keine so
wichtige Rolle bei der Infection der Wunden spielen, als man ihnen vor
noch nicht langer Zeit zumuthete. Nebst den eventuell infectiösen
Keimen sind nämlich auch ganz unschädliche in der Luft, und wenn
diese in die Wunde gelangen, so ist ihre Entwickelung und Vermehrung
von gar keiner schädlichen Wirkung auf die Gesundheit des Organismus,
ja nicht einmal auf die Heilung der Wunde.

Nach der Ansicht derjenigen (Naegele, Buchner, Billroth),
welche die pathogenen und nicht pathogenen Mikroorganismen als zur
selben Art gehörend betrachten, können auch die indifferenten Mikroorganismen, die aus der Luft in die Wunde gelangen, zu pathogenen werden,
wenn der Nährboden und die Umstände dieser Metamorphose günstig
sind. Aber diese Acclimatisation, wie sie diese Metamorphose nennen,
erfolgt nicht auf einmal; aus dem indifferenten Microbe, das aus der
Luft in die Wunde gelangt, kann doch nicht plötzlich und unmittelbar
ein schädliches Bacterium werden. Nur wenn die Keime von einem
Nährboden in die Wunde gelangen, wo sie bereits über gewisse Phasen
der Metamorphose hinaus sind, wird ihre Gefährlichkeit für die Wunde

imminent. — Die Luft mit ihrer wechselnden Temperatur und Feuchtigkeit ist aber kein solcher Nährboden, welcher der Acclimatisation der Keime günstig wäre.

Aber auch die Ansicht derjenigen, die an der Constanz der pathogenen Spaltpilzarten festhalten, und die Sepsis auch für das Resultat der Wirkung specifischer Organismen halten, spricht nicht für die Annahme, dass die Luft in überwiegendem Maasse die Quelle der Wundinfection sei. Das specifische Bacterium erfordert zur Züchtung und Erhaltung einen speciellen und zumeist fixen Nährboden, und wenn daher in der Luft solche specifische Keime sind, so ist dies zumeist ein blosser Zufall. Die septische Infection der Wunden ist aber eine viel häufigere und viel consequentere Complication, als wie es einer solchen Zufälligkeit entsprechen würde.

Viel wahrscheinlicher ist es, dass die Keime der zur Wundinfection in Beziehung stehenden Mikroorganismen nicht so sehr aus der Luft, als vielmehr von den Gegenständen, die mit der Wunde in Berührung kommen, in die Wunde gelangen. Das verwundende Instrument, die um die Wunde beschäftigten Hände, Verbandstoffe, das sind die fixen Stoffe, welche in den meisten Fällen die Infection vermitteln, denn es sind zugleich Stoffe, in welchen die Keime wie auf Nährsubstraten vegetiren können und die, in innige Berührung mit der Wunde gelangend, zur Einführung der infectiösen Stoffe am geeignetsten sind.

Dass in Räumen, wo faule Gewebe, das Secret inficirter Wunden und damit beschmutzte Gegenstände mit der Luft in Berührung kommen, und wo auf diese Art infectiöse Keime vom Nährboden sich lostrennen und in die Luft gelangen, dass in solchen Räumen auch die Luft zur Verbreitung der Infection vorzüglich geeignet ist, lässt sich nicht leugnen, und auf solche schädliche Einflüsse der inficirten Luft lassen sich zum Theil auch die in vorantiseptischer Zeit so häufigen und so gefürchteten septischen Wunderkrankungsendemien der Krankenhäuser zurückführen. Aber auch bei einem beträchtlichen Theile der bei solchen Gelegenheiten septisch erkrankten Wunden vermittelten muthmaasslich inficirte Gegenstände gleichsam contagiös die Infection.

Semmelweiss, dem das Verdienst gebührt, der Erste gewesen zu sein, der die richtige Quelle der Wundinfection erkannt und die logische Consequenz dieser Erkenntniss gezogen, konnte bei jeder Gelegenheit die an seiner Klinik ausgebrochenen Puerperalfieberendemien (im Grunde genommen auch Wundinfectionsendemien) auf derartige fixe Contagien, namentlich auf Hände, die mit Leichenresten beschmutzt waren, oder auf unreine, mit infectiösem Eiter getränkte Leintücher zurückführen. Heute, wo septische Wunderkrankungen nur mehr sporadisch vorkommen, können fast ausnahmlos die Hände des Arztes oder die Gegenstände, mit welchen die Wunde in Berührung gelangt, als Vermittler der Infection angenommen werden.

Indem wir die Quelle der Wundinfection — als Urheber derselben stets die Mikroorganismen vor Augen haltend — soeben ausserhalb des Organismus setzten, haben wir damit nur einen Theil der aufgeworfenen Frage beantwortet, haben wir nur klargelegt, was zur Einführung der infectiösen Stoffe in die Wunde geeignet ist. Der andere Theil der Frage ist, was die Wunde selbst zur Aufnahme der infectiösen Keime geeignet macht? Zur Aufnahme des septischen infectiösen Stoffes ist eine jede Bresche in den gesunden Geweben, eine jede Wunde geeignet. Wie bereits erwähnt, ist die zur raschen Verklebung bestimmte ebenso wie die mit Granulation und unter dem Schorfe heilende Wunde, die oberflächliche Abschürfung, der ausgedehnte Substanzverlust und die tiefe Stichwunde zur Aufnahme der infectiösen Stoffe geeignet. Die Epidermis schützt die Gewebe mechanisch vor den infectiösen Keimen, und wo diese schützende Hülle fehlt, giebt es unzählige Gelegenheiten zur Infection.

Dennoch sehen wir, dass nicht jede Wunde septisch wird, dass auch Wunden heilen, und zwar rasch und ungestört heilen, deren Pflege keine solche war, dass von den vielen Chancen der Infection auch nur eine hätte ausgeschlossen werden können, die mit schlechter und inficirter Luft, mit unreinen Händen und vielleicht auch schmutzigen Verbandstoffen in Berührung kamen, und die trotz alledem nicht septisch inficirt wurden.

Was verleiht also den Wunden diese Resistenz gegenüber dem Eindringen der infectiösen Stoffe? Wir müssen gestehen, dass trotz aller wissenschaftlichen Forschungen diese Frage derzeit nur mit einer Hypothese beantwortet werden kann, indem wir sagen, dass die Wunde gegen die Infection durch die Widerstandskraft des Organismus geschützt wird.

Worin besteht diese Widerstandskraft? Sie besteht — freilich hypothetisch — darin, dass die Zellen der Gewebe in der Wunde mit

Hülfe ihrer Lebensfunction die infectiösen Keime zerstören, die infectiösen Gifte neutralisiren, bevor diese noch im Wege der Lymph- und Blutcirculation sich im Organismus verbreiten konnten. Und wenn solche infectiöse Keime oder ihre giftigen Producte dennoch in den Organismus gelangt wären, so sind es die geformten und flüssigen Bestandtheile des Blutes, die durch ihre chemischen und physiologischen Eigenschaften die Zerstörung der infectiösen Stoffe herbeiführen. Metschnikoffs Arbeiten ergaben, dass die intracelluläre Verdauung von grossem Einflusse auf die Abtödtung pathogener Pilze ist, und Ribbert wies nach, dass manche Pilze im Organismus auch dann zu Grunde gehen, wenn sie nicht ins Protoplasma der Zellen eindringen, sondern nur von ausgewanderten Leukocyten eingeschlossen werden. Wenn daher diese infectiösen Stoffe in nicht allzugrosser Menge vorhanden sind, so siegt die Vitalität des gesunden Organismus über die infectiöse Noxe.

Die Resistenz der Wunden gegen die Sepsis besteht daher in dem Leben der Gewebe, der Ernährung derselben, der Oxydation des circulirenden Blutes, der Entwickelung der neuen Granulation. Sie stützt sich daher fast auf dieselben Factoren, von welchen wir sagten, dass sie die Sepsis befördern.

Dieselben Umstände sind es also, welche zur Vermittelung der Infection und zur Verhinderung derselben dienen. Es lässt sich in der That schwer entscheiden, wann sie dem einen und wann sie dem anderen Zwecke dienen! Die Resistenz der Wunden gegen die Infection ist daher ein unberechenbares Etwas, dem allein der Schutz des Organismus vom Standpunkte der rationellen Behandlung nicht überlassen werden kann.

Diese Resistenz wohnt den Wunden in der That inne, und dass sie einigermaassen mit der allgemeinen Gesundheit des Organismus, mit der ungestörten Ernährung der Gewebe zusammenhängt. dies beweisen jene Fälle, wo beim Fehlen dieser Factoren die Sepsis selbst bei Anwendung aller antiseptischen Cautelen kaum vermieden werden kann. So gesellt die septische Infection sich leicht den Wunden alter Individuen zu, die verschiedenen Diathesen begünstigen alle die septische Erkrankung, und am auffallendsten ist das Schicksal der Diabetiker, bei denen auch die kleinste Wunde in den meisten Fällen septisch wird (Roser, König, Verneuil). Bei letzteren mag in der That der Umstand, dass die

zuckerreichen Gewebe den Mikroorganismen einen günstigeren Nährboden
bieten (König, Sonnenberg), wie auch, dass der Erkrankung sich
häufig Arteriensklerose anschliesst (Israel), prädisponirend für die septische Zellgewebsentzündung sein.

Der allgemeine Gesundheitszustand, die Lebensenergie des Organismus gelangt aber in der Resistenz der Wunde gegen die Infection oft
nicht zur Geltung. Die Wunden schwacher, blutarmer Individuen zeigen
oft eine viel ausgesprochenere Immunität gegen die Infection als die
Wunden gesunder vollblütiger Personen, und dieser Umstand ist es eben,
welcher die Unberechenbarkeit und Unverlässlichkeit der sogenannten
allgemeinen Resistenz am besten demonstrirt.

Grösser und verlässlicher ist jene Resistenz, welche die Wunde local
bietet, verlässlicher besonders deshalb, weil sie mit Factoren zusammenhängt, die der Observation zugänglich und durch zweckmässiges Verfahren regulirbar sind. Thatsache ist, dass die Fäulniss und die Zersetzung in jenen organischen Geweben am ehesten beginnt und am
raschesten fortschreitet, die bereits abgestorben sind oder deren Lebensfähigkeit auf ein Minimum gesunken. Die Zersetzung begegnet hier den
wenigsten Hindernissen, die Infection findet hier den besten Boden.
Die Wunden daher, deren Gewebe in ihrer Ernährung sehr gelitten oder
deren elementare Bestandtheile, Gewebszellen von der Verwundung sehr
mitgenommen wurden, gequetscht oder verbrannt oder anderswie vernichtet sind, setzen dem Einnisten der infectiösen Stoffe die geringste
Resistenz entgegen, während jene Wunden, deren Oberfläche von gesunden und in ihrer Ernährung ungestörten Geweben gebildet wird,
gegen die infectiösen Keime sich auch dann noch wirksam schützen,
wenn diese auf irgend eine Art dahin gelangt waren.

Diese Resistenz ist den frischen und den bereits in Heilung begriffenen, speciell den granulirenden Wunden nicht im gleichen Maasse
eigen. Es ist dies bereits eine seit langer Zeit bekannte Thatsache,
analog derjenigen, dass auch die Resorption verschiedener Mittel von
der granulirenden Wundfläche viel geringer als von der frischen ist.
Die geringere Resorptionsfähigkeit der granulirenden Wundflächen kommt
theils daher, dass, während bei frischen Wunden nicht nur die grossen
und kleineren Blutgefässe, sondern auch die Lymphgefässe und die ein-
mündenden Zwischengewebs-Lymphräume durch das verwundende Instrument geöffnet wurden, und die Resorption zahlreiche Bahnen offen

findet, bei den granulirenden Wunden die grösseren Blut- und Lymph-
gefässöffnungen bereits verschlossen sind, und das neugebildete Granulationsgewebe mit Lymphräumen noch spärlich versehen ist. Diesen
der Resorption ungünstigen Verhältnissen bei granulirenden Wunden
gesellt sich noch der Umstand zu, dass hinter der granulirenden
Wundfläche zumeist ein mehr minder starker Entzündungswall
ist, als Resultat jener entzündlichen Reaction, die der Verwundung ge-
folgt, und die eventuell die rasche Verklebung der Wundflächen verhindert hatte. Dieser Entzündungsdemarcationswall setzt, da in demselben durch das entzündliche Exudat die Gefässlumina verengt und
die Gewebszwischenräume ausgefüllt sind, der Weiterwanderung der in
die Wunde gelangten Microben, wie auch der Resorption der giftigen
Zerfallsproducte ein mächtiges Hinderniss entgegen. Die Resorptionsfähigkeit der granulirenden Wundflächen hat Maass durch sehr interessante Versuche demonstrirt, welche einigermaassen auch die Rolle des
Entzündungswalles bei der Resorption gut beleuchten. So fand er, dass
mit feuchtwarmen Umschlägen tractirte Granulationsflächen viel lebhafter
resorbirten als frische Wunden, was sich leicht damit erklären lässt, dass
bei dieser Procedur der Entzündungswall erweicht und die zusammen-
gedrückten Lymphgefässe frei gemacht werden.

Auch der Schorf resorbirt, und die Experimente von Maass beweisen, dass diese Resorptionsfähigkeit nicht bei allen Schorfarten gleich
ist. Rasch und gut resorbirt der durch Carbolanätzung hervorgebrachte
Schorf, ziemlich rasch auch der Brandschorf, am wenigsten resorbirt der
durch Eintrocknung an der Luft entstandene und der durch Chlorzink-
ätzung producirte Schorf.

Dies ist jene Resistenz, welche die Wunden selbst der schädlichen
Wirkung der infectiösen Noxen entgegensetzen. Was ausserdem die
Wunden vor der Infection zu schützen vermag, hängt nicht mehr mit
den individuellen Eigenschaften der Gewebe, sondern mit der zweckmässigen Behandlung der Wunden zusammen. Ein jeder andere Umstand, der die Verwundung begleitet, macht die Wunde eher für die Infection empfänglich, als dass er selbe zum Widerstande befähigt. Die
Empfänglichkeit für die Infection steigern die mehr minder grosse Beschädigung der Gewebe, die offenen Gefässlumina und besonders jener
uberaus günstige Nährboden, welchen das Secret der Wunde bildet.

Das Wundsecret ist der gefährlichste Vermittler der Wundinfection; in diesem nisten sich die wirksamen Factoren der Sepsis ein, hier vermehren sie sich rasch und von hier werden sie eben so rasch resorbirt, mögen es nun lebende Mikroorganismen, oder durch diese producirte, oder neben ihnen zur Entwickelung gelangende toxische Alcaloide sein. Je günstiger die Gelegenheit zur Anhäufung dieses Wundsecrets, desto mehr Stoff zur Aufnahme und zur Ernährung der infectiösen Keime, desto grösser die Wahrscheinlichkeit der Infection.

Dies ist zugleich der Schlüssel zur Erklärung dessen, warum die per primam heilende Wunde verhältnissmässig am besten gegen die Infection geschützt ist. Bei dieser Wundheilungsart ist das Wundsecret gleich Null oder doch minimal, und so die Nährsubstanz für infectiöse Stoffe gering, und wenn eventuell doch infectiöse Keime in die Wunde gelangt wären, so kämpft die Resistenz der lebenden Gewebe gegen diese wenigen Keime doch mit Erfolg an.

Die unter dem Schorf heilenden Wunden haben ihre bessere Heilung und ihre grössere Sicherheit gegen die Infection auch der Abwesenheit des Wundsecrets zu danken. Der Schorf schützt zwar auch mechanisch die darunter liegende Wunde, wenn aber unter dem Schorf aus irgend einer Ursache sich Wundsecret ansammelt, ist auch der Schorf nicht im Stande, die Infection zu verhindern. —

NEUNTES CAPITEL.

Pyohämie. Arten der Pyohämie. Local-Symptome der Pyohämie. Thrombophlebitis. Allgemein-Symptome der Pyohämie. Pyohämischer Schüttelfrost und Fieber. Eiter-Metastasen. Pyohämischer Icterus. Verlauf der Pyohämie. Anatomischer Befund bei Pyohämie.

Die Pyohämie ist jene infectiöse Erkrankung der Wunden, bei welcher der durch die Wunde producirte Eiter oder, richtiger gesagt, die zur Eiterung führenden Stoffe resorbirt werden, und an verschiedenen Stellen des Organismus zur Bildung von Eiteransammlungen infectiösen Charakters führen. Der infectiöse Factor producirt hier also eine eitrige Entzündung, während er bei der Sepsis zur jauchigen Zersetzung führt.

Wir wollen uns hier stricte an die Pyohämie halten, die sich den
Wunden zugesellt, ohne von der Pyohämie zu reden, welche wir, da
die Einbruchsstellen der Infection unbekannt sind, spontane Pyohämie nennen, wie auch von jenen Fällen nicht, die im Gefolge von
Eiterungen auftreten, welche sich an acute Infectionskrankheiten
(Typhus, Scarlatina etc.) anschliessen, und auch von der puer-
peralen Pyohämie nicht, trotzdem diese letztere fast ganz, die
vorigen aber auch zum grossen Theile der Wundpyohämie ähnlich sind.
insofern sie gleiche Symptome und gleichen Verlauf und muthmaasslich
auch gleiche Entstehungsursachen haben. —

Die Pyohämie als Wunderkrankung hat locale und allgemeine
Symptome. Die Local-Symptome gehen oft dem Auftreten der
Allgemein-Symptome voran, manchmal sind die Allgemein-Symptome
die ersten und die Local Symptome treten erst später zu Tage. Die
Pyohämie kann in jeder Phase der Wundheilung sich zur Wunde gesellen, und in solchen Fällen wird das Secret der Wunde profuser, die
Wunde verliert die frische Farbe, wird stellenweise trübe und von verschiedenen dicken nekrotischen Gewebslagen, wie von diphtheritischen
Membranen bedeckt. Das Wundsecret kann, abgesehen davon, dass es
profuser wird, für eine Zeit die normale, gutartige, dichte Beschaffenheit
behalten, wird aber später dünner, grün und stinkend. Im letzten
Stadium der Pyohämie ist die Eiterung überaus profus, manchmal jedoch
ist sie minimal und die Wunde fast trocken.

Blutungen aus der Wunde pflegen auch die Pyohämie zu begleiten. Sie zeigen sich in kleineren Ecchymosen auf der Wundfläche,
oder sind Hämorrhagien aus kleineren oder grösseren Venen und Arterien.
Die Ursache dieser Blutungen aus den grösseren Blutgefässen bildet die
Erweichung und der Zerfall der bereits gebildeten Thromben, oder sie
ist in der Arrosion der Blutgefässwandungen durch den inficirten Eiter
zu finden.

Die eitrige Entzündung erstreckt sich nämlich von der Wunde
ausgehend auch auf die Blutgefässwandungen und deren Umgebung, und
so gehört besonders die Phlebitis mit Thrombenbildung und der
raschen eitrigen Schmelzung des Thrombus zu den häufigsten Begleit-
Symptomen der Pyohämie. Diese Thrombophlebitis kann in Fällen, wo
die Pyohämie als Wundcomplication auftritt, als Hauptvermittler der
allgemeinen Infection betrachtet werden. Im Wege der Blutadern und

durch Vermittlung des zerfallenen Thrombus greift die eitrige Infection weiter und ruft an anderen Stellen Entzündungen mit gleichfalls eitrigem Zerfall hervor. Längs der Blutgefässe werden auch die umliegenden Gewebe entzündet, und so sehen wir eine aus der Wunde hervorgehende progressive Eiterung und Eitersenkung.

Zuweilen ist während des ganzen Verlaufes der Pyohämie an der Wunde selbst, abgesehen von der profusen Eiterung, kein Symptom der infectiösen Erkrankung zu constatiren; in seltenen Fällen, wo die Pyohämie beinahe ganz verheilten Wunden folgt, ist es sogar möglich, dass die Local-Symptome total fehlen und die gefährliche Infection nur aus den Allgemein-Symptomen erkennbar ist.

Von den Allgemein-Symptomen sind am meisten der Schüttelfrost, und im Anschlusse daran die pyohämischen Fieber ins Auge fallend. Der Schüttelfrost bezeichnet oft den Beginn der pyohämischen Infection, manchmal tritt er aber erst dann auf, wenn andere Allgemein-Symptome bereits vorangegangen sind. Bei 70 pyohämisch Erkrankten observirte Billroth in 14 Fällen das Auftreten des ersten Schüttelfrostes in der ersten Woche, in 4 Fällen trat der erste Schüttelfrost nach der achten Woche der infectiösen Erkrankung auf. Manchmal tritt der Schüttelfrost nur einmal auf, und die pyohämische Infection kann lethal enden, ohne dass der Schüttelfrost sich wiederholt hätte. In anderen Fällen wiederholt sich der Schüttelfrost in grösseren Zeiträumen, manchmal jedoch auch in Zwischenpausen von wenigen Stunden. Auch die Intensität des Schüttelfrostes ist verschieden. Starkes Zähneklappern, krampfartige Muskelzuckungen, kalter Schweiss, eingefallene Augen, Bewusstlosigkeit pflegen manchmal den Schüttelfrost zu begleiten, ein anderes Mal kann man nur aus einigem Frösteln oder Zittern auf den Schüttelfrost schliessen. Mag nun der Schüttelfrost mässig oder stark sein, mag er den Anfang der Erkrankung bezeichnen oder im späteren Verlaufe derselben auftreten, stets ist er das Signal einer bedeutenden Temperaturerhöhung. Diese passt zumeist zum Krankheitsbild, das ein anderes charakteristisches Symptom der Pyohämie, das Fieber, bietet. —

Das pyohämische Fieber ist nicht immer gleich, hat aber oft während des ganzen Verlaufes der Erkrankung einen bestimmten Typus. Am häufigsten finden wir bei pyohämischen Fiebern den intermittirenden Typus. Die Intermission dauert auch hier, wie bei der malarischen

Erkrankung einen, zwei bis drei Tage; in vielen Fällen geht der Temperaturerhöhung auch consequent der Schüttelfrost voran, und da auch
die Milzschwellung fast immer nachweisbar ist, wäre die Erkrankung
leicht mit der Intermittens malarica zu verwechseln. In anderen Fällen
ist der intermittirende Typus nicht so ausgesprochen, der Temperaturerhöhung folgt nicht gleich das Zurückgehen aufs Normale, sondern eine
kleinere Remission, und erst nachher vollständige Fieberlosigkeit. — Es
giebt Fälle, wo das Fieber gar keinen Typus zeigt, wo die Pyohämie
bei anhaltender Temperaturerhöhung verläuft, andere Fälle, bei denen
die hohen Fiebertemperaturen von Decadenzen unter das Normale unterbrochen werden.

Der pyohämische Schüttelfrost und das Fieber stehen mit der
Anwesenheit der infectiösen Noxe im Blute in Zusammenhang, und
glaubt man, dass die Nervencentren von dem inficirten Blute beeinflusst werden und auf diesem Wege der Schüttelfrost ausgelöst
wird. Man nimmt an, das inficirte Blut erzeuge auch das Fieber, und
die Ausscheidung der infectiösen Stoffe aus dem Blute erziele das Abfallen und Ausbleiben des Fiebers. Die Quellen, aus denen diese infectiösen Stoffe in das Blut gelangen, sind: das Secret der inficirten
Wunde und die von ihm abstammenden metastatischen Eiterherde.

Der Ausgangspunkt der Eitermetastasen ist die eiternde
Wunde, deren Infection in der eiternden Entzündung der central führenden Venen zu Tage tritt. Die eitrig geschmolzenen Thromben der
Venen gelangen ins Herz, und von hier weiter geschleppt geben sie vor
Allem in den Capillaren der Lungen Anlass zu Embolien. Um diese
Embolien herum entstehen eben so viele Entzündungs- und Eiterherde,
welche selbst zwar keine progressive eitrige Entzündung verursachen, aber
zahlreich neben einander stehend zusammenfliessen und grössere Abscesse
bilden. Diesen Lungenabscessen können sich auch Pyothorax
und Pneumathorax anschliessen, deren Diagnose auch am Lebenden
nicht schwer fällt. Nächst der Lunge sind am häufigsten in der Leber
metastatische Abscesse, was aus dem Verhältnisse der Leber zur Pfort-
ader erklärlich ist. Eitrige Metastasen sind noch in der Milz und in
den Nieren, in den letzteren sind sie aus dem Eiter und dem Pepton
im Urin (Hofmeister) zu diagnosticiren. Es finden sich noch Eitermetastasen in der Herzwand, der Schilddrüse, den Menyngen, im Gehirn und überaus häufig in den Gelenken der Extremitäten und dem

Knochenmarke der Röhrenknochen. Diese letztgenannten Metastasen beginnen gewöhnlich mit heftigen Schmerzen, und erst nachher folgen die übrigen Symptome der eitrigen Entzündung. Nicht selten bildet eben die eitrige Knochenmarkentzündung den Anfang der Pyohämie. Als Eitermetastasen können auch jene kleineren und grösseren Eiterpusteln in der Haut betrachtet werden, zu denen sich oft auch Rothlauf gesellt.

Fast das häufigst vorkommende Symptom der Pyohämie ist der Icterus der Haut und der Schleimhäute. Der Icterus bei Pyohämie ist viel intensiver als der bei Sepsis vorkommende, und in manchen Fällen zwar auf Eitermetastasen in der Leber zurückzuführen, doch kann er, da er auch beim Fehlen solcher Metastasen vorkömmt, als hämatogen betrachtet werden.

Aus dem infectiösen, fieberartigen Charakter der Erkrankung ist es leicht erklärlich, dass die Respiration sowohl als die Transpiration besonders bei Fieberanfällen lebhafter, die Herzaction, insbesondere so lange die Structur der Wandungen in Folge der Fieber nicht degenerirt oder durch Eitermetastasen nicht afficirt ist, stärker und der Puls frequenter ist. Ebenso erklärlich ist der Durst nach den Fieberanfällen, die Appetitlosigkeit, die Trockenheit der Zunge, welch letztere jedoch hier nie so hochgradig als bei der Sepsis ist; und wenn wir noch die profusen, diarrhöeartigen Stühle erwähnen, haben wir alle abnormalen Symptome hergezählt, die wir bei der pyohämischen Erkrankung an den Organen und an ihren Functionen zu beobachten Gelegenheit haben.

Das Allgemein-Befinden des pyohämisch Erkrankten ist selbst in den fieberfreien Zeiträumen matt und deprimirt, während der Fieberanfälle, insbesondere wenn sie mit Schüttelfrösten einhergehen, ganz niedergeschlagen und ängstlich. Die Steigerung dieser Aengstlichkeit bezeichnet oft die Bildung der Embolien, und oft tritt in solchen Fällen, während die Athemzüge frequent und oberflächlich, der Herzschlag unregelmässig wird, unter Symptomen von Lungenoedem und krampfhaften Zuckungen schnell, fast plötzlich der Tod ein. —

Der Verlauf der Pyohämie kann langwierig sein, und die Entkräftung des Kranken führt den Tod herbei. Solch einen chronischen Verlauf hat die Pyohämie, wenn der Eiterherd, aus welchem von Zeit zu Zeit infectiöse Stoffe in den Kreislauf gelangen, irgendwo im Organismus

verborgen liegt. Der Unterschied im Verlaufe der acuten und der
chronischen Pyohämie gelangt zumeist darin zum Ausdruck, dass bei
der chronischen Pyohämie es manchmal gelingt, durch Entfernung des
infectiösen Herdes das Leben des Kranken zu erhalten und seine Gesundheit wieder herzustellen, bei der acut verlaufenden Pyohämie hingegen fast ein jeder derartige Versuch scheitert.

Wenn die Pyohämie lethal endet, entspricht der anatomische
Befund zum grossen Theile den bereits am Lebenden nachweisbaren
Symptomen. Wenn die pyohämische Infection den Kranken rasch
tödtet, ist an der Leiche keine allgemeine Abmagerung zu constatiren.
Der Icterus ist auch noch an der gelben Hautfarbe der Leiche zu erkennen. Die Wunde selbst zeigt sich wenig verändert. Wir finden
hier nämlich nicht jenen rapiden Zerfall der Gewebe, welcher die Sepsis
so sehr charakterisirt, die Wunde ist auch nicht mehr übelriechend, als
sie zu Lebzeiten des Kranken war, und oft mit eingetrocknetem Wundsecrete wie mit einem Schorfe bedeckt. Auch die bedeutende Leichenstarre deutet darauf hin, dass der Zersetzungsprocess nicht so vehement
ist. Im Gehirn finden sich oft kleinere oder grössere Eitermetastasen,
selbst dann, wenn der Mangel von Cerebralsymptomen die Anwesenheit
derselben am Lebenden nicht erkennen liess. Diese metastatischen
Eiterherde sind nie so abgegrenzt oder gar abgekapselt, als es ander-
artige Gehirnabscesse zu sein pflegen. Im Herzen zeigt das Endo-
cardium oft eitrige Entzündung; das Blut in den Herzräumen ist zumeist an Blutgerinnseln reich, manchmal finden sich sogar losgelöste
eitrige Thrombuspartikel vor (Waldeyer). Consequent finden wir die
Eitermetastasen in der Lunge, und oft erkennt man in der Umgebung
der frischen Embolien die eben entstandenen Infarcte. Die Pleura nimmt
durch Progression an der Erkrankung Theil, zeigt aber auch oft selb-
ständige Metastasen, die manche nicht unmittelbar auf Embolien, sondern direct auf Einwanderung und Anhäufung pathogener Mikroorganismen zurückführen wollen. In der Leber und in der Milz findet man
nebst Schwellung dieser Organe einige grosse oder mehrere kleine
Abscesse. In den Nieren führten die Embolien oft gar nicht zur Bildung von Abscessen, sondern heilten — besonders bei chronisch verlaufender Erkrankung — mit Narbenbildung. Neben den vereiterten
Herden sind in den Nieren oft auch frische Infarcte und auch ganze
Mikrococcuscolonien, die zu solchen Infarcten Anlass gaben. Diese

Mikrococcen gelangen in die Niere, ebenso wie in die anderen Organe, im Wege des Blutkreislaufs.

Im Blute der Pyohämischen sind Mikrococcen zu finden, und zwar wie es Birch-Hirschfeld gefunden haben will, in einer dem Grade der Pyohämie entsprechenden Quantität. Bei der Pyohämie, die sich zur Wunde gesellt, gelangen diese Mikroorganismen in den Blutkreislauf muthmaasslich durch die Wunde, wo sie in die Oeffnungen der Blutgefässe eindringen, in den daselbst gebildeten Thromben vegetiren und sich vermehren. Sie können aber auch direct in den Blutkreislauf gelangen, indem der Eiter die Wände der Blutgefässe arrodirt, und die Mikroorganismen mit dem Eiter in die Blutbahn einbrechen.

Ausser den Mikrococcen sind im Blute der Pyohämischen auch weisse Blutkörperchen in grösserer Anzahl, eventuell auch Thrombuspartikel vorhanden, aber Eiter war im Blute selbst in Fällen nicht zu finden, wo der Einbruch von Eiter in die Blutbahn über allen Zweifel erhoben war. Nebst Mikrococcen ist auch Eiter bei chronisch verlaufender Pyohämie in den Lymphgefässen zu finden. Oft sind Eiterherde in den Lymphdrüsen, ohne dass in den zuführenden Lymphgefässen irgend welche krankhafte Veränderung zu constatiren wäre. —

ZEHNTES CAPITEL.

Factoren der Pyohämie. Ursachen der Eiterung. Mikroorganismen bei Pyohämie. Neigung der Wunden zur Pyohämie. Resistenz der Wunden gegen dieselbe.

Bei der pyohämischen Infection fällt die Hauptrolle dem Eiter zu; der Eiter ist hier der Factor, durch welchen die Infection vermittelt wird. Diese Vermittlerrolle des Eiters ist jedoch nicht der Art, wie man sie sich früher dachte; sie besteht nicht darin, dass der Eiter sich mit dem Blute mengt und dadurch die Symptome der Infection hervorruft, Fieber verursacht und zu eiternden Metastasen führt. Exacte Experimente haben erwiesen, dass Eiter in dem Blute der Pyohämischen als solcher nicht vorkommt, und wenn der reine, d. h. nicht inficirte Eiter, auf künstliche Art in den Blutkreislauf gebracht wird, dadurch keine Pyohämie entsteht. — Der Eiter bildet in der Kette zwischen der

Pyohämie und deren Ursachen das verbindende Glied, insofern der veranlassende Factor der Pyohämie Eiter producirt, und die mit der Anhäufung und den Metastasen des Eiters einhergehenden Functionsstörungen die Symptome der Pyohämie bilden.

Welches sind nun die Factoren, die zur Eiterung führen, speciell Eiter produciren, der zu Metastasen in den verschiedenen Geweben und Organen geeignet ist? Eiterung, beziehungsweise eine zur Eiterung führende Entzündung kann jede mechanische Einwirkung produciren, welche die Ernährungsverhältnisse der Gewebe in dem Maasse alterirt, dass daselbst der Entzündung günstige Verhältnisse geschaffen werden, dass nämlich das Austreten von Leukocyten durch die Gefässwände und die eitrige Metamorphose derselben ermöglicht wird. Diese letztgenannte Metamorphose setzt einen specifischen Reiz voraus, und vor nicht zu langer Zeit nahm man an, dass dieser specifische Reiz durch gewisse chemische Stoffe und auch durch gewisse parasitäre Mikroorganismen, speciell durch Mikrococcen hervorgebracht werden könne. — Die kaleidoskopartige Raschheit, mit welcher wissenschaftliche Hypothesen an die Oberfläche gelangen und wieder verschwinden, zeigt sich in dem Streit, der sich um diese These entspann, auf eclatante Art. Seit Ogston (1880) als Resultat seiner Untersuchungen den Satz aufstellte, dass acute Abscesse stets im Beisein von Mikroorganismen entstehen, haben viele Reihen von Experimenten mit stets wachsender Wahrscheinlichkeit es fast zur Gewissheit erhoben, dass der Entzündungsprocess nur durch Vermittlung von Mikroorganismen zur Eiterung führt. Uskoff findet zwar noch, dass auch grössere Mengen von indifferenten Stoffen, als Milch, Oel, Eiterung hervorzubringen im Stande sind, doch wurde die Mangelhaftigkeit seiner Versuche nachgewiesen, und Orthmann (1882) gelang es durch zuverlässlichere Experimente die Unschädlichkeit dieser Stoffe darzuthun und zu beweisen, dass es blos mit stark reizenden Chemikalien, wie Terpentin, Crotonöl, gelingt, eine eitrige Entzündung hervorzurufen. — Councilmann (1883) greift zwar auch die Verlässlichkeit der Orthmannischen Experimente an, kommt aber mit seiner sorgfältigeren Methode, bei welcher die Einmengung von Mikroorganismen ganz sicher ausgeschlossen sein sollte, nur ebenfalls zu dem Resultate, dass gewisse chemische Reize zur Eiterung führen. — Rosenbach (1884), der auf Grund exacter Experimente eine Reihe von Mikrococcen als Eiter erzeugende Mikroorganismen hinstellt, findet es für nöthig, die Behauptung Councilmanns, die Versuche Orthmanns seien in puncto Ausschluss von Mikroorganismen aus der Versuchsflüssigkeit nicht verlässlich, energisch zurückzuweisen, und die Angaben seines Schülers mit seiner Autorität zu erhärten. — Passet wiederholt die Versuche Councilmanns und gelangt meritorisch zu demselben Resultat, indem auch er nachweist, dass chemisch irritirende Substanzen, wie Croton- oder Terpentinöl, bei sicherem Ausschluss von Microbien Eiterung hervorrufen, aber auch durch eine andere Reihe von Untersuchungen den Beweis für die pyogene Wirkung gewisser Mikrococcen erbringt. Nun kommt eine Reihe der mit ausserordentlicher Genauigkeit durchgeführten neuesten Experimente von Klemperer (1885), Scheuerlen (1885), Ruys (1885), die fast gleichzeitig, aber an verschiedenen Orten denselben Gegenstand bearbeitend, zu dem gleichen Resultate gelangen, und allen chemischen Reizen, wie sie zu Experimenten angewendet wurden, die Fähigkeit absprechen Eiterungen hervorzubringen, und nur die Mikroorganismen als alleinige pyogen wirkende Reize gelten lassen. —

Wenn wir nun das Facit der eben erwähnten Experimente mit der Thatsache verbinden, dass in heissen Abscessen fast stets Mikrococcen nachweisbar sind, und auch noch hinzusetzen, dass man für das Fehlen derselben in kalten Abscessen bereits auch eine plausible Erklärung in dem Absterben derselben gefunden, so stehen wir vor der Hypothese, dass die Eiterung durch Mikroorganismen bedingt ist, und müssen als Consequenz zugeben, dass Mikroorganismen auch die Ursache der multiloculären Eiterung und der durch Eitermetastasen charakterisirten Pyohämie seien. — Für diese Hypothese spricht auch der Umstand, dass wir Mikrococcen im Wundsecrete sowohl, als auch in den Eitermetastasen und im Blute pyohämischer Individuen finden.

Jener andere Umstand jedoch, dass wir Mikrococcen auch im Wundsecrete nicht pyohämisch Erkrankter finden, dass es profus eiternde Wunden giebt, in deren Secret es von einer Unzahl Mikrococcen wimmelt, und die trotzdem keine Pyohämie veranlassen, dieser Umstand könnte unser Urtheil über den Zusammenhang zwischen den Mikroorganismen und der Pyohämie auch dann noch in der Schwebe halten, wenn wir über diesen Zusammenhang mehr wüssten, als wir in der That wissen. — Es wird angenommen, dass die stärkere Leukocytenextravasation bei der eitrigen Entzündung, sowie die Störung der Allgemein-

Functionen aus der Absonderung phlogogener resp. allgemein giftiger Stoffwechselproducte — Ptomaine — der Coccen hervorgehen, und die Progredienz der Eiterung auf der Vermehrung und dem Fortkriechen der Coccen entlang der Gefässe beruhe. Es braucht kaum hinzugefügt zu werden, dass diese Annahmen ebenfalls nur plausible Erklärungen, aber keine vollwichtigen Beweise für den Zusammenhang von Mikroorganismen und Pyohämie sind, denn wir kennen ja »die Ptomaine« der Eitercoccen nicht Und dass die Vermehrung der Mikrococcen und die damit einhergehenden Lebensfunctionen allein zur Propagation des infectiösen Processes nicht genügen, beweist der Umstand, dass die metastatischen Herde umgrenzt sind und die zur eitrigen Schmelzung führende Entzündung hier nicht progredient ist, trotzdem die Mikrococcen im Eiter leben und sich vermehren. —

Wie auch aus dem Bisherigen zu ersehen, besteht die Neigung, die locale Eiterung und die pyohämische Allgemein-Infection auf dieselben ursächlichen Momente zurückzuführen. Diese Neigung wird durch die Resultate bestärkt, welche einzelne Forscher mit der Züchtung einzelner pyogen wirkenden Mikrococcenarten erreichten. So fand Rosenbach den Staphylococcus pyogenes aureus, Staphylococcus pyogenes albus, Mikrococcus pyogenes tenuis, Streptococcus pyogenes. Krause entdeckte gleichzeitig mit Rosenbach im Staphylococcus pyogenes aureus der gewöhnlichen Eiterung den Coccus der acuten eitrigen Osteomyellitis. Passet fand auch im Bacillus pyogenes foetidus einen entschieden pyogenen Microben. Da wiederholte Untersuchungen das ähnliche Resultat ergaben, indem sie die eben erwähnten Mikrococcen in den acuten Abscessen sowohl, als im Blute pyohämisch Kranker nachwiesen, drang sich auch die Ansicht Kochers mit einer Art zwingender Nothwendigkeit auf, dass zwischen einer einfachen localisirten acuten Entzündung und den Fällen acutester Pyohämie nur ein gradueller, ein quantitativer Unterschied sei. Worin besteht nun dieser Unterschied? Passet meint, »die Art der Infection sei abhängig von dem Ort der Invasion«, es gebe auch eine locale Disposition für den Infectionsstoff, sind die Bedingungen zu seiner Ausbreitung günstig, oder gelangt er in grösserer Menge in die Blutgefässe, so wird die pathogene Wirkung entsprechend heftiger sein. Er meint, dass, wie in Garré's Fall der Eitercoccus auf die Haut gerieben die eitrige Furunculosis erzeuge, die pyogenen Mikrococcen durch unscheinbare

Risse der Haut auch spontan ins Unterhautzellgewebe gelangen und hier Abscesse, und von diesen aus durch Invasion in die Gefässe die metastatischen pyohämischen Abscesse hervorbringen.« Rosenbach findet in der Form resp. Gattung der Mikrococcusart den Unterschied zwischen den leichteren Abscedirungen und der letalen Pyohämie begründet, und meint im Allgemeinen, dass dem Staphylococcus pyogenes weniger heftige, dem Streptococcus pyogenes ob seiner diablastischen, die Gewebe und Gefässwandungen durchwuchernden Eigenschaft weit durchgreifendere, ja letale Wirkungen zukommen, und erbringt für diese Ansicht in mehreren Versuchen die Beweise. Hoffa findet, »dass da, wo der Eiterungsprocess rasch entsteht und localisirt bleibt, die Staphylococcen vorherrschen, während die langsamer entstehenden, besonders die entlang der Lymphgefässe propagirenden Entzündungen von den Streptococcen herrühren,« Tilanus findet in einem Falle von letal verlaufender Pyohämie im Blute und im Eiter blos den Staphylococcus pyogenes aureus und albus, keinen Streptococcus, wodurch also die Meinung Rosenbachs, dass blos Streptococcus die Letalität bedinge, widerlegt wird. Und nur noch in Parenthese wollen wir bemerken, dass Fränkel (1886) den Staphylococcus aureus et albus im Secrete des normalen Pharinx, ein Schüler Mikuliecz's aber auch in ganz aseptisch heilenden Wunden gefunden haben.

Wir führen die Ansichten und die Resultate der Forschungen bezüglich der Identität der localen Eiterung und der metastatischen Pyohämie deshalb an, um darüber ins Klare zu kommen, ob die Fragen, warum zur localen Eiterung nicht in jedem Falle sich Pyohämie gesellt, warum Pyohämie entsteht, wo eine Anlass gebende locale Eiterung gar nicht nachweisbar ist, warum eine kaum eiternde Wunde doch den Ausgangspunkt einer letal verlaufenden Pyohämie bildet? ob all diese Fragen in den angeführten Resultaten ihre Erklärung finden. — Ueber die leicht erkennbaren Lücken dieser Erklärung will uns nun Rosenbach mit einer Analogie hinweghelfen, indem er sagt, »dass darin eigentlich kein Widerspruch sei, wenn derselbe infectiöse Stoff in den meisten Fällen nur einfache örtliche Abscesse, ab und zu aber schwerere Allgemeinerkrankungen, welche progressiv zunehmen und letal enden können, bewirke. Beruhen doch die leichten Pockenfälle mit Bildung von zwei bis drei Pocken auf derselben Infection, wie die foudroyantesten Erkrankungen hämorrhagischer Pocken, und führen wir doch die ganz

leichten Typhen, Scharlach und Diphtheritisfälle auf dieselben ursächlichen Noxen zurück, wie die schweren.« Dies trifft nun in der That
zu und sind auch die angeführten Analogien ganz zutreffende, aber sie
bilden keine Erklärung, denn die analogen Thatsachen selbst sind un-
erklärt. — Und eine begründete und ohne Rückhalt annehmbare Erklärung werden wir auch so lange vermissen, bis wir nicht mit Bestimmtheit wissen, wie die Mikroorganismen die Eiterung verursachen,
und gezwungen sind zu sagen, dass w a h r s c h e i n l i c h das Mikrococcen-
gift die bedeutendere Leukocytenauswanderung verursache, dass w a h r-
s c h e i n l i c h das Ptomain der Mikrococcen das Fieber und die übrigen
Allgemein-Symptome der Pyohämie bedinge. — Diese W a h r s c h e i n-
l i c h k e i t als Factor in die Definition aufgenommen, kann die P y o-
h ä m i e derzeit eine Infectionskrankheit genannt werden, w e l c h e i n
B e g l e i t u n g v o n M i k r o o r g a n i s m e n a u f t r i t t, i m E i t e r
v e g e t i r e n u n d a n i h r e n N i e d e r l a s s u n g s o r t e n s t e t s d i e E r-
s c h e i n u n g e n d e r e i t r i g e n E n t z ü n d u n g h e r v o r r u f e n. —
Die Frage bezüglich der Art des Hineingelangens von Mikroorganis-
men in die Wunde und in den Organismus bei der Pyohämie, haben wir
bereits beantwortet, indem wir die analogen Verhältnisse bei der Septh-
hämie schilderten.

Die ähnlichen Gründe, wie bei der Sepsis, zwingen uns auch bei
der Pyohämie zur Annahme einer g e w i s s e n R e s i s t e n z der Wunde
gegen die pyohämische Infection. Diese Resistenz hängt hier vielmehr
mit gewissen physischen und speciell mechanischen Verhältnissen, als
mit der physiologischen Beschaffenheit der Gewebe zusammen. Ganz
abgesehen von der heute zu mindest eigenthümlichen Auffassung eines
Chirurgen (D e p r é s 1 8 8 4). der in der moralischen Depression der Kranken, in den Temperaturverhältnissen und in der vorangegangenen Verabreichung von Abführmitteln disponirende Momente für die Pyohämie
erblickt, lässt sich nicht leugnen, dass die allgemeinen Ernährungsverhältnisse von Einfluss auf das Auftreten der Pyohämie sind, dass die
Wunden alter, kachektischer und blutarmer Individuen viel leichter zu
pyohämischen Complicationen hinneigen. Die Ursache mag aber hier
weniger in einer bestimmten Disposition, als vielmehr darin zu suchen
sein, dass die Wunden solcher Kranken überhaupt nur wenig oder gar
keinen Heiltrieb besitzen und daher eher zur Eiterung als zur Granulationsbildung geeignet sind. Ueberdies ist die Thrombenbildung in den

verwundeten Gefässen bei alten Individuen durch die atheromatöse Entartung der Gefässwände, bei anämischen durch den geringen Fibrin-
gehalt des Blutes erschwert, und so bleibt der Weg für die Resorption
des Eiters resp. der infectiösen Stoffe des Eiters für längere Zeit offen.
Da der Eiter der günstige Nährboden für die Entwicklung der pyogenen
Mikroorganismen ist, so werden diese unter den obwaltenden günstigen
Verhältnissen leichter zur Geltung gelangen. Zu diesen günstigen Verhältnissen kann immerhin auch die topographische Lage der Wunde ge-
zählt werden; und da die Blutgefässe und speciell die Venen die her-
vorragendsten Träger der pyohämischen Infection sind, so werden dem
entsprechend die Wunden an Venen reicher Körpertheile für die pyohämische Infection besonders geeignet sein. Wenn in die Wunde grössere
Venen münden, deren Oeffnungen klaffen, so sind diese zur Aufnahme
der infectiösen Stoffe, die sich im Eiter angesiedelt, wie geschaffen. —
Diejenigen Wunden, bei denen der infectiöse Stoff leicht in die Lumina
der Venen und so unmittelbar in den Blutkreislauf gelangt, oder die zur
Thrombenbildung und zur eitrigen Schmelzung dieser Thromben führende
Entzündung der Venen veranlasst, sind eminent geeignet, die allgemeine
pyohämische Infection herbeizuführen. Als solche Wunden kennt man
die der Schädelknochen, bei welchen die reiche Vascularisation der
Diploë die pyohämische Infection befördert. Als solche gelten auch die
Perinealwunden bei alten Leuten, ein Umstand, der den Perinealschnitt
zur Entfernung von Blasensteinen bei alten Leuten seit langer Zeit in
Verruf gebracht hatte.

Die bedeutendste Disposition zur Pyohämie bietet jedoch, wie bereits erwähnt, das Secret der Wunde, der Eiter selbst. Wenn der inficirte Eiter freien Ausfluss findet, wenn er in der Wunde nicht stagnirt
und sich nicht in dem Maasse anhäuft, dass ihm der Druck der Wund-
höhlenwandungen (oder des Verbandes) in die Gefässlumina treibt, so
ist die pyohämische Infection des Organismus leicht zu vermeiden. Wo
es der Wundbehandlung gelingt, auch den mechanischen Dispositionen
zur Pyohämie das Gegengewicht zu halten, lassen sich auch die spo-
radischen Fälle der Pyohämie ausschliessen. Die Hintanhaltung massen-
hafter pyohämischer Erkrankungen aber gelingt theils mit Hülfe einer
in diesem Sinne durchgeführten Wundbehandlungstechnik, theils aber
durch das Fernehalten der infectiösen Stoffe.

4*

ELFTES CAPITEL.

Pyo-Sephthämie.

Die Pyohämie und die Sepsis, diese infectiösen Erkrankungen der Wunde, sind zwar ihren Symptomen, wie ihrer Aetiologie nach ganz verschieden, gelangen aber doch nicht immer leicht unterscheidbar zur Beobachtung. Zuweilen wird die Wunde von den zwei verschiedenartigen Infectionen zu gleicher Zeit befallen, und die Symptome der beiden Erkrankungen kommen combinirt vor. Am selben Individuum sehen wir in solchen Fällen das charakteristische Symptom der Sepsis, die Fäulniss der Gewebe und den jauchigen Zerfall derselben mit dem Hauptsymptom der Pyohämie, der Metastase von Eiterherden durch Vermittlung von Thrombophlebitis, vereinigt auftreten.

Der Ursprung dieser Erkrankung, die wir Pyo-Sephthämie nennen, ist in der vereinten Wirkung jener Factoren zu suchen, welche die Pyohämie und die Sepsis auch für sich allein bewirken. Das Medium ist auch hier das Wundsecret, und so lange im Secrete der Wunde die jauchig zerfallenen Gewebstrümmer überwiegen, zeigt sich uns die Erkrankung mehr im Bilde der Sepsis, und wenn mit der Ausscheidung der abgestorbenen und zerfallenen Theile die Eiterung beginnt, treten auch die Symptome der Pyohämie in den Vordergrund.

Von dem Standpunkte ausgehend, dass die Pyohämie eine infectiöse Erkrankung sei, die zur Vorbedingung nicht einmal eine Verwundung nöthig hat, empfiehlt Neelsen (1885) für diese combinirte Erkrankungs-art die Benennung der septischen Pyämie, im Gegensatze zu jener Wunderkrankung, die wir kurz Pyohämie heissen, und die er als phlebitische Pyämie unterschieden haben will.

Der Verlauf dieser combinirten infectiösen Erkrankung unterscheidet sich nur durch die Rapidität von den besonderen infectiösen Erkrankungen, und ist das Ende derselben fast ohne Ausnahme letal.

ZWÖLFTES CAPITEL.

Die Wundrose — Erysipelas. Local-Symptome des Erysipels. Erysipel der Schleimhäute. Verlauf des Erysipels. Heilwirkung des Erysipels. Nachtheilige Wirkung des Erysipels. Anatomischer Befund bei Erysipel. Mikroskopischer Befund der erysipelatösen Haut.

Die Wundrose — Erysipelas — ist eine eigenartige und selbständig auftretende infectiöse Erkrankung der Wunde, kann aber auch im Gefolge der Sepsis, der Pyohämie und der Pyo-Sephthämie auftreten, und umgekehrt können diese Erkrankungen der Wundrose folgen. Diesen Complicationen im Verlaufe des Erysipels ist es zuzuschreiben, dass manche Symptome der anderen Wunderkrankungen auch als Symptome des Erysipels betrachtet wurden, und dass von den verschiedenen Autoren die mannigfachsten Wundinfectionssymptome als Erscheinungen der Wundrose beschrieben wurden.

Die erysipelatöse Wunderkrankung ist eine von der Wunde ausgehende, entzündliche Affection der Haut und zuweilen der Schleimhäute, die manchmal auch in die Tiefe greift und bald nur eine oberflächliche Abschuppung der Epidermis, bald tief reichende Gangrän, bald eitrige Schmelzung, bald jauchigen Zerfall der angegriffenen Gewebe bewirkt. Diese infectiöse Wunderkrankung ist mit localen und mit allgemeinen Symptomen verbunden. —

Ehe wir an die Beschreibung der Local-Symptome gehen, müssen wir uns vor Augen halten, dass die Rose auch in jenen Fällen, wo sie scheinbar mit der Wunde nicht zusammenhängt, doch durch Infection der Wunde entsteht. — Wenn daher das Erysipel auch nicht erst dort zum Vorschein kommt, wo sich die Wunde befindet, so muss doch angenommen werden, dass das infectiöse Agens seinen Weg durch die Wunde in den Organismus gefunden hat. — An der erkrankten Stelle nun ist die Haut verfärbt, zumeist geröthet oder auch cyanotisch, und diese abnormale Färbung erstreckt sich entweder auf kleine, umschriebene Partien, oder bedeckt durch unmittelbare Ausbreitung oder durch Confluenz mehrerer kleiner Flecken, grosse Hautflächen. Dieser Röthung entsprechend ist die Temperatur der Haut erhöht, ihre Consistenz härter und ihr Niveau oft schon für das blosse Auge, zumeist aber durch den tastenden Finger erkennbar, über das Niveau der Umgebung erhaben. Zuweilen verschwimmt die dichtere Consistenz sowohl, als die Niveauerhöhung unmerkbar in die Umgebung, oft sind sie aber scharf ausgeprägt.

Auf der erysipelatösen Haut sind oft mit blossem Auge, immer aber mit der Loupe, kleinere oder grössere, mit durchscheinender oder trüber Flüssigkeit gefüllte Bläschen erkennbar. Diese Bläschen oder Blasen heben zumeist die oberen Schichten der Epidermis, und ihr Inhalt ist das Product der infectiösen Entzündung, zumeist ein seröses Exudat, manchmal aber auch Eiter. Diese Blasen können an Stellen, wo die Haut mit den darunter liegenden soliden Gebilden lose zusammenhängt, eine bedeutende Grösse erreichen, und da in den meisten Fällen nach dem Platzen des oberflächlichen Häutchens ein Theil der Flüssigkeit aussickert, ein anderer Theil eintrocknet, so bedeckt dieses eingetrocknete Exudat im Verein mit der abgehobenen Epidermis wie ein Schorf die entblösste Cutis. Die Symptome der Entzündung gelangen bei dem Erysipel auch darin zum Ausdruck, dass die erkrankte Hautpartie schmerzhaft ist und dieser Schmerz durch Druck gesteigert wird. Die Eigenartigkeit der Entzündung kommt aber darin zur Geltung, dass das Erysipel sich vorwiegend an der Oberfläche, d. h. in der Breite ausdehnt, und nur selten die tieferen Gebilde in den Kreis der Erkrankung hineingezogen werden. —

Die Entzündung kann sich auch auf die Lymphgefässe fortpflanzen, und werden dort, wo das Erysipel zerstreute Theile der Haut befällt, nicht selten die erysipelatösen Hautflächen durch die rothen Streifen der entzündeten Lymphgefässe verbunden. In manchen Fällen nehmen an der Erkrankung das subcutane Bindegewebe, die Fascien der Muskeln Theil, und die Entzündung dieser Theile endigt manchmal mit Resorption, zumeist aber mit dem eitrigen oder jauchigen Zerfall dieser Gewebstheile. Solch krankhafte Veränderungen können durch unmittelbare Fortpflanzung des Erysipels oder durch Einwirkung der erysipelatösen Entzündungsproducte auch die Knochenhaut, die Gelenkkapseln, ja die Gelenke selbst ergreifen, und resultirt in einem Falle z. B. eine tödtliche Meningitis durch die Schädelknochen hindurch, ein anderes Mal eine purulente Gelenkentzündung durch die Gelenkkapseln hindurch. —

Das Krankheitsbild, welches die das oberflächliche Hauterysipel begleitenden tiefgreifenden Veränderungen ergeben, kann auch in um-

gekehrter Reihenfolge zu Tage treten (Tillmanns). Zu Phlegmonen in
der Tiefe, zu occulten Eiterungen, Gewebsnekrosen und jauchigem Zer-
falle derselben gesellt sich nachträglich das Erysipel, oft ehe wir noch
durch unmittelbare Beobachtung von den Vorgängen in der Tiefe
Kenntniss erlangt haben, in andern Fällen erst dann, wenn die krankhaften Producte sich durch die Haut schon nach aussen Bahn gebrochen.
Tillmanns hält solche Fälle für Erysipele, die aus der Tiefe hervorgehen, wir aber sind eher geneigt die primäre Erkrankung einer besonderen septischen Infection zuzuschreiben, der sich später das Erysipel
noch zugesellt. —

Wenn die Epidermis sich in eine Serosa fortsetzt, kann das Erysipel
successive auch die Schleimhaut ergreifen. Aber auch ganz selbständig
pflegt das Erysipel auf der Schleimhaut aufzutreten und dem Hauterysipel
analoge Erscheinungen hervorzurufen. Anschwellung der Schleimhaut,
lebhafte rothe Färbung, Bläschenbildung in den oberflächlichen Schichten
der Schleimhaut, eitrige Entzündungen im subserösen Bindegewebe sind
die Symptome, welche uns die erysipelatöse Erkrankung der Schleimhaut erkennen lassen, wenn neben diesen Symptomen auch jene zur
Observation gelangen, die wir als Allgemein-Symptome des Erysipels
kennen. —

Die Allgemein-Symptome des Erysipels gehen zum Theil
dem Erscheinen des Erysipels auf der Haut voran, theils gelangen sie
während des Verlaufs der Hauterkrankung zur Beobachtung, und manche
bleiben auch noch nach dem Verschwinden des Erysipels als Folge-
zustände zurück. —

Von den Allgemein-Symptomen, die dem Erscheinen des Erysipels
vorangehen, ist an erster Stelle das veränderte subjective Befinden zu
erwähnen. Niedergeschlagenheit, Kopfschmerz, heftige Schmerzen in
den Gelenken, besonders häufig aber Erbrechen sind die Symptome,
die, wenn auf eine andere Ursache nicht zurückzuführen, den Verdacht
mit Recht auf eine erysipelatöse Infection lenken. Die Wunde verliert
oft ihre frische Farbe, wird trübe, es tritt Fieber auf, und bald nachher
zeigt sich das Erysipel in der Umgebung der Wunde oder an einer entfernteren Stelle der Haut. — Von diesen Symptomen dauert das Fieber
auch weiter fort und bleibt über die ganze Dauer des Erysipels. Die
Fiebertemperaturen bei Erysipel erreichen eine bedeutende Höhe, zumeist
über 39° C., nicht selten auch 41° C., und persistiren mit geringen

Remissionen bis zu Ende der Krankheit, während eine jede Weiterver-
breitung des Erysipels von heftigen Exacerbationen begleitet wird. —
Nicht selten sind die Kranken während der Fieberanfälle bewusstlos,
deliriren, besonders in Fällen, wo an das Erysipel sich die Entzündung
der Menyngen angeschlossen. Wenn das Fortschreiten des Erysipels
sein Ende erreicht hat, lässt auch das Fieber, oft in Begleitung eines
rapiden und bedeutenden Zurückgehens unter das Normale, nach. Das
so jähe Abfallen der Temperatur unter das Normale erfolgt zuweilen
noch vor dem Zurückgehen des Erysipels und giebt zu Collapserscheinungen Anlass.

Das Erysipel wird oft von Erscheinungen der Pneumonie begleitet.
Auch von Seite der Pleura, des Pericardiums und des Endocardiums
zeigen sich oft Entzündungen als Begleiterscheinungen des Erysipels.
Milztumor, Leberanschoppung, und der letzteren entsprechend Icterus,
Niereninduration und dem entsprechend Eiweiss im Urin, Magen und
Darmcatarrh, und dem entsprechend Apetitlosigkeit, Diarrhöe und blutige
Stuhlentleerungen ergänzen die Symptome des Erysipels, jene Fälle nicht
gerechnet, in welchen die durch das Erysipel bedingten Ernährungs-
störungen einzelne Organe, wie z. B. das Auge, zerstören. Die Resultate
dieser Zerstörungen bleiben natürlich auch dann noch zurück, wenn das
Erysipel selbst schon gewichen ist. Oft treten nach dem Verschwinden
des Erysipels noch Abscedirungen in dem subcutanen und intra-
musculären Bindegewebe der verschiedensten Körpertheile auf, in anderen
Fällen bleiben Lähmungen von Körpertheilen, besonders der Extremitäten als Folgeübel zurück, und zu diesen auf Störungen im centralen
Nervensystem deutenden Lähmungen gesellt sich auch oft die Aphasie
hinzu. —

Mit Ausnahme des Fiebers treten die übrigen Allgemein-Erscheinungen bei Erysipel zumeist nur dann auf, wenn die Erkrankung langwierig verläuft. Der Verlauf des Erysipels ist nämlich verschieden.
Vom leichten, sogenannten abortiv verlaufenden Erysipel bis zum rasch
tödtenden, mit dem Absterben grosser Gewebstheile verbundenen Erysipel
(erysipelas gangraenosum) gibt es unzählige Abstufungen der
erysipelatösen Erkrankung. — Zuweilen verschwindet das Erysipel, welches
sich der Wunde zugesellt, rasch im Verlaufe von einigen Tagen, lässt
keine Spuren zurück, und die Heilung der Wunde, wenn sie überhaupt
während des Erysipels gestört war, schreitet nun wieder vorwärts. In

anderen Fällen persistirt das Erysipel nicht nur hartnäckig, sondern wandert auch weiter (erysipelas migrans), verschwindet an der Stelle, wo es zuerst erschienen, und tritt anderswo auf; ja es giebt Fälle, in welchen das Erysipel sammt seinen Begleiterscheinungen verschwindet und kurze Zeit nachher wieder erscheint, und diese Recidive nicht nur einmal, sondern mehreremal wiederholt.

Wenn das Erysipel heilt, nämlich verschwindet, so schuppt sich die Haut an den erkrankten Stellen ab, die Blasen trocknen ein, die Schorfe fallen ab, die durch tiefgreifende Eiterungen verursachten Substanzverluste werden durch lebhafte Granulationsbildung ersetzt, und auch die Heilung der Wunde geht zuweilen besser, d. h. energischer vorwärts, als vor dem Auftreten des Erysipels. — Dieser energischere Heiltrieb nach dem Erysipel ist besonders bei solchen Substanzverlusten zu constatiren, deren Heilung vordem torpid war, oder die, wie die Geschwüre überhaupt, keine Neigung zur Heilung zeigten. Das vorübergehende Fieber, welches durch das Erysipel verursacht war, steigert auch den Stoffwechsel im Organismus, und hiebei mögen oft viele Stoffe aus dem Organismus ausgeschieden werden, welche bei diskrasischen Individuen auch der Heilung der Substanzverluste im Wege standen.

So wurde die Heilwirkung des Erysipels bei luetischen Geschwüren und bei anderartigen torpiden Geschwüren mit callösen Rändern beobachtet, wo diese erweicht werden und die Ueberhäutung der Granulationsfläche ermöglicht wird. Was von der Heilwirkung des Erysipels bei oberflächlichen Epithelialcarcinomen behauptet wird, so konnten dies unsere eigenen Erfahrungen nicht bestätigen, obwohl wir oft Gelegenheit hatten, von Erysipel befallene Epithelialcarcinome zu sehen. —

Die oben erwähnte, auf den Stoffwechsel des Organismus und auf den Heiltrieb der Wunde belebende Wirkung hat das Erisipel nur dann, wenn die durch dasselbe verursachte Erkrankung keine schwere war; denn sonst setzen die durch das Erysipel verursachten Störungen, selbst wenn sie nicht unmittelbar letal enden, den Heiltrieb des Organismus so sehr herab, dass hiedurch auch die Heilung der Wunde bedeutend verzögert wird. Es setzt aber das Erysipel bei solch schwerem und langwierigem Verlaufe auch die Resistenz des Organismus resp. der Wunde gegen andere infectiöse Erkrankungen herab. So gesellen sich zum Erysipel als Folgeübel Pyohämie und Sepsis und tödten dann das Individuum, wofern die eigenen schweren Symptome des Erysipels nicht bereits zum letalen Ende geführt haben.

Die Factoren, die einen so ungünstigen resp. tödtlichen Verlauf des Erysipels herbeiführen, sind theils die localen Gewebszerstörungen, theils die oben erwähnten Störungen in den inneren Organen, zumeist aber die lange anhaltenden hohen Fiebertemperaturen und die durch letztere bedingte Depascenz und Degeneration der Herzmusculatur, deren Erschlaffung unmittelbar den Tod herbeiführt.

An der Leiche sind mit blossem Auge nur jene Veränderungen wahrzunehmen, die sich zu den localen Symptomen des Erysipels als Complicationen gesellen. Man findet die Gewebszerstörungen, die in der Tiefe verborgenen Eiter- oder Jauchenherde, die Entzündungen der verschiedenen Organe, die Entzündung der Menyngen, die Pneumonie, die cyanotische Induration der Nieren, die Entartung der Herzmusculatur u. s. w. Von der Haut ist die charakteristische Röthe des Erysipels verschwunden, und auch die härtere Consistenz der Haut an den erkrankten Stellen ist nicht so ausgesprochen wie am Lebenden. Desto charakteristischer ist das, was die erysipelatösen Hautstellen unter dem Mikroskop zeigen. Hier sehen wir, dass die Lymphgefässe und Gewebszwischenräume mit Mikrococcus-Colonien gefüllt sind, und zwar um so mehr, je intensiver auch am Lebenden die betreffende Stelle vom Erysipel befallen war. Selbst in der Umgebung der erkrankten Stelle finden wir diese kettenartig zusammenhängenden Coccen, die sogenannten Streptococcen Fehleisens, und werden nach Fehleisens Behauptung solche Mikrococcen erst in einer Entfernung von zwei bis drei Centimeter vom Rande der erkrankten Stelle nicht mehr gefunden. Diese Coccen finden wir, wie schon erwähnt, nur in den Lymphgefässen und Lymphräumen, umgeben von den Leukocyten der Entzündung, die auch selbst Träger dieser Mikroparasiten werden. — Fehleisen hebt als bezeichnend für die Erysipelcoccen den Umstand hervor, dass sie nicht nur in der Richtung des Lymphstromes weiter wandern, sondern auch und sogar in den meisten Fällen die entgegengesetzte Richtung einschlagen, während die Mikrococcen der Lymphangioitis nur der Richtung des Lymphstromes folgen. In den Capillargefässen konnte man die Erysipelcoccen nicht finden. — Dieser Befund nebst dem entzündlichen Exudat zeigt an der Haut der Leiche

den Sitz der erysipelatösen Erkrankung, und verdient um so mehr
Beachtung, weil er den Fingerzeig zur Lösung der Aetiologie der Erkrankung bietet.

DREIZEHNTES CAPITEL.

Aetiologie des Erysipels. Mikroorganismen bei Erysipel. Inclination und Resistenz der Wunden gegen das Erysipel.

Das Erysipel ist der modernen Auffassung gemäss stets eine W u n d -
i n f e c t i o n s k r a n k h e i t, und auch die Fälle, in denen das Erysipel
scheinbar spontan auftritt, werden auf thatsächlich bestehende, aber
unserer Beobachtung entgehende Continuitätstrennungen der Haut und
der Schleimhäute zurückgeführt. Es ist wahr, dass diese sogenannten
s p o n t a n e n E r y s i p e l f ä l l e in grosser Zahl vorkommen, und dass
sie nicht nur mit gewissen klimatischen und tellurischen Verhältnissen,
sondern auch mit gewissen physiologischen Functionen, z. B. mit den
Menses auffallend typisch zusammenhängen; aber Thatsache ist es auch,
dass diese Erkrankung sich am häufigsten zu Wunden gesellt, und dabei dort am gefährlichsten ist, wo dieser Weg der Infection auch unserer
Beobachtung zugänglich ist. Und da das Erysipel als Infectionskrankheit, vermittelt durch Wunden, gut erklärbar ist, so wendet man diese
Erklärung auch auf jene Fälle an, bei denen die Antecedentien der Erkrankung nicht so offen liegen, und welche man auf eine andere Art
nicht erklären kann.

Am nachdrücklichsten für den infectiven Charakter des Erysipels
sprechen aber jene Fälle, wo diese Erkrankung epidemisch auftritt, wo,
wie in Spitälern eine erysipelatöse Erkrankung hinreicht, um eine ganze
Reihe der Erysipelfälle zu provociren. — Aus dem Wundinfections-
charakter des Erysipels lässt sich zwar selbst das Auftreten manches
evidenten Wunderysipels nicht erklären. Schwer erklären lässt sich z. B.,
warum das Erysipel häufig die Heilung der Wunde so wenig alterirt,
und warum in vielen Fällen das Erysipel nicht in der Nähe der Wunde,
sondern an einer entlegenen Stelle des Körpers auftritt, verläuft und
sogar mehrere Male die Oberfläche des ganzen Körpers durchwandert,
ohne auch nur einmal in die Nähe der Wunde zu gelangen. — Die

Erklärung dieser räthselhaften Umstände hängt mit der Lösung der Frage zusammen, was die Ursache der erysipelatösen Infection der Wunden sei? Wir stehen hier wieder vor jener plausiblen Hypothese, welche wir gelegentlich der Erörterung der Aetiologie der übrigen Wundinfectionskrankheiten erwähnt hatten, und nach welcher auch das Erysipel eine durch Niederlassung von Mikroorganismen verursachte Erkrankung ist. —

Thatsache ist, dass wir Mikrococcen in grosser Zahl in den Lymphgefässen und Lymphräumen der erysipelatösen Haut, ja sogar in den ausgewanderten Leukocyten der entzündeten Partieen finden, und wenn wir hiezu noch das Factum nehmen, dass es Fehleisen und Koch wirklich gelang, aus erysipelatösem Secret Mikrococcen rein zu züchten, die am Versuchsthiere in allen Fällen Erysipel provocirten, wenn wir all dies zusammenfassen, können wir die erysipelatöse Erkrankung mit der grössten Wahrscheinlichkeit auf das Eindringen von Mikroorganismen zurückführen.

Und wenn das Erysipel wirklich eine durch Mikroorganismen verursachte Erkrankung ist, so lässt sich auch dessen epidemisches Auftreten, bei welchen die Mikroorganismen als Contagium sich verbreiten, leicht erklären, ebenso wie der Umstand, dass es in Krankenhäusern an gewisse Zimmer, ja sogar an gewisse Betten gebunden erscheint. Den Umstand, dass das Erysipel nicht immer in der Umgebung der Wunde, sondern an entfernteren Stellen der Haut zuerst erscheint, will man damit erklären, dass in solchen Fällen die infectiösen Mikroorganismen rasch ihre Einbruchsstelle verlassen und, weiter wandernd, an entfernteren Stellen hängen bleiben, sich vermehren und ihre infectiöse Wirkung zur Geltung bringen. —

Was die Specifität der Erysipelorganismen anbelangt, so schien diese Frage nach den bereits erwähnten Arbeiten Fehleisens und Kochs mit der Entdeckung des pathogenen Streptococcus gelöst. Und dennoch ist es nicht ganz so. Es liegen seitdem bereits Untersuchungen vor (Rheiner 1885), nach denen in der erysipelatösen Haut nicht der Fehleisen'sche Streptococcus, sondern (es waren gangränöse Erysipelerkrankungen nach Typhus) der Klebs-Eberth'sche Typhusbacillus in den erkrankten Gewebspartieen gefunden wurde, und andererseits bei phlegmonösen Abscessen, die sich dem Erysipel zugesellen, aus dem Eiter der Abscesse der Streptococcus des Erysipels rein gezüchtet werden konnte (Hoffa 1886). Wir können nach alledem nicht umhin, auch die Annahme des specifischen Erysipelmikrococcus eine Hypothese zu nennen, die zwar durch Experimente bereits mehr Sicherheit gewonnen, als manche ähnliche Hypothesen, die aber auch den Mangel hat, dass sie den Zusammenhang zwischen Mikroorganismus und Erysipel nicht völlig klar stellt. Denn wenn Rosenbach behauptet, das Microbion des Erysipels sei ein Mikroparasit, der zweierlei Eigenschaften besitze, nämlich in loco die erysipelatöse Hautentzündung, und durch sein Ptomain Fieber und allgemeine Erscheinungen hervorrufe, so ist dies eine Theorie, die eigentlich weder die specifische Hautentzündung, noch das Fieber und die Allgemein-Symptome erklärt. — Warum diese Mikrococcen Erysipel hervorrufen, wie auch die Art, auf welche sie diese Krankheit bewirken, sind noch immer Fragen, die zur Zeit einer befriedigenden Antwort entbehren, und was sich hierauf bezieht, ist nur eine Hypothese, gleichwie all das, womit man den leichten und den schweren Verlauf der Fälle zu erklären bestrebt ist, und wie all das, was sich auf die Resistenz des Individuums und der Wunde gegen das Erysipel bezieht. Die hierauf bezüglichen Hypothesen, wie auch diejenigen, die das Hineingelangen der infectiösen Mikroorganismen in die Wunde erklären sollen, sind denen analog, die wir schon bei den anderen Wundinfectionskrankheiten erörtert haben.

Nur was die Inclination zur erysipelatösen Erkrankung anbelangt, besteht ein Unterschied zwischen dieser und den übrigen Wundinfectionskrankheiten, denn während jener Zustand der Wunde, bei welcher die Wundflächen rasch aneinander kleben oder gut granuliren, einigermaassen Schutz gegen Sepsis und Pyohämie gewährt, ist die Wunde gegen das Erysipel durch den erwähnten Zustand gar nicht geschützt. Das Erysipel kann die Hautritze befallen, die unserer Beachtung ganz entgeht, sie gesellt sich zur frischen und per primam heilenden Wunde ebenso wie zur granulirenden und der Vernarbung bereits nahe stehenden Wunde. Besonders prädisponirt zur erysipelatösen Erkrankung das Nährsubstrat aller infectiösen Stoffe, die Anhäufung des Wundsecrets. Hieraus erklärt es sich, warum das Erysipel so leicht bei Eiterretentionen auftritt, hier ist der Zusammenhang zwischen Sepsis und Erysipel, zwischen Pyohämie und Erysipel, dies ist der Weg, auf welchem sich zu den tiefen phlegmonösen Entzündungen und Gewebszerstörungen das Erysipel gesellt. Das Wundsecret ist also auch der geeignetste Vermittler der erysipelatösen

Infection, und wenn hiezu noch der Umstand tritt, dass die infectiösen Keime des Erysipels eine Wunde in einem solchen Locale befallen, in welchem eine grössere Anzahl von Verwundeten zur Behandlung gelangt, so ist das endemische Auftreten des Erysipels durch kein Antisepticum hintanzuhalten.

Die erste chirurgische Klinik der Budapester Universität war eine Zeit lang in Beziehung auf das Auftreten des Erysipels sehr lehrreich. — Das Auftreten des ersten Erysipelfalles hing sehr oft nachweisbar mit dem Besuch von Studirenden der Medicin zusammen, die an anderen Kliniken mit erysipelatösen Kranken in Berührung gekommen waren. In der überwiegenden Zahl der Fälle wurden Kranke vom Erysipel befallen, die auf den exponirtesten, d. h. dem Besuche der Studirenden am meisten zugänglichen Betten gelegen waren. Und das einmal eingeschleppte Erysipel verliess auch so lange die Klinik nicht, bis eine Reihe der ähnlichen Erkrankungen verlaufen war, und hygienische Vorkehrungen, besonders die Isolirung der Erysipelkranken, dem Weitergreifen der Endemie eine Grenze setzten.

VIERZEHNTES CAPITEL.

Wundstarrkrampf (tetanus traumaticus).

Der Wundstarrkrampf ist die am wenigsten erforschte und zum Glück in unserem Klima die seltenste Wundcomplication. Die Symptome der Krankheit sind mit jenen identisch, die wir bei Tetanus, der ohne Wunden auftritt, observiren: die Kieferklemme (trismus), auf dem tonischen Krampf der Kaumuskeln beruhend, Krampf der Schlingmuskeln und ein unwiderstehlich die ganze Körpermusculatur ergreifender Starrkrampf, welcher den Tod des Kranken herbeiführt, und der oft noch an der Leiche durch eine auffallend lang anhaltende und überaus starke Leichenstarre gekennzeichnet ist. — Der anatomische Befund ist, das Wesen der Krankheit betreffend, negativ, indem weder in den Nervencentren, noch an der Peripherie des Nervensystems, dessen abnormale Function doch unstreitig in der Erkrankung zum Ausdruck gelangt, krankhafte Veränderungen vorgefunden werden. Man glaubte oft die Ursache des Wundstarrkrampfes in der Verletzung eines in der Wunde befindlichen peripheren Nerventheiles zu finden, bei welcher die Integrität des Nerven zwar gelitten, aber die Leitung im Nerv nicht unterbrochen wurde. Thatsache ist, dass Fremdkörper, die in die Wunde gelangen, besonders solche, die mit ihren hervorstehenden Ecken oder Enden irgend einen in der Wunde verlaufenden Nerv treffen und denselben drückend oder stechend reizen, leicht Trismus und Tetanus provociren. Die Erkrankung beginnt in solchen Fällen mit schmerzhaften klonischen Krämpfen, die von dem verletzten Theile ausgehen und kann eventuell nach Entfernung des lädirenden Fremdkörpers in Genesung übergehen. Auch Gewebszerstörungen von grosser Ausdehnung pflegen manchmal Trismus und Tetanus zu verursachen, und besonders die durch Congelation bedingten Gewebsnekrosen disponiren zur Erkrankung (Gueterbock). Man hat den Tetanus im Anschluss einer jeden Wundinfectionskrankheit auftreten gesehen, die mit dem Absterben grösserer Gewebspartieen in der Wunde verbunden war. Vielfach wurde das epidemische Auftreten von Tetanus in Feldlazarethen beobachtet bei Verwundeten, die von den Fatiguen des Krieges mitgenommen und deren Wunden mangelhaft versorgt, besonders aber Erkältungen ausgesetzt waren, selbst in Fällen, wo diese Wunden bereits gut granulirten. — Mannigfache Observationen sprechen dafür, dass die Erkrankung auch von klimatischen Verhältnissen abhängt. — In neuester Zeit hat die räthselhafte Lehre vom Tetanus auch einen Schritt nach vorwärts, und zwar ebenfalls in der Richtung der mikroparasitären Theorie gemacht. Nachdem es Carle und Rattone gelungen, mit dem Inhalte einer Aenepustel, von welcher ausgehend sich Tetanus entwickelt hatte, an Kaninchen Tetanus zu provociren, fand Nicolaier (1884) in einer Gartenerde Mikroorganismen, die, ins Versuchsthier geimpft, Tetanus hervorriefen. Rosenbach bestätigt nun (1886) diesen letzteren Befund und declarirt einen feinen Bacillus, der dem Nicolaiers ähnlich ist, und den er aus der nekrotischen Haut eines mit abgefrorenen Füssen ins Spital gelangten und kurz nachher an Tetanus verstorbenen Mannes gewann und der, ins Versuchsthier geimpft, in jedem Falle einen von der Impfstelle ausgehenden Tetanus verursachte für den specifischen Krankheitserreger. Die Erklärung des Zusammenhanges zwischen diesem Bacillus und den Erscheinungen des Tetanus fehlt dezeit noch ganz und muss wohl für lange Zeit auch hier das Wort »Ptomain« die Lücke ausfüllen.

Diese rathselhafte Erkrankung als Wundcomplication bedroht also nicht so sehr die Heilung der Wunde, als unmittelbar das Leben des Individuums, um so mehr, weil ihr gegenüber nicht nur die Wundbehandlung, sondern die ganze ars medica machtlos ist; und wenn den mannigfachen Heilversuchen in seltenen Fällen eine Heilung gelingt, so kann dies bisher blos als ein glücklicher Zufall angesehen werden, denn derzeit ist dies die einzige Wundcomplication, deren Aetiologie sowohl als Prophylaxis und Heilung von nicht einmal besonders plausiblen Hypothesen und Ahnungen beherrscht werden. —

ZWEITER THEIL.

Die Verhältnisse der Wundheilung und die Aufgaben der Wundbehandlung.

ERSTES CAPITEL.

Die Aufgabe der Wundbehandlung. Technik der Wundbehandlung.
Die Bereitung der Wunde. Blutstillung; Catgut. Vereinigung der
Wundflächen; Nähmaterial. Ableitung des Wundsecrets; Drain.
Definitive Versorgung der Wunde; Verband. Chemismus der Wund-
behandlung; Fernehalten der Infection. Die Ruhe der Wunde.

Die Aufgabe der Wundbehandlung ist, die Bedingungen
herbeizuführen, unter denen der natürliche Heiltrieb ungestört zur Geltung
gelangt. Das directe Heilen der Wunden kann nicht Aufgabe der
Wundbehandlung sein, und nur insoferne sie die Bahnen dem natürlichen
Heiltriebe ebnet und die Zweckdienlichkeit des Heilprocesses sichert,
entspricht sie ihrer Aufgabe. In der Verfolgung dieses Zweckes stützt
sich die Wundbehandlung auf zwei Hülfsmittel, und diese sind: die
Behandlung im wörtlichen Sinne oder die Technik, und der mit den
Wundbehandlungsmaterialien verbundene Chemismus. —

Die kunstgerechte Manipulation der Wundbehandlung, d. i. die
Wundbehandlungstechnik ist auf die Heilung der Wunden von
wesentlichem Einfluss, und je nachdem sie die Verhältnisse für den
natürlichen Heiltrieb unmittelbar günstiger gestaltet, oder die Beseitigung
der Hindernisse desselben anstrebt, sind mehrere Momente derselben zu
unterscheiden. —

Das erste Moment der Wundbehandlungstechnik fällt besonders in
Fällen, wo die Verwundung selbst den Charakter eines Heilverfahrens
hat, mit der Verwundung resp. der Operation selbst zusammen, d. h.
wir tragen der zweckdienlichen Heilung der Wunden schon dann Rechnung, wenn wir die Wunde bereiten.

Gelegentlich der Wundbereitung nehmen wir insoferne Einfluss
auf die Heilung der Wunde, als wir Wundflächen bereiten, die zur Heilung geeignete Gewebe von hinreichendem Umfang besitzen. Innerhalb
des Rahmens, welcher dem Zwecke der Operation entspricht, bestreben
wir uns daher, möglichst kleine Wunden zu machen und Gewebstheile
in den Kreis der Verwundung zu ziehen, welche durch ihre Integrität
und ausreichende Ernährung die Garantien der raschen Verklebung
oder einer ausgiebigen Granulation bieten. Wenn die Verwundung keine
gesunden Gewebe trifft, so muss die Operation schon mit Rücksicht auf
die angestrebte Heilung der Wunde sich auch auf die Entfernung der
nicht integren Gewebstheile erstrecken. Zu entfernen sind daher schwer
heilende Narben, welche in die Wundlinie fallen, ferner Granulationen
von mangelhaftem Heiltrieb, wie auch Gewebstheile, die aus dem Kreise
der lebenerhaltenden Circulation ganz ausgeschlossen oder doch nur sehr
mangelhaft ernährt sind, endlich auch diejenigen Gewebstheile, die durch
eine vorangegangene Verletzung so sehr mitgenommen erscheinen, dass
die Erhaltung ihrer Lebensfähigkeit ausser den Bereich der Wahrscheinlichkeit gerückt ist. — Die Beschaffenheit des verwundenden Instrumentes
kömmt vom Gesichtspunkte der Wundheilung nur insoferne in Betracht,
als gewöhnlich scharfe Instrumente glatte und unversehrte Wundflächen,
stumpfe Instrumente gequetschte und daher weniger heilungsfähige Wundflächen setzen, die ätzenden oder durch Hitze versengenden Substanzen
und Instrumente aber die Möglichkeit der raschen Verklebung ausschliessen. —

Das zweite Moment der Wundbehandlungstechnik ist die Stillung
der von der Verwundung herrührenden Blutung. — Die
möglichst vollständige Blutstillung ist vom Gesichtspunkte der Wundheilung auch darum schon sehr wichtig, weil das Blut, welches zwischen
den Wundflächen Platz nimmt, die genaue Berührung der Wundflächen
verhindert, und als eine organische Substanz, die ausserhalb des Stoff-
wechsels des lebenden Organismus gelangt ist, zur Zersetzung hinneigt
und zu damit verbundener Infection geeignet ist. — Es ist wahr, dass

das Blut auch in der Wunde vom Zerfall verschont bleiben resp. durch unser Hinzuthun von Zerfall bewahrt werden kann, und, indem es sich durch das Hineinwachsen von Blutgefässen allmälig zur bleibenden Substanz, zum Bindegewebe, organisirt, bei der Ersetzung des durch die Verwundung verursachten Substanzverlustes als werthvolle plastische Substanz dienen kann (Schede 1886). Aber diese Eigenschaft des Blutes kann nicht in jedem Falle garantirt werden, und die vollständige Blutstillung wird auch schon deshalb angestrebt werden müssen, weil es leicht einzusehen ist, dass eine Ersparung von Blut für die Lebensenergie des Organismus und consequenterweise für den Heiltrieb der Wunde von nicht geringer Bedeutung ist.

Aus den eben erwähnten Gründen erheischt die Wundbehandlung den Verschluss der Blutgefässöffnungen in der Wunde. Die Ligatur bleibt immerhin das beste Mittel zu diesem Zwecke, neben welchem die Acupressur nur noch in den seltensten Fällen zur Anwendung gelangen mag. — Die Technik dieser chirurgischen Manipulationen gehört in den Kreis der Themata der operativen Chirurgie, vom Standpunkte der Wundbehandlung müssen wir aber noch besonders die Wahl des Ligaturmaterials einer Kritik unterwerfen. Ein jedes Ligaturmaterial ist ein Fremdkörper in der Wunde, dessen offensive Eigenschaften gelegentlich zur Geltung gelangen. Natürlich wird der dauerhafte Seidenfaden viel länger seine eventuell offensive Stellung der Wundheilung gegenüber bewahren, als ein Faden, der aus einem leicht zerfallenden, eventuell resorbirbaren Material besteht. Ein solch leicht resorbirbares Material ist das Catgut, eine aus Schafdarm (ursprünglich aus Katzendarm, woher der Name) fabricirter Stoff, der sonst auch zu Saiten an Musikinstrumenten Verwendung findet. Diese Catgutfäden, zu Wundbehandlungszwecken noch besonders (antiseptisch) präparirt, werden in verschiedenen Stärken, Qualitäten, wie sie eben der Stärke der zu verschliessenden Blutgefässe entsprechen, benützt, um die Enden der in Pincetten gefassten Gefässe geschlungen und festgeknüpft, wobei sie in einem Maasse angezogen werden, dass dabei die Intima der Arterien einreisst, und dadurch eine Thrombusbildung, welche das Gefässlumen verschliesst, ermöglicht wird. Das Catgut kann nun, nachdem die überflüssig langen Enden abgeschnitten wurden, ruhig in der Wunde bleiben, ohne dass es daselbst die Gewebe als Fremdkörper molestiren würde. Denn es ist ja selbst ein den thierischen Geweben entnommener

organischer Stoff, welcher mit der Zeit durch Einwirkung der umgebenden Wärme und Feuchtigkeit zersetzt wird, dessen Bestandtheile resorbirt
werden und an dessen Stelle eine Bindegewebsnarbe von entsprechender
Form und Stärke tritt. — Das Catgut wird daher nicht, wie Manche
wähnen, organisirt, sondern es wird resorbirt, und der Binde-
gewebsstreif, den wir mit der Zeit an der Stelle des Catgut finden, entstand nicht durch Organisation des Catgut, sondern ist eine binde-
gewebsartige Neubildung, welche an die Stelle des resorbirten Catgut
getreten. Dasselbe gilt von den übrigen organischen Stoffen, welche,
wie die Fasern aus der Rindsaortawand, die sehnigen Fasern der Hirsch-
sehnen und die des Känguruschwanzes und die aus Seidenwurmdarm
(silkwormgut) bereiteten Fäden zu gleichem Zwecke benützt wurden. —
Die Stillung der aus den Capillaren der Wundflächen entstammen-
den sogenannten parenchymatösen Blutung erfordert auch dann noch
Sorgfalt, wenn diese Blutung nicht sehr bedeutend ist. Es gelingt dies
zumeist dadurch, dass wir die Wundflächen mit kaltem Wasser oder
mit Lösung gewisser Substanzen berieseln, oder auch den feuchten
Schwamm auf die Wunde drücken. Die directe Anwendung sogenannter
Styptica meiden wir möglichst, denn die Wirkung dieser Stoffe erfolgt
zumeist auf Kosten der Integrität der Gewebe der Wundflächen und
demzufolge auch auf Kosten der Wundheilung. Dasselbe gilt bezüglich
der blutstillenden Wirkung, welche die Glühhitze des Thermocanters
(Paquelin) bewirkt. Vortheilhafter ist jene Blutstillung, welche wir durch
das genaue Zusammenfügen der Wundflächen und mit Hülfe des Druckes
des auf die Wunde applicirten Verbandes erreichen, umsomehr als auf
diesem Wege auch die Lücke, welche als Ansammlungsort des Blutes
dient, die Bildung des sogenannten todten Raumes vermieden wird. —
Das dritte Moment der Wundbehandlungstechnik ist die Vereinigung der Wundflächen. Die Vereinigung der Wundflächen bewirkt die Verkleinerung des durch die Verwundung verursachten und
durch das Klaffen der Wundränder scheinbar vergrösserten Substanzverlustes auf die Art, dass es die Lücke entweder ganz beseitigt oder
doch kleiner macht. Die vollständige und genaue Vereinigung der
Wundflächen ermöglicht die rasche Verklebung derselben, während die
Verkleinerung des Wundspaltes die Aufgabe der zum Ersatz des Substanzverlustes nöthigen Granulationsbildung erleichtert und so die Heilung
der Wunde befördert. Die Vereinigung der Wundflächen giebt ferner

die Richtung für die Formation an, welche wir bei der Heilung der
Wunde erreichen wollen, und endlich gehört auch die vollständige Blutstillung und das Hintanhalten der Bildung von todten Räumen zu den
Aufgaben der Vereinigung der Wundflächen. — Die Methoden zur
Vereinigung der Wundflächen unterliegen hinsichtlich ihrer Zweckmässigkeit noch einer besonderen Kritik. — Die vortheilhafteste Vereinigungs-
methode ist jene, durch welche möglichst grosse Wundflächen am genauesten und sichersten, d. i. dauerhaftesten aneinander gefügt werden.
Den Eigenschaften der zu vereinigenden Wundflächen und überhaupt
den Verhältnissen der Wunden, deren Umfange, dem Orte und den be-
troffenen Geweben entsprechend, wechseln auch die Vereinigungs-
methoden. Es giebt Wunden, die am vortheilhaftesten mittelst Insectennadeln und umschlungener Naht vereinigt werden, andere, bei
welchen die Knopfnaht am besten dem Zwecke entspricht, und wieder
andere, bei welchen die Zapfennaht oder Plattennaht angewendet werden soll; in der überwiegenden Mehrzahl der Fälle erweist sich die
fortlaufende oder Kürschnernaht den Bedürfnissen entsprechend. Manchmal sind tiefgreifende Nähte zur Vereinigung der Wundflächen nothwendig, in anderen Fällen genügen oberflächliche Nähte, in gewissen
Fällen halten tiefe und oberflächliche Nähte vereint die Wundflächen
aneinander. Es giebt grosse Wundflächen, welche durch versenkte und
etagenförmig übereinander geschichtete Nähte genau vereinigt werden
müssen, und es giebt endlich auch Wundflächen, die durch sogenannte
trockene Nähte, d. h. Heftpflasterstreifen vereinigt, oder auch nur durch
den Druck des Verbands resp. durch die fixirenden Bindetouren aneinander gehalten, mit Sicherheit die rasche Verklebung erwarten lassen.
　　Auch das Nähmaterial hat einige Bedeutung für den ungestörten Verlauf der Wundheilung und zwar nicht nur aus dem Grunde,
weil die Dauerhaftigkeit der Vereinigung zum Theile auch von dem
Nähmateriale abhängig ist, sondern auch besonders deshalb, weil dieses
Material einen fremden Körper in der Wunde bildet, und es von der
grösseren oder geringeren Irritation, die durch dessen Anwesenheit verursacht wird, abhängt, ob und inwieferne die Heilung der Wunde gestört wird. — Die irritirenden Wirkungen des Nähmaterials kommen
besonders dann zur Geltung, wenn durch dasselbe infective Keime in
die Wunde gelangen, und durch Vermittelung dieser eine circumscripte
eiterige Entzündung oder ein mit dem Auseinanderweichen der Wund-

flächen beginnender Zerfall der Gewebe verursacht wird. — Aus diesem
Gesichtspunkte erscheint als zweckmässigstes, d. h. verlässlichstes Nähmaterial: der anorganische Metalldraht, welcher sich leicht rein und
daher von infectiven Keimen gänzlich frei halten lässt. Der Seiden-
oder Zwirnfaden hat unebene Flächen und ist als organischer Stoff auch
sonst zur Aufnahme von infectiven Stoffen geeignet, kann daher zur
Vereinigung von Wundflächen nur nach vorangegangener Desinfection
verwendet werden. Zu versenkten Nähten eignet sich wieder das Catgut als ein Stoff, der eine Zeit lang die Aufgabe der Vereinigung erfüllt, und nachher ohne irgend ein Symptom der Irritation resorbirt
wird. —

Das vierte Moment der Wundbehandlungstechnik ist die Ableitung des Wundsecrets. Die Bildung von Wundsecret ist nämlich nicht immer zu vermeiden, und ob in solchen Fällen das Wundsecret seine Entstehung der unvollständigen Blutstillung dankt, oder ob
die entzündliche (eigentlich infectiöse) Reaction, welche der Verwundung
folgt, mit der Bildung von eiterigem Wundsecret verbunden ist, in jedem
Falle wird die Ableitung dieses Wundsecrets aus der Wunde unvermeidlich. — Die Ableitung des sich zwischen den Wundflächen ansammeln-
den Wundsecrets ist für die Wundheilung von eminenter Bedeutung. —
Dieses Wundsecret nämlich hindert nicht nur mechanisch die Berührung
und Verklebung der Wundflächen, sondern gefährdet auch noch dadurch
die Wundheilung, dass es den geeignetsten Boden für die Niederlassung
der schädlichen Mikroorganismen und ein ebenso geeignetes Medium zur
Verbreitung des Infectionsgiftes bildet. —

Die Ableitung des Wundsecrets wird entweder durch Röhren —
Drainröhren — bewerkstelligt, sie kann aber auch Stoffen anvertraut
werden, die mit Hülfe ihrer Capillarität das fortwährende Aussickern des
Wundsecrets bewirken und der Form und zum Theile auch der Wirkung
nach dem früher angewendeten Haarseil (setaceum) gleichen.

Bei der Anwendung von Drainröhren kommt das Material des
Drains und die Placirung desselben in Betracht. Bezüglich des Stoffes,
woraus der Drain gemacht sein soll, muss darauf gesehen werden, dass
er als Fremdkörper (was er doch eigentlich in der Wunde ist) diese
möglichst wenig reize, und dieser Anforderung entspricht ein Drainrohr
aus weichem Gummi so ziemlich. Andererseits muss die Wandung des
Drainrohres eine gewisse Resistenz besitzen, damit dessen Lumen durch

den Druck der umgebenden Wundflächen nicht zusammengedrückt und das Rohr stellenweise geknickt werde, wodurch Anlass zu Eiterretentionen gegeben würde. Aus diesem Grunde sind Hartkautschuckröhren, Glasdrains und die Aluminiumdrains (Championniere) in gewissen Fällen mit Vortheil anzuwenden. Auch jenes Streben hat eine Berechtigung, welches die irritirende Wirkung des Drains damit vermeiden will, dass es harte Drains, die aber bald erweichen und resorbirt werden — decalcinirte Knochendrains (Trendelenburg, Mac-Even) — anwendet. Alle diese Stoffe entsprechen nur zum Theil den Anforderungen, die an die Drainage gestellt werden müssen. Der weiche Gummidrain wird leicht geknickt und führt zu Retentionen des Wundsecrets, die starren Wände des Hartkautschuck- und Glasdrains reizen, der decalcinirte Knochendrain ist aus dem Grunde nicht verlässlich, weil er oft früher erweicht und resorbirt wird, als es dem Zwecke entspricht. Verhältnissmässig am besten kömmt man doch immer mit dem weichen Gummidrain fort. — Die Attribute eines guten Gummidrains sind, dass er elastisch ist und auf das Dreifache seiner ursprünglichen Länge ausgezogen werden kann, dass er auf dem Wasser schwimmt und dass seine Wände eine Streifung zeigen. Diese Streifen in der Wand des Gummidrains beweisen, dass das Rohr aus Gummiplatten zusammengesetzt ist, während die glattwandigen aus Gummiabfällen verfertigt sind. Die besten sind die schwarzen und rothen Gummidrains; die grauen sind nicht geeignet, weil sie nicht rein sind, speciell viel schwefelsaures Zink enthalten. —

Die irritirende Wirkung der Drains von stärkerem Kaliber und der Umstand, dass die Hohlgänge, in welchen die Drains liegen, oft schwer heilen und so den vollständigen Verschluss der Wunde verzögern, führten zur Anwendung von Stoffen, welche mit Hülfe der Capillarität ihrer Structur die Ableitung des Wundsecrets zu Stande bringen. Eine solche Ableitung erreicht man mit den unappretirten Organtin-Gazestreifen, mit den Rosshaarfäden und Catgutfäden, welche einzeln oder zu mehreren in der Wunde placirt werden, und von den verschiedenen Stellen derselben entweder durch eine gemeinsame grössere oder durch mehrere kleinere Oeffnungen das Wundsecret aussickern lassen. Es ist leicht einzusehen, dass diese Stoffe nur zur Ableitung von dünnflüssigem Wundsecret — Blutserum oder dünnem Eiter — dienen können. —

Man versucht auch vielfach, bei der Ableitung des Wundsecrets die

ableitenden Röhren oder andern Drains ganz auszuschliessen. Neuber
will zu diesem Zwecke eine Oeffnung in der Wunde auf die Art frei
halten, dass er den Rand der Oeffnung mit der umgebenden Haut ein-
säumt, und so deren rasche Verklebung verhindert. Wenn die Oeffnungen der Wunde zur Ableitung des Secrets nicht geeignet sind, bereitet er mit einem Locheisen an mehreren Stellen der Haut Oeffnungen, sogenannte Knopflöcher, im Umfange von 3—4 Millimeter,
welche durch die Haut und das Unterhautbindegewebe in die Wundhöhle dringen. Diese von Neuber die natürliche Canalisation
genannte Drainirungsmethode ist ebenso umständlich als wenig verlässlich, und in einer grossen Zahl der Fälle — bei tiefliegenden Wundhöhlen — gar nicht anwendbar.

Bei der Placirung des Drains werden jene Stellen der Wunde ins
Auge gefasst, welche für die Ansammlung des Wundsecrets geeignet
sind. Von diesen Stellen wollen wir mit dem Drain das Secret in einer
Richtung ableiten, in welcher es in Folge seiner eigenen Schwere und
der Dislocation des verwundeten Körpertheiles entsprechend auch selbst
sich senken kann. Am besten thut man daran, den Drain noch vor
der Vereinigung der Wundflächen in die Wunde einzulegen; bei kleinen
Oeffnungen führen wir den Drain mit Hülfe kleiner, Kornzangen ähnlicher Instrumente oder mittelst langer, öhriger Sonden in die Wunde ein.

Damit der Drain von möglichst vielen Seiten das Wundsecret auf-
nehmen könne, sind dessen Wände von spiralförmig verlaufenden Oeffnungen — Fenstern — durchbrochen. Die Länge des Drainrohres
wechselt entsprechend dem Bedürfnisse des concreten Falles, ist bald
kürzer, bald länger, aber immerhin nur so lang, dass dessen inneres
Ende in die Wundhöhle reicht, das äussere Ende aber mit der Oeffnung
in einem Niveau zu liegen kömmt. — Das längere Drainrohr ist aus
dem Grunde zu verwerfen, weil dessen inneres Ende die Wunde irritirt,
das abstehende äussere Ende aber durch den Verband leicht geknickt,
und so die Oeffnung des Drains verschlossen wird. Muss aber der
Drain aus irgend einer Ursache doch länger sein, so ist es rathsam, in
der Höhe der Wundöffnung ein Fenster im Rohre anzubringen, durch
welches sich, falls das Rohr geknickt würde, das Secret doch frei
entleert.

Das äussere Ende des Drains kann in irgend einem Winkel der
Wundöffnung angebracht werden, oder es kann, wenn die Lage der

Wundöffnung der Entleerung des Wundsecrets nicht günstig ist, für den Drain eine eigene Oeffnung — Contraapertur — gemacht werden. — Damit der Drain nicht von der Stelle rückt, eventuell nicht in die Wundhöhle hineingleite, wird das äussere Ende mittelst eines Fadens oder einer Nadel, welches durch die Drainwand durchgezogen wird, befestigt. Manche nähen das Drainrohr auch an den Wundrand an. Mit dem Fortschreiten der Heilung und der Ausfüllung der Wundhöhle wird der Drain abgekürzt und endlich auch ganz entfernt. Zur Richtschnur hiebei dient die Quantität des Wundsecrets. Die vorzeitige Entfernung des Drains führt zur Eiterretention, das zu lange Liegen desselben verzögert unnöthigerweise die vollständige Vernarbung. —

Der Drain muss auch von infectiösen Keimen vollkommen frei sein, was durch die besondere Präparirung der zur Drainage dienenden Stoffe erreicht wird.

Es ist leicht einzusehen, dass mit der blossen Anwendung des Drains die Aufgabe der zweckmässigen Ableitung des Wundsecrets noch nicht gelöst ist. Die zielbewusste Originalität und sachgemässe Umsicht ist bei diesem Momente der Wundbehandlung am meisten am Platze, und nur diese sichern diesem Hülfsmittel der Technik den Erfolg. Wenn bei der Anwendung des Drains diese Umsicht fehlt, so wird der Drain nicht nur die Secretretention nicht verhindern, sondern auch ein Fremdkörper in der Wunde sein, der nebstdem, dass er nichts nützt, die Gewebe auch noch irritirt, eventuell das Eindringen infectiöser Stoffe in die Wunde ermöglicht, und so verzögernd, ja sogar direct nachtheilig die Heilung der Wunde beeinflusst. —

Das letzte Moment der Wundbehandlungstechnik gelangt bei der endgültigen Versorgung der Wunde zur Geltung. — Man kann die Wunde offen behandeln, die moderne Wundbehandlung führt jedoch die Wunde verschlossen, d. i. unter dem Verbande der Heilung entgegen. Der auf die Wunde gelegte Verband kann die Wunde blos decken — Deck- oder Schutzverband — oder unter einem gewissen Druck auf die Wunde befestigt sein, und dann heisst er ein Druckverband.

Der Deckverband hat die Aufgabe, die Wunde vor aussen kommenden Schäden, Schlag, Stoss, Beschmutzung zu schützen, der Druckverband strebt überdies durch den auf die Wundflächen ausgeübten Druck, die Stillung der parenchymatösen Blutung, die rasche

Verklebung der Wundflächen und die Verhinderung der Bildung von todten Räumen an; der bei beiden Verbandmethoden zur Anwendung gelangende Verbandstoff dient ausser den bereits erwähnten Zwecken auch noch zur Aufnahme des aus der Wunde abgeleiteten Wundsecrets.

Das Anlegen des Verbandes unterliegt je nach der Art, dem Umfange und dem Orte der Wunde mehrfachen Modificationen, und wenn auch gewisse Regeln dabei allgemeine Gültigkeit haben, so bleibt der individuellen Fertigkeit und Findigkeit, besonders in der Technik des Verbandes, ein weiter Spielraum offen. Die moderne Wundbehandlung knüpft jedoch an den Begriff des Verbandes nicht nur die geschickte Technik, sondern verlangt von demselben auch den Schutz der Wunde vor dem Eindringen infectiöser Stoffe, fordert dementsprechend zu Deck- und Druckverbänden die Anwendung solcher Verbandstoffe, welche selbst von infectiösen Keimen frei und geeignet sind, die von aussen zur Wunde gelangenden infectiösen Stoffe unschädlich zu machen. Die auf die Fernehaltung und Vernichtung der infectiösen Stoffe hinzielenden Eigenschaften des Verbandes hängen mit dem Chemismus der Wundbehandlung zusammen.

Der Chemismus in der Wundbehandlung ist gegen jenes Hinderniss des natürlichen Heiltriebes gerichtet, welches in der Infection der Wunde zum Ausdruck gelangt. Die eben erwähnten Momente in der Wundbehandlungstechnik sind zwar einzeln und insgesammt auf die Verhütung und Ausschliessung der Infection von Einfluss; aber während dieser Einfluss mehr indirect und darin zum Ausdruck gelangt, dass er es ermöglicht, die Umstände auszuschliessen, welche die Infection befördern, greift der Chemismus der Wundbehandlung diese infectiösen Stoffe selbst an. Der Chemismus der Wundbehandlung steht heute auf wesentlich anderer Basis, als noch vor einigen Jahrzehnten. Wir muthen den in der Wundbehandlung zur Anwendung gelangenden Chemikalien — den antiseptischen Stoffen — keine directe Heilwirkung zu, sondern vertrauen ihnen nur die Verhinderung der Wundinfection an. Dem Chemismus fällt in jeder Phase der Wundbehandlung eine Rolle zu. — Man benutzt die Antiseptica in der Zeit vor der Operation zur Desinfection der gelegentlich der Operation zur Anwendung gelangenden Stoffe und Instrumente, sie dienen während der Operation zur Reinigung der Wunde, und nach der Operation gelangen sie in den mit ihnen präparirten Verbandstoffen zur Anwendung. Einen bedeutenden Theil der Aufgabe, welche dem Chemismus in der Wundbehandlung zufällt, löst die Reinlichkeit, welche gegen den infectiösen Schmutz ankämpft. Die Wirkung der Antiseptica — die Antisepsis — führt in ihrem Resultate zur ungestörten, infectionsfreien Heilung — zur Asepsis — der Wunde. —

Die vereinte und zielbewusste Ausnützung der Technik und des Chemismus in der Wundbehandlung sichern, indem sie zur Heilung der Wunden als zum Endresultat führen, unmittelbar auch die Ruhe der Wunde. — Die Wunde bedarf in der That nur der Ruhe, um zu heilen, einer Ruhe, welche von ihr jede mechanische und jede chemische (infectiösen) Insulte ferne hält, und während welcher der durch das Leben des Organismus gebotene Heiltrieb Zeit und Gelegenheit hat, zur Geltung zu gelangen. Die Aufgabe der Wundbehandlung ist es daher, die Heilung der Wunde dadurch zu befördern, dass sie die Ruhe derselben sichert.

ZWEITES CAPITEL.

Einfluss der Wundbehandlung auf die Heilung durch rasche Verklebung. Bereitung der zur prima intentio geeigneten Wundflächen. Blutstillung. Vereinigung der Wundflächen. Druckverband. Verhinderung der Wundinfection.

Der Einfluss der Wundbehandlung tritt bei den durch rasche Verklebung heilenden Wunden am deutlichsten zu Tage. Wie so können wir durch unser Eingreifen die Bedingungen der prima intentio herbeiführen? Wir können es dadurch, dass wir zur prima intentio geeignete Wundflächen bereiten, dass wir diese Wundflächen in unmittelbare Berührung mit einander bringen, dass wir für die Dauerhaftigkeit dieser unmittelbaren Berührung Sorge tragen; durch all dies geben wir die Möglichkeit der Heilung per primam.

Da zur prima intentio die frischen und unversehrten Wundflächen geeignet sind, so wird gelegentlich der Operation auf die Bereitung solcher Wundflächen Bedacht genommen. Bei den durch Verletzungen entstandenen Wunden lässt sich die Möglichkeit der prima intentio auch nachträglich dadurch herbeiführen, dass die nicht genügend genährten und in ihrer Lebensfähigkeit herabgesetzten Gewebstheile der Wundflächen mittels Schere und Messer entfernt werden. Ein Umfang der Wundflächen, welcher zur prima intentio wünschenswerth wäre, ist nicht festgesetzt. Jene allgemeine Regel, dass die grösseren Wundflächen zur prima intentio geeigneter sind, findet in dem Umstande ihre Erklärung, dass die auf grosser Fläche stattgefundene Verklebung auch einen grösseren Widerstand gegen die Zerrung der Nachbargewebe entfalten kann.

Die vollständige Blutstillung ist aus den bereits erwähnten Gründen hier überaus wichtig. Trotzdem muss bei der Ligatur der Gefässe Nichts übereilt werden, und die Blutung aus kleinen Gefässen lieber durch das längere Hängenlassen der Klemmpincette oder durch Torsion gestillt werden, wodurch die Zahl der Ligaturen möglichst herabgesetzt wird. Dem Catgut gebührt hier in jedem Falle vor dem Seidenfaden der Vorzug.

Die Aneinanderfügung der Wundflächen bewirkt durch Bekämpfung des Klaffens der Wundränder, resp. der Zerrung der Nachbartheile, die Schliessung der Wunde. Diese Vereinigung bringt in vielen Fällen ohne jedwede Naht der auf die Wunde applicirte Druck, resp. der Druckverband zu Stande, besonders da, wo die eine der Wundflächen eine solide Basis bildet, an welche die andere Wundfläche angedrückt werden kann. Wenn keine solche solide Basis vorhanden ist, so werden die Wundflächen am zweckmässigsten durch die Naht vereinigt. Die trockene Naht — die Vereinigung der Wundflächen durch serres fines, oder durch Heftpflasterstreifen entspricht bei nicht zu grossen und nur wenig klaffenden Wunden dem Zwecke. Die serres fines sind blos zum Zusammenhalten der Wundränder geeignet, und die Heftpflasterstreifen wirken nur dann, wenn sie auf convexen Flächen angelegt werden; auf ebener oder concaver Fläche haben sie keinen sichern Halt. Bei der Anwendung der blutigen Naht muss ausser der Vereinigung der Wundflächen auch noch die Zerrung der Nachbartheile berücksichtigt werden, und werden gegen diese Zerrung die tiefgreifenden, grössere Gewebspartieen umfassenden Nähte angewendet werden müssen. In jedem Falle muss die Einstülpung der überhäuteten Wundränder vermieden werden. Auch die Zeit für die Entfernung der angelegten Nähte hängt von dem Grade der Spannung ab, welchem die vereinigten und verklebten Wundflächen ausgesetzt sind. Aus kleineren Wundflächen, die überdies nur wenig gezerrt werden, können die Nähte am dritten, vierten Tage entfernt

werden, bei grösserer Spannung muss die durch das Nähmaterial verursachte etwaige Irritation der Gewebe risquirt und die Naht auch sieben
bis acht Tage auf der Stelle belassen werden. Der Metalldraht und der
aseptische Seidenfaden erlauben auf gleiche Art dieses Verbleiben für
längere Zeit, ohne die Gefahr der Eiterung zu provociren. Wenn
Catgut zu oberflächlichen Nähten benutzt wird, so ist dessen Entfernung
überflüssig, denn jener Theil, der ausserhalb der Wunde zu liegen kommt,
fällt bald von selbst ab. Auch nach der Entfernung der Nähte kann
die Consolidirung der frischen Narbe durch Anlegen von Heftpflasterstreifen eine Zeit lang unterstützt werden. Man kann im Allgemeinen
den Satz gelten lassen, dass die genaue Vereinigung der Wundflächen
die Drainage überflüssig mache; doch giebt es Fälle, wo wir uns mit
einer partiellen raschen Verklebung der Wundflächen zufrieden geben
müssen, und dies dadurch sichern, dass wir einen Drain in die Wunde
legen. Die Drainfistel mag dann durch Granulation heilen. —

Auch das Anlegen des Verbandes erheischt bei den zur raschen
Verklebung bestimmten Wunden grosse Sorgfalt. In den meisten Fällen
entspricht der Druckverband am besten dem Zwecke, indem er unsere
auf die genaue Vereinigung der Wundflächen gerichteten Bestrebungen
unterstützt. Wo die Vereinigung der Wundflächen auch ohnedies gesichert ist, dort genügt auch der Deckverband, und zuweilen kann auch
dieser wegbleiben, besonders in Fällen, wo, wie z. B. bei plastischen
Operationen der Lippen, auch ein kleiner Druck mehr das Auseinander-
gehen der Wundflächen bewirken könnte. — Das Fortbleiben des Verbandes wird übrigens durch die erfolgte Heilung bestimmt.

Wodurch können wir die Hindernisse der Heilung
per primam aus dem Wege räumen? Durch die Blutstillung,
durch die genaue Aneinanderfügung der Wundflächen und eventuell
durch den Druckverband verhindern wir die Ansammlung grösserer und
die rasche Verklebung störender Secretmassen in der ersten Zeit der
Wundheilung; durch die Entspannung der Wundflächen, durch die
Sicherung der Vereinigung verhindern wir die Anhäufung des Wundsecrets in einer späteren Phase der Heilung; durch den vollständigen
Verschluss der Wunde verhindern wir nach Möglichkeit das Eindringen
infectiöser Stoffe in die Wunde, verschliessen wir der die rasche Verklebung unbedingt vereitelnden Infection den Weg.

Die Verhinderung der Wundinfection während des Heilungsprocesses

wird bei den Operationswunden, die durch primäre Verklebung heilen
sollen, fast vollständig mit Hülfe jener Technik erreicht, welche die
Bedingungen der prima intentio herbeischafft. Zwischen die genau an-
einandergefügten Wundränder und Wundflächen dringen keine infectiösen
Stoffe, und selbst wenn sie hineingelangen, fehlt ihnen der geeignete
Nährboden, nämlich das Wundsecret. Die Infection der Wunde kann
hier nur vor oder während der Vereinigung der Wunde stattfinden.
Bei den Verletzungswunden können infectiöse Stoffe gelegentlich der
Verwundung mit dem verletzenden Instrumente in die Wunde gelangen,
sie können in der Zeit zwischen der Verletzung und der sachgemässen
Versorgung der Wunde aus der Luft oder aus den provisorisch angelegten schmutzigen Verbandstoffen in die Wunde gelangen. Bei der
Behandlung solcher Fälle muss unser Streben für die Heilung per primam durch die Desinfection der Wunde unterstützt werden. Das
plangemässe operative Verfahren sichert aber auch nur in dem Falle das
Fernebleiben der Infection, wenn die zur Verwundung benutzten Instrumente, die zur Vereinigung gebrauchten Stoffe, die mit der Wunde beschäftigten Hände selbst von jedem infectiösen Stoffe frei sind, kurz:
wenn die Asepsis des ganzen Verfahrens verlässlich ist.

Die Heilung durch rasche Verklebung, bei welcher die Bedingungen
der Heilung am genauesten zutreffen müssen, und bei welcher die einzelnen Momente der Wundbehandlung die grösste Sorgfalt erheischen,
ist zugleich das Ideal der Wundheilung, jenes Ideal, welches mit
Hülfe der Wundbehandlungstechnik und unter dem Schutze der die
Infection ausschliessenden Maassregeln heute schon in immer zahl-
reicheren Fällen erreicht wird.

DRITTES CAPITEL.

**Einfluss der Wundbehandlung auf die Heilung durch Granulation.
Beförderung der Granulationsbildung. Ableitung des Wundsecrets.
Deckverband. Granulationsverband.**

Bei der Heilung durch Granulation werden dem Einfluss der Wundbehandlung durch die Eigenheiten dieser Heilungsart engere Grenzen
gesteckt. Welchen Einfluss hat die Wundbehandlung auf

die Granulationsbildung? Die Granulationsbildung ist, wie wir gesehen, eine Localerscheinung des Lebens im Organismus; die Granulation entsteht zwar local, aber der Anlass gebende Factor liegt tief im Organismus, liegt im Blute, liegt in jener Vitalitätsenergie, welche allen Geweben des Körpers und so auch den Geweben der Wunden eigen ist. Insofern wir auf diese allgemeinen Bedingungen der Granulationsbildung Einfluss nehmen können, befördern wir auf positive Art die Granulation der Wunde, aber wie hieraus ersichtlich, wird der Schauplatz unseres hierauf abzielenden Eingreifens nicht die Wunde selbst sein. Durch die gute Nährung des Kranken, die Verbesserung seiner Lebensverhältnisse durch frische Luft, sorgsame Pflege u. s. w., und wenn bestehende und erkennbare Diskrasien des Organismus eine medicinale Behandlung erfordern, durch Verabreichung entsprechender Medicamente können wir die Granulation resp. die Heilung der Wunde befördern.

Auf die Qualität der Granulationen können wir jedoch auch durch ein locales Eingreifen Einfluss nehmen. Die Granulationen der Wundflächen sind nicht immer zur Bildung einer dauerhaften Narbe geeignet. Die genügende Ernährung ist, wie bereits erwähnt, die Hauptbedingung des Lebens und der Organisirung der Granulationen. Ueberfluss an Nährstoff, ebenso wie Mangel am selben führen zur Bildung von Granulationen, die der Heilung nicht günstig sind. — Wenn die Granulationen mangelhaft genährt werden, so sterben sie ab, oder vermehren sich nicht, und die Heilung geräth ins Stocken; werden sie aber zu reichlich genährt, so vermehren sie sich über die Maassen und geben zur Ueberwucherung, welche die Heilung stört, Anlass. — Die mangelhaft genährten Granulationen sind klein, schlaff und trocken, die zu reichlich wuchernden gross, strotzend, ja ödematös —; dieses Oedem der Granulationen ist übrigens zuweilen auch mit gewissen constitutionellen Discrasien in causalem Zusammenhang.

Wo die Granulationen der Wundflächen klein, geschrumpft und trocken sind, da ist eine Behandlung, die denselben von aussen Feuchtigkeit zuführt, geeignet, die Lebensfähigkeit dieser Granulationen zu heben; und insoferne diese Feuchtigkeit stabil ist und die Körpertemperatur annimmt, wirkt sie als feuchte Wärme auf die Wunde ein und erzielt dasselbe, was die feuchte Wärme in der Entwicklung der Organismen überhaupt zu erzielen pflegt. nämlich deren lebhafteres und rascheres Wachsthum. Eine solche Wirkung haben die feuchten Verbände und er-

warmenden Ueberschläge; aber im Grunde genommen ist auch die
Wirkung der Wundsalben dieselbe, da sie die Austrocknung der Wundflächen verhindern und die Wunden in fortwährender Dünstung halten.

Bei den überwuchernden Granulationen ist das entgegengesetzte
Resultat erwünscht. Hier werden die ödematösen Granulationen durch
Trocknen zur Heilung geeignet, hier ist daher eine Behandlung am
Platze, welche den Ueberfluss an Feuchtigkeit zu entziehen im Stande
ist, aber so, dass dadurch die Lebensfähigkeit der Granulationen keinen
Schaden leidet. Bei dieser Behandlung kommt insbesondere das Auf-
saugungsvermögen der Verbandmaterialien in Rechnung. Der Druck,
mit welchem der aufsaugende Verbandstoff auf die granulirende Wunde
angelegt wird, trägt ebenfalls zum Schrumpfen der geschwellten Granulationen bei. Es können aber zur Entziehung der Feuchtigkeit der
Granulationen auch chemische Stoffe in Anwendung gebracht werden.
Am gelindesten zeigt sich diese entwässernde Wirkung bei Kochsalz-
lösungen von gewisser Concentration; bei andern Stoffen, z. B. beim
Argentum nitricum ist diese Wirkung energischer und als C a u t e r i -
s a t i o n zu betrachten, die ihren erlaubten Höhepunkt in der Schorfbildung erreicht. —

Eine specifische, granulationsbessernde Wirkung hat jedoch gar kein
Wundheilungsverfahren und gar kein Wundheilmittel; die Besserung der
Granulationen, ebenso wie ihr Leben ist, wir wiederholen es, eine mit
der Function des Organismus, mit der Ernährung der Gewebe zusammenhängende Erscheinung.

Wir befördern die Heilung der granulirenden Wunden, wenn wir
die granulirenden Flächen einander möglichst nahe bringen und so die
durch die Granulationsbildung zu ersetzende Lücke verkleinern. — Reine,
d. h. ohne Eiterung granulirende Wundflächen können auch noch nachträglich durch die blutige Naht vereinigt werden — S e c u n d ä r n a h t —,
und kleben eben so rasch zusammen, wie dies bei den durch prima intentio heilenden frischen Wundflächen geschieht. —

In einer grossen Zahl der Fälle wird die Heilung durch Granulation
von der Eiterung begleitet, und ist daher vom Gesichtspunkte der Wundheilung die Verminderung der Eiterung erwünscht. — W e l c h e n   E i n -
f l u s s   h a t   d i e   W u n d b e h a n d l u n g   a u f   d i e   E i t e r u n g   d e r   g r a -
n u l i r e n d e n   W u n d e ? Die Wundbehandlung kann die Herabsetzung
der Eiterung dadurch erreichen, dass sie von der Wunde eine jede

schädliche Einwirkung fernehält, welche entweder die Wunde direct verletzt und deren Blutung verursacht, oder zur entzündlichen Irritation und
consequenterweise zur Eiterung führt. — Zu den Aufgaben der Wundbehandlung gehört also das milde und schonende Vorgehen bei den
entsprechenden Manipulationen, das Entfernen fremder Körper aus der
Wunde, insbesondere die Ableitung des als Fremdkörper fungirenden
Wundsecrets und das Fernehalten der in dem Wundsecrete sich so leicht
einnistenden infectiösen Keime. —

Das schonende Verfahren bei der Behandlung gelangt bei
der Reinigung der Wundflächen, bei der Entfernung nicht lebensfähiger
Gewebstheile, bei der eventuell nöthigen Anwendung der Sonde und
endlich bei dem Anlegen des Verbandes und bei der Lagerung des verwundeten Körpertheiles zur Geltung.

Die Entfernung von Fremdkörpern ist besonders oft bei
traumatischen Verwundungen nöthig, wenn das Entfernen dieser in die
Wunde gelangter Fremdkörper unmittelbar nach der Verletzung entweder
aus Versehen versäumt oder absichtlich verschoben wurde, und nachträglich die Einkeilung durch die Eiterung der Nachbargewebe behoben
wird. Oft wird mit der Entfernung des Fremdkörpers die Eiterung sofort sistirt und füllt sich die Wundhöhle nun rasch mit Granulationen aus. —

Die Ableitung des Wundsecrets aus der granulirenden
Wunde bleibt die wichtigste Aufgabe der Wundbehandlung. Die eine
Art der Ableitung des Wundsecrets besteht darin, dass man die Wunde
offen lässt, so dass das Wundsecret allsogleich abfliesst, die andere Art
darin, dass man das Secret der mit dem Verbande bedeckten Wunde durch
besonders zu diesem Zwecke belassene oder direct bereitete Oeffnungen
und mit Hülfe der direct dazu dienenden Drains ableitet. Zur vollständigen Entleerung des Wundsecrets genügen aber oft diese Drainröhren nicht und dann wird die zeitweise Reinigung, Ausspülung der
Wunde nothwendig. Um diese Ableitung des Wundsecrets drehen sich
die Maassnahmen der Wundbehandlung in der Zeit, welche zwischen
dem Beginn der Granulation und der vollkommenen Vernarbung der
Wunde verläuft. Dies ist jener Theil der Wundbehandlung, welchen man
die Nachbehandlung nennt. — Die Manipulation, mit welcher die
häufige Reinigung der Wunde verbunden, ist jedoch für die Ruhe der
Wunde nicht gleichgültig, und damit eben diese Ruhestörung der Wunde

erspart werde oder doch möglichst selten sei, decken wir die Wunde mit einem aus gut aufsaugenden Stoffen bereiteten Verbande. — Von dem Verbande, welcher die granulirende Wunde deckt, wird das Secret aufgesaugt, und zwar proportionell den hydrophilen Eigenschaften des Verbandstoffes und dem Drucke, mit welchem die Application des Verbandes geschieht. — Die vom Gesichtspunkte der Wundbehandlung wichtigen physikalischen Eigenschaften der Verbandstoffe sind: ihr Aufsaugungsvermögen und ihre Elasticität, welch letztere das Anschmiegen an den verwundeten Körpertheil erleichtert und die Anwendung eines entsprechenden Druckes ermöglicht. Diesen Anforderungen entspricht von den derzeit gebrauchten Verbandstoffen am besten der unappretirte weiche Organtin — Moul, Gaze und das Moos. Genügend hydrophil und elastisch sind auch die Holzwolle, die Cellulose und der feuchte Moostorf. Die Watte, die Jute und der Werg saugen das Wundsecret nicht auf, sondern vertrocknen mit demselben zu einer für das weitere Wundsecret undurchdringlichen Kruste. Das Glaspulver und der Sand sind als Verbandstoffe schon darum unzweckmässig, weil sie fast ganz der Elasticität entbehren und schon bei geringem Druck Decubitus verursachen.

Die Inhibitionsfähigkeit der Verbandstoffe hat eine gewisse Grenze, über welche hinaus der mit Wundsecret getränkte Verband zur Aufnahme von weiterem Wundsecret nicht mehr geeignet ist, und wenn die eingesaugte Wundflüssigkeit in Fermentation, in Zersetzung übergeht, so bietet sie zur Infection der Wunde Anlass. — Aus diesem Grunde muss der mit Wundsecret getränkte Verband entfernt und durch einen frischen ersetzt werden. Der Verbandwechsel bildet ebenfalls einen Theil der die Ableitung des Wundsecrets anstrebenden Nachbehandlung. —

Auch bei der Behandlung der granulirenden Wunden bleibt es eine Hauptaufgabe, die Granulation durch Fernehalten der Infection zu schützen. Dieser Schutz der granulirenden Wunde erfordert nicht immer die gleichen Vorkehrungen. Diejenigen granulirenden Wunden, hinter welchen sich ein Entzündungswall befindet, welcher die Resorption der infectiösen Stoffe erschwert, ferner diejenigen, welche nur wenig Eiter secerniren und bei welchen auch diese geringe Eitermenge freien Abfluss hat, können auf sehr einfache und leichte Art vor der Infection bewahrt werden. Reinhaltung und irgend ein indifferenter Deckverband lösen hier die Aufgabe. Bei den Wunden hingegen, welche reichlich

Eiter absondern oder bei welchen die Granulationsbildung gleichzeitig mit der Abstossung von mangelhaft ernährten oder bereits abgestorbenen Gewebstheilen verläuft, erfordert die Hintanhaltung der Infection eine besondere Sorgfalt. Der Ableitung des Wundsecrets muss hier die grösste Aufmerksamkeit zugewendet, die Entfernung der abgestorbenen Gewebstheile zeitweise auch mit Pincette und Scheere beschleunigt werden. —

Neben der vollkommenen Asepsis der mit den Wunden in Berührung kommenden Gegenstände bildet in der Verhinderung der Wundinfection auch der aufsaugende Deckverband einen wichtigen Factor. Der deckende Verband muss selbst von infectiösen Stoffen frei sein, damit aus den zum Verbande benützten Stoffen keine infectiösen Keime in die Wunde gelangen. Es ist aber auch zweckmässig, die Verbandstoffe so zu präpariren, dass sie die Fermentation und die Zersetzung des inhibirten Wundsecrets nach Möglichkeit verhindern. Die so präparirten Verbandstoffe sind die antiseptischen Verbandmaterialien. Man muss jedoch die granulirende Wunde nicht unbedingt mit einem Verbande decken, um sie vor der Infection zu schützen. Auch die offene Wunde kann von der Infection verschont bleiben, um so mehr, als bei diesem Zustande der Wunde das Medium der Infection, das Wundsecret sich nicht in der Wunde ansammelt, und die eventuell zur Wunde gelangenden infectiösen Keime auch zeitweise durch Abspülung entfernt werden können. —

Endlich wollen wir noch erwähnen, dass die granulirende Wunde, wenn sie gross ist und reichlich eitert, den Organismus auch ohne Infection sehr herabbringt. Hopkins (1885) benutzte in einem solchen Falle die aufsaugende Fähigkeit der grossen granulirenden Wunde, um dem Körper auf diesem Wege Nahrung zuzuführen, indem er den Verband mit einem Gemisch von Leberthran, Pancreatin und Pepsin tränkte und ihn jeden Tag wechselte. Er konnte mit diesem »ernährenden Verband« dem Organismus rasch aufhelfen und die Ueberhäutung des grossen Substanzverlustes beschleunigen.

VIERTES CAPITEL.

Einfluss der Wundbehandlung auf die Heilung unter dem Schorf. Schorfbildung.

Bei der Heilung unter dem Schorfe fällt der Wundbehandlung die Initiative zu oder kann ihr doch eine solche Rolle zufallen; aber während des Verlaufs der Wundheilung hat sie keine weitere Aufgabe mehr, als den Schorf vor äusseren Insulten zu schützen. Wie sich der Schorf spontan über der Wunde bildet, haben wir bereits auseinander gesetzt, als wir von der Bedeutung des Schorfes für die Heilung der Wunde sprachen. Dieser durch die Natur gebotenen Weisung kann auch das Wundheilverfahren folgen, indem es mit Hülfe gewisser Mittel einen ähnlichen, die Wunde schützenden und für die infectiösen Keime undurchdringlichen Schorf bildet. —

Verschiedene Methoden und Mittel stehen uns zur Verfügung, wenn wir die Wunde unter dem Schorf heilen lassen wollen. Die Hülfe der Luft nimmt jenes Verfahren in Anspruch, welches die V e n t i l a t i o n d e r W u n d e genannt wird, und welches wesentlich darin besteht, dass mittelst eines Blasebalges ein fortwährender Luftstrom über die Wunde getrieben wird, welcher das Eintrocknen der Wundflüssigkeit und auf diese Art eine Krustenbildung verursacht. Dieser mit Hülfe der austrocknenden Wirkung der Luft producirte künstliche Schorf schützt ebenso wie der spontan gebildete Schorf die Wunde energisch gegen das Eindringen der infectiösen Stoffe. Wir können einen Schorf mittelst Glühhitze erzeugen, B r a n d s c h o r f — und wir können welchen durch Einwirkung chemischer Stoffe bei Entziehung der Gewebssäfte und theilweiser Zerstörung der Gewebe produciren, dies ist der A e t z s c h o r f. Solch chemische Stoffe sind insbesondere das Argentum nitricum und das Chlorzink; der durch das letztere gebildete Schorf verhindert die Resorption eben so gut wie der natürliche Schorf.

Eine dem Schorfe an Wirkung analoge K r u s t e lässt sich mit Hülfe gewisser Streupulver erzeugen. Solche sind das Carbolkreidepulver, das Jodoform, das Salicyl, das Naphthalin, welche mit den Säften der Wundflächen oder mit dem Wundsecret sich mengen, und an der Luft eintrocknend eine Kruste bilden, unter welcher die Heilung der Wunde ungestört verlaufen kann. Krusten können auch die Verbandstoffe bilden, in welchen das aufgesaugte Wundsecret eintrocknet, und welche sich mit den Geweben der Wundflächen verfilzend, diesen dann fest anhaften. Zu einer solchen Krustenbildung bieten insbesondere die wenig hydrophilen Verbandstoffe Gelegenheit. Auch das C o l l o d i u m h ä u t c h e n kann die Wunde gleich einer Kruste decken und Granulation ohne Eiterung und Heilung sichern.

Ist nun die Wunde von einem natürlichen oder künstlich erzeugten Schorf oder einer Kruste bedeckt, schreitet die Granulation unter denselben ungestört fort, bildet sich kein Wundsecret unter dem Schorf, so hat die weitere Behandlung nichts zu thun, als den Schorf vor äusseren Insulten zu schützen und nach einer Zeit, wenn die Wunde muthmaasslich ganz geheilt ist, den Schorf oder die Kruste zu entfernen. Wenn aber der Schorf oder die Kruste Risse bekömmt, was besonders bei grösseren Wundflächen fast unvermeidlich ist, und wenn der so rissig gewordene Schorf gegen das Eindringen von infectiösen Keimen keinen Schutz gewährt, desgleichen wenn unter der Kruste Eiter secernirt wird und sich daselbst ansammelt, so ist die frühzeitige Entfernung des Schorfes oder der Kruste angezeigt. In solchen Fällen greift die Wundbehandlung nach Entfernung des Schorfes und Reinigung der Wunde zu den Maassnahmen, welche die Heilung der granulirenden Wunden auch sonst zu Stande bringen. —

FÜNFTES CAPITEL.

Eintheilung der Wundbehandlungsmethoden.

Die Wundbehandlungsmethoden streben seit der Erkenntniss der Factoren und der Hinderhisse der Wundheilung immer mehr ein einheitliches Ideal an, und selbst die älteren Wundbehandlungsmethoden, insoferne sie unter dem Einflusse der neueren Ideen und durch Verwerthung der modernen Errungenschaften modificirt wurden, haben eine gewisse Berechtigung. Je nachdem die Wundbehandlungsmethoden die Heilung der Wunde bei Offenlassen des verwundeten Theiles erwarten oder selbe unter dem Verbande der Heilung entgegenführen, werden sie in zwei Hauptgruppen getheilt. In die erste Gruppe gehören die offenen Wundbehandlungsmethoden, in die zweite die occludirenden Wundbehandlungsmethoden. Die offenen sowohl als die occludirenden Wundbehandlungsmethoden streben das Fernehalten der Infection an und vertrauen die Lösung dieser Aufgabe mehr oder weniger der Wundbehandlungstechnik oder den antiseptischen Mitteln an. Nicht durch die Anwendung von Antisepticis wird die Wundbehandlung den Namen einer antiseptischen oder aseptischen verdienen, sondern dadurch, dass sie die Wundasepsis in der That zu erreichen vermag. Daher kann die mit Antisepticis arbeitende Wundbehandlung nicht in jedem Falle eine antiseptische genannt und die ohne Antiseptica das Ziel, nämlich die Asepsis der Wunde erreichende offene Wundbehandlung nicht aus der Reihe der antiseptischen Wundbehandlungsmethoden ausgeschlossen werden. Dass aber derzeit dennoch die zumeist verbreitete occludirende Wundbehandlung mit dem Begriff der Antisepsis verschmolzen ist, findet seine Erklärung darin, dass die Entwicklung der Technik dieser Wundbehandlungsmethode auf Grund jener Ideen stattgefunden, denen auch die Antiseptica ihre Anwendung verdanken. —

SECHSTES CAPITEL.

Offene Wundbehandlung.   Irrigation der Wunde.   Immersion der Wunde.

Das Princip der offenen Wundbehandlung ist die Vermeidung der Wundinfection durch Verhinderung der Wundsecretstauung bei fortwährender Ableitung desselben und bei möglichster Sicherung der Ruhe des verwundeten Körpertheiles. — Der Anfang dieser Wundbehandlungsmethode fällt auf den Anfang dieses Jahrhunderts. Sie wurde durch Professor Kern in Wien zuerst in Anwendung gebracht und erreichte um die Mitte des Jahrhunderts in Folge der Anempfehlungen von Vesin, Bartscher und Burov ihre höchste Blüthe, während sie mit der Verbreitung der antiseptischen occludirenden Methoden immer mehr an Terrain verlor. Die offene Wundbehandlung, wie sie von Bartscher und Vesin geübt wurde, bestand wesentlich darin, dass nach der Blutstillung und Reinigung vom Blute die Wunde mit einem leichten Leinwandlappen bedeckt und der verwundete Körpertheil, z. B. der Amputationsstumpf, auf einem Polster placirt wurde. Der mit Eiter durchtränkte Leinwandlappen und der Polster wurden von Zeit zu Zeit, wenn die Eiterung profus war, täglich mehreremal gewechselt, die Wunde selbst aber nicht gereinigt. Die Secretverhaltung war auf diese Art leicht zu vermeiden, aber die offene Wunde konnte vor der Infection nur bei der grössten Reinlichkeit bewahrt werden, und dies hing zumeist von Zufälligkeiten ab. Burov reinigte die Wunde mit Lösungen von essigsaurer Thonerde, und, nachdem er sich von der vollkommenen Stillung der Blutung überzeugt hatte, vereinigte er die Wundflächen mittelst Nähten und Heftpflasterstreifen. Rose, Krönlein und Billroth wendeten mit einigen Modificationen die im Wesen gleiche, offene Wundbehandlung an und erzielten verhältnissmässig gute Resultate. Der Erfolg hing nämlich stets davon ab, inwieferne es gelungen war, die bei der offenen Wundbehandlung so überaus wichtige Reinlichkeit durchzusetzen.

Die offene Wundbehandlung hat gleichmässig auffallende Vor- und Nachtheile. Ein Vortheil ist die sichere Ableitung des Wundsecrets und die relative Ruhe des verwundeten Theiles; denn die mit der Lagerung des verwundeten Theiles verbundene Bewegung entspricht dem Begriffe der absoluten Ruhe nicht.

Die Nachtheile überwiegen aber weit diese Vortheile. Nachtheile der offenen Wundbehandlung sind: dass sie nur bei zu Bette liegenden Kranken und auch nicht bei den Wunden aller Körpertheile gleich gut anwendbar ist, dass sie auf die Formation der Narbe keinen Einfluss hat, dass sie in den meisten Fällen den Vortheilen der raschen Verklebung entsagt, dass sie demgemäss auch die Heilung der Wunde unnöthig in die Länge zieht und dass die offene Wunde dem Eindringen der infectiösen Keime gewissermaassen doch ein freies Feld bietet. Die offene Wundbehandlung hat daher keinen Vortheil bei Wunden, welche zur raschen Verklebung geeignet sind, und auch keinen bei Wunden, deren Granulation nur mit geringer Eiterbildung vorwärts schreitet. Bei diesen Wunden hat die occludirende Wundbehandlung derzeit auch wirklich die offene Wundbehandlung verdrängt. Bei Wunden hingegen, die eine rasche Verklebung nicht erwarten lassen, und bei welchen dem Beginn der Granulationsbildung erst noch die Abstossung und Eliminirung der abgestorbenen Gewebstheile vorangehen muss, bei welchen also

diese Reinigung der Wunde voraussichtlich mit profuser Eiterung verlaufen wird, bei diesen Wunden ist die offene Wundbehandlung auch
heute noch indicirt, besonders indicirt in Modificationen, wie sie die
Irrigation und die Immersion der Wunde bilden. —

Die Irrigation — Berieselung — der Wunde, welche auch
eine Art des Wundreinigungsverfahrens bildet, und als solche in jenen
Phasen der Wundbehandlung zur Anwendung gelangt, wo wir von der
frischen Wunde das Blut, von der granulirenden den Eiter entfernen
wollen, kann auch die Bestimmung einer selbständigen Wundbehandlungsmethode haben. Der Zweck der häufigen oder permanenten Berieselung der Wunde ist die Beförderung der fortwährenden Entfernung
des Wundsecrets durch den Strahl der continuirlich rieselnden Flüssigkeit, und die permanente Desinfection der Wunde durch das in der
Flüssigkeit gelöste Antisepticum. Das Ausflussrohr des zu diesem Zwecke
erhöht angebrachten Irrigators befindet sich über der Wunde, die
Wunde selbst aber in einer Lage, wo ihre ganze Fläche dem Flüssig-
keitsstrom zugänglich, und dieser sammt dem Wundsecret in ein darunter
angebrachtes Gefäss ablaufen kann. Am zweckmässigsten sind Irrigatoren
aus Glas, da ihre Reinheit jederzeit leicht zu controlliren ist.

Um die Wunde vor der irritirenden Wirkung der fortwährend rieselnden oder tropfenden Flüssigkeit zu schützen, kann ein leichter Lein-
wand- oder Gazelappen darüber gedeckt werden, während die Umgebung
der Wunde durch Bestreichen mit irgend einem Fette, z. B. mit Vaselin,
am besten vor Aufweichen geschützt wird. Bei der Irrigation von Wundhöhlen ist das Rohr des Irrigators mit der Wundöffnung in directer Verbindung; durch das Anbringen einer Gegenöffnung an der tiefsten Stelle
der Wundhöhle und Einführung eines Drains in diese Oeffnung wird Sorge
dafür getragen, dass die Flüssigkeit immer Abfluss findet. Die zur permanenten Irrigation benützte Flüssigkeit kann entweder reines Wasser
oder die Lösung irgend eines Antisepticums sein. Von den Antisepticis
sind zu permanenten Irrigationslösungen diejenigen geeignet, welche in
Wasser leicht löslich sind, die Wunde und deren Umgebung wenig reizen,
und die von der Wunde aus resorbirt, dem Organismus am wenigsten
schädlich sind. Dem Zwecke der permanenten Irrigation entspricht am
besten die lauwarme Temperatur der Irrigationsflüssigkeit; die Anwendung der kalten Flüssigkeit dient eher zur Blutstillung.

Die vorzügliche Wirkung der permanenten Irrigation zeigt sich besonders bei profus secernirenden und auch bei bereits inficirten Wunden. Die Vortheile derselben sind die fortwährende Entfernung des Wundsecrets und die Verhinderung der Resorption der infectiösen Stoffe; ihre Nachtheile: die Schwerfälligkeit der Behandlung, die ödematöse Schwellung der Granulationen und eventuell die Resorption des Antisepticums und die daraus entstehende Gefahr der Intoxication. Diese letzterwähnten Nachtheile der Irrigation bedingen oft die Einstellung dieses Wundbehandlungsverfahrens.

Die permanente Irrigation kann übrigens auch dann ausgesetzt werden, wenn seitens der Wunde nicht mehr jene Umstände obwalten, welche diese Art der Wundbehandlung indicirt hatten, also dann, wenn die Secretion geringer geworden, das Secret nicht mehr jauchig ist und leicht abfliesst, die Wunde sich gereinigt hat und gut granulirt. Die vollständige Heilung der auf diese Art gebesserten Wunde lässt sich am zweckmässigsten unter Deckverbänden erwarten, um so mehr, als die Irrigation, indem sie das Epithel aufweicht, besonders der Ueberhäutung der Wundfläche störend im Wege steht. —

Das Baden oder die Immersion der Wunden ist eine besonders auf Anempfehlung Langenbecks wieder aufgegriffene Wundbehandlungsmethode. Der Zweck der Immersion, ebenso wie derjenige der permanenten Irrigation ist die continuirliche Entfernung des Wundsecrets, und hiedurch die Verhinderung der Infection und die Stimulirung der Granulation. Der Verwundete wird entweder ganz in ein Bad gebracht, oder es wird nur der verwundete Körpertheil in ein entsprechend geformtes Gefäss placirt, welches mit Wasser von der normalen Temperatur des Körpers gefüllt ist. Das permanente und gleichmässig warme Bad lindert die von der Wunde ausgehenden Schmerzen, und, indem es das Wundsecret verdünnt, befördert es auch dessen Entfernung aus der Wunde. Dabei werden aber nicht nur die Gewebe der Wundflächen und die neugebildeten Granulationen ödematös, sondern auch die Gewebe in der Umgebung der Wunde, insbesondere die Haut und die Epidermis weichen auf und schwellen an. Bei Wunden mit kleinen Oeffnungen führt diese mit der Aufweichung der Gewebe verbundene Schwellung zum Verschluss der Oeffnung, und auf diese Art zur Eiterretention.

Ein anderer Nachtheil der Immersion ist, dass in dem mit Wundsecret gemengten Wasser leicht eine Zersetzung eintritt, und deshalb der

öftere Wechsel des Bades nöthig ist. — Um diese Zersetzung des Bade-
wassers zu verhindern, kann demselben irgend ein lösliches Antisepticum
zugesetzt werden.

Das permanente Wasserbad ist besonders bei Wunden von grosser
Ausdehnung angezeigt, und in diesen Fällen, wie auch bei ausgedehnten
phlegmanösen Entzündungen und Gewebsnekrosen infectiösen Ursprunges
sichert die Immersion am besten die Reinigung der Wunde und den
Beginn der Granulation. Wenn die Wunde sich gereinigt und die reparative Granulation sich zeigt, verliert auch die Immersion ihre Indication, und zur weiteren Heilung der Wunde eignet sich eher die occludirende Behandlung. —

SIEBENTES CAPITEL.

**Occludirende Wundbehandlung. Behandlung im luftleeren Raum.
Verschorfung der Wunden. Ventilation der Wunden. Guerin:
Watteocclusionsverband.**

Die occludirende Wundbehandlung, deren mannigfache Variationen
heute das Terrain beherrschen, strebt ihr Ziel, die Heilung der Wunde
mit Ausschluss der Infection, durch den Verschluss der Wunde zu
erreichen, an.

Der Ausschluss der Luft, resp. der Ausschluss der mit der Luft zur
Wunde gelangenden infectiösen Stoffe bildet den Ausgangspunkt der
occludirenden Wundbehandlung, und daher hat ein Theil dieser Wundbehandlungsmethoden nur mehr historischen Werth. Eine solche Bedeutung ist der Methode zuzuschreiben, welche Vacca in der Mitte
des vorigen Jahrhunderts (1765) empfohlen, nach welcher der wunde
Körpertheil unter einen hermetisch schliessenden Glassturz gebracht
wird, und dessen Modification das Verfahren J. Guerins (1866) bildet,
der die Wunde mit einem Kautschukbeutel verschliesst und dann die
Luft mit einer Pumpe herauspumpt. Dass die nach Vacca's Methode
hermetisch verschlossene Wunde, welche überdies von einer stabilen
Luftschichte umgeben war, gegen die Infection noch nicht gesichert gewesen, ist eben so leicht einzusehen, als dass die schröpfkopfartige Wirkung der Methode Guerins die Heilung der Wunde nicht zu befördern
vermochte.

Eine Art der Occlusion ist auch die Verschorfung der Wunde. Wir wollen hier nur jene Arten der Schorfbildung erwähnen, welche die Luft selbst zu diesem Zwecke benützen. Eine solche ist das Verfahren Bouisson's, der mit Hülfe eines Blasbalges Luft über die Wunde hinfahren liess. — Der continuirliche Luftstrom bewirkt das Eintrocknen der Säfte auf der Wundfläche und dadurch die Bildung eines die Wunde deckenden Schorfes. Ollier (1878) desinficirt die Luft noch besonders mit Carboldämpfen und benutzt die so präparirte Luft zur Schorfbildung. Er bringt zu diesem Zwecke die Wunde in einen Glaskasten, dessen Wände mit 10 % Carbolglycerin bestrichen sind, und in welchem ein mit krystallisirtem Carbol gefülltes Säckchen aufgehängt ist. Durch eine Oeffnung des Glaskastens wird die Luft ausgepumpt, während durch eine andere Oeffnung frische Luft hereinstreicht. Diese Methoden der Schorfbildung sind viel zu umständlich, als dass sie zur weiteren Verbreitung geeignet gewesen wären, und selbst die Heilung unter dem Schorf ist, wie bereits erwähnt, nur bei der geringeren Zahl der Verwundungen anwendbar. Auf die neueste Art der Schorfheilung, die Heilung unter dem feuchten Blutschorf (Schede), werden wir noch später zurückkommen. Sie hat mit den anderen Schorfbehandlungsmethoden nur den Namen gemein und ist eine Occlusionsmethode, bei welcher dem Blute in der Wunde gar nicht die Bedeutung und die Rolle des Schorfes zufällt, indem »der feuchte Blutschorf« nicht den Verschluss der Wunde bewirken, sondern als plastisches Material dienen soll. —

Die Occlusion der Wunde und die Reinigung der zur Wunde gelangenden Luft durch Filtriren der darin suspendirten infectiösen Keime strebt der Watteverband A. Guerins an, welchen er gelegentlich des französisch-deutschen Krieges (1870) zuerst angewendet, und der wesentlich darin besteht, dass die mit Wasser gereinigte Wunde mit grossen Mengen Watte bedeckt und diese Baumwollmasse mittelst Gazebinden befestigt wird. Die Watte filtrirt die geformten Bestandtheile und so auch die Mikroorganismen der Luft, und dient zugleich zum Aufsaugen des Wundsecrets. Grössere Mengen Wundsecrets gelangen nun, indem sie von der Watte absorbirt werden, auch in jene Theile der Wattemasse, in welchen die aus der Luft filtrirten Keime suspendirt bleiben, und hier beginnt nun die Zersetzung des Wundsecrets, welche sich weiter verbreitend, zur Infection der Wunde führen kann. Um dies

zu vermeiden, legt G u e r i n, wenn der Verband durchtränkt war, neue
Wattelagen auf die vorigen, und wechselt den Verband erst dann ganz,
wenn dies das rasche Durchschlagen des Wundsecrets durch denselben
nothwendig macht. Mit Rücksicht auf die möglicherweise inficirte
Luft der Krankensäle legt G u e r i n nicht nur den ersten Verband auf
einem Separatzimmer oder dem Operationssaal an, sondern bewerkstelligt auch den Verbandwechsel und die ganze Manipulation der Verbandwatte nicht in den Krankensälen. Als Vortheile des Watteverbandes
hebt G u e r i n noch den gleichmässig elastischen Druck und die anhaltende gleichmässige Wärme unter demselben hervor.

Bei der Anwendung dieses von G u e r i n empfohlenen und besonders
in Frankreich verbreiteten Watteverbands geht man von jener im Grunde
irrigen Auffassung aus, dass die Hauptfactoren der Wundinfection die
infectiösen Keime der Luft sind. Wenn sich dies in der That so
verhielte, so würde der Ausschluss der infectiösen Keime durch die
Wattelagen die Infection der Wunde in der That stets verhindern
können, und die Anwendung starker Wattelagen würde, indem sie das
Durchschlagen des Wundsecrets und dessen Communication mit der
Luft verhindert, auch die Dauerhaftigkeit des Verbandes und damit auch
die Ruhe der Wunde sichern. Zur Hintanhaltung der Wundinfection
genügt aber dieser Ausschluss der Luft nicht, und wenn das in den
Verband inbibirte Wundsecret in Fermentation geräth, so setzt sich die
hiedurch bedingte Zersetzung als infectiöser Factor auch auf die Wunde
fort. Um dies zu vermeiden, streute G u e r i n später zwischen die
Wattelagen Kampfer, einen Stoff, der die infectiöse Zersetzung des
Wundsecrets zu verzögern im Stande ist. Er ging sogar noch weiter,
zog Carbollösungen und Alkohol zur Reinigung der Wunde heran, vereinigte die Wundflächen und legte Drains ein, und so näherte sich sein
Verfahren immer mehr jener Wundbehandlungsmethode, in deren einzelnen Phasen der Wirkung der Antiseptica eine wichtige Rolle zufällt. — In dieser Richtung schreitet auch O l l i e r's Modification vor,
bei welcher die tiefen Lagen der Watte mit Carbolöl getränkt sind und
das Ganze mit einem Wasserglasverband fixirt wird.

ACHTES CAPITEL.

Die Infection ausschliessende — aseptische — und die Infection bekämpfende — antiseptische — Wundbehandlung. Vorbereitende Antisepsis. Antisepsis während der Operation. Antisepsis in der
Nachbehandlung.

Die ungestörte Heilung der Wunde wird in der überwiegenden Zahl
der Fälle durch jene occludirende Wundbehandlungsmethode gesichert,
welche, da ihr Streben besonders auf die Ausschliessung der infectiösen
Factoren gerichtet ist, und da sie zu diesem Behufe besondere Mittel
anwendet, aseptische resp. antiseptische Wundbehandlung
genannt wird. —

Der Zweck der aseptischen Wundbehandlung ist das
Fernehalten der infectiösen Factoren, eventuell die Vernichtung der infectiösen Stoffe, noch ehe diese zur Wunde gelangt sind, während die
antiseptische Wundbehandlung die eventuelle Entfernung der
in die Wunde gelangten infectiösen Keime, oder auch deren Vernichtung
in der Wunde selbst anstrebt. Die aseptische, ebenso wie die antiseptische Wundbehandlung haben ihren Zweck dann erreicht, wenn es
ihnen gelungen, die Asepsis der Wunde und den aseptischen Verlauf
der Wundheilung zu sichern, und dem entsprechend gelangen ihre
Agenden in zwei, resp. in drei Phasen zur Geltung. Es muss für das
Fernebleiben der Infection in der Zeit vor der Verwundung resp. vor
der Operation gesorgt werden — die vorbereitende Antisepsis
resp. Asepsis. — Die Infection muss während der Operation
vermieden werden, oder wenn die Infection gelegentlich der Verwundung
nicht ausgeschlossen werden konnte, muss die Wunde desinficirt werden — secundäre Antisepsis. Und endlich muss die entsprechend
versorgte und mit einem Verband bedeckte Wunde auch während der
Nachbehandlung aseptisch erhalten werden.

Die vorbereitende Asepsis oder Antisepsis soll die infectiösen
Stoffe fernhalten, soweit dies durch gewisse Vorkehrungen möglich ist,
besonders aber dadurch, dass sie die Quellen der Infection verschliesst.
Durch solche Vorkehrungen verschliessen wir der eventuell infectiösen
Wirkung der Luft den Weg, tragen für die Asepsis der Umgebung der

Wunde Sorge, geben auf die Desinfection der Hände und Kleider der
um die Wunde beschäftigten Personen Acht, desinficiren die Instrumente,
die gelegentlich der Operation zur Verwendung kommen, bereiten verlässlich reine Schwämme, infectionsfreies Ligatur- und Nähmaterial,
Drain- und Verbandmaterial vor, und besorgen endlich eine genügend
grosse Quantität von Flüssigkeit, welche zur Reinigung der Wunde in
den verschiedenen Phasen der Operation nothwendig ist. —

Die Vorkehrungen der vorbereitenden Antisepsis gelangen jedoch
nur dann alle zur Geltung, wenn die Wunde zu Heilzwecken gesetzt
wird; bei Wunden, die ihre Entstehung keiner Operation danken, sondern von traumatischen Verletzungen herrühren, fällt ein Theil der vorbereitenden antiseptischen Anstalten weg. Es fallen natürlich jene Vorkehrungen weg, welche sich auf die Desinfection der verwundenden
Instrumente beziehen, wie auch jene, welche die infectiösen Stoffe aus
der Nähe der Wunde im Vorhinein fortschaffen sollten. Von dem
Augenblicke an jedoch, in welchem eine solche Verletzungswunde in
sachverständige Behandlung gelangt, müssen alle jene Vorsichtsmaassregeln der vorbereitenden Antisepsis in Angriff genommen werden,
welche durch die Natur der Verwundung noch nicht überholt sind. Es
müssen aus der Umgebung der Wunde die zur Infection geeigneten Klei-
dungsstücke entfernt werden; gehörig desinficirte Hände sind auch hier
unerlässlich und Ligatur-, Näh- und Verbandmaterial müssen vorbereitet
sein, wie auch ein Antisepticum, mit welchem wir den Folgen einer
eventuell vorangegangenen Infection gleich vorbeugen können. —

Während der Operation ist die Asepsis der Wunde
zum Theile durch die eben erwähnten Vorkehrungen gesichert, zum
Theile hängt sie von der Sorgfalt ab, mit welcher ein jeder zur Infection
geeignete Stoff von der Wunde fern gehalten wird. Die Operation selbst
trägt zur Sicherung der Asepsis insoferne bei, als die genaue Blutstillung
und die sorgfältige Reinigung der Wunde der Bildung von Wundsecret
einigermaassen vorbeugen, die zweckmässig angebrachte Drainage die Eiterretention verhindert, und endlich die Vereinigung der Wundflächen und
das Anlegen des Verbandes die Asepsis für die erste Zeit des Heilungsprocesses sichert. Bei inficirten Wunden gehört auch die Desinfection
der Wunde in den Rahmen der Operation. Die Entfernung der verunreinigenden Stoffe, die Neutralisirung der infectiösen Keime durch

entsprechende Antiseptica gehen in solchen Fällen der Vereinigung der Wundflächen und dem Anlegen des Verbandes voran.

Während der Nachbehandlung sichern wir die Asepsis der Wunde zumeist dadurch, dass wir bei der während des Fortschreitens der Heilung nöthigen Entfernung der Nähte, Kürzung und Entfernung der Drains, dem Wechseln des durchtränkten Verbandes mit sorgfältig desinficirten Händen und Instrumenten agiren.

Das Wechseln des Verbandes, das Reinigen der Wunde, eventuell das Beheben von Eiterretentionen bilden jene Momente der Nachbehandlung, welche direct auf die Erhaltung der Asepsis gerichtet sind. Bei inficirten Wunden trägt die Nachbehandlung durch die wiederholte Anwendung von Antisepticis, die Entfernung zur Infection geeigneter zerfallener Gewebstheile zur Sicherung der Asepsis bei. —

Dieses System in den einzelnen Momenten der occludirenden Wundbehandlung gelangte zum ersten Male bei jener Wundbehandlung zur Geltung, welche nach vielen Experimenten und eingehenden Studien von Lister angewendet wurde; und weil die wissenschaftliche Begründung der Methodik in der That Listers Verdienst ist, so ist es leicht begreiflich, warum in der modernen Wundbehandlung die Antisepsis mit Listers Namen so eng verwachsen ist. —

NEUNTES CAPITEL.

Die Desinfection der Luft. Wirkung des antiseptischen Spray.

Die aseptische resp. die antiseptische Wundbehandlung richtet einen Theil ihrer Vorsichtsmaassregeln gegen die infectiöse Wirkung der Luft. Wir können die Wunde gegen die thatsächlich in der Luft suspendirten infectiösen Keime auf zweierlei Art schützen: wir tragen Sorge dafür, dass möglichst wenig solcher Keime in die Luft gelangen, und insoferne dies nicht gelingt, greifen wir sie daselbst direct an.

Die Desinfection der Luft resp. deren Reinigung von infectiösen Keimen ist durch verschiedene Verfahren in der That erreichbar. Man kann dies durch Erhitzung und Compression der Luft und durch die Dämpfe gewisser Stoffe erreichen, welche, wie z. B. die Schwefel-, die

Chlor- und die Quecksilbersublimatdämpfe das Leben der Mikroorganismen nachtheilig beeinflussen. Praktisch sind diese Verfahren jedoch nicht wohl verwerthbar, denn die Behandlung der Wunden kann doch nicht in ausgeglühter, oder comprimirter, oder mit giftigen Dämpfen saturirter Luft erfolgen. Wie kann man nun für eine vom Gesichtspunkte der Wundbehandlung verwerthbare reine Luft vorsorgen? In erster Reihe dadurch, dass in Localitäten, in welchen Operationen gemacht oder Wunden behandelt werden, jede Gelegenheit ängstlich gemieden wird, welche der Einnistung und Vermehrung der infectiösen Keime günstig wäre. Aus den zu chirurgischen Zwecken dienenden Räumen sind daher aufs strengste allerlei zur Zersetzung geeignete oder bereits faulende organische Stoffe ferne zu halten. Insoferne die Wunden und die Wundsecrete selbst derartige zur Fäulniss geeignete Stoffe bilden, und insoferne bei dem Wechsel der Verbände solch infectiöse Keime auch wirklich in die Luft gelangen, beugen wir dem Festsetzen und der Vermehrung dieser infectiösen Keime dadurch vor, dass wir für gehörige Ventilation dieser Räume Sorge tragen. Die Ventilation der zu chirurgischen Zwecken dienenden Localitäten ist überaus wichtig, denn dies ist das sicherste Mittel dafür, dass die in der Luft suspendirten infectiösen Keime entweder ganz durch die Luftströmung entfernt werden, oder, wenn sie in grösserer Menge vorhanden sind, durch die grössere Quantität der frischen Luft diluirt werden. Die Festsetzung der infectiösen Keime kann und muss man aber schon durch die Einrichtung dieser Räume verhindern oder doch erschweren. — Diese Einrichtung muss nämlich eine solche sein, dass sie im Ganzen sowohl, als in ihren Details der einfachsten und doch wichtigsten Methode der Desinfection, nämlich der Reinhaltung zugänglich sei. Möglichst glatte Wände und Plafonds, gut aufwaschbarer und dem entsprechend wasserdichter Estrich, einfache, leicht zu reinigende Möbel: diese sind die Factoren, welche zur Reinheit der Luft wesentlich beitragen. »Die glatten Flächen« sind bei der Einrichtung dieser Räume, der Reinheit der Luft nicht nur deshalb zuträglich, weil ihre Reinigung leicht ist, sondern auch deshalb, weil Ecken und Vertiefungen der Wirkung der Ventilation entgehen, und zum Ansetzen von Schmutz, Staub und infectiösen Keimen sehr geeignet sind. Jener Theil der Spitals-Hygiene, welcher sich mit der Einrichtung von chirurgischen Krankenräumen und Operationslocalitäten beschäftigt, kann »die Zweckmässigkeit« auch vom Standpunkte der Antisepsis mit »der Einfachheit« verbinden.

Im Verfolge der auf die Reinhaltung der Luft gerichteten Vorkehrungen thut man am besten, inficirte oder profus secernirende und stinkende Wunden von den übrigen abgesondert, in eigenen Localitäten zu behandeln.

Ausser der allgemeinen Reinhaltung der Luft ist die antiseptische Wundbehandlung bestrebt, die Luft, welche mit der Wunde in Berührung kommt, auch noch besonders zu desinficiren, indem sie selbe mit den Dünsten antiseptischer Mittel saturirt. — Zu diesem Behufe wird mittelst Zerstäubungsapparaten (Spray) die wässerige Lösung irgend eines Antisepticums, z. B. des Carbols, in Form eines Sprühregens über die Wunde gestäubt, mit der Intention, dass die Moleküle des Antisepticums die in der Luft suspendirten infectiösen Keime vernichten. Dieses Ziel wird aber durch den antiseptischen Spray nicht erreicht, schon darum nicht, weil dem Carbolsprühregen zur Vernichtung der infectiösen Mikroorganismen selbst die Zeit fehlt. Wie gross immer nämlich die Menge der zerstäubten antiseptischen Flüssigkeit ist, kommt deren Wirkung auch schon deshalb nicht zur Geltung, weil diese Wirkung nicht ein und dieselbe Luftschichte trifft. Wenn die Luftschichte um die Wunde während der ganzen Dauer des Spray unverändert dieselbe bliebe, dann könnten wir uns eine Zeit denken, wo die Luft mit den Dünsten der antiseptischen Flüssigkeit saturirt und alle in derselben suspendirten Keime vernichtet wären. Thatsächlich aber ruht die Luft in der Umgebung der Wunde nicht, sondern wechselt, und der Sprühregen selbst befördert diesen steten Wechsel, so dass das Antisepticum immer neue Luftschichten und in denselben immer frische Mikroorganismen findet, welche alle es nicht nur nicht zu tödten vermag, sondern die sie auch zum Theile auf die Wundflächen mechanisch niederschlägt.

Der Spray, während der Operation angewendet, sichert also die Vernichtung der Mikroorganismen und die relative Reinheit der Luft nicht, er erreicht diesen Zweck aber auch dann nicht, wenn er, wie es Manche empfehlen, unmittelbar vor der Operation angewendet wird. Der Spray verursacht auch in diesem letzteren Falle eine lebhafte Luftcirculation und wirbelt Staubschichten auf, die sonst ruhig liegen geblieben wären, während sie nun die Zahl der eventuell infectiösen Keime vermehren. Bei den Versuchen Kümmels (1885) gelangten während der Function des Carbol-

Dampfsprays, und kurze Zeit, nachdem die Function desselben eingestellt war, viel mehr Mikroorganismen in die Nährgelatine, als zur Zeit,
wo der Spray nicht in Betrieb war; nur längere Zeit nach der Function
des Spray, als der 2 % Carbolnebel sich schon gänzlich gelegt hatte,
war ein geringes Sinken des Keimgehaltes der Luft zu constatiren.

Viel zweckmässiger ist zum Behufe der Desinfection der zu Operationen benutzten Räume die Uebertünchung der Wände mit Kalk, oder
das Abwaschen derselben und das Aufreiben des Estrichs. Die hier zur
Anwendung gelangende Feuchtigkeit schlägt den eventuell infectiösen Staub
nieder oder bindet ihn doch einigermaassen. Bei dieser Art der Reinigung
können übrigens auch die Antiseptica mit Vortheil angewendet werden.
Die Desinfection der Luft in inficirten Räumen kann auch mit Queck-
silbercorrosiv und Schwefelräucherungen (König) erreicht werden; dieser Desinfection muss natürlich die energische Lüftung dieser Räume
folgen.   In auf diese Art desinficirten Räumen können der grösseren
Sicherheit halber auch die während der Nachbehandlung nothwendigen
Verbände gewechselt werden, besonders dann, wenn, wie z. B. in Kriegslazarethen, die Atmosphäre der überhäuften Krankenzimmer nicht verlässlich ist.

Die Reinhaltung und Desinfection der Luft erfordert besonders dort
eine grosse Sorgfalt, wo die Behandlung von Wunden berufsmässig be-
trieben wird, wo Wunden sich in grösserer Zahl vorfinden, und wo
diesem letzteren Umstande entsprechend die Gefahr der atmosphärischen
Infection nahe liegt. — Bei Wunden, die ausser den Krankenhäusern
zur Behandlung gelangen, ist die Gefahr der atmosphärischen Infection
geringer, und insoferne die gehörige Lüftung des Krankenzimmers durchgeführt wird, ist fast Alles geschehen, was zur Vermeidung der atmosphärischen Infection nothwendig ist. — Der günstigere Heilungsverlauf
der ausserhalb der Spitäler behandelten Wunden in vorantiseptischer Zeit
war zum Theile auf die günstigeren atmosphärischen Verhältnisse zurückzuführen; unter dem Einflusse der Antisepsis hat dieser Unterschied
zwischen der Heilung von inner- und ausserhalb der Spitäler behandelten
Wunden fast ganz aufgehört.

ZEHNTES CAPITEL.

Desinfection der Hände. Desinfection der Instrumente. Präparation
der Schwämme, des Ligaturmaterials. Resorption des aseptischen
Catgut. **Präparation des Nähmaterials. Präparation des Drains.**
Asepsis des Verbandmaterials. Wundverbandstoffe.

Die aseptische Wundbehandlung erreicht ihr Ziel insbesondere durch
die Desinfection der mit der Wunde in Berührung kommenden Gegenstände, d. i. durch die Verhinderung der Contactinfection.
Die Desinfection der die Wunde berührenden Hände erfordert besondere Sorgfalt, da diese aufs innigste mit der Wunde, aber
auch mit den infectiösen Stoffen in Berührung kommen. Die erste Bedingung der Desinfection der Hände ist das gründliche Waschen
derselben. Zum Waschen der Hände werden warmes Wasser, Seife
(am zweckmässigsten Kaliseife) und Bürste in Anwendung gebracht.
Das warme Wasser und die Seife lösen den fetten Talg, welcher die
Oberfläche der Haut überzieht, erweichen die Epidermis, schwellen die
Epidermiszellen und machen diese dafür geeignet, dass sie sammt den anhaftenden infectiösen Stoffen durch die Manipulation des Waschens entfernt werden können. — Bei dieser Manipulation fällt dem energischen
Abreiben mit der reinen Bürste eine wichtige Rolle zu, denn nur durch
dieses Reiben werden die oben erwähnten Epidermiszellen abgestreift,
und nur so gelangen auch die tiefern Schrunden der Haut in den Kreis
der Reinigung. Die Zeitdauer für die Reinigung resp. das Waschen der
Hände soll eher länger als kurz sein, doch genügt ein 3—5 Minuten
anhaltendes Waschen vollkommen (Kümmels Experimente), um die
Hände soweit zu desinficiren, als es mit dem Waschen allein überhaupt
möglich ist. Dieses Waschen muss sich auch auf den eventuell entblössten Arm (bei grössern Operationen) erstrecken, am wichtigsten aber
ist die Reinigung der Nägel resp. der Nagelfalze. Möglichst kurze Nägel
erleichtern zwar diese Reinigung, doch auch bei kurzen Nägeln bleibt
noch ein Raum unter denselben, welcher zur Bergung von Schmutz und
infectiösen Keimen überaus geeignet ist, und auf dessen gründliche
Reinigung daher stets die grösste Sorgfalt verwendet werden muss. Dass
Ringe an den Fingern des Chirurgen gar nicht am Platze sind, braucht
nicht erst bewiesen zu werden.

7*

Unter normalen Verhältnissen, wenn nämlich die Hände nicht besonders mit infectiösen Stoffen verunreinigt wurden, genügt das energische Waschen und Abreiben der Hände zwar nicht zur Entfernung aller Keime, doch lässt sich annehmen, dass der zumeist infectiöse Schmutz fortgeschafft ist, und die in den tieferen Schrunden lebenden, sozusagen normalen Mikroparasiten der Haut nicht diejenigen sind, welche die Infection der Wunde verursachen. — In den meisten Fällen jedoch genügt diese Reinigung der Hände nicht zur Desinfection derselben, da es doch zumeist der Arzt und speciell der Chirurg ist, dessen Hände mit infectiösen Stoffen wiederholt in Berührung kommen, und diese direct infectiösen Keime durch die blosse Reinigung nicht getödtet werden können. Hier wird durch das Waschen mit Wasser und Seife und Abreiben mit der Bürste nur der gröbere Schmutz und der Hauttalg entfernt, und so die Haut für die Wirkung der energischeren antiseptischen Lösungen vorbereitet. Es muss jedoch hervorgehoben werden, dass selbst bei Anwendung von noch so energischen Antisepticis die Bedeutung des vorangehenden gründlichen Waschens nicht unterschätzt werden darf. Die Wirkung der Antiseptica kömmt bei der Desinfection der Hände nur dann recht zur Geltung, wenn diese durch die vorangehende Reinigung bereits präparirt wurden. —

Von den desinficirenden Mitteln sollten hier die benutzt werden, welche sich in Wasser leicht lösen, deren energische Wirkung sich rasch Geltung verschafft, und die bei alldem die Haut doch möglichst wenig afficiren. All diesen Anforderungen entspricht aber noch keines der derzeit gebrauchten Mittel, und wir müssen uns damit zufrieden geben, die energisch und rasch desinficirende Wirkung als leitendes Moment gelten zu lassen. So entsprechen die $3\,^0/_0$ und $5\,^0/_0$ Carbollösung, die $1\,^0/_{00}$ Sublimatlösung und das Chlorwasser (Aquae chlori, Aquae destill. āā) am besten den Bedürfnissen, und das Abwaschen mit diesen Flüssigkeiten sichert die Asepsis der Hände. Wenn eines oder das andere dieser Antiseptica der Waschseife beigefügt wird Unna's antiseptische Seifen, z. B. Sublimatseife), so ist hiedurch das Desinfectionsverfahren vereinfacht.

Die Asepsis der Hände muss die ganze Zeit über, während sie mit der Wunde beschäftigt sind, bewahrt werden. Aus diesem Grunde genügt, besonders bei länger dauernden Manipulationen, die vorangegangene Reinigung und Desinfection nicht, sondern ist eine öftere Reinigung nothwendig. Wir können uns dabei, wenn die Hände inzwischen mit Faeces oder anderen infectiösen Stoffen nicht in Berührung kamen, auf ein blosses Abspülen beschränken. Bei der wiederholten Reinigung inficirter Hände sind die desinficirenden Lösungen vorzuziehen, sonst genügt auch das reine, noch mehr aber das durch Aufkochen sterilisirte Wasser zur Sicherung der Asepsis der Hände, und thut es, wie Kümmels Experimente beweisen, der Asepsis auch keinen Abbruch, wenn die so desinficirten Hände mit reinen, aber nicht besonders desinficirten Handtüchern getrocknet werden.

Es ist wünschenswerth, dass nicht nur die Hände, sondern auch die Kleidung der Chirurgen rein, d. i. von infectiösen Keimen frei sei. Aus diesem Grunde ist besonders in Spitälern das Tragen von täglich auszuwaschenden und so stets rein zu erhaltenden Leinwand-Oberröcken oder von leicht zu reinigenden Kautschuk-Paletots angezeigt. Diese Oberröcke können durch Auskochen in Lauge, eventuell durch Auswaschen in Chlorkalk-Lösung, der Kautschuk-Paletot aber durch Abreiben mit einer desinficirenden Lösung gründlich desinficirt werden.

Die Desinfection der Instrumente bildet auch einen wichtigen Factor des antiseptischen Verfahrens. Vom Standpunkte der Asepsis sind jene Instrumente als zweckmässig zu bezeichnen, welche zur Aufnahme der infectiösen Keime möglichst wenig Raum bieten, welche der Reinigung leicht zugänglich sind, deren Reinheit stets leicht zu controliren ist, und die endlich auch durch die Manipulation des desinficirenden Verfahrens an ihrer Brauchbarkeit keinen Schaden leiden. All diese Eigenschaften besitzen die aus Metall verfertigten, glatten, nämlich nicht gekerbten, glänzend polirten oder vernickelten Instrumente. Die Falze und schmalen Vertiefungen sind an den chirurgischen Instrumenten aus Rücksichten der Asepsis möglichst zu vermeiden, denn die dabei vorhandenen Einschnitte sind am besten zur Aufnahme von Blut und Gewebstheilen geeignet, und die hier eintretende Zersetzung derselben kann gelegentlich zur Infection der Wunde führen.

Von diesem Gesichtspunkte ausgehend, fertigt man in neuester Zeit Instrumente an, die glatte Flächen, ohne Ecken und Kanten haben, womöglich aus einem Stück Metall sind, oder bei welchen die Einfalzungsstelle mit einer den ganzen Stiel bedeckenden Nickelhülle überzogen ist. Die glänzende Politur der chirurgischen Instrumente ist kein überflüssiger Luxus, sondern ein vom Gesichtspunkte der Antisepsis wichtiges Er-

forderniss, denn sie bildet die stets evidente Controle der Reinheit der
Instrumente. —

Die Asepsis der chirurgischen Instrumente ist zum grossen Theile
durch die Reinigung und Reinhaltung derselben erreichbar. Die beste
Art der Reinigung bildet auch hier das Waschen. Die Instrumente
werden zu diesem Behufe in reinem oder sterilisirtem lauwarmen Wasser
mit Seife und Bürste gewaschen, wobei ein Hauptaugenmerk auf die
Reinigung der Kerben und Vertiefungen gerichtet werden muss. Das so
gereinigte Instrument wird mit einem reinen Leinwandlappen trocken abgewischt, und bis zur Benützung an einem reinen Ort verwahrt, wo es
vor Staub und infectiösen Stoffen geschützt ist.

Die Desinfection der Instrumente kann, ausser durch die eben erwähnte
Art der Reinigung und Reinhaltung derselben, auch noch damit erreicht
werden, dass man sie dem strahlenden Wasserdampf oder eine Zeit lang
(eine halbe bis eine Stunde) einer trockenen Hitze von über 100 ° C.
aussetzt, wodurch die infectiösen Stoffe, insoferne sie lebende Organismen
sind, zu Grunde gehen müssen. Diese Verfahren sind zwar vom Gesichtspunkte der Antisepsis selbst bei Instrumenten von complicirter Con-
struction verlässlich, aber nicht nur deshalb inpracticabel, weil sie zu
umständlich sind und zumeist eigene Vorrichtungen (Wärmekasten etc.)
erfordern, sondern auch noch darum, weil besonders der strahlende
Wasserdampf die Politur der Instrumente verdirbt und diese bald unbrauchbar macht.

Am meisten ist jene Art der Desinfection der Instrumente verbreitet,
welche die Hülfe von Desinfectionsmitteln in Anspruch nimmt. Zu diesem Zwecke sind auch jene Stoffe am besten geeignet, welche neben
ihrer rasch und energisch desinficirenden Wirkung in Wasser leicht löslich sind und das Material der Instrumente nicht angreifen. Von diesem
Gesichtspunkte hat sich bisher die 3 ^{0}/$_0$ bis 5 ^{0}/$_0$ Carbollösung als die
zweckmässigste erwiesen. Die Desinfection geschieht auf die Art, dass
man das mit Wasser, Seife und Bürste gereinigte Instrument in der antiseptischen Lösung liegen lässt. Je gründlicher die Reinigung des Instrumentes gewesen, desto kürzere Zeit genügt zur vollständigen Desinfection durch die antiseptische Lösung. —

Die präparative Desinfection der Instrumente genügt auch nicht in
Fällen, wo sie, mit Blut, Wundsecret oder infectiösen Stoffen beschmutzt,
im Verlaufe derselben Operation wiederholt benützt werden sollen. In

solchen Fällen ist die wiederholte Reinigung resp. Desinfection derselben angezeigt. Zur Reinigung genügt das reine oder sterilisirte Wasser, zur Desinfection kann ebenfalls die Carbollösung benützt werden. Das ständige Liegen der Instrumente in Carbollösung während der Operation, wie dies L i s t e r empfiehlt, entspricht nur dann dem Zwecke, wenn auch die inzwischen beschmutzte antiseptische Lösung von Zeit zu Zeit durch eine reine ersetzt wird. Diese ständige Feuchtigkeit der Instrumente hat übrigens den Nachtheil, dass die Metallbestandtheile rosten, die Holztheile aber morsch werden.

D i e D e s i n f e c t i o n d e r zur Reinigung der Wunde benützten S c h w ä m m e erfordert auch ein besonderes Verfahren. — Die antiseptische Präparation der Schwämme besteht theils in der Entfernung des anorganischen Sandes, theils in der Vernichtung der eventuell in den Poren des Schwammes eingenisteten infectiösen Keime. Die einfachste Methode der Präparation der neuen, d. i. noch nicht gebrauchten Schwämme ist die, dass sie in heissem Wasser gekocht, dann getrocknet und gut ausgeklopft und bis zur Verwendung in 5 % Carbollösung aufbewahrt werden. Eine andere Methode der Reinigung der Wundschwämme (K e h r e r) besteht darin, dass sie in einer 1 : 500 Lösung von Kalium hypermanganicum 24 Stunden liegen, und dann für eine Viertelstunde in ein Gemenge von 1 % Natron subsulphurosum (8 Theilen) und concentrirter Salzsäure kommen, wo sie auch gebleicht werden. — Die so behandelten Schwämme können bis zur Verwendung in Carbol oder Sublimatlösung aufbewahrt bleiben. Die Reinigung der bereits benützten und blutigen Schwämme erfolgt am zweckmässigsten auf die Art, dass sie nach der Benützung 24 Stunden in lauwarmem und womöglich fliessendem Wasser (unter dem Wasserleitungsstrahl) liegen, während welcher Zeit das in den Schwamm inbibirte Blut und andere organische Stoffe zersetzt werden und dann mit heissem Wasser und Seife leicht ausgewaschen werden können. Nachdem sie auf diese Art gereinigt sind, werden sie wieder in irgend einer antiseptischen Lösung (5 % Carbollösung oder 1 %/oo Sublimat) aufbewahrt. Die trockene Aufbewahrung der chirurgischen Schwämme kann deshalb nicht als zweckmässig betrachtet werden, weil so zur Festsetzung von Mikroorganismen-Sporen Gelegenheit geboten wird, und diese sogenannten Trocken-Sporen der Wirkung der desinficirenden Stoffe einen grösseren Widerstand entgegensetzen.

Frisch empfiehlt daher, solch trockene Schwämme 3--4 Tage hindurch in 35—38 ° C. warmem Wasser liegen zu lassen, während welcher Zeit die Keime zur Entwicklung gelangen und dann durch die 5 °/o Carbollösung sicher getödtet werden. Lawson Tait bewahrt seine Schwämme trocken auf, indem er sie in Watte einwickelt, welches Verfahren bei der bekannten Eigenheit der Baumwolle, dass es die Luftkeime filtrirt, doch offenbar auch dem Zweck entspricht.

Die während der Operation nothwendige wiederholte Reinigung der Schwämme geschieht am besten in einer antiseptischen Lösung, welche selbst während der Operation öfter mit reiner Lösung ausgewechselt werden muss. Die während der Operation mit infectiösen Stoffen beschmutzten Schwämme sind bei Seite zu legen und nur nach einer gründlichen Reinigung und Desinfection wieder zu gebrauchen. — Zu grösseren Operationen, besonders zu jenen, welche mit der Eröffnung grosser seröser Höhlen verbunden sind, sollen womöglich eigene Schwämme verwendet werden. Das Abwischen direct infectiöser Stoffe ist zweckmässiger mit reinen und wieder leicht zu reinigenden Leinwandcompressen oder mit Wattetampons zu besorgen, welche nach einmaliger Benützung fortgeworfen werden. Die Mehrkosten, die aus der Benützung solcher, immer neuer Wattetampons zur Reinigung der Wunden überhaupt erwachsen, werden durch die Sicherheit aufgewogen, welche sie gegen die Infection bieten. Bei stärkeren Blutungen jedoch begegnet die Benützung der wenig aufsaugenden Wattetampons technischen Schwierigkeiten und wird durch die Anwendung der Schwämme an Zweckmässigkeit übertroffen.

Was die Technik der Wundreinigung anbelangt, so muss vom Gesichtspunkte der Antisepsis noch beachtet werden, dass die Richtung des Abwischens immer die von der Wunde weg sei, damit nicht eventuell schmutzige Stoffe in die Wunde hineingewischt werden. Das fleissige und achtsame Abwischen der Wunde ist überhaupt ein wichtiger Factor der Asepsis während der Operation. —

Auch die Asepsis der zur Ligatur der Gefässe nöthigen Stoffe wird durch eine besondere Präparation erreicht. Die antiseptische Präparation des zumeist verbreiteten Ligaturmaterials, des Catguts, geschieht nach den Angaben Listers auf die Art, dass Darmseiten guter Qualität in einem Gemisch von 20 °/o Carbolöl mit 10 Theilen Wasser durch 6—8 Monate liegen gelassen werden. Während dieser Zeit werden die Darmseiten anfangs weich, dann wieder zähe, und so elastisch, dass sie zur Knotung genug biegsam, und wenn sie bis zur Verwendung in 20 % Carbolöl verwahrt werden, wie es Lister ursprünglich glaubte, auch verlässlich aseptisch sind. — Diese Präparation des Catgut erwies sich aber als nicht verlässlich, und in zahlreichen Fällen war das Catgut schon gelegentlich der Verwendung morsch und leicht zerreissbar und gab nachher zur Infection der Wunde Anlass. Aus diesem Grunde griff auch Lister zu einem anderen Präparationsverfahren, bei welchem ausser dem Carbol auch die Chromsäure als Antisepticum zur Verwendung kam. Andere hielten das Carbol zu diesem Zwecke als absolut unbrauchbar und benützten Iuniperus, Sublimat etc.

Den Werth der Antiseptica für die Sicherung der Asepsis des Ligaturmaterials werden wir bei der Behandlung dieser Stoffe näher betrachten, hier müssen wir nur bemerken, dass der vollkommenen Verlässlichkeit des aus dem Handel bezogenen Catgut der Umstand Abbruch thut, dass auch Gedärme kranker, insbesondere in Anthrax gefallener Thiere zum Verkauf gelangen. —

Aus diesem letzteren Grunde konnte das Catgut trotz aller seiner Vortheile den nicht resorbirbaren Seidenfaden aus der Praxis nicht verdrängen, und konnte der Seidenfaden als Ligaturmaterial auch mit den anderen resorbirbaren Ligaturmitteln, als da sind der aus der Aortawand bereitete Faden (Barwell), die Walfischsehnen (Bälz), die Känguruh-Schwanzfasern (Pollok, Girdlestone) und der Seidenwurmfaden. um so mehr die Concurrenz bestehen, weil diese theils wegen der Seltenheit des Materials keinen praktischen Werth haben, theils darum nicht allgemein anwendbar sind, weil sie nicht in einer der Dimension der Blutgefässe entsprechenden Stärke hergestellt werden können. Beim Catgut, welches, ausser zur Ligatur, auch noch als Nähmaterial und zur Drainage benützt wird, kömmt ausser der vollständigen Asepsis auch noch die Zeit der Resorption in Betracht. Die Zeitdauer der Resorption des Catguts resp. der Verwitterung desselben hängt theils von der Qualität des Materials, theils von den Umständen ab, in welche das Catgut nach seiner Anwendung gelangt. Das gute, nämlich aseptische und mit einem die Conservirung des organischen Stoffes befördernden Antisepticum imprägnirte Catgut widersteht lange der Wirkung der Gewebe resp. der Gewebssäfte, und kann oft auch nach vielen Wochen unverändert zwischen den Geweben aufgefunden werden. So erhält sich das in die Wunde versenkte Catgut lange und

sichert den Verschluss der Gefässlumina und das Verkleben der Wundflächen. Die Dauerhaftigkeit des Catguts wird besonders auch dadurch
erhöht, dass die Wunde selbst aseptisch ist, und noch mehr, wenn kein
Wundsecret, kein Eiter gebildet wird. In dem nicht zerfallenden Blut-
extravasat bleibt das Catgut lange Zeit unverändert, während das eiterige
Wundsecret, noch mehr aber der inficirte Eiter und die Jauche den Zerfall des Catguts rapid beschleunigen. Das zu oberflächlichen Nähten
benützte Catgut verwittert zuerst dort, wo der Faden durch den Stich-
kanal durchtritt, nämlich an der Berührungsstelle der Gewebsfeuchtigkeit
und der Luft. Aus diesem Grunde sichert auch das bei offen bleibenden Wunden zur Ligatur gebrauchte Catgut nicht so gewiss gegen Nachblutung, als das in die verschlossene Wunde versenkte Catgut, und auch
die oberflächliche Catgutnaht ist nicht so dauerhaft als die bei der etagen-
förmigen Vereinigung der Wundflächen angewendete versenkte Catgutnaht. An solchen Stellen ist der nicht resorbirbare Metalldraht und der
nicht so leicht verwitternde Seidenfaden dauerhafter und darum sicherer.

Da die rasche Vereinigung der Wundflächen auch ein Hauptbestreben
der occludirenden Wundbehandlung bildet, so ist die Asepsis des
Nähmaterials ein wichtiges Erforderniss der Wundasepsis. — Vom
Gesichtspunkte der Asepsis hat der Metalldraht — Silber- oder Eisen-
draht — den Vortheil, dass seine Präparation leicht und verlässlich ist.
Da die glatten Flächen des Drahtes dem Festsetzen von infectiösem
Schmutz ohnehin nicht günstig sind, so kann die Desinfection durch
Erhitzen des Drahtes oder durch Bespülen mit einer antiseptischen
Lösung bewerkstelligt werden. Zu diesem Zwecke ist die 5 $^0/_0$ Carbollösung am besten zu verwenden. — Die antiseptische Präparation des
Seidenfadens ist etwas umständlicher. Lister hielt zwar das Verfahren
für verlässlich, nach welchem der rohe gebleichte Seidenfaden in ein
heisses Gemisch von einem Theil Carbol und zehn Theilen Wachs getaucht, und nachdem das überflüssige Wachs mittelst Ueberwischens
mit einem reinen Lappen entfernt wurde, der so präparirte Faden in
einem gut schliessenden Glase verwahrt und unmittelbar vor der Anwendung für einen Augenblick in 5 $^0/_0$ Carbollösung getaucht wurde. —
Czerny hält ein $^1/_2$ bis 1 Stunde anhaltendes Kochen in 5 $^0/_0$ Carbollösung zur Desinfection des Seidenfadens für unerlässlich; andere benützen andere Antiseptica. Frisch glaubt durch ein einviertelstündiges
Erhitzen bei 140 ° C. eine genügende Desinfection zu erreichen.

Der aseptische Seidenfaden kann lange Zeit hindurch, ohne irgend eine Irritation hervorzurufen, in der Wunde bleiben. Die entzündliche Irritation in der Umgebung der Nähte entspringt jedoch nicht blos aus der mangelhaften Asepsis des Nähmaterials, sondern ist oft auch der irritirenden Wirkung der imprägnirten Antiseptica zuzuschreiben. Und deshalb glaubt C z e r n y die etwaige irritirende Wirkung des in 5 °/₀ Carbollösung gekochten Seidenfadens durch nachträgliche Bespülung mit 2 °/₀ Carbollösung mildern zu müssen.

Die Asepsis des a b l e i t e n d e n D r a i n s ist um so wichtiger, als sonst dieses Hauptmittel der Vermeidung der Wundinfection selbst am ehesten zum Träger der Infection wird. Die Desinfection des sonst guten weichen Gummidrains kann durch Liegen in einer antiseptischen, z. B. 5 °/₀ Carbollösung erreicht werden. Die Wände der durch einige Wochen in Carbollösung gelegenen Gummidrains saugen sich mit der antiseptischen Lösung voll und sind verlässlich aseptisch. Das Glas- oder Aluminiumdrain kann durch Abwaschen und Bespülen mit einer antiseptischen Flüssigkeit desinficirt werden. Der aseptische decalcinirte Knochendrain wird nach den Anweisungen M a c - E w e n s so präparirt, dass die Röhrenknochen der Vögel in 20 °/₀ Salzsäurelösung gelegt werden, und nach wiederholtem Abkratzen und Reinigen so lange weiter in Salzsäure geweicht werden, bis sie ganz weich sind. Nachher werden sie in Wasser abgespült und 14 Tage in 1 : 10 Carbolglycerin liegen gelassen, und nachdem auch mit einem Locheisen Oeffnungen an den Wänden angebracht wurden, sind sie zur Verwendung bereit. — Die aseptische Präparation des zur Drainage benutzten Catguts wurde bereits erwähnt; das zu demselben Zwecke benutzte Pferdehaar wird durch Kochen in heissem Wasser und Bespülen mit einer antiseptischen Lösung desinficirt. — Bei dem Anlegen des Drains sorgen wir auch dadurch für die Asepsis, dass wir die äussere Oeffnung desselben nicht in die Nähe von Körpertheilen bringen, von welchen infectiöse Stoffe in das Lumen des Drains dringen könnten. So vermeiden wir mit der äusseren Oeffnung des Drains die Nähe des Mastdarms und der Harnwege, selbst wenn hiebei der Drain nicht in die tiefste Partie der Wunde zu liegen kömmt.

Der Drain gefährdet auch dann die Asepsis der Wunde, wenn dessen aseptische Beschaffenheit nicht auch im Verlaufe der Nachbehandlung erhalten bleibt. Nachdem das Lumen des Drains den Sammelplatz des

Wundsecrets bildet, wird dessen wiederholte Reinigung zu einer Hauptaufgabe der Nachbehandlung. Zu diesem Behufe wird der Drain mit
dem Strahl des Irrigators oder der Wundspritze durchgespritzt, oder
wenn er nach einigen Tagen seinen Platz bereits so »ausgelegen«, dass
beim Herausziehen die Wunde nicht blutig gemacht wird und das Zurück-
schieben keiner Schwierigkeit begegnet, kann er entfernt, gut ausgewaschen, und wenn es nothwendig ist, abgekürzt wieder eingeführt
werden. Bei diesen Agenden soll immer nur mit reinen Händen mani-
pulirt werden.

Die Asepsis der Wundverbandmaterialien soll, dem
Princip der antiseptischen Wundbehandlung entsprechend, stets mit der
antiseptischen Eigenschaft dieser Stoffe Hand in Hand gehen;
es genügt nämlich nicht, dass diese Stoffe selbst aseptisch sind, sondern
man fordert von ihnen, dass sie die von aussen kommenden infectiösen
Stoffe vernichten und die infectiöse Zersetzung des imprägnirten Wundsecrets verhindern. Von der Bereitung und Auwendungsart dieser antiseptischen Stoffe wird noch später die Rede sein, hier wollen wir nur
bemerken, dass die zahlreichen in neuester Zeit gebrauchten Verbandstoffe alle in erster Reihe der Bedingung entsprechen, dass sie selbst
aseptisch sind, und dies ist die Ursache, warum sie die seit Jahrhunderten
bekannte und benützte, aber bei ihrer zumeist zweifelhaften Provenienz
nicht verlässlich aseptische und daher in den Rahmen der modernen
Anschauungen nicht passende Charpie ganz verdrängt haben.

In der Reihe der an die Stelle der Charpie getretenen Verbandstoffe stehen die Baumwollwatte und die aus Baumwolle bereiteten
Gewebe obenan. Die gewöhnliche Tafelwatte ist im rohen, ge-
leimten Zustande nicht genügend aseptisch, und wird deshalb einer
besonderen Präparation unterworfen, die darin besteht, dass sie 1—2
Stunden hindurch in 4 % Natronlauge gekocht, dann ausgewaschen, getrocknet und zerzupft wird. Durch diese Procedur wird die Watte insbesondere von ihrem Fettgehalte befreit, und wird dadurch ihre Elasticität grösser und auch ihre Resorptionsfähigkeit für Wundsecrete bedeutender. Diese sogenannte Bruns-Watte gelangt rein oder mit
antiseptischen Stoffen imprägnirt vielfach zur Anwendung, indem sie
bald als »Tupfer« statt Schwämmen zur Reinigung der Wunde, bald als
die Luft filtrirender und auch das aufgesaugte Wundsecret vor Zersetzung
bewahrender Stoff zur Bedeckung der Wunde dient. Von den Geweben

der Baumwolle spielt besonders das dünne, lockere, als Gaze bekannte
Gewebe eine grosse Rolle in der Wundbehandlung. Die reine weiche Gaze
(Moul) ist hinreichend elastisch und überaus aufsaugend. Zum Filtriren
der Luft ist die lockere Gaze zwar auch dann nicht geeignet, wenn sie
in mehreren Schichten die Wunde bedeckt, desto geeigneter ist sie aber
zur Imprägnirung mit den verschiedenen Antisepticis. Das englische
Charpie-Lint ist ein Baumwollgewebe, dessen Querfäden zum Theil
herausgezogen sind, und dessen eine Fläche mit einer Maschine rauh
gekratzt wurde, ist ein bereits lange her gebrauchtes Verbandmaterial,
welches, wenn es rein ist, hinsichtlich seiner Elasticität und seines Auf-
saugungsvermögens auch den Anforderungen der modernen Wundbehandlung entspricht.

Der Flachs, dessen Anwendung auch schon früher ab und zu
versucht wurde, ist in neuester Zeit wieder zu einer bedeutenden Rolle
in der Wundbehandlung berufen, da er, nach den Anweisungen Ma-
kuschina's präparirt, einen guten aseptischen Verbandstoff bildet.
Der durch 3 Stunden in Lauge gekochte, dann 8—10 Stunden in derselben geweichte, gut ausgewaschene und getrocknete Flachs ist genug
weich, elastisch, hygroscopisch, mit Antisepticis gut imprägnirbar und
ein zum Massenverbrauche (z. B. in Kriegszeiten) ob seiner Wohlfeilheit
sehr geeigneter Stoff.

Der Hanf (oder eigentlich ein Product desselben, das Werg)
wurde in neuester Zeit besonders in der Form einer groben Charpie,
die aus den Ueberresten gebrauchter Schiffstaue gezupft wurde —
Oacum — und der ihr Theergehalt einige Asepsis verlieh, als Verbandstoff gebraucht. Das Oacum ist aber weder weich noch genügend
hygroskopisch, und enthält auch gröbere Unreinigkeiten in grösserer
Menge. Zweckmässiger wird Werg nach den Anweisungen Morosow's
präparirt, der das getrocknete und in einem Mörser weich gestossene
Werg in Lauge wäscht, trocknet und dann mit dem Antisepticum
imprägnirt.

Der Jutehanf, welcher aus den Fasern des indischen Hanfes
(Corchorus capsularis) bereitet wird, ist ein derzeit sehr verbreiteter Verbandstoff. Gehörig gereinigt ist die Jute ein guter Verbandstoff, obzwar ihre hygroskopische Wirkung sehr gering oder eigentlich Null ist,
da die Jutefäden die Flüssigkeit nicht inbibiren, sondern diese oder
eigentlich das Wundsecret durch den Druck des Verbandes zwischen

die Fasern gepresst wird. Derselben Eigenschaft entsprechend trocknet
die in die Jute gepresste Flüssigkeit auch sehr rasch aus, was in gewisser Beziehung ein Vortheil zu nennen ist, da das eingetrocknete
Wundsecret wohl nicht in Zersetzung übergehen kann, andererseits aber
den Nachtheil birgt, dass die mit der Wundflussigkeit zu einer Kruste
verbackene Jute die gleichmässige Vertheilung resp. die Resorption des
weiteren Wundsecrets verhindert.

Eine ganze Reihe von Holzstoffpräparaten dient in neuester
Zeit zu Verbandzwecken. All diese Präparate haben die vom Gesichtspunkte der Asepsis günstige Eigenschaft, dass sie bei einigem Gehalt
von ätherischen Oelen keine besondere aseptische Vorbereitung benöthi-
gen, dabei sind sie, da sie die Nebenproducte gewisser Industrieartikel
bilden, auch noch sehr wohlfeil. — Ein solches Präparat bilden die
Sägespäne, ein hygroskopischer, elastischer, leichter und wohlfeiler
Verbandstoff, dessen Nachtheil darin besteht, dass er unmittelbar auf
die Wunde nicht angebracht werden kann, die in Gazebeutel gestopften
Sägespäne aber eine grosse und formlose Masse bilden, und die gröberen
Theile auch durch die Gazeschichte hindurch die Wunde und deren Umgebung drücken und reizen. Die Holzwolle (Walcher) ist ein Roh-
product der Papierfabrication, ein zwischen Schleifsteinen zermahlenes
Tannenholz, welches nebst seiner aseptischen Beschaffenheit leicht, elastisch
und hygroskopisch ist. Die Holzwolle bildet übrigens auch einen losen
Stoff, der auch nur in Gazebeutel gewickelt in der Form kleinerer oder
grösserer Polster verwendet werden kann, und der eben wegen seiner
lockeren Beschaffenheit selbst dann leicht von der Stelle gleitet, wenn
seine Befestigung unter einem grossen Drucke bewerkstelligt wurde. Dieselben Eigenschaften besitzt die Cellulosewatte (Rönnberg),
welche ebenfalls ein Product der Papierfabrication bildet und die besonders eine bedeutende hygroskopische Wirkung auszeichnet. Die
Holzcharpie (Kümmel) ist ein zur Polsterung von Möbeln, Ma-
tratzen etc. gebrauchter, aus Tannenholz bereiteter faseriger Stoff, der
sich durch seine faserige Beschaffenheit von der Holzwolle unterscheidet,
und demzufolge selbst bei grosser Elasticität nicht so locker ist und
auch gelegentlich der Anwendung keinen Mist macht. Die Waldwolle (Kümmel) wird aus den Tannennadeln bereitet und bildet
einen faserigen, grünlichen Stoff von intensivem Tannengeruch, dessen
Gehalt an ätherischen Oelen die Asepsis und zum Theil auch die

Antisepsis verbürgt, der aber nur geringe hygroskopische Wirkung hat. Kümmel wendet sie in Gazebeuteln als Polster an, die er unmittelbar vor der Anwendung in heisses Wasser einlegt und dann gut ausdrückt. Durch die Einwirkung des heissen Wassers werden die ätherischen Oele gelöst und dadurch ihre desinficirende Wirkung gesteigert.

Das Papier gelangt in der Wundbehandlung theils als hygroskopischer, theils als für Flüssigkeiten impermeabler Stoff zur Anwendung. Das gewöhnliche Löschpapier, wenn es rein und aseptisch ist, kann in mehrfachen Schichten auf die Wunde gelegt werden, und eignet sich ob seiner hygroskopischen Wirkung zum Verbandstoff. Ein Nachtheil desselben ist, dass es rasch durchweicht wird und zerfällt. In Amerika wird ein eigens zu diesem Zwecke bereitetes Papier benützt, welches mit Baumwollfäden durchschossen ist, nicht leicht zerfällt, mit Antisepticis gut imprägnirbar und wohlfeil ist. In Wachs, in Schellack-Alkohollösung getauchtes Papier liefert einen impermeablen Stoff, welcher dem mit Schwefelsäure behandelten Löschpapier — dem Pflanzen-Pergament — an Wirkung ähnlich ist. —

Das Moos ist in der Reihe der Verbandstoffe, besonders seiner hygroskopischen Wirkung wegen eines der besten. Diese hygroskopische Wirkung der in dieser Richtung geprüften 14 Sphagnumarten hängt mit der eigenartigen Structur dieser Pflanze zusammen. In allen Theilen der Pflanze befinden sich nämlich chlorophilfreie, taschenförmige Prosenchimzellen, deren dünne Wandungen klaffen, und die durch Oeffnungen mit einander und mit der Aussenwelt communiciren. Durch diese Oeffnungen gelangt in das Innere der Pflanzenfasern die Feuchtigkeit, und indem sie sich rasch in die klaffenden Zellenräume inbibirt, gelangt sie in die oberen Schichten der Pflanze und eventuell der Pflanzenmasse. Das Wundsecret gelangt also in das Innere der zum Verbande benutzten Moosfasern, und da es rasch weiter kömmt, so schwellen die Zellräume nicht zu sehr an und die Zellwandungen platzen nicht. Das Moos ist nebstdem auch ein sehr elastischer Stoff, welcher selbst aseptisch und mit Antisepticis leicht imprägnirbar ist. Die Asepsis des Sphagnums hängt von der Reinheit des Materials ab, und in dieser Beziehung waren die Erwartungen derer übertrieben, welche das Moos auch darum schon über alle anderen Verbandstoffe setzen zu können glaubten, weil es nebstdem, dass es leicht und mit geringem Kostenaufwand angeschafft werden kann, auch ohne irgend welche Präparation, so wie es aus den

Wäldern kömmt, nach der Entfernung der gröberen Unreinigkeiten zum Wundverbande benützt werden kann. Es hat sich herausgestellt, dass das Moos bei solch primitiver Säuberung nicht genügend rein ist, dass die Verunreinigungen desselben je nach dem Provenienz des Materials verschieden und in verschiedener Quantität vorhanden sind, und auch dass die Desinfection des Mooses mittelst Erhitzung, einerseits die Asepsis des Stoffes sichert, andererseits aber die oben erwähnte Structur der Pflanze vernichtet und so dessen Aufsaugungsvermögen bedeutend herabsetzt. Bequem zu handhaben sind die von Leisrink und Hagedorn empfohlenen Moosfilzplatten, welche aus Tafeln in verschiedene Stärke gepressten Mooses bestehen, die, um das Einnisten von Insecten zu vermeiden, mit $1^0/_{00}$ Sublimatlösung besprengt sind. (Bei unseren Versuchen mussten wir den Gebrauch dieser Moosfilzplatten bald einstellen, weil die Reste von gepressten Würmern und Käfern aus dem Inneren der Platten zum Vorschein kamen, und das durch diese Unreinlichkeiten zersetzte Wundsecret die rasche Entfernung des Verbandes nothwendig machte.)

Der Moostorf, von Neuber in die Wundbehandlung eingeführt, ist das durch Jahrhunderte angehäufte Verwitterungsproduct verschiedener Sphagnumarten und ist, ein wenig befeuchtet, ein überaus hygroskopischer Stoff, der, so wie er ist, oder nach vorangegangener Desinfection (Erhitzung) und Imprägnirung mit Antisepticis, in Gazebeutel gewickelt auf die Wunde applicirt werden kann. — Dank seiner bedeutenden Porosität, bewirkt er das rasche Trocknen des eingesaugten Wundsecrets und verhindert so dessen Zersetzung. Man war geneigt, dem Torfe auch eine directe antiseptische Wirkung zuzuschreiben. Es zeigte sich jedoch, dass eine solche Wirkung dem Torfe nicht zukomme, d. h. dass er das Leben der Mikroorganismen nicht nachtheilig beeinflusst, ja dass sogar im Torfe selbst nicht nur verschiedene Schimmelpilze, sondern auch Bacterien leben und sich vermehren. Und dennoch gibt der Torf selbst in unmittelbarer Berührung mit der Wunde keinen Anlass zur Infection derselben, das in den Peritonealraum des Versuchthieres eingeschlossene Torfstück verbleibt dort, ohne eine Infection hervorzurufen, und der mit Wundsecret vollgesaugte Torfverband vermag die Zersetzung des Wundsecrets eine Zeit lang hintanzuhalten. Diese, die Zersetzung verzögernde Wirkung des Torfes hängt wahrscheinlich mit der Anwesenheit der Humus- und der Huminsäure im Torfe zusammen. Wenn der

Torf aber auch keine directe antiseptische Wirkung hat, so ist seine durch Erhitzen erreichbare Asepsis in Verbindung mit seiner hygroskopischen und rasch trocknenden Wirkung hinreichend, um ihn allein, d. i. ohne Beimengung von Antisepticis zum Wundverbande benützen zu können, abgesehen von dem einen Nachtheil, dass seine Anwendung nicht ganz sauber ist. Um dieser letzteren Unannehmlichkeit zu steuern, hat Leisrink auch aus dem Torfmoos durch Pressen compacte Tafeln hergestellt, welche zum Verbande benützt werden können.

Der Badeschwamm ist durch seine hygroskopische Wirkung und seine Elasticität, welche den Druck des Verbandes ausgleicht, ein gutes Verbandmaterial, vorausgesetzt, dass durch die nöthige Präparation die verlässliche Asepsis desselben hergestellt wurde. Der mit Wundsecret angesaugte Schwamm kann nach wiederholter Reinigung und Desinfection öfter benützt werden. Im Nothfalle eignet sich auch der Feuerschwamm als Verbandmaterial, um so mehr, als ihm auch eine gewisse blutstillende Wirkung nicht abgesprochen werden kann.

Auch anorganische Stoffe sind in neuester Zeit zum Wundverbande herangezogen worden. Vom Gesichtspunkte der Antisepsis haben diese Materialien den Vortheil, dass, da sie selbst zur infectiösen Zersetzung nicht geeignet sind, auch ihre Desinfection leicht erreichbar ist und dass nach geschehener Reinigung ihre wiederholte Benützung möglich ist. Diesem auffallenden Vortheile zum Trotz konnten die anorganischen Verbandstoffe nicht recht Boden fassen, weil ihnen gewisse Eigenschaften abgehen, die den oben erwähnten organischen Stoffen einen Vortheil gewähren; es fehlt ihnen nämlich zumeist die entsprechende hygroskopische Wirkung und die Elasticität. Solche Stoffe sind das Glaspulver und der Quarzsand (Kümmel), die zwar durch Ausglühen leicht zu desinficiren und auch mit Antisepticis gut versetzt werden können, aber so hart sind, dass sie die Wunde und deren Umgebung irritiren, und da sie nur in Beutel eingenäht applicirbar sind, durch ihr Gewicht einen Druck ausüben, der durch den fixirenden Verband noch gesteigert, unerträglich wird, ja Decubitus verursacht. Die Steinkohlenasche (Kümmel) ist zum Wundverbande geeignet, da sie auch weicher und leichter als die obenerwähnten Stoffe ist und zum Theile sogar antiseptische Bestandtheile (Schwefelsäure, Phosphorsäure, Kalk, Thonerde) enthält; und da auch ihre hygroskopische Wirkung nicht unbedeutend, ihre Wohlfeilheit auffallend ist, so ist deren totale

Nichtbeachtung unmotivirt. Die Glaswolle besitzt ebenfalls all die
Eigenschaften, die von einem guten Verbandmaterial gefordert werden;
sie ist leicht zu desinficiren, elastisch, hygroskopisch, leicht und wiederholt anwendbar, und steht einer ausgedehnteren Anwendung derzeit nur
ihr hoher Preis im Wege. —

Die Asepsis der den Verband fixirenden Stoffe ist ebenfalls erwünscht, ob zwar dies von keiner so grossen Bedeutung ist, da
sie die äusserste Schichte des Verbandes bilden. Reine Gaze- oder Leinwandbinden, mit Stärke oder Gyps appretirte Organtinbinden, entsprechen
ohne anderweitige Präparation dem Zwecke. —

ELFTES CAPITEL.

Desinfection der Umgebung der Wunde.   Desinfection der Wunde.
Eigenschaften der aseptischen Heilung der Wunden.

Die Agenden der Wundbehandlung, durch welche man die Infection
zu verhindern sucht, erstrecken sich auch auf die Desinfection der
Wunde. Vom Gesichtspunkte der Wundasepsis ist in erster Reihe die
Asepsis in der Umgebung der Wunde nothwendig. Die Asepsis
in der Umgebung der Wunde, speciell die Desinfection der umgebenden
Haut lässt sich bei Operationen von vorneherein sichern. An der Oberfläche der Haut, in der Tiefe der Schrunden und Falten befindet sich
jene theils aus abgeschuppten Epidermiszellen und Hauttalg, theils aus
von aussen hieher gelangten organischen Stoffen zusammengesetzte Nährsubstanz, in welche die infectiösen Keime sich einnisten und von wo sie
bei Gelegenheit in die Wunde gelangen. Um diese Quelle der Infection
zu verschliessen, wird die Haut an der Stelle und in der Umgebung der
zu bereitenden Wunde mit warmem Wasser, Seife und Bürste gereinigt,
und soferne die Behaarung der Haut der gründlichen Reinigung hinderlich ist, wird dieses Haar mittelst Schere und Rasirmesser entfernt, da
es auch während der Operation ungelegen wäre und auch nachher mit
Blut und Wundsecret beschmutzt die Infection befördern könnte.

Diese Art der Reinigung der Haut ist genug gründlich; das Wasser
und die Seife energisch angewendet sind auch allein im Stande, den

Schmutz von der Haut zu entfernen, mit Ausnahme der fetten und öligen Salben, die mit Alkohol oder Terpentin entfernt werden können. Die Anwendung einer antiseptischen Flüssigkeit zum Waschen oder zum nachträglichen Abspülen der Haut sichert noch mehr die Asepsis.

Die Reinigung und Desinfection der Umgebung der Wunde ist auch dann noch an der Zeit, wenn dies, wie z. B. bei traumatischen Verwundungen, nicht im vorher geschehen konnte. Der definitiven Versorgung und dem Verbinden der Wunde muss auch hier die gründliche Reinigung der umliegenden Theile vorausgehen.

Bei der Reinigung der Haut schadet auch ein gewisser Uebereifer nicht, selbst dann, wenn er in der Anwendung grösserer Mengen antiseptischer Lösungen zum Ausdruck gelangt; denn die Hautdecke verhindert die eventuell toxische Wirkung dieser Antiseptica.

Bei Operationen am Mastdarm und in der Scheide gehört die Reinigung der betreffenden Theile, eventuell deren Ausspülung mit antiseptischen Lösungen ebenfalls zu den die Asepsis der Wunde sichernden Vorkehrungen.

Die Reinheit in der Umgebung der Wunde ist auch während der Operation stets im Auge zu behalten und am leichtesten mit häufigem Irrigiren zu erreichen. Während der Nachbehandlung muss beim jedesmaligen Verbandwechsel auch die Umgebung der Wunde gereinigt werden; in der Zwischenzeit ist die Asepsis dieser Theile durch den aseptischen Verband ja ohnehin gesichert. Eine besondere Sorgfalt erfordert die Reinhaltung der Umgebung der Wunde in der Nähe von Körpertheilen, welche, wie z. B. der After, durch Entleeren von infectiösen Stoffen die Infection der Wunde befördern.

Am wirksamsten wird die Reinhaltung der die Wunde umgebenden Theile durch die allgemeinen hygienischen Vorkehrungen unterstützt, welche neben der Reinhaltung des ganzen Körpers durch reine Leibwäsche, reine Betten und reines Wartepersonal am wirksamsten die Einnistung von infectiösen Keimen in der Umgebung der Wunde verhindern können.

Das Hauptstreben der modernen Wundbehandlung ist auf die unmittelbare Asepsis und eventuell auf die directe Desinfection der Wunde gerichtet.

Muss man durch besondere und die Wunde direct berührende Proceduren für die Asepsis der Wunde sorgen?

Je mehr jene Vorkehrungen durchgedrungen, welche das Fernehalten der infectiösen Stoffe von der Wunde zur Aufgabe haben, desto weniger liegt die Nothwendigkeit vor, diese infectiösen Stoffe in der Wunde selbst anzugreifen und unschädlich zu machen, um so weniger braucht die Wunde selbst desinficirt zu werden. Bei reiner Luft, desinficirten Händen, Instrumenten und Schwämmen, nach vorangegangener gründlicher Reinigung der Umgebung der Wunde haben wir keinen Grund zur Befürchtung, dass die Operation die Infection der Wunde verursachen würde. — Die Reinhaltung der Wunde während der Operation, die sich den oben erwähnten Vorkehrungen anschliesst, sichert in solchen Fällen vollkommen die Asepsis der Wunde. Zu dieser Reinhaltung der Wunde genügt das reine oder aufgekochte sterilisirte Wasser, gleichviel ob wir mit den damit befeuchteten Schwämmen die Wunde abwischen oder mit dem Strahl des Irrigators dieselbe abspülen. Wenn wir auch die Möglichkeit der unserer Controle entgehenden Infection in Rechnung ziehen wollen, so wenden wir antiseptische Lösungen zur Reinigung der Wunde an; doch müssen wir uns vor Augen halten, dass wir, indem wir in solchen Fällen gegen den infectiösen Factor kämpfend das Antisepticum anwenden, gegen eine unbestimmte Schädlichkeit zumeist ein bestimmtes Gift in die Wunde bringen. — Aus diesem Grunde sollen bei der Sicherung der übrigen Factoren der Wundasepsis zur Reinigung der Wunde nur milde Antiseptica und nur in geringer Menge benützt werden. —

Die Feuchtigkeit der in Wasser oder in antiseptische Lösungen getauchten Schwämme, ab und zu von dem Flüssigkeitsstrahl des Irrigators unterstützt, sichert vollkommen die Asepsis der Wunde. Auch der Spray kann in solchen Fällen angewendet werden als ein Instrument, welches mit geringen Flüssigkeitsmengen auch die Reinigung grösserer Wundflächen besorgen kann. Der continuirliche Spray, ebenso wie die fortwährende Irrigation während der Operation sind nicht nur überflüssig, sondern oft geradezu schädlich. Der continuirliche Spray ist, abgesehen von anderen Unannehmlichkeiten, auch durch die Abkühlung der Wunde nachtheilig, und die continuirliche antiseptische Irrigation, zu deren Unannehmlichkeiten es auch gehört, dass der Kranke durchnässt wird und die Umgebung in Wasser watet, kann sogar durch die partielle Resorption des eventuell zur Verwendung gelangten Antisepticums schädlich werden. — Der continuirliche antiseptische Spray, wie auch die continuirliche Irrigation während der Operation sind Uebertreibungen in dem Bestreben um die Sicherung der Wundasepsis. —

Nach beendigter Operation ist die wiederholte Reinigung und Ausspülung der Wunde insoferne von Wichtigkeit, als auf diese Art Blutgerinsel und eventuell doch in die Wunde gelangte infectiöse Keime am sichersten entfernt werden. Die mechanische Wirkung des Flüssigkeitsstrahls ist gleichwertig mit der Wirkung des in der Lösung befindlichen Antisepticums. —

Durch directe Desinfection der Wunde müssen wir die Asepsis derselben dann zu erreichen suchen, wenn die Infection der Wunde von vorneherein nicht ausgeschlossen werden konnte. Solche Fälle sind die traumatischen Verwundungen, bei welchen die Verletzung selbst mit der Infection verbunden sein konnte, oder bei welchen in der Zeit zwischen der Verwundung und der entsprechenden Behandlung die Infection sich zur Wunde gesellt hatte. Die Desinfection beginnt auch hier mit der Reinigung der Wunde, eventuell mit der Entfernung von Fremdkörpern, dann folgt die Entfernung der nicht lebensfähigen Gewebe, und all dies unter Beihülfe irgend einer antiseptischen Lösung. In solchen Fällen ist auch die Anwendung grösserer antiseptischer Flüssigkeitsmengen erlaubt, gleichviel ob die Desinfection der Wunde der grösseren Quantität des Antisepticums oder der grösseren Menge der Flüssigkeit anvertraut wird. — Je grösser die Wahrscheinlichkeit der vorangegangenen Infection, desto energischer muss die Desinfection der Wunde sein, ob zwar die Erfahrung auch hier ein gewisses Maasshalten empfiehlt, indem solche traumatische Verwundungen, bei denen die Möglichkeit der Infection ohne Zweifel vorhanden war, oft ohne besondere Desinfection prompt heilten. Insbesondere kann unser Verfahren mit Bezug auf die Entfernung von Fremdkörpern aus der Wunde ein zuwartendes sein, selbst dann, wenn die aseptische Beschaffenheit dieser Körper nicht ausser Zweifel gesetzt ist, denn die Erfahrung weist auch viele Beispiele der ungestörten Einheilung solcher Körper auf.

Die Asepsis der so desinficirten Wunde wird während d e r N a c h - b e h a n d l u n g auf eben die Art gesichert wie bei den vom Anfang aseptischen Wunden. Wenn aber die gründliche Desinfection der Wunde bei der ersten Gelegenheit nicht gelungen war, so ist während des weiteren Verlaufs eine wiederholte Desinfection nothwendig, und ist zu diesem Zwecke der öftere Wechsel des Verbandes, das häufige Ausspülen der

Wunde angezeigt, manchmal sichert sogar nur das gänzliche Fortlassen
des Verbandes und die mit continuirlicher Irrigation oder Immersion
verbundene offene Wundbehandlung die Asepsis.

Die aseptische Heilung der Wunde bildet das Resultat der
mannigfachen Vorkehrungen, welche auf die Desinfection der Luft, auf
die Desinfection der mit der Wunde in Berührung kommenden Gegenstände und endlich auf die Desinfection der Wunde selbst gerichtet sind.
Diese Veranstaltungen in Verbindung mit der Technik der Wundbehandlung führen zur aseptischen und auch sonst zweckdienlichen Heilung der
Wunden. Die Eigenschaften der aseptischen Heilung sind:
das Fehlen der die Verwundung sonst begleitenden entzündlichen Reaction und hiemit in Verbindung die
Schmerzlosigkeit der Wunde, das gänzliche Fehlen oder
die minimale Bildung von Wundsecret, die Geruchlosigkeit des Wundsecrets und die Fieberlosigkeit. Oft wird
zwar die aseptische Heilung der Wunde von kleineren, ja auch grösseren
(39—40°) Temperaturerhöhungen begleitet, welche entweder in unbestimmten Zwischenräumen auftreten oder längere Zeit continuirlich anhalten, die aber doch nicht von den gewohnten Symptomen des Fiebers
begleitet sind, das Allgemeinbefinden des Kranken nicht störend beeinflussen und selbst bei längerer Dauer dessen Kräfte nicht aufreiben,
und diese Temperaturerhöhungen sind es, die Volkman »aseptische
Fieber« nennt, und die Edelberg aus der Vermehrung des Fibrin-
fermentes im Blute erklärt wissen will. — Wenn wir auch selbst das
Vorkommen solch nicht infectiöser Temperaturerhöhungen nicht in Ab-
rede stellen können, so finden wir es vom Gesichtspunkte der Sicherheit der Wundasepsis dennoch für gerathen, die Ursache der sich zur
Wunde gesellenden Temperaturerhöhungen stets im Zustande der Wunde
zu suchen, und erst wenn wir nach dem Entfernen des Verbandes und
der Untersuchung der Wunde uns von der Asepsis der Wunde, von der
Abwesenheit von Eiterretentionen etc. überzeugt haben, erst dann können
wir das Fieber als ein aseptisches deuten. —

Im Anschlusse an die Erörterungen über den aseptischen Zustand
der Wunde müssen wir noch erwähnen, dass trotzdem alle Intentionen der
antiseptischen Wundbehandlung auf die Ausschliessung der Mikroorganismen gerichtet sind, gerade diese Keimfreiheit der Wunden in den meisten
Fällen nicht zutrifft, dass selbst bei der strengsten Antisepsis Mikroorganis-

men von der Wunde nicht ganz ausgeschlossen werden können, und dass die Wunde, trotz der Anwesenheit der Mikroorganismen, aseptisch, ja per primam zu heilen vermag. Man nimmt nun an, dass in solchen Fällen die vorhandenen Mikroorganismen nicht schädlicher Natur seien, obgleich auch schon der Staphylococcus des Eiters in solch per primam heilenden Wunden angetroffen wurde (M i k u l i c z). Thatsache ist übrigens auch, dass die sogenannte b l a u e E i t e r u n g (blau, fast grün gefärbter Eiter von eigenthümlich fadem Geruch), welche mit der Anwesenheit von chromogenen Mikroorganismen in Verbindung gebracht wird, nur wenig die aseptische Heilung der Wunde stört.

ZWÖLFTES CAPITEL.

Reinlichkeit in der Wundbehandlung.

In allen Phasen der Wundbehandlung ist die Reinlichkeit einer der wichtigsten Factoren zur Verhinderung der Infection. Die Reinlichkeit löst die Aufgabe der Desinfection der Luft durch die Reinhaltung der Kranken und Operationssäle, der Möbel, der Bett- und Leibwäsche; und insoferne die zur Reinhaltung nöthigen Anstalten zweckmässig und genau durchgeführt werden, sichern sie zugleich die Asepsis der Luft und tragen zur ungestörten Heilung der Wunden bei.

Auch gelegentlich der Operation ist die Reinlichkeit die leitende Idee, und die Garantien dieser Reinlichkeit suchen wir darin, dass wir möglichst wenige und verlässlich reine Assistenten in Anspruch nehmen, mit reinen Händen, der Reinigung leicht zugänglichen Instrumenten, reinen Schwämmen oder reiner Watta zur Wunde greifen, an reinem Orte aufbewahrtes und reines Ligatur- und Nähmaterial, möglichst reines Fabricat zur Drainage nehmen, und die Wunde immerfort rein haltend, selbe erst nach wiederholter Reinigung mit den verlässlich reinen Verbandstoffen bedecken.

Auch die Asepsis der Wunde ist zum Theile direct durch die Reinlichkeit zu erzielen. Die vorangehende Reinigung der Haut, die Reinhaltung der Wunde während der Operation und die gründliche

Reinigung vor dem Anlegen des Verbandes sichern zumeist die Asepsis
der Wunde, und der Drain selbst, indem er die Ableitung des Wundsecrets bewirkt, ist ein Hülfsmittel der Reinlichkeit. Auch die Nachbehandlung wird in ihrem Streben durch die Reinlichkeit unterstützt.

Die Hülfsmittel der Reinlichkeit in der Wundbehandlung
sind, wie die Mittel der Reinlichkeit überhaupt, das Wasser, die Seife
und die Bürste. — Die zweckmässige und eifrige Benützung dieser
Mittel sichert die Wunde am besten gegen die Infection. Die Reinlichkeit basirt also nicht so sehr auf dem Chemismus als auf dem Mechanismus ihrer Hülfsmittel. Von dem Verständniss und dem Reinlichkeits-
gefühl der die Wunde behandelnden Personen hängt die entsprechende
und gewissenhafte Handhabung dieser Hülfsmittel ab, und insoferne
dieses Gefühl besonders im Arzte entwickelt sein muss, hängt das
Schicksal der Wunde in der That von der Reinlichkeit, Genauigkeit
und Gewissenhaftigkeit des Arztes ab. In den individuellen Eigenschaften des Chirurgen liegt also auch heute der Schlüssel des allgemein
durchschlagenden Erfolges, in jenen Eigenschaften, welche aus der sich
auf die Details erstreckenden Reinhaltung eine zum System entwickelte
Reinlichkeit gestalten.

Die Infection ausschliessende — aseptische — Wundbehandlung basirt also auf der systematischen Reinlichkeit, und je
mehr in den einzelnen Phasen der Wundbehandlung die Reinlichkeit zur
Geltung gelangt, um so eher gelingt nicht nur die aseptische, ungestörte
Heilung der Wunde, sondern desto weniger müssen besondere antiseptische Mittel in Anwendung gebracht werden. Die strenge und in
alle Details eindringende Reinlichkeit kann auch allein die Bedingungen
der aseptischen Heilung sichern, insoferne sie jedoch mit der nöthigen
Strenge und Genauigkeit nur schwer durchzuführen ist, muss sie die
Hülfe der Antiseptica in Anspruch nehmen. Diese letztere jedoch können
ohne die Reinlichkeit die Vermeidung der Infection überhaupt nicht oder
nur bei einer Anwendungsart sichern, bei welcher ihre Nebenwirkung für
den Organismus gefährlich wird. In der aseptischen Wundbehandlung
ist daher das Uebergewicht der Reinlichkeit um so mehr erwünscht,
weil diese die Integrität der Gewebe in der Wunde nicht schädigt und
auch die Gesundheit des Organismus nicht gefährdet. —

Bei der antiseptischen Wundbehandlung fällt die Hauptrolle, wenn auch nicht auf Kosten der Reinlichkeit, dennoch den Anti-

septicis zu. Sobald es jedoch gelungen, solche der Desinfection bedürftige Wunden von den infectiösen Stoffen zu befreien, sobald das inficirte Wundsecret abgeleitet, die abgestorbenen oder in Zerfall begriffenen Gewebstheile entfernt, kurz, sobald die Wunde sich gereinigt hat, so verlieren die Antiseptica wieder ihre Bedeutung und tritt im weiteren Verlaufe der Wundheilung neben der Technik der Wundbehandlung die Reinlichkeit in den Vordergrund. —

DRITTER THEIL.

Antiseptica und mit selben verbundene Wundbehandlungsmaterialien und antiseptische Wundbehandlungsmethoden.

ERSTES CAPITEL.

Die Rolle und der Werth der Antiseptica in der Wundbehandlung.

Die Antiseptica bilden jene Hülfsmittel der Wundbehandlung, deren Wirkung direct gegen den durch die Mikroorganismen repräsentirten Factor der Infection gerichtet ist, und die in den einzelnen Phasen der Wundbehandlung zur Anwendung gelangend, in mannigfachen Variationen jenen Zweck der Wundbehandlung erreichen helfen, welcher die Fernehaltung oder die Vernichtung der infectiösen Stoffe zur Aufgabe hat.

Die Anwendung der Antiseptica in der Wundbehandlung ist nicht neu, es kamen manche von ihnen bereits in der Wundbehandlung vergangener Jahrhunderte als Wundsalben, Wundbalsame und Wundwaschmittel zur Anwendung, doch war ihre Rolle dabei wesentlich von derjenigen verschieden, die ihnen in der modernen Wundbehandlung zufällt. Denn während der Anwendung der einstigen Wundbalsame die Idee einer specifischen Heilwirkung zu Grunde lag, soll deren moderne Benützung die ungestörte Heilung unterstützen.

Ist nun die Basis, auf welcher die Anwendung der Antiseptica heute steht, theoretisch sicher resp. wissenschaftlich festgestellt? Wir haben gesehen, dass der Zusammenhang zwischen Mikroorganismen und den infectiösen Wunderkrankungen dort lückenhaft ist, wo wir die Art der Wirkung der Mikroorganismen bestimmen sollen; und die Unsicherheit des causalen Zusammenhanges beeinflusst auch die theoretische Begründung der Anwendung der Antiseptica. Da nicht die Mikroorganismen als solche allein, sondern ihre Ptomaine den Anlass zur infectiösen Erkrankung des Organismus geben sollen, so müsste sich die Wirkung der gegen die Infection gerichteten Mittel eigentlich auch auf die Neutralisirung der die Mikroorganismen begleitenden oder durch selbe erzeugten Gifte erstrecken. Eine derartige Wirkung der Antiseptica ist aber bisher nicht bekannt, stellt sich doch selbst der Erforschung dieser Wirkung unsere Unkenntniss oder doch sehr mangelhafte Kenntniss dieser giftigen Ptomaine hindernd in den Weg.

Die Resultate der Empirie haben aber auch auf diesem Gebiete die graue Theorie überflügelt, und die Antiseptica, indem sie einerseits mit Erfolg in der Wundbehandlung zur Anwendung gelangen und andererseits, wie durch Experimente nachweisbar, auf das Leben der Mikroorganismen nachtheilig wirken, können mit Recht als jene Mittel der Wundbehandlung angenommen werden, welche die Wunden gegen infectiöse Noxen zu schützen im Stande sind, ja wir können, uns auf dieselben Beweise stützend, auch behaupten, dass die die Infection bekämpfende Wirkung der Antiseptica zu ihrer antimycotischen Wirkung in geradem Verhältnisse steht.

Insoferne wir die Wirkung der Antiseptica auf die Mikroorganismen zu observiren im Stande sind, kömmt diese Wirkung entweder in der Vernichtung dieser kleinen Wesen oder in der Herabsetzung ihrer Lebensenergie, besonders aber in der Herabsetzung ihrer Entwicklung und ihrer Vermehrung zum Ausdruck. Es gibt Antiseptica, welche die zur Entwicklung gelangten Mikroorganismen, Bacterien und Coccen vernichten, aber die Keime, die Sporen nicht tödten, und demzufolge deren spätere Entwicklung nicht verhindern; und es gibt andere, die das Leben der Mikroorganismen unmittelbar nicht angreifen, aber die Entwicklung der Keime hemmen und hintanhalten, und diese letzteren sind trotz der Mangelhaftigkeit ihrer sogenannten desinficirenden Wirkung dennoch zur Erhaltung der Asepsis in der Wunde und in den Verbandstoffen geeignet. Unstreitig am sichersten wirken jene Antiseptica, welche die entwickelten Mikroorganismen sowohl, als auch ihre Keime tödten. Die specielle Wirkung der Antiseptica auf gewisse specielle Mikroorganismen der Wundinfectionskrankheiten fällt heute noch nicht allzusehr ins Ge-

wicht: die Verschiedenheit in dem Verhalten der bisher bekannten Mikroorganismen bei Wundinfectionskrankheiten zu den Antisepticis ist keine
bedeutende.

Der Werth der Antiseptica in der Wundbehandlung wird von vielen
Factoren beeinflusst, theils erhöht, theils herabgesetzt. — Schon bei der
Vergleichung der antimycotischen und der antiseptischen Wirkung muss
man sich vor Augen halten, dass in den meisten Fällen der anti-
mycotische Wirkungscoëfficient, wie ihn das Antisepticum beim Experiment (auf Nährflüssigkeit und in der Eprouvette) aufweist, wesentlich
von dem verschieden ist, welcher in der Wunde und in den Verbandstoffen zur Geltung gelangt, dass es z. B. Antiseptica gibt, welche die
Mikroorganismen der Nährflüssigkeit bei zwei- bis dreihunderttausend-
facher Verdünnung zu vernichten vermögen, während eine ähnlich energische Wirkung in der Wunde nur bei viel concentrirterer, eintausend- bis
zweitausendfacher Verdünnung zu erwarten ist (Sublimat). Wir müssen
nun gleich hier bemerken, dass die Experimente, welche die antifermen-
tative Wirkung der Antiseptica in den verschiedenen Nährflüssigkeiten
darthun, zwar sehr werthvolle Anhaltspunkte bieten, dass jedoch diese
Experimente für den Werth des Antisepticums in der Wundbehandlung
Nichts beweisen. Die richtige Probe gibt immer ihre praktische Anwendung, wo ihre Wirkung auf wirklich vorhandene und nicht künstlich
supponirte Factoren zur Geltung gelangt. Aber auch die experimentell
für gewisse Antiseptica festgesetzten Zahlenwerthe der antiseptischen
Wirkung sind nicht unumstösslich, ihr Verhältniss zu den Mikroorganismen lässt sich selbst hier nicht mathematisch genau bestimmen.

Den Werth des Antisepticums beeinflusst ausser der Intensität der
Wirkung auch noch die Schnelligkeit, mit welcher sich diese Wirkung
einstellt, und die Dauer, d. h. die Nachhaltigkeit derselben. — Es gibt
Antiseptica, deren Wirkung rasch erfolgt, aber nicht von Dauer ist, entweder weil sie flüchtig sind (Carbol) oder weil sie durch das Wundsecret
neutralisirt werden (Sublimat), während bei anderen Antisepticis die
Wirkung zwar später sich einstellt, aber dem entsprechend länger anhält (Jodoform).

Der Werth des Antisepticums hängt auch von der Anwendungsart
und von der Ausdehnung ab, in welcher seine Anwendung möglich ist.
Es gibt welche, die am zweckmässigsten in Pulverform zur Anwendung
kommen, die antiseptische Wirkung anderer kommt am besten in

wässerigen oder anderen Lösungen zur Geltung, manche bewähren sich am besten bei der Desinfection der Verbandstoffe, wieder andere sind zur unmittelbaren Desinfection der Wunde geeignet, die werthvollsten sind unstreitbar jene, die in jeder Phase der Wundbehandlung dem Zwecke entsprechend anwendbar und verlässlich sind. —

Schliesslich ist bestimmend für den Werth des Antisepticums in der Wundbehandlung: die Nebenwirkung Es gibt nämlich Antiseptica, die neben ihrer mehr minder energisch desinficirenden Wirkung auch die Gewebe der Wunde und deren Umgebung afficiren, oder von der Wunde aus resorbirt werden und Anlass zur Allgemein-Intoxication geben. Eine auf den ganzen Organismus sich erstreckende günstige Nebenwirkung der Antiseptica gibt es nicht (Ausnahme bildet das Jodkali bei syphilitischen Geschwüren), und alle Erwartungen, welche an die Ferne-wirkung gewisser Antiseptica geknüpft wurden (Jodoform), erwiesen sich als nichtig; hingegen hat die schädliche, ja gefährliche Nebenwirkung die Anwendung zahlreicher, sonst energischer Antiseptica auf engere Grenzen zurückgedrängt. — Nicht unerwähnt wollen wir die Hypothese Gosselins lassen, laut welcher die Eiweiss coagulirende Wirkung mancher Antiseptica ebenfalls dazu beitrage, die Entzündung der Wunden hintanzuhalten, und diese Nebenwirkung daher den Werth des Antisepticums als Wundbehandlungsmittel erhöhe. —

Ehe wir an die Herzählung der Antiseptica gehen, müssen wir noch bemerken, dass die grosse Zahl derselben zum Theile in der mangelhaften Verlässlichkeit dieser Hülfsmittel der Wundbehandlung ihre Erklärung findet, eine Ursache, die zum Erforschen und Versuchen von neuen und eventuell besseren und verlässlicheren Antisepticis anspornt. Wir dürfen hiebei jedoch nicht ausser Acht lassen, dass die Vermehrung der Antiseptica nicht gleichbedeutend mit dem Fortschritt und der Entwicklung der Wundbehandlung sei, denn die Aufgabe der Wundbehandlung wird eben nicht ausschliesslich durch die Anwendung der Antiseptica gelöst; diese bilden nur einen Theil jenes Factors, der sich gegen ein, wenn auch sehr wesentliches Hinderniss der Wundheilung richtet, jenes Factors, der zum grossen Theile in der Reinlichkeit seinen Ausdruck findet. —

ZWEITES CAPITEL.

Carbol oder Phenol. Wirkung des Carbols auf die Mikroorganismen.
Wirkung des Carbols auf die Gewebe. Carbolintoxication. Nachweis
des Carbols im Urin. Ursachen der Carbolintoxication. Verfahren
bei Carbolintoxication. Andere Eigenschaften des Carbols als
Antisepticum.

Das Carbol oder die Phenolsäure (C_6 H_6 O) wurde schon
von Lemaire und Duclat (1861) in der Wundbehandlung verwendet,
kam aber erst durch das Heilverfahren Listers zur allgemeinen Verbreitung. Verlässlich rein, d. h. von fremden Bestandtheilen frei, ist
jenes Carbol, das farblose, matt schimmernde, nadelförmige Krystalle
bildet, bei Zimmertemperatur in 15 Theilen Wasser löslich ist, mit 40
Theilen destillirten Wassers und auch mit gleichen Theilen Chloroforms
eine klare Lösung bildet, welche das blaue Lackmuspapier nicht roth
färbt. — In Oel, Alkohol und Glycerin löst es sich leicht. In 1 : 200
($^1/_2$ $^0/_0$) wässeriger Lösung hindert es das Wachsthum der Mikroorganismen, in 1 : 25 (4 $^0/_0$) Lösung hebt es die Vermehrung derselben auf, indem es sie tödtet. Die Keime, die Sporen der Mikroorganismen jedoch
kann es bei einer Concentration, in welcher es auf die Wunde überhaupt
noch angewendet werden soll, wie dies Koch's Versuche erwiesen,
nicht tödten.

Das Verhalten des Carbols zu den verschiedenen Arten der Mikroorganismen ist überhaupt kein gleiches; sicher ist nur, dass es die
sporenlosen Bacillen des Anthrax schneller und in dünneren Lösungen
gründlich tödtet, und wie aus den Versuchen Gärtners und Plagges
hervorgeht, halten die Kettencoccen des Eiters und Erysipels selbst der
1 $^0/_0$ Lösung nicht lange (30—60 Secunden) Stand, während die Trauben-
coccen des Eiters erst nach 3—5 Minuten durch die 1 $^0/_0$ Carbollösung
getödtet wurden, 3 $^0/_0$ Carbollösung tödtete bei diesen Versuchen alle
Mikroorganismen in 8 Secunden. — Wir müssen jedoch gleich hier bemerken, dass die Praxis, nämlich die praktische Anwendung des Carbols,
ganz andere Resultate ergibt, als diese Experimente erwarten lassen,
und dass die Eitercoccen im Abscesse, die Erysipelcoccen in der ery-
sipelatös inficirten Hauptpartie bei weitem nicht mit dieser Präcision
von den 1 $^0/_0$ bis 3 $^0/_0$ Carbollösungen getödtet werden. Das Verhalten

des Carbols zu den giftigen Ptomainen der Mikroorganismen, die bei
der Wundinfection mit eine Rolle spielen, ist noch viel weniger bekannt,
gewiss jedoch ist, dass das Carbol selbst zu jenen Giften zählt, die beim
Zerfall der organischen Gewebe entstehen (Wernich), und so vielleicht
auch dazu beiträgt, dass diese Organismen beim weiteren Vorwärts-
schreiten der Zersetzung spontan absterben.

Wie gestaltet sich nun die Wirkung des Carbols, indem es mit
den lebenden Geweben der Wunde und mit dem Wundsecret in Berührung kömmt? Wenn das Carbol mit den Geweben der Wunde in Berührung kömmt, so greift es, selbst bei der Verdünnung, die hier überhaupt in Betracht kommen kann (also in 1 % bis 5 % Lösung), nicht
nur die eventuell hieher verschlagenen Mikroorganismen an, sondern
geht auch eine Verbindung mit dem Albumen der Gewebe ein. Die
chemische Verbindung, welche das Carbol mit dem Eiweiss der lebenden
Gewebe bildet, entsteht auf Kosten der Integrität des Zellenlebens, mit
anderen Worten, das Carbol tödtet die Zellen der Gewebe in der Wunde.
Die nachtheilige Localwirkung des Carbols ist aber hiemit noch nicht
abgeschlossen, es greift auch in der Umgebung der Wunde die gesunden und sonst intacten Gewebe, die Epidermis, die Schleimhaut an,
irritirt selbe, und gelangt überdies im Wege der Resorption in den
Organismus und führt hier zur Allgemein-Intoxication. —

Neben den Mittheilungen über die Erfolge der Lister'schen Wundbehandlung und der Carbolantisepsis entstand eine umfangreiche Literatur
von Mittheilungen über die toxischen Nebenwirkungen des Carbols, so
dass die Symptome der Carbolintoxication derzeit fast ebenso bekannt
sind, als die Ursachen ihrer vortheilhaften Wirkung. —

Die irritirenden, beziehungsweise giftigen Nebenwirkungen des Carbols als Antisepticum kommen theils in localen, theils in allgemeinen
Symptomen zum Ausdruck. — Die Local-Symptome sind die Entfärbung
der Wundfläche, die Röthe der Haut, die Ablösung der oberflächlichen
Epidermisschichte, Eccem, und nicht selten ein ausgebreitetes entzünd-
liches Erythem. — Die Allgemein-Symptome, welche nach der Resorption
des Carbols zu Tage treten, sind nicht immer gleich schwer. Das erste
und auffallendste Symptom der Carbolintoxication ist die Veränderung
des Urins, welche die Ausscheidung des Carbols durch die Nieren andeutet, und die wir auch mit freiem Auge aus der braunen, oliven-
grünen, ja zuweilen tintenschwarzen Färbung des Urins erkennen. Diese

dunkelbraune oder schwarze Färbung wird von einem Farbstoff verursacht, der ein Product jener chemischen Verbindung bildet, die das
Carbol mit den Schwefelbestandtheilen der Gewebe eingeht, und wobei
jene P h e n y l s u l p h u r s ä u r e entsteht, die sich im Urin nachweisen
lasst. Von dieser Phenolschwefelverbindung behauptet K ü s t e r, dass
sie nur dann zu Stande komme, wenn die Carbolintoxication von der
Wunde ausgeht; denn bei innerer Verabreichung des Carbols konnte er
dieses Symptom der Intoxication nicht constatiren. Wenn sich dies
wirklich so verhält, so wäre es ein Beweis dafür, dass das Carbol schon
in der Wunde chemische Zersetzungen herbeiführt, deren Product die
Phenolsulphursäure bildet. —

Aus der Verbindung des Carbols mit dem Schwefel der Gewebe
erklärt man (K ü s t e r, F a l k s o n) die Symptome der Intoxication, indem angenommen wird, dass auf diese Art dem Organismus die nöthige
Quantität des Sulphurs entzogen wird. Hierauf basirt auch der Nachweis der Carbolintoxication. —

Da die Verfärbung des Urins das charakteristische Symptom der
Carbolintoxication bildet, können wir im Urin die Anwesenheit des Carbols oder eigentlich das Fehlen der schwefelsauren Salze auf die Art
nachweisen, dass wir den Urin mit Essigsäure ein wenig ansäuern und
dann mit Chlorbariumlösung versetzen. Die Chlorbariumlösung bildet
im normalen Urin einen Niederschlag von Bariumsulphat, oder verursacht doch eine starke Trübung des Urins, während im Carbol-Urin
der Niederschlag immer und zumeist auch die Trübung fehlt, oder
letztere doch sehr gering ist (S o n n e n b u r g). — Bei diesem Verfahren
muss das Eiweiss vorher immer gefällt werden. Viel empfindlicher ist
noch jene Probe, die, an H o p p e - S e i l e r sich anlehnend, T o m a s s i
empfiehlt. Nach dieser Methode wird das Carbol des Urins mit Aether
extrahirt und das oben schwimmende Aetherextract abgegossen. Ein
Weichholzstäbchen in diese Aetherlösung, hernach in Salzsäurelösung
getaucht und dem Sonnenlicht ausgesetzt, verfärbt sich selbst bei $^1/_{6000}$
Carbolgehalt blau. B e a t s o n hält die Schwefelsäure für ein gutes
Reagens, mit welchem der Urin versetzt, an der Grenze beider Flüssigkeiten einen dunkelgrünen Ring bilde.

Bei schwerer Carbolintoxication treten Symptome in den Vordergrund, die man bisher anders als aus der Einwirkung des Carbols auf
das Nervencentrum nicht erklären konnte. Kopfschmerz, Appetitlosigkeit,

Ekelgefühl, Schlingbeschwerden, Erbrechen, Trägheit der Pupillen sind die Symptome, die ein fortgeschrittenes Stadium der Carbolintoxication bezeichnen, und zu diesen gesellt sich noch ein Symptom, das zu den mannigfachsten Deutungen Anlass gegeben, und dieses Symptom ist das Fieber. Das hohe (oft 39 ° bis 40 °) Fieber bei Carbolintoxication verwechselte man eine Zeit lang mit dem sogenannten aseptischen Fieber, bis Versuche Edelbergs erwiesen haben, dass Fieber ohne Erscheinungen der Infection und ohne sonstige Symptome der Carbolintoxication mit grosser Wahrscheinlichkeit auf die Vermehrung des Fibrinferments im Blute zurückgeführt werden könne.

Diese Symptome der Carbolintoxication können auch nachlassen und ganz verschwinden, wenn die Ausscheidung des Carbols aus dem Blute ihr Ende erreicht und weitere Carbolmengen dem Organismus nicht zugeführt werden. Bei wiederholter Resorption von wenn auch geringen Carbolmengen entsteht eine Art der chronischen, latenten Intoxication, die man als Carbolmarasmus bezeichnet und die zumeist letal endigt.

Rasch führt die Carbolintoxication zu tödtlichem Ausgang, und am heftigsten sind deren Symptome, wenn das Carbol rasch und in grossen Mengen in die Blutcirculation gelangt. Kleiner Puls, kalter Schweiss, träge Pupillen, Bewusstlosigkeit und ein collapsartiges Sinken der Temperatur bezeichnen die acute und hochgradige Carbolintoxication. Dazu gesellen sich oft noch chronische Krämpfe, in Gefolge derer unter Symptomen der Dispnöe der Tod eintritt.

Die soeben skizzirten Symptome und Stadien der Carbolintoxication können am Versuchsthiere observirt werden, sie wurden aber auch schon oft nicht nur an mit Carbol behandelten Kranken, sondern theilweise auch an den behandelnden Aerzten constatirt, so dass Csernys Behauptung, die Anwendung des Carbols sei für den Kranken und für den Arzt gleichzeitig mit Gefahr verbunden, durch die Erfahrung begründet ist.

Bei der Beurtheilung der Carbolintoxication kömmt auch eine gewisse individuelle Disposition in Betracht, und die Erfahrung sowohl, wie directe Experimente in dieser Richtung lehren, dass als prädisponirende Factoren wirken: die Grösse und der Flächenraum der mit Carbol behandelten Wunde und auch der Haut (die grössere Resorptionsfähigkeit der Schleimhäute und serösen Flächen), die Anämie des Indi-

viduums, seine Entkräftung in Folge vorangegangenen Fiebers, eine
grössere Debilität der Alten und eine grössere Empfänglichkeit der
Kinder, und etwas, dessen Grund wir auch hier nicht anzugeben wissen,
und das wir deshalb als Idiosynkrasie bezeichnen müssen. Schliesslich
tragen auch gewisse Verunreinigungen des Carbols, als da sind Kresol,
Anthracen etc. zu den giftigen Wirkungen des Carbols bei, und daher
ist auch von diesem Standpunkte aus der Gebrauch des reinsten Carbols angezeigt.

Bei der grossen Verbreitung des Carbols als Antisepticums entstand
eine eigene Therapie der Carbolintoxication. Diese Therapie richtet sich
vom rationellen Standpunkte aus auf eine Ersetzung des durch das
Carbol gebundenen Schwefels (Sonnenburg 1878), und will dies
durch die Verabreichung von Natrium sulphurinum (5,0 Gr. auf
100,0 Gr. Wasser) erreichen. Auch die Erfahrung hat die Zweckmässigkeit dieses Mittels erwiesen, so dass es prophylaktisch auch dem Carbol
als Wundbehandlungsmittel beizumischen empfohlen wurde, das drin-
gendste Gebot bei jeder Carbolintoxication ist ohne Zweifel die sofortige Einstellung der Carbolbehandlung, wie die sicherste Prophylaxis
unstreitig die behutsame Anwendung des Carbols bleiben dürfte.

Den Werth des Carbols als Antisepticums setzt auch die grosse
Flüchtigkeit herab, welche besonders den wässerigen Lösungen eigen ist,
und die dessen Anwendung bei der Präparirung von Verbandstoffen un-
zuverlässig macht. — Und wenn wir, diese Flüchtigkeit des Carbols
paralysirend, ölige oder Glycerin- und Alkohollösungen anwenden, so
setzen wir hiemit die desinficirende Wirkung des auf diese Art gebundenen Carbols herab. — Im Gegensatz zu diesen Nachtheilen bildet
die vielseitige Anwendbarkeit des Carbols einen bedeutenden Vortheil
in der Wundbehandlung. —

DRITTES CAPITEL.

Die Anwendung des Carbols in Listers Wundbehandlung. Listers Verfahren bei Operationen. Lister-Verband. Protectivo Silk. Carbolgaze. Mackintosh. Verbandwechsel. Listers Verfahren bei traumatischen Verwundungen. Kritik der Lister'schen Wundbehandlung.

Die systematische Anwendung des Carbols als Antisepticum in der Wundbehandlung kam zuerst in der durch Lister componirten antiseptischen Wundbehandlung zur Geltung. Die Theorie Pasteurs als zur Grundlage seiner Wundbehandlung acceptirend, wendete Lister das Carbol als Mittel gegen das durch die Infection gebildete Hinderniss der Wundheilung an. Er wendete es in allen Phasen seiner Wundbehandlung bei allen sich dabei ergebenden Bedürfnissen consequent an, indem er es mit einer Technik der Behandlung in Verbindung brachte, deren Zweckmässigkeit von so allgemeiner Bedeutung ist, dass ihr Werth den der Anwendung des Carbols übertrifft. —

Listers Verfahren bei der Behandlung von Wunden, die zu Heilzwecken beigebracht werden, beziehungsweise bei der Operation, ist folgendes. — Die gereinigten Instrumente liegen in Glas- oder Porcellan-Gefässen und in 5 % Carbollösung. Der Operateur und die Assistenten reinigen ihre Hände mit Seife und Nagelbürste in 3 % bis 4 % Carbollösung. Nach der erfolgten Narkose des Kranken, eventuell nach der Anlegung des Esmarch'schen Apparates, wird der zu operirende Körpertheil mit Schere und Rasirmesser enthaart und mit 5 % Carbollösung und mit Hülfe einer Nagelbürste gewaschen, eventuell abgerieben. Zur Entfernung von fetthaltigem Schmutz (Hauttalg, Salbenreste etc.) wird auch Aether oder Terpentin angewendet.

Nun setzt Lister den Sprayapparat in Betrieb, indem er einen 2 % Carbol-Sprühregen über die Wunde und deren Umgebung herabrieseln lässt. Der Handspray ist dem entsprechend mit einer 2 % Carbollösung, der Dampfspray mit einer 4 % Carbollösung versehen, da der Dampf, der den Apparat speist, die starke Carbollösung ohnehin um die Hälfte verdünnt. Lister zieht den Dampfspray auch deshalb vor, weil dessen Function permanent und gleichmässig und der Spielraum desselben grösser ist. Aus diesem letzteren Grunde wendet er bei

9*

grossen Operationen auch zwei Dampfsprays an, indem er die Apparate
so placirt, dass nicht nur der zu operirende Körpertheil, sondern auch
die Hände des Operateurs und der Assistenten stets im Nebelkreise des
Spray bleiben. Von diesem Carbol-Sprühregen erwartet Lister zum
grossen Theile die Sicherung der Wundasepsis, von dem Momente angefangen, in welchem er mit dem Instrumente zwischen die Gewebe
dringt, bis er die Wunde mit dem Verbande deckt. Unter dem Schutze
des Spray müssen die Instrumente dem Operateur gereicht, die Wunde
mit dem Schwamme gereinigt, die Blutgefässe unterbunden, das Drainrohr angebracht (wobei auch noch darauf gemerkt werden muss, dass
der Sprühregen ins Lumen des Drains gelangt [Cheyne]), die Wunde
mit der Naht verschlossen und der erste Theil des Verbandes applicirt
werden. Die aus dem Spray sich niederschlagende Carbollösung spült
zum Theile auch die Wunde ab; die totale Reinigung versieht er mit
in 2 ^{0}/$_0$ Carbollösung getauchten Schwämmen oder mit reinen Watte-
bäuschen, die er ebenfalls mit 2 ^{0}/$_0$ Carbollösung tränkt; mit eben
diesen deckt oder befeuchtet er jene Theile der Wunde, die ausser den
Wirkungskreis des Spray gelangen, und mit diesen Schwämmen bedeckt
er auch die ganze Wunde, wenn während der Operation die Function
des Spray aus irgend einem Grunde unterbrochen wird. Die im Verlaufe der Operation beschmutzten, eventuell mit nicht verlässlich aseptischen Gegenständen in Berührung gekommenen Hände werden wiederholt mit $2^1/_2$ ^{0}/$_0$ Carbollösung abgespült. —

Zur Ligatur der Blutgefässe wendet Lister das Carbolcatgut
an, welches er so präparirt, dass er die Darmseiten, die er in 3—4erlei
Qualität, d. h. Stärke benützt, in einer Emulsion von 1 : 5 Carbolöl
und 10 Th. Wasser durch 6—8 Monate weicht und dann in 20 ^{0}/$_0$
Carbolöl und verschlossenem Glasgefässen aufbewahrt. — Um die Dauerhaftigkeit des Catgut zu erhöhen, verfuhr er später so, dass er in einem
Gemisch von 4000 Th. Wasser, 200 Th. reinem Carbol und 1 Th.
Chromsäure 200 Gewichtstheile Catgut durch 48 Stunden liegen liess,
abtrocknete und hernach in 20 ^{0}/$_0$ Carbolöl aufbewahrte. — Das so
präparirte Catgut gelangt direct aus dem Carbolöl zur Anwendung.
Ligaturen macht Lister in grosser Anzahl, er unterbindet selbst die
kleineren blutenden Gefässe, um desto sicherer der zur ersten Secretbildung führenden Nachblutung vorzubeugen.

Zur Ableitung des Wundsecrets benützt Lister die in 3 ^{0}/$_0$ bis 5 ^{0}/$_0$

Carbollösung liegenden weichen Gummidrains, die er nach vollbrachter Operation in die Winkel der Wunde oder in zu diesem Zwecke angebrachte Oeffnungen einlegt, im Niveau des Wundrandes abschneidet, und mit einem antiseptischen Seidenfaden oder quer durchgestochener Nadel vor Hineingleiten schützt. Zum Einführen des Drains benützt er ein kornzangenähnliches Instrument mit schmalem länglichen Schnabel.

Zur Vereinigung der Wundflächen legt L i s t e r Nähte an, und zwar grössere Gewebsmassen aufgreifende E n t s p a n n u n g s n ä h t e, und auf kleinere Gewebsparthien berechnete und in kleineren Zwischenräumen auf einander folgende V e r e i n i g u n g s n ä h t e. Zu Entspannungsnähten benützt er besonders die Plattennaht, zu Vereinigungsnähten die Knopfnaht. Zum Nähen gebraucht er Seidenfäden in verschiedener Stärke, die er in ein heisses Gemenge von 9 Th. Wachs und 1 Th. Carbolsäure taucht, dann durch ein reines Tuch durchziehend vom überflüssigen Wachs befreit und unmittelbar vor dem Gebrauch für einige Augenblicke in 5 % Carbollösung tränkt. Die zu Plattennähten verwendeten Platten und der Silberdraht werden ebenfalls in 5 % Carbollösung getaucht. Wo L i s t e r eine grössere Spannung der Wundränder nicht befürchtet, wie auch zu versenkten Nähten, benützt er das Carbolcatgut.

Nach Vereinigung der Wundflächen resp. nach Anlegung der Nähte und Einführen des Drains spritzt L i s t e r, um die letzten Reste von Blut, das sich eventuell in der Wundhöhle angesammelt, und etwaige infectiöse Keime zu entfernen, die Wunde mit starker Carbollösung durch die Drainöffnungen aus, bis die durchgespritzte Flüssigkeit nahezu rein, d. h. ohne blutig gefärbt zu sein, aus den Drainöffnungen herausfliesst. Indem er einen Druck auf die Wände der Wundhöhle ausübt, ist er bestrebt, die eingespritzte Flüssigkeit nachträglich ganz herauszuschaffen. Bei genau anliegenden Wundflächen vermeidet er dieses nachträgliche Ausspritzen der Wunde, und wäscht nach Anlegung der Naht die Umgebung der Wunde mit Carbollösung und applicirt den Verband.

Auf die Wunde oder eigentlich auf die Nahtlinie legt L i s t e r unmittelbar das P r o t e c t i v e S i l k, um durch diesen impermeablen Stoff die Wunde, beziehungsweise den in die Nahtlinie fallenden Theil derselben vor der irritirenden Wirkung jenes Carbols zu schützen, das in den übrigen Schichten des Verbandes vorhanden ist. — Das Protective Silk wird aus Seide oder Taffet bereitet, indem diese Stoffe in Copallacklösung getaucht, getrocknet und hernach beide Flächen mit einem

Gemisch von 1 Th. Dextrin, 2 Th. Stärke und 16 Th. 5 % Carbollösung bestrichen werden. Der Copallack macht die Seide für Flüssigkeiten undurchdringlich, der Ueberzug mit dem Dextringemisch bewirkt
eine gleichmässige Vertheilung des unter dem Protective sich ansammeln-
den Wundsecrets, während die Carbolsäure, die schnell verflüchtigt, und
die Stärke nur zur Fixirung des Dextrins dienen. Dem so zubereiteten
Protective Silk vindicirt Lister gar keine antiseptische Eigenschaft, und
deshalb taucht er es unmittelbar vor der Anwendung in $2^1\!/\!2$ % Carbolsäure. Es wird übrigens auf die Art angewendet, dass ein schmaler
Streifen desselben die Wundlinie bedeckt; der Streifen überragt jedoch
in der Breite kaum die Wundlinie und lässt auch die Oeffnungen der
Drains unbedeckt.

Ueber das Protective Silk legt Lister eine lockere Masse von
feuchter Carbolgaze, die er zu diesem Zwecke aus weichem Gaze-
stoffe (Moul) bereitet, den er in $2^1\!/\!2$ % Carbollösung taucht, ein wenig
auswindet und in ungeordneten, gekrüllten Haufen — Krüllgaze —
über die Wunde ausbreitet. An Stellen, wo ein grösserer Zusammenfluss
von Wundsecret zu erwarten ist, häuft er eine grössere Menge an.
Solch grössere Mengen der feuchten Carbolgaze werden mit feuchten
Carbolgazebinden befestigt. — Aus dieser feuchten Carbolgaze verflüchtigt sich das Carbol rasch, und Lister ist der Ansicht, dass dieser
Umstand hier ein Vortheil der feuchten Carbolgaze sei, da die antiseptische Wirkung des Carbols auf diese Art sich am raschesten ein-
stelle. Diese feuchte Gaze schmiegt sich auch besser dem Körper resp.
der Wunde an und dient unmittelbar zur Aufnahme des Wundsecrets.

Das Protective und die feuchte Carbolgaze bilden die tiefen
Lagen des Lister-Verbandes, und nach deren Anlegung wird der Betrieb des Spray eingestellt. Ueber die tiefe Verbandlage kömmt der
wichtigste Theil des Verbandes, die achtschichtige Carbolgaze,
der Lister die Aufnahme des Wundsecrets und die Verhinderung der
Zersetzung desselben überlässt. Die Carbolgaze, nach den Anweisungen Listers zubereitet, ist Gaze, die mit einem Gemisch von
1 Th. Carbol, 5 Th. Harz und 7 Th. Paraffin (oder 1 Th. Carbol,
4 Th. Harz und 4 Th. Paraffin) imprägnirt wird. Die Gaze wird zu
diesem Zwecke in einem eigens dazu bestimmten Wärmekasten mit
Wasserdämpfen durchfeuchtet und das Carbolgemisch, welches so bereitet wird, dass zum heissen Gemenge von Paraffin und Colophonium

nachträglich das Carbol zugesetzt wird, zwischen die zusammengepressten Gazeschichten mittels einer Handspritze hineingedrückt. Diese Carbolgaze, die Lister in 6 Meter langen und 1 Meter breiten Stücken bereitet, hat den Vortheil vor der feuchten Carbolgaze, dass die Carbolsäure, durch das Harz gebunden, nicht so leicht verflüchtigt und durch das Wundsecret nicht so leicht ausgespült wird; das Paraffin bezweckt nur, die Klebrigkeit des Colophoniums zu vermindern. Aus dieser Carbolgaze werden Stücke geschnitten und der Grösse der Wunde entsprechend, oder eigentlich so, dass der Verband die Wunde um ein Bedeutendes, wenigstens Hand breit überragt, achtfach zusammengelegt und über die tiefen Lagen ausgebreitet, nachdem noch zwischen die obersten zwei (7—8) Schichten ein entsprechend grosses Stück impermeablen Stoffes, das aus Calicostoff verfertigte und an einer Fläche mit Kautschuk-Ueberzug versehenen Mackintosh geschoben wurde.

Der Zweck des Mackintosh ist zum Theile der Abschluss der darunter liegenden Verbandtheile von der Luft, besonders aber die gleichmässige Vertheilung des Wundsecrets in der Carbolgaze. Die Durchtränkung des Wundsecrets in gerader Richtung begegnet im Mackintosh einem Hinderniss, dasselbe verbreitet sich daher unter dem Mackintosh in der Gaze und kann nur neben dem Rande des Mackintosh durchschlagen und mit der Luft in Berührung kommen. Nach der Ansicht Listers ist die Zersetzung des Wundsecrets so lange nicht zu befürchten, als es mit der Luft resp. mit den zersetzenden Keimen der Luft nicht in Berührung kömmt, und da das Mackintosh diesen Zeitpunkt hinausschiebt, ermöglicht es den längeren Verbleib des Verbandes. Wenn das Wundsecret neben dem Rande des Mackintosh durchgeschlagen, hält Lister die Zeit für gekommen, den Verband zu erneuern. Das Mackintosh wird beiläufig um 2 Centimeter kleiner als die Carbolgaze zugeschnitten, unmittelbar vor der Anwendung mit 5 % Carbollösung abgespült und mit dem Kautschuk-Ueberzug nach innen zwischen die letzten zwei Gazeschichten geschoben und von Lister an den Rändern mit Stecknadeln befestigt.

Den derart construirten Verband fixirt Lister mit feuchten Carbolgazebinden, und drückt die Ränder desselben, damit bei einer durch die Bewegungen des Körpers verursachten Verschiebung des Verbandes keine Luft unter den Verband gelange, wenn dies die örtlichen Verhältnisse erlauben, mit elastischen Kautschukbinden nieder.

Die Nachbehandlung leitet Lister auf die Art ein, dass er den ersten Verband am folgenden Tage, oder wenn das blutige Secret durch den Verband rasch durchgeschlagen, noch am selben Tage erneuert. Die folgenden Verbandwechsel macht er vom Befinden des Kranken und vom Zustande des Verbandes abhängig. Wenn der Kranke sich wohl befindet, fieberlos ist, über keine Schmerzen in der Wunde klagt, und nebstdem auch kein Wundsecret sich am Rande des Verbandes zeigt, verschiebt er die Erneuerung des Verbandes. Länger als 10 Tage lässt er den Verband in keinem Falle liegen, da während dieser Zeit das Carbol der Carbolgaze sich zum grossen Theile verflüchtigt hat und er die Verhinderung der Wundsecretzersetzung nicht für gesichert hält. — Die Ueberhäutung der oberflächlichen Granulationen erwartet er mit Hinweglassung des Carbolgazeverbandes unter einer Bor- oder Salicylsalbe. — Beim Erneuern des Verbandes wendet Lister alle Vorkehrungen, die er zur Verhütung der Infection für nöthig erachtet, mit peinlichster Genauigkeit an, und auch den Spray setzt er bei solchen Gelegenheiten in den meisten Fällen in Betrieb. — Im Verlaufe der wiederholten Verbandwechsel wendet er das Protective, wenn es nicht braun geworden, abermals an, nachdem er es in Carbollösung abgewaschen. Die feuchte Krüllgaze wird immer weggeworfen (Verlorenes), die achtschichtige und mit unzersetztem Wundsecret durchtränkte Carbolgaze kann ausgewaschen und abermals präparirt werden, wo dann ihre grössere Schmiegsamkeit vortheilhaft zur Geltung kömmt. Auch das Mackintosh kann wiederholt benützt werden, wenn dessen Kautschuk-Ueberzug intact und das Gewebe nicht durchlöchert ist.

Wunden, die aus traumatischen Verletzungen hervorgehen, behandelt Lister so, dass er selbe, wenn sie innerhalb 24 Stunden nach der Verletzung zur Behandlung gelangen, mit 5 % Carbollösung reinigt, indem er diese Lösung mittels einer Handspritze, deren Ansatzstück er mit einem Drain verlängert, in die entlegensten Winkel der Wunde einspritzt; eventuell erweitert er die Wunde, entfernt zerstörte Gewebsfetzen und reibt die beschmutzte Wundfläche mit der Nagelbürste ab. Der Spray ist während dieser Manipulationen auch im Betrieb. Wenn die Wundflächen nicht gequetscht sind, vereinigt er selbe mit der Naht, legt die Drainröhren ein und legt den Verband in der beschriebenen Form an.

Bei traumatischen Verwundungen, die zwischen 24 und 48 Stunden nach der Verletzung zur Behandlung gelangen, wendet Lister eine

20 % alkoholische Carbollösung zur Reinigung der Wunde an. Zur Desinfection bereits inficirter Wunden benützt Lister 8 % Chlorzinklösung und deckt die Wunde mit grösseren Mengen von Carbolgaze. Den Verband wechselt er oft und spült die Wunde bei solchen Gelegenheiten mit 5 % Carbollösung aus, entfernt abgestorbene Gewebstheile und wendet, wenn die Desinfection auf diese Art nicht gelungen, die permanente Irrigation an.

Bei den Wunden verschiedener Körpertheile ist diese Wundbehandlung gewissen Variationen unterworfen, die Lister im Laufe der Zeit in den allgemeinen Rahmen des Systems eingefügt. Dieses System stellte er nach langjährigen Studien und vielen Versuchen als organisches Ganze zu Anfang der 7oer Jahre auf. Seine unvergleichlichen Erfolge spornten bald in ganz Europa zur Nachahmung an und verliehen der Chirurgie einen ungeahnten Aufschwung.

Unstreitbar hat Listers Wundbehandlung epochal in der Chirurgie gewirkt, und dieser historische Werth bleibt dem Verfahren auch dann noch, wenn die Details desselben an der Hand der Erfahrung geprüft, gänzlich jenen Nimbus verlieren, mit welchem er und seine Schüler, vom besten Willen angeeifert, diese Details zu umgeben sich bestrebt hatten.

Wir wollen nun sehen, in wie weit die einzelnen Theile des Lister'-schen Verfahrens von bleibendem Werthe, wie weit seine Mittel verlässlich sind und wie weit dieses Verfahren das gewünschte Resultat, nämlich die ungestörte Heilung der Wunde überhaupt, erreicht oder besonders wie weit es dem Eindringen der infectiösen Organismen wehrt, und endlich wie weit dieses Verfahren den Anforderungen der praktischen Anwendbarkeit entspricht.

Jene Vorkehrungen, die Lister zur Reinigung der Hände des zu operirenden Körpertheiles und der Instrumente für nöthig erachtet, haben bleibenden Werth, und die Strenge, mit der er in diesem Theile der primären Antisepsis vorgeht, ist begründet und auch bei jeder anderen Wundbehandlungsmethode unerlässlich. Das Carbol entspricht bei diesen Vorkehrungen vollkommen dem Zwecke, die 3 % Carbollösung ist zur raschen Desinfection der sonst schon mit Seife und Bürste gereinigten Haut und der Instrumente geeignet, wenn auch die Hände des Operateurs vom Fache von der Carbolsäure auf die Dauer afficirt werden, und schmerzhafte Sprünge in der Epidermis ein weniger reizendes Antisepticum wünschenswerth machen.

Der Spray bildet den zumeist entbehrlichen Theil der Wundbehandlung L i s t e r s. Dass die absolute Desinfection der Luft, die Vernichtung aller Keime in derselben durch den Carbolsäurenebel nicht erreicht wird, haben wir bereits auseinander gesetzt, und da dies nicht gelingt, so ist auch jene Aengstlichkeit unbegründet, welche nicht nur die Wunde keinen Augenblick dem Schutze des Spray entziehen mag, sondern auch das Reichen der Instrumente unter dem Schutze des Spray besorgt, und bei dem Einführen des Drains darauf achtet, dass inzwischen der Sprühregen in das Lumen desselben gelange.   Wenn der Carbolspray irgendwie zur Sicherung der Asepsis beiträgt, so geschieht dies durch die Flüssigkeit, die theils auf die Wunde, theils auf deren Umgebung niedergeschlagen wird, und welche auf diese Art die Entfernung von Blut, Eiter oder infectiösen Stoffen befördert.   Bei grossen Wundflächen und bei länger dauernden Operationen ist der Spray nicht nur nicht vortheilhaft, sondern direct schädlich, weil er die Wunde und gewissermaassen auch die Temperatur des Organismus abkühlt, und auch deshalb, weil die Resorption des Carbols und hiemit die Gefahr der Intoxication nahe liegt. Der Spray ist auch sonst dem Chirurgen während der Operation lästig, und auch dessen allgemeine Anwendung in der Praxis begegnet vielen Schwierigkeiten.   Den besten Beweis für die Zwecklosigkeit und Entbehrlichkeit des Spray liefern aber jene Erfahrungen, die auch bei Hinweglassung dieses Hülfsmittels der Lister'schen Wundbehandlung gute Erfolge aufweisen können, oft in Verbindung mit Umständen, welche, wie die Erfahrungen von Mikulicz bei den schlechten hygienischen Verhältnissen des Krakauer Krankenhauses, den Spray auch bei ungünstigen atmosphärischen Verhältnissen als überflüssig erweisen.

Das Carbolcatgut, wie es L i s t e r bereitet, erwies sich in vielen Fällen als nicht verlässlich, es fault zuweilen selbst in der 20 $^0/_0$ Carbolöllösung und führt auch in der Wunde zur infectiösen Zersetzung. — An dieser mangelhaften Asepsis des Carbolcatguts trägt das Carbolöl die Schuld, in welchem die desinficirende Wirkung des Carbols so gering ist, dass in diesem Carbolöl Mikroorganismen oft wie in einer Nährflüssigkeit leben und sich vermehren.   Die Asepsis des Chrom-Carbolcatguts ist verlässlicher.   Wenn derzeit andere Antiseptica, insbesondere das Sublimat, das Carbol bei der Bereitung des antiseptischen

Catguts verdrängt haben, so bleibt doch das Verdienst Listers un-
geschmälert, die Anwendung des resorbirbaren Unterbindungsmaterials
ermöglicht, und damit eine Art der Blutstillung in der Chirurgie heimisch
gemacht zu haben, die den Bedingungen der ungestörten Wundheilung
am besten entspricht.

Die Carbolseide entspricht auch dem Zwecke, wenn es auch zuweilen
vorkömmt, dass der Seidenfaden den Anlass zur infectiösen Eiterung der
Wunde gibt. Es lässt sich dies daraus erklären, dass bei längerem
Stehen des Nähmaterials das Carbol sich verflüchtigt, und wenn der
Faden sonst von inficirenden Keimen nicht frei ist, das Eintauchen in
Carbollösung einen Moment vor der Anwendung nicht zur Sicherung
der Asepsis genügt.

Die Systematisirung der Ableitung des Wundsecrets bildet auch das
Verdienst Listers, wenn auch die offene Wundbehandlung diese Frage
vor Lister radical gelöst, und auch das Kautschukdrain von Chassaignac zu gleichem Zwecke lange vor Lister angewendet wurde.
Die Wichtigkeit der Drainage ist eine jede occlusive Wundbehandlung
anzuerkennen genöthigt, und waren auch die zahlreichen Modificationen
nicht im Stande, das in Carbollösung getränkte Kautschukdrain Listers
zu verdrängen. Das der Carbollösung entnommene Kautschukdrainrohr
ist verlässlich aseptisch und auf die Art, wie es Lister empfiehlt, angewendet, auch dem Zwecke vollkommen entsprechend.

Die Vereinigung der Wundflächen mit Hülfe von Entspannungs-
und Vereinigungsnähten ist zwar nicht Listers Erfindung, aber sie er-
füllte oft erst im Rahmen seines Verfahrens ihren Zweck, nämlich den
der raschen Verklebung der Wundflächen.

Von den Bestandtheilen des Lister-Verbandes hält man das Protective Silk für entbehrlich, weil, wenn es blos die Wundlinie bedeckt,
die jungen Epidermiszellen der Ueberhäutung nicht geschützt werden,
da neben dem schmalen Silkstreifen noch hinreichend Carbol zur Wundlinie gelangen kann, und ein breiterer Silkstreifen aus dem Grunde nicht
zweckmässig ist, weil das Wundsecret sich darunter staut und nicht in
die oberen der Resorption günstigen Lagen des Verbandes gelangt.
Die Stauung des Wundsecrets unter dem Silk ist aber auch deshalb
schädlich, weil das Silk selbst kein antiseptischer Stoff ist, d. h. kein
Carbol enthält, welches die Zersetzung des Wundsecrets hintanhalten
könnte, und dass diese Zersetzung zuweilen auch wirklich eintritt, das

beweist die braune Verfärbung des grünen Silk (durch Einwirkung des
Schwefelwasserstoffs auf den Bleigehalt des Protective), ein Umstand,
den L i s t e r als Controle der Beschaffenheit des Wundsecrets ebenfalls
zu würdigen weiss.

Die feuchte Carbolgaze hält L i s t e r für keinen dauerhaft wirkenden
Bestandtheil seines Verbandes, und in der That ist sie auch kein solcher,
weil aus ihr das Carbol verflüchtigt und durch das Wundsecret schnell
ausgespült wird.   Sie entspricht aber immerhin dem Zwecke, da sie die
Zersetzung des Wundsecrets für eine Zeit verhindern kann, und überdies als weicher und dem Körper sich gut anschmiegender Stoff die
Fixirung der oberen Verbandschichten erleichtert.   Nicht selten jedoch
reizt das Carbol der nassen Carbolgaze die Wunde und verursacht
Erythem und Eccem der Haut in der Umgebung der Wunde.

Die achtschichtige Carbolgaze dieser wichtigste Theil des Lister-
Verbandes, hat neben ihren unzweifelhaften Vorzügen mannigfache Nachtheile, welche ihre Anwendung erschweren, ihren Nutzen herabdrücken.
Die in acht Schichten angebrachte Gaze ist thatsächlich ein gut resor-
birender Verbandstoff, und insoferne der wasserdichte Mackintosh zwischen den letzten zwei Lagen auch die gleichmässige Vertheilung des
Wundsecrets in der Gaze befördert, entspricht sie auch in dieser Beziehung dem Zwecke.   Das Wundsecret in der Carbolgaze ist jedoch
vor Zersetzung nicht absolut gesichert, schon aus dem Grunde, weil
das Carbol auch dann aus der Gaze entweicht, wenn es durch Colophonium gebunden ist, und sich auch dann verflüchtigt, wenn die Gaze
gut verschlossen bewahrt wird oder in geöltes oder Pergamentpapier
verpackt wird.   So ist der Carbolgehalt der Carbolgaze um so geringer,
je mehr Zeit zwischen der Bereitung und der Anwendung derselben
verstreicht.   In Spitälern, wo bei grösserem Verbrauch der Carbolgaze
selbe im Hause präparirt werden kann, kömmt diese Verflüchtigung des
Carbols weniger in Betracht als bei der in der Privatpraxis verwendeten
und im Wege der Fabriksindustrie erzeugten Gaze, die oft schon im
Momente der Anwendung nichts anderes als Colophonium und Paraffin
enthält. — Wenn daher selbst die gut verschlossene Carbolgaze einen
beträchtlichen Theil ihres Carbolgehaltes verliert, so liegt es auf der
Hand, dass vom Momente ihrer Anwendung, wo der Verschluss kein
vollkommener sein kann, auch die Verflüchtigung des Carbols grösser
und rascher sein wird. — Ein weiterer Nachtheil der Carbolgaze ist der

Reiz, den sie in der Umgebung der Wunde auf die Epidermis ausübt, und den man geneigt ist, zum grossen Theile dem Einflusse des Paraffins zuzuschreiben. Ein grösseres Eccem ist aber nicht nur an und für sich eine unangenehme und schmerzhafte Complication, sondern bietet auch dem Carbol eine grössere Resorptionsfläche und bringt die Gefahr der Intoxication näher. — Um diese Affection der Haut zu verhindern, streicht Lister auf die Haut Salicyl-Glycerincream. Endlich bildet auch die Kostspieligkeit der Carbolgaze einen Nachtheil dieses Verbandstoffes, ein Umstand, der das ganze Verfahren theuer und in vielen Fällen unmöglich macht.

Der Mackintosh resp. der Verschluss der Carbolgaze-Lagen durch einen wasserdichten Stoff ist zwar nicht irrationell, aber auch nicht unbedingt nothwendig, denn wenn das Wundsecret gering ist, trocknet es ohne Mackintosh rasch ein, und zersetzt sich in Folge dessen nicht. — Insoferne aber der Verschluss der Gaze-Lagen dennoch erwünscht scheint, stehen uns wohlfeilere Stoffe als der Mackintosh, z. B. das Guttaperchapapier, zur Verfügung.

Die Carbolgazebinden zur Befestigung des Verbandes tragen einerseits wenig zur antiseptischen Wirkung des Verbandes bei und vertheuern andererseits auch den Verband. Die elastische Binde, zum Niederdrücken der Verbandränder bestimmt, verursacht einen unangenehmen Druck, der oft schon bis zur Nekrotisirung der darunter liegenden Weichtheile gestiegen ist.

Der Werth der Lister'schen Wundbehandlung im Ganzen betrachtet, zeigt sich an den damit erzielten Erfolgen, die alle früher angewendeten Behandlungsmethoden übertreffen. Dieses Verfahren bietet in den meisten Fällen ebenso die Möglichkeit der raschen Verklebung als die Garantien der ungestörten und durch Infection nicht gefährdeten Heilung durch Granulation. Dieses Factum ist um so bemerkenswerther, weil die theoretische Voraussetzung Listers, dass es mit Hülfe seines Verfahrens und seines Verbandes gelingen würde, die Mikroorganismen von der Wunde gänzlich fern zu halten, durch die Erfahrung sich nicht bestätigt. Es sind nämlich auch in Listers Carbolgazeverband, im Wundsecret, womit er durchtränkt ist, und in der Wunde, die damit bedeckt ist, Mikroorganismen vorhanden. Ranke constatirte Mikroorganismen in den ersten, d. h. unmittelbar nach der Operation angelegten Verbänden ebenso als in den späteren Verbänden, selbst in Fällen, wo der aseptische Verlauf der Wundheilung nicht gestört erschien. Birch-Hirschfeld und Fischer konnten die Richtigkeit dieser Befunde durch ihre eigenen Observationen bestätigen. Fischer fand Bacterien und auch Gliococcus-Colonien, während Cheyne, der Assistent Listers, nur wenige Bacterien und Coccen nachweisen konnte. Cheyne sagt daher, dass der Lister'sche Verband besonders die der Wundheilung schädlichen Bacterien von der Wunde ferne zu halten im Stande sei. Er misst der Anwesenheit der Mikrococcen keine Bedeutung bei, und meint von jenen Befunden, die namhaftere Mengen von Bacterien und Mikrococcen nachweisen konnten, sie seien das Ergebniss der mangelhaften Durchführung des Lister'schen Verfahrens. Die neueren Ergebnisse über die wichtige Bedeutung der Mikrococcen bei der Eiterung widersprechen der Auffassung Cheynes von der Unschädlichkeit der Mikrococcen, während dem Einwurfe bezüglich die Mangelhaftigkeit der Durchführung Fischer ganz treffend damit begegnet, dass die Durchführung eines Verfahrens doch nicht mangelhaft genannt werden könne, wenn dessen Resultat, von der Anwesenheit der Mikroorganismen abgesehen, günstig sei.

Wenn daher das Verfahren Listers die Mikroorganismen aus dem Verbande und von der Wunde nicht ganz auszuschliessen vermag, so ist es klar, dass diese Anwendungsart des Carbols auch dafür keine Garantien bietet, dass Mikroorganismen eventuell nicht mehr in die Wunde gelangen. Und wenn wir sehen, dass, trotzdem bei dem Verfahren Listers die Mikroorganismen von der Wunde nicht ganz ausgeschlossen werden können, dieses Verfahren in der überwiegenden Anzahl der Fälle dennoch den ungestörten Heilverlauf der Wunde zu sichern vermag, frägt es sich, worin der Schlüssel dieser Erfolge wohl zu suchen sei? — Der Schlüssel zu diesen Erfolgen ist in der genauen primären Antisepsis zu suchen, welche mit Hülfe von grösseren Carbol-mengen und auch concentrirten Carbollösungen die Asepsis der die Wunde umgebenden Körpertheile und mit der Wunde in Berührung kommenden Gegenstände zu sichern bestrebt ist, und ist in der genauen und sorgfältigen Secretableitung zu suchen, die das Festsetzen und die Vermehrung der Mikroorganismen in dieser günstigen Nährsubstanz nach Möglichkeit hintertreibt. Dass bei dem Erfolge ein gut Theil auch auf die Wirkung des Carbols entfällt, ist unbestreitbar, doch ist es auch gewiss, dass die am wenigsten verlässlichen Theile von Listers

Wundbehandlung eben diejenigen sind, welche auf die Wirkung des Carbols basirt sind.

Sonstige Nachtheile der Lister'schen Wundbehandlung sind: dass die Gefahr der Carbolintoxication nicht ausgeschlossen, das Verfahren umständlich und schwerfällig ist, grosser Uebung bedarf, auch nicht immer und überall anwendbar ist, auch schon aus dem Grunde, weil es theuer ist. Ganz abgesehen von den Erfahrungen anderer Chirurgen haben Listers eigene Erfahrungen im Laufe der Jahre den Beweis dafür erbracht, dass bei der grössten Rigorosität und trotz der grössten Behutsamkeit Fälle nicht ausgeschlossen werden können, in welchen unangenehme Complicationen theils infectiöser, theils durch das Antisepticum bedingter toxischer Natur den Heilverlauf stören und auch das Leben gefährden. — Listers Verfahren kann daher, trotzdem es einen grossen und epochalen Fortschritt bedeutet, nicht vollkommen genannt werden, und er selbst musste manche Veränderungen an den Details für eben so berechtigt halten, als er endlich das Hauptingredienz seines Verfahrens, das Carbol, mit einem anderen Antisepticum vertauschte.

VIERTES CAPITEL.

Modificationen der Lister'schen Carbolantisepsis. Asthalter: Carbolisirter Luftspray. Feuchter Carbolgazeverband. Bruns: Carbolgaze. Carbolwatte. Carboljute. Carbolisirter Schwammverband. Besprühen des Verbandes. Billroth: Battist. Volkmann: Carbol-Salicylverband. Burchardt: Carbol-Heftpflasterverband. Continuirliche Irrigation mit Carbollösung. Verneuil: Pulverisation prolongée. Carbolpulver. Uebersicht der Carbolantisepsis.

Jene Modificationen, denen das Verfahren Listers unterworfen wurde, zielten zwar alle theils auf eine grössere Sicherheit des Resultates, theils auf die Vereinfachung und Erleichterung des Verfahrens ab, konnten aber dieses Ziel nicht durchgehends erreichen. Ein grosser Theil dieser Modificationen behielt das Carbol als Antisepticum bei, und änderte nur an den Technicismen der Methode und den Stoffen des Verbandes; und wo diese Abänderungen zielbewusst vorgenommen wurden und zweckentsprechend in einander griffen, gelang es, ein dem Ver-

fahren Listers an Sicherheit gleichkommendes, einfacheres und billigeres
Verfahren herzustellen.

Der Spray, welcher von den Bestandtheilen des Lister'schen
Verfahrens der ersten und heftigsten Opposition begegnete, erfreute sich
dennoch einer bedeutenden Ausbreitung, bis die litterarische Wirksamkeit Trendelenburgs und Mikuliczs den Carbolsprühnebel fast
ganz aus der Wundbehandlungspraxis eliminirten. Die vielen Ver-
besserungen an den mannigfachen Hand- und Dampfsprays fallen daher
in eine frühere Epoche, in welcher die Einzelheiten des Lister'schen
Verfahrens wohl einer Verbesserung fähig, aber nicht als absolut verwerflich betrachtet wurden. Von denen, welche die Idee der unmittelbaren Desinfection der Luft auch in neuester Zeit noch nicht fallen
liessen, ist Asthalter (1882) zu erwähnen, der die Luft in der Umgebung der Wunde zwar nicht mit dem Sprühnebel der Carbollösung
unschädlich machen will, sondern mittelst einer geistreich construirten
Vorrichtung einen Luftkegel über die Wunde hinwegstreichen lässt, die
erst durch eine 90 % Carbollösung und durch mehrere Lagen Carbolwatte filtrirt worden ist. — Die Anwendung dieses »desinficirten
Luftkegels« fand keine Nachahmer, denn sie fiel bereits in eine Zeit,
in welcher man auf die unmittelbare Desinfection der Luft wenig Gewicht legte, aber desto freigiebiger die Wunde mit der Carbollösung
bespülte.

Die Carbolirrigation während der Operation ist vom Standpunkte der sofortigen Vernichtung der zur Wunde gelangenden Keime
vielleicht vortheilhaft, oder doch unbedingt verlässlicher als der Spray,
aber die Wundflächen und auch ihre Umgebung werden durch das Carbol bei länger währenden Operationen mehr als zuträglich afficirt, und
bei grösseren Wundflächen kann auch leicht eine solche Menge Carbol zur
Resorption gelangen, dass sie eventuell zur Intoxication Anlass gibt. Die
Keime, die während der Operation aus der Luft zur Wunde gelangen —
und auf diese ist es doch eigentlich abgesehen, da die präventive Antisepsis die Contact-Infection ausschliessen soll —, können mit zeitweiliger
und nicht lange anhaltender Irrigation möglichst entfernt und durch
ausgiebigere Reinigung der Wunde vor dem definitiven Verschluss unschädlich gemacht werden. Die schwachen (½ bis 1 %) Carbollösungen
sind hier genügend, da die mechanische Wirkung des Flüssigkeitsstrahles
bedeutend zur Entfernung der infectiösen Stoffe beiträgt.

Die Modificationen des Catgut resp. die Ersetzung desselben durch andere resorbirbare Stoffe sind bereits an anderer Stelle des Näheren besprochen worden. Eine brauchbare Aenderung in der Präparation des Lister'schen Carbol-Chromcatgut ist die Mac-Ewens', der das Catgut in einer Lösung von 1 Theil 20 % wässeriger Chromsäure auf 20 Theile Glycerin 7—8 Monate liegen lässt und dann in (1 : 10) Carbolglycerinlösung zum Gebrauch bereit hält. Dieses Catgut ist der Resorption gegenüber resistenter als Listers Catgut. Viele sind jedoch mit der Verlässlichkeit des resorbirbaren Unterbindungsmaterials überhaupt nicht zufrieden, schreiben Nachblutungen der allzufrühen Resorption des Catgut und auch dem Abgleiten der Catgutschlinge zu, und benützen zur Vermeidung dieses Uebelstandes auch jetzt noch den Seidenfaden (Czerny). Czerny präparirt den aseptischen Seidenfaden, indem er die stärkeren Fäden 1 Stunde, die dünneren 1/2 Stunde in einer 5 % Carbollösung kocht und in 2 % Carbollösung aufbewahrt.

Das Protective Silk vertauschte man mit dem billigeren Wachs- oder Oelpapier und verwendet es nicht zu dem Zwecke wie Lister, als vielmehr dazu, grössere granulirende Wundflächen zu bedecken, um so das Ankleben und Antrocknen der Verbandstoffe an die Wunde zu ·verhindern. Viele lassen das Silk auch ganz weg.

Die Zubereitung der Carbolgaze wurde vielfach modificirt, theils um die Verflüchtigung des Carbols aus der Gaze sicherer zu verhindern, theils um die irritirende Wirkung derselben herabzusetzen, theils auch um die complicirte Bereitung dieses wichtigen Verbandbestandtheiles zu vereinfachen und zu erleichtern. Bruns empfiehlt eine einfache Methode der Zubereitung der Carbolgaze; diese besteht darin, dass man 4 Theile Colophonium in 20 Theilen Alkohol löst, mit 1 Th. Carbol und 8 Th. Ricinusöl mengt, und die bei Zimmertemperatur mit diesem Gemisch getränkte Gaze eine halbe Stunde trocknen lässt. Küster benützt statt des Ricinusöls Glycerin. Die Vortheile der so bereiteten Carbolgaze sind: die leichte und rasche Art der Bereitung, die durch Vermeidung des Paraffin bedingte, geringere reizende Wirkung, und endlich die grössere Gleichmässigkeit in der Vertheilung und die grössere Stabilität des Carbolgehaltes. Lister hält diese Modificationen nicht für vortheilhaft, weil die Klebrigkeit des Colophoniums nicht vermieden wird, und das Ricinusöl und das Glycerin das Carbol auf eine Art fixiren, bei welcher dessen antiseptische Wirkung weniger zur Geltung gelangt. Schmid's

Versuche wollen auch erwiesen haben, dass die Carbolsäure auch aus
der Bruns-Carbolgaze entweicht, dass der Carbolgehalt dieser Gaze
schon nach 24 Stunden geringer und nach einer gewissen Zeit in der
Gaze ausser dem Colophonium kaum irgend welcher imprägnirter Stoff
vorhanden ist; er fand auch die Vertheilung des Carbols in der Gaze
nicht gleichmässig.

Die feuchte Carbolgaze dient auch ganz allein zu Verbänden,
und zwar so, dass unmittelbar vor der Anwendung die reine, nicht appretirte Gaze mit 5 ^{0}/o Carbollösung getränkt, die Flüssigkeit zum Theile
ausgedrückt und die Gaze in Form mehrfach zusammengelegter Compressen auf die Wunde gelegt wird. Es ist leicht einzusehen, dass aus
dieser Gaze das Carbol sehr schnell entweicht und das Wundsecret durch
den ohnehin feuchten Verband bald durchschlägt. Trotzdem ergab auch
diese Behandlungsart gute Resultate.

Der bedeutenden Kosten halber, die aus der Anwendung der Gaze
für den Lister-Verband hervorgehen, wurde vielfach versucht, diesen Bestandtheil des Verbandes durch andere zu substituiren. So kam die
Carbolwatte zur Anwendung, deren Bereitung so erfolgt, dass die
reine entfettete Baumwolle in eine 1 ^{0}/o ätherige Carbollösung getaucht wird
(Cheyne), oder unmittelbar vor der Anwendung mit 5 ^{0}/o wässeriger
Carbollösung imprägnirt wird. Die feuchte Carbolwatte ist noch immer
genug absorptionsfähig, und da sie auch die infectiösen Keime der Luft
filtrirt, entspricht sie auch dann noch den Bedürfnissen der Antisepsis,
wenn das Carbol daraus ganz entwichen ist. Nebstdem ist die Carbolwatte elastisch und weich und mässigt den Druck des Verbandes. Ihr
Nachtheil ist, dass sie mit dem Wundsecret zu einer Kruste eintrocknet,
und wenn die Secretabsonderung profus ist, unter dieser Kruste Gelegenheit zur Secretstauung geboten ist.

Die Carboljute wird in feuchtem und in trockenem Zustande
angewendet. Die Art der Anwendung von feuchten Carboljute-
Verbänden ist die, dass auf die mit Silk bedeckte Wunde kleinere
oder grössere flache Jutekuchen gelegt werden, die nach einer einstündi-
gen Tränkung in 5 ^{0}/o Carbollösung, in 2 ^{0}/o Carbollösung zum Gebrauch bereit gehalten werden (Bardeleben). Von der Unzweck-
mässigkeit dieser Carboljutekuchen gilt Alles, was wir von der Anwendung der feuchten Carbolgaze-Verbände gesagt haben; das Carbol
verflüchtigt sich schnell und wird auch durch das Wundsecret leicht

weggeschwemmt, und da die Carbollösung nicht nur in die Jutemassen imbibirt ist, sondern auch an den Jutefäden in Tropfen haftet, reizt sie in noch grösserem Maasse die Wunde und deren Umgebung und gibt auch zur Carbolresorption mehr Gelegenheit. Münnich lässt trockene Carboljute auf die Art bereiten, dass 200 Th. pulverisirten Colophoniums bei schwacher Erwärmung in 400 Th. Alkohol gelöst werden, und dieser abgekühlten Lösung 50 Th. Carbol, die in 150 Th. Alkohol gelöst wurden, nebst 250 Th. Glycerin zugesetzt werden; dieses Gemisch wird auf 500 Th. Jute geschüttet und damit gut verarbeitet. Die hernach getrocknete und locker zerzupfte Jute ist andauernd antiseptisch — enthält auch nach einem halben Jahre 3 % bis 5 % Carbol — und ist ein genügend elastischer Verbandstoff. Auf eben diese Art kann auch der noch wohlfeilere Carbolwerg bereitet werden.

Man benützt auch den desinficirten und in Carbollösung getauchten Schwamm als Verbandmaterial, der in Folge seiner Aufsaugungsfähigkeit und seiner bedeutenden Elasticität dem Zwecke wohl entspricht. Lister selbst benützt in Fällen, wo er nach der Operation eine grössere Menge blutigen oder andersartigen Wundsecrets erwartet, den Schwamm im Verbande, indem er das Silk weglässt, über die feuchte Carbolgaze einen grösseren Carbolschwamm und darüber die achtschichtige Gaze und den Mackintosh legt. Wenn das Secret durchgeschlagen, wechselt er diesen provisorischen ersten Verband und legt den gebräuchlichen Verband an. Julliard (1883) wendet den also construirten Verband in jedem Falle an, während Jordan (1879) zum ganzen Verbande nur mit Carbollösung befeuchtete Schwämme nimmt, deren antiseptische Wirkung er damit dauernd zu erhalten meint, dass er den Verband von Zeit zu Zeit mit dem Carbolspray befeuchtet.

Den Carbolspray zur zeitweiligen Auffrischung des Carbolgehaltes im Wundverbande wenden auch Andere systematisch an, freilich nur Diejenigen, die den Lister-Verband auch darin modificiren, dass sie keinen wasserdichten Mackintosh und überhaupt keinen impermeablen Stoff über die absorbirenden Verbandschichten legen, und die Zersetzung in dem rasch durchschlagenden Wundsecret auf diese Art hintanzuhalten bestrebt sind. Lister findet diese Modification verwerflich, da hiedurch ein feuchter Weg in dem Verbande geschaffen werde, auf welchem, nach der raschen Verflüchtigung des Carbols, die infectiösen Keime desto rascher zum Wundsecret und zur Wunde gelangen. Thatsächlich ist

10*

diese Modification jedoch keine so absolut schlechte und wurde auch
an unserer Klinik öfter mit gutem Erfolge angewendet.

Der Mackintosh wurde bereits total durch wohlfeilere ähnliche
Stoffe verdrängt. Solche sind der Billroth-Battist, ein an beiden
Flachen mit Kautschuk überzogenes Calicogewebe, dessen Vortheil ausser
der Wohlfeilheit auch darin besteht, dass beide Flächen benützt werden
können. Selbst dieses Zeug machte in neuester Zeit dem aus Gutta-
percha bereiteten sogenannten Kautschukpapier Platz.

Die occludirende Wirkung des Lister-Verbandes wurde durch Volkmann wesentlich vervollständigt, indem er den Rand des ganzen Verbandes mit einem Wall von Salicylwatte umgab, wodurch der Zutritt
der Luft zum Wundsecret, das an den Rändern des impermeablen Stoffes
durchschlägt, noch mehr erschwert wird. Er fixirte überdies den ganzen
Verband mit appretirten Organtinbinden, die in Carbollösung nass gemacht wurden. Nach dem Trocknen des Organtins fixiren die vielfach
übereinander gelegten Bindetouren nicht nur den Verband gut, sondern
tragen auch zum vollständigen Verschluss der darunter liegenden Ver-
bandbestandtheile wesentlich bei. Eine eigenthümliche Modification der
durch Lister zur einheitlichen Methode erhobenen Carbolantisepsis
bildet das Verfahren Burckhardts (1876), das wir an dieser Stelle
nur deshalb erwähnen, weil es einen auffallenden Auswuchs der »Modi-
ficationsströmung« bezeichnet. Statt des Carbolsprays war ein durch eine
eigene Dampfmaschine producirter Carboldampf berufen, die Wunde vor
den Mikroorganismen der Luft zu schützen. Die Wunde bedeckte er mit
Leinwandstreifen, die in eine Spiritus-Schellacklösung getaucht werden,
welche ihre antiseptische Eigenschaft einem Zusatze von 10 % Carbolsäure
verdankte. Diese heftpflasterartigen Streifen sollen zugleich die Vereinigung der Wundflächen besorgen. Zur Ableitung des Wundsecrets wurden
ebenfalls Drains angelegt, deren äussere Enden durch entsprechende
Oeffnungen der Leinwandstreifen durchgingen und mit Gummiblasen
montirt waren, die Carbollösung enthielten, um das durch die Drains
sich entleerende Wundsecret allsogleich zu desinficiren. Dass dieses Verfahren zum mindesten nicht einfacher als das Verfahren Listers ist,
braucht kaum erst bewiesen zu werden.

Neben den erwähnten Modificationen des Original-Lister-Verbandes
mögen noch ebensoviele im Stillen mitgelaufen sein, da die meisten
Chirurgen sich die Methode nach ihrer Art zurechtlegten, und doch den

Namen des Autors beibehielten, so dass die Meinung Billroths, man müsse jeden Chirurgen fragen, wie er seinen Lister-Verband mache, trotz der offenbaren Komik vor noch nicht langer Zeit dennoch der Wirklichkeit entsprach.

Das Carbol ist als Antisepticum in wässeriger Lösung auch zur continuirlichen Irrigation geeignet, wo die Indication zu dieser Art der offenen Behandlung gegeben ist. Die 2 %o wässerige Lösung desinficirt hier genug energisch; es liegen aber auch die Unannehmlichkeiten der Reizung der Wunde und der umgebenden Haut, als auch die Gefahr der Carbolintoxication ziemlich nahe. Aus diesem Grunde benützt König die 5 %o Carbollösung nur zum Auswaschen der inficirten Wunde, zur darauf folgenden continuirlichen Irrigation aber das weniger gefährliche Salicyl. In Fällen, wo wir Carbollösung zur Irrigation benützen, müssen wir die Umgebung der Wunde durch Bestreichen mit irgend einem Fett oder einer Salbe vor der reizenden Wirkung des Carbols schützen.

Das Carbol in Verbindung mit der offenen Behandlung wird von Verneuil (1883) in der Form des Spray angewendet, indem er die Wunde im Verlaufe von 24 Stunden 2—3 mal durch zwei Stunden der Einwirkung des 2 %o Carbolspray (Dampfspray) aussetzt, und in der Zwischenzeit die Wunde mit einem Carbolgazeläppchen bedeckt. Mit diesem Verfahren, das er »pulverisation prolongée« nennt, gelang es ihm angeblich die Sepsis in solchen Fällen zu vermeiden resp. der bereits erfolgten septischen Infection abzuhelfen, wo ihn das Verfahren und der Verband Listers im Stiche liess. — Er wendet auch die continuirlichen Bäder mit Carbollösung bei der Behandlung von Wunden, die das progressive Absterben von stark mitgenommenen Gewebstheilen zur Infection sehr geeignet macht, mit Erfolg an. — Auch feuchte Umschläge mit Carbollösung in Form von reinen Compressen, die in Carbollösung getaucht werden, können oft mit gutem Erfolge zur Anwendung kommen, insbesondere bei phlegmonösen Entzündungen und phagadänischen Geschwüren etc. als kalte oder auch als erwärmende Umschläge. Nicht zu vergessen bleibt, dass die Carbolumschläge die Resorption des Carbols begünstigen; wenn sie öfter gewechselt werden, trägt hiezu die grössere Carbolmenge bei, bei den erwärmenden Umschlägen hinwieder erleichtert die lebhaftere Collateralfluxion und der regere locale Stoffwechsel die Resorption des Carbols.

Auch zur S c h o r f b i l d u n g wurde das Carbol verwendet. Die concentrirte Carbolsäure bildet durch das Gerinnen des Eiweisses und die Zerstörung der Gewebszellen einen Aetzschorf, der aber, wie durch Experimente und auch Erfahrungen erwiesen, die Resorption der infectiösen Stoffe nur wenig hindert. Energischer ist jene antiseptische Wirkung, welche das mit irgend einem Pulverbestandtheil gemengte Carbol oder eigentlich die mit diesem Pulver gebildete Kruste bietet. Man zerreibt zu diesem Zwecke das Carbol mit Kreide, mit Kohle und mit Zucker. Am besten bewährt sich das B r u n s ' s c h e C a r b o l - s t r e u p u l v e r, zu dessen Bereitung 60 Th. Colophonium mit 15 Th. Stearin zusammengeschmolzen, hiezu 25 Th. Carbolsäure gegeben und das Ganze mit 700—800 Theilen feinem kohlensaurem Kalkpulver verrieben wird. Dieses Pulver auf die Wunde gestreut, bildet mit dem Secret der Wunde einen Brei und, indem es trocknet, eine Kruste, die eine Zeit lang die Asepsis der Wunde zu sichern vermag.

Die Anwendung des Carbols in fetten, öligen und Glycerin-Salben ist nicht vortheilhaft, denn alle diese Substanzen binden das Carbol in der Weise, dass die antiseptische Wirkung desselben nicht zur Geltung gelangt.

Wenn wir nach all dem die bei den mannigfachen Methoden der Carbolantisepsis erzielten Resultate ins Auge fassen, müssen wir uns auch stets dessen bewusst sein, dass mit der systematischen Anwendung des Carbols gleichzeitig die gründliche Reformation der Principien der Wundbehandlung Boden gefasst hat, und dass wir die Carbolsäure an der Spitze der Antiseptica nur deshalb erwähnen, weil mit ihr die antiseptische Behandlung auch historisch zusammenhängt. — Thatsache ist, dass neben der Carbolantisepsis die infectiösen Wundkrankheiten auffallend seltener wurden, insbesondere die Sepsis und Pyohämie vermieden werden konnten, und nur das Erysipel dem Carbol trotzte. Ganz ausgeschlossen konnte die Wundinfection durch die Carbolantisepsis nicht werden, wie dies L i s t e r s Erfahrung selbst beweist, in dessen Händen selbstbewusste Ausführung und lange Uebung (seit 1870) seine eigene Methode unzweifelhaft zur künstlerischen Vollkommenheit gebracht, und der dennoch im Jahre 1884 einen operirten Kranken durch fulminante Sepsis verlor. L i s t e r hatte im Anschlusse an die Anwendung des Carbols eine im Systeme ganz neue Wundbehandlung inaugurirt. Aber weder er, noch Diejenigen, die das Carbol behielten, aber Abänderungen an den übrigen Bestandtheilen und an der Ausführung der Methode vornahmen, konnten eine absolute Sicherheit mit dem Carbol erreichen; und da auch dessen reizende und toxische Eigenschaften dessen Anwendung in der Wundbehandlung beengen, so ist das Bestreben zur allmäligen Eliminirung dieses Antisepticums und seine Ersetzung durch ein weniger gefährliches Mittel vollkommen berechtigt.

FÜNFTES CAPITEL.

Salicyl. Wirkung des Salicyls auf die Mikroorganismen. Wirkung des Salicyls auf die Gewebe. Salicylvergiftung. Thiersch's Wundbehandlung mit Salicyl. Salicylwatte. Salicyljute. Feuchte Salicylverbände. Continuirliche Salicylirrigation. Salicyl-Pulververband. Neudörfers Wundbehandlungsverfahren. Salicylsalbe. Salicyl-Carbolwundbehandlung.

Das Salicyl ($C_7 H_6 O_3$) bildet weisse, ein wenig roth schimmernde Krystalle, ist bei Zimmertemperatur nur in 300 Th. Wassers, in Aether und Alkohol aber leicht löslich. Bei gewöhnlicher Temperatur ist es, wenn auch nicht in dem Maasse als das Carbol, flüchtig.

Das Salicyl ist eines der energischesten Antiseptica (Marcus et Pienel 1883). Die 0,4 % Lösung tödtet die Mikroorganismen der Fäulniss; zur Hintanhaltung der Sporenentwicklung in einer Nährsubstanz, die im Uebrigen der Entwicklung dieser Keime günstig ist, braucht man eine 7 % Lösung. Es verhindert oder unterdrückt eine Zeit lang die Fermentation der gährungsfähigen Stoffe, selbst bei einer Verdünnung, wie es seiner schweren Löslichkeit entspricht, nämlich bei einer Verdünnung von 1 : 300. Diese Lösung schützt die zersetzbaren organischen Stoffe, Urin, Blut, Eiter Monate lang vor Fäulniss, wenn diese auch in der Fäulniss günstigen Verhältnissen sich befinden, z. B. der Einwirkung der Luft ausgesetzt sind. In Passet's Versuchen konnten erst 100 Tropfen 1 : 300 Salicyllösung den Peptongelatinnährboden (10 Cubikcentimeter) für die Entwicklung des Staphilococcus pyogenes und Streptococcus pyogenes untauglich machen.

Aus dem Blute und den eiweisshaltigen Geweben fällt das Salicyl das Albumen in beträchtlicher Menge, und dass es auch überdies die

Albuminate chemisch zersetzt, beweist der ammoniakalische Geruch des
sonst aseptischen Wundsecrets unter Salicylverbänden, das beweist auch
der wolkenähnliche Rauch, der sich dann bildet, wenn wir diesem
Wundsecrete ein mit Salzsäure befeuchtetes Glasstäbchen nähern. Frische
Wundflächen und Granulationen reizt das Salicyl nicht bedeutend, irritirt
aber umsomehr die Schleimhäute und verursacht beim Einathmen Niessen
und Husten. Bei reichlicher Anwendung kann auch das Salicyl zur Intoxication führen, die besonders im collapsusartigen Abfallen der Temperatur zu Tage tritt. Kopfschmerzen, Uebligkeit, Erbrechen, die oliven-
grüne Verfarbung des Urins kommen auch als Symptome der Salicylintoxication vor, doch sind diese Symptome bei Weitem nicht so stürmisch
und so gefahrdrohend wie die ähnlichen Symptome der Carbolintoxication.
In einem Falle K ü s t e r s führte eine grössere Menge Salicylpulver, das
in die Scheide applicirt wurde, tödtliche Intoxication herbei. Dass auch
grössere Quantitäten Salicyl auf die Wunde gebracht in dem überwiegenden Theile der Fälle keine Intoxication verursachen, ist theils der
schweren Löslichkeit des Mittels, theils jenem Umstande zuzuschreiben,
dass es die Albuminate an der Wundfläche gerinnen macht, und diese
geronnene Albumenschichte die Resorption des Salicyls ebenfalls hindert.

Das Salicyl führte T h i e r s c h in die Wundbehandlung ein (1875),
der es anfangs ganz im Sinne jener Methode anwendete, die L i s t e r
für das Carbol construirt hatte. Statt des Carbolspray hatte ein Salicyl-
spray mit 1 : 300 Salicyllösung die Aufgabe, die Luft zu desinficiren,
dieselbe Lösung diente zum Waschen der Hände und zur Reinigung
der Haut; mit dieser Lösung befeuchtete Schwämme wurden zur zeit-
weisen Reinigung der Wunde benützt, und nach beendeter Operation
wurde die Wunde mit dieser Flüssigkeit abgespült und mit Salicyl-Ver-
bandstoffen verbunden. Das Carbol blieb zur Desinfection der Instrumente, da das Salicyl die Metallbestandtheile der Instrumente stark
oxydirte, es blieb das Carbolcatgut zur Ligatur der Gefässe, die Carbolseide zur Naht, und auch das in Carbollösung aseptisch gemachte Drainrohr; hingegen blieb das Protective-Silk ganz weg, denn man hielt es
für unnöthig, die Wunde vor dem geringen Reiz des Antisepticums zu
schützen. An Stelle der Gaze benutzte T h i e r s c h Watte als Verbandmaterial, und zwar in zweierlei Qualität, eine Watte mit stärkerem und
eine andere mit geringerem Salicylgehalt. Unmittelbar auf die Wunde,
oder, um das Antrocknen der Watte an die Wunde zu verhindern, mit

Zwischenschieben eines durchlöcherten Blattes Kautschukpapier, legte Thiersch eine drei-fingerdicke Schichte 10 %oer Salicylwatte, damit selbst eine grössere Menge Wundsecret genügend viel Antisepticum in dem Verbande vorfinde. Ueber diese Verbandlage gab er eine ungefähr gleiche Schichte 3 %oer Salicylwatte, die den Zweck hatte, die eventuell von aussen eindringenden Mikroorganismen zu filtriren und unschädlich zu machen. Das Ganze bedeckte er mit einem impermeablen Stoffe und fixirte den Verband mit Gazebinden.

Das Salicyl ist in der Watte nicht fix gebunden, sondern in Pulverform, und so weit als möglich gleichmässig im Verbandstoffe vertheilt. Diese gleichmässige Vertheilung des Salicyls wollte Thiersch dadurch erreichen, dass er das Salicyl in einer Spirituslösung in die Watte imprägnirte. Die 10 % Salicylwatte wird demgemäss so bereitet, dass 1000 Gramm Salicyl in 10000 Gramm Spiritus gelöst, mit 60 Liter Wasser gemengt und mit dieser Lösung 10 Kilogramm Watte begossen werden, wobei die Wattelagen gewechselt, d. h. die untersten zu oberst und umgekehrt gelegt werden. Das Wasser fliesst ab, der Spiritus verflüchtigt sich, und nur das Salicyl bleibt in feiner Pulverform in der Watte zurück. Die 30 % Salicylwatte wird auf ähnliche Art bereitet, indem hier 750 Gramm Salicyl in 7500 Gramm Spiritus gelöst, mit 150 Liter Wasser (bei 70 ° bis 80 ° C.) gemengt und damit 25 Kilogramm Watte begossen werden. In der so bereiteten Watte ist jedoch die gleichmässige Vertheilung des Salicyls nur Fiction, ebenso als der in Percenten bezeichnete Salicylgehalt, denn ein Theil des Salicyls stäubt gelegentlich der Anwendung aus und ein anderer Theil verflüchtigt sich in der Zeit zwischen Bereitung und Anwendung des Verbandstoffes. Thiersch glaubte zwar, dass die Salicylsäure auch deshalb vortheilhafter als das Carbol sei, weil sie nicht flüchtig ist, doch haben die Versuche Wibels den Glauben an diesen Vortheil des Salicyls ins Wanken gebracht. So rasch als das Carbol entweicht das Salicyl doch nicht, und so konnte Thiersch mit diesen Verbänden auch seinen Zweck, insoferne dieser sich auf das längere Liegenlassen des Verbandes bezog, erreichen.

Die Salicyljute, welche Thiersch auf Anrathen Mosengeils auch in Anwendung brachte, ist billiger als die Salicylwatte, was die Verhältnisse des Salicylgehaltes betrifft, aber nicht viel besser. Aus der 4 %oen Salicyljute, die übrigens auf gleiche Art wie die Salicylwatte bereitet wird, stäubt sich das Salicyl auch leicht aus, und ist dem auch damit nicht ganz abzuhelfen, wenn der Durchtränkungsflüssigkeit, um das Salicyl zu fixiren, etwas Glycerin beigemischt wird. Diese glycerinhaltige Salicyljute ist nur deshalb zweckmässiger, weil sie weicher, schmiegsamer und ihre Resorptionsfähigkeit grösser ist.

Das Salicyl der trockenen Salicylverbandstoffe geht daher zum Theile vor der Anwendung (gelegentlich des Ein- und Auspackens) verloren, ein anderer Theil wird durch das Wundsecret weggeschwemmt, und so bleibt in der That nicht viel zur Wahrung der Asepsis übrig. Diesem Nachtheile der trockenen Salicyl-Verbandpräparate meinten Thiersch und auch Andere damit abzuhelfen, dass sie die Verbandstoffe feucht, d. h. unmittelbar vor der Anwendung in Salicyllösung getränkt auf die Wunde brachten, und den Verband von Zeit zu Zeit mit Salicyllösung berieselnd fortwährend feucht erhielten. Dieses Verfahren soll sich besonders dort als zweckmässig bewährt haben, wo das Wundsecret profuser und demgemäss eine grössere Quantität Salicyl zur Hintanhaltung der Gährung nöthig war. Die feuchten Salicyl-Watte- und Salicyl-Juteverbände leiden an den Mängeln der feuchten Verbände überhaupt. Der Verband ist weniger absorptionsfähig, und es ist nicht nur das fortwährende Feuchthalten des Verbandes umständlich, sondern der feuchte Salicylverband ist in Folge der Aufweichung der Haut auch ohnehin sehr lästig.

Die 1 : 300 Salicyllösung ist in Fällen, wo die continuirliche Irrigation indicirt ist, gut zu brauchen, weil sie, nebst genügender Desinfection, die Gewebe nicht allzusehr irritirt und nicht so bald Intoxication verursacht.

Die antiseptische Wirkung des Salicyls in Verbindung mit dessen die Wunde verhältnissmässig nur wenig reizenden Eigenschaft wurde auch so ausgenützt, dass es in Pulverform auf die Wunde gebracht wurde, wo es, mit den Gewebssäften oder dem Wundsecrete vermengt, eine teigartige Masse und ausgetrocknet eine schorfartige Kruste bildet, unter welcher die Heilung der Wunde ungestört verlaufen kann (Neudörfers Salicyl-Pulverteigbehandlung). Das Salicylpulver wurde zu diesem Zwecke entweder rein benützt oder mit Speckstein (Talcum venetum) zerrieben, so dass 2 Th. Salicyl mit 10 Th. fein pulverisirten Specksteins und 3 Th. Alkohols gut verrieben und dem Gemenge nachträglich noch 85 Th. Specksteinpulver zugesetzt werden. Schmid deckte die Wunde mit einer $1/2$ Centimeter starken Salicylpulverlage, die auch den Rand der Wunde um 1 Centimeter überragte. Auch Höhlenwunden wurden mit Salicylpulver ausgefüllt, überdies ein Drainrohr eingeführt und das Ganze mit Salicylwatte bedeckt. Das Drainrohr weist darauf hin, dass auch bei dieser Anwendungsart des Salicyls sich Wundsecret bildet, trotzdem wir annehmen könnten, dass, da das Salicyl desinficirend und nicht reizend wirkt, zur Bildung von Wundsecret kein Grund vorhanden sei. In der That ist auch bei dieser Wundbehandlung die Bildung von Wundsecret nicht ausgeschlossen, und ist selbes zuweilen sogar so profus, dass es die Salicylkruste abhebt und durchbricht, ein anderes Mal sich unter der Kruste ansammelt und, indem es resorbirt wird, zu Fieberanfällen Anlass gibt. — Aber abgesehen von dieser Unannehmlichkeit, ist die Anwendung des Salicylpulvers in grösserer Menge auch nicht gefahrlos, und Schmid erwähnt aus seiner eigenen Praxis zwei Fälle, wo die Anwendung grösserer Mengen Salicylpulver, wenn auch nicht direct den Tod verursacht, so doch dazu beigetragen hat. Bei Nekrotomien wendet er es zum Ausfüllen der ganzen, gereinigten Knochenlade ohne Bangen an, denn von hier wird es nur schwer resorbirt, ein Umstand, der auch zur Erklärung dessen dient, warum der necrotische und Zerfalls-Process, dem hier der Knochen so lange Zeit ausgesetzt ist, nicht durch Resorption der Zersetzungsproducte zur Infection führt.

Mit Salicyl werden auch Salben bereitet, die zur Bedeckung der Wunde, zum Bestreichen der Umgebung der Wunden dienen, wenn diese vor der reizenden Wirkung des Antisepticums geschützt werden soll. Das Salicyl ist zu diesem Zwecke besonders wegen seiner wenig reizenden Wirkung geeignet, wie auch durch jene Eigenschaft, dass es durch fette Substanzen nur wenig gebunden wird und daher an desinficirender Wirkung Nichts einbüsst. So benützt Lister zum Bestreichen der Haut in der Umgebung der Wunde eine Salicylsalbe, die aus 1 Th. Salicyl, 6 Th. weissem Wachs, 12 Th. Paraffin und 12 Th. Mandelöl besteht. Das Salicylcream wird aus 1 Th. Salicyl und 10 Th. Glycerin bereitet.

Das Salicyl fand besonders als ein ergänzender Theil der Carbolantisepsis Verbreitung in der Wundbehandlung, denn obzwar es auch selbst ein energisches Antisepticum ist, steht dieser Wirkung doch der Umstand im Wege, dass es in Wasser schwer löslich ist, und die antiseptische Wirkung der schwachen Salicyllösungen an Verlässlichkeit

derjenigen der Carbollösungen nicht gleichkommen.   Hingegen lässt sich
das Carbol dort, wo dessen reizende oder toxische Eigenschaften die
Vortheile der antiseptischen Wirkung überwiegen, durch das Salicyl als
weniger gefährliches Antisepticum aufs beste substituiren.

Bei der Carbol-Salicylantisepsis theilen sich die Rollen der
beiden Antiseptica am zweckmässigsten in der Weise, dass die Carbolsäure dort angewendet wird, wo deren reizende und giftige Eigenschaften
nicht in Betracht kommen und eine grössere Sicherheit erwünscht ist,
als das Salicyl bietet, also zur Desinfection der Hände, der Instrumente,
der Schwämme, des Unterbindungs- und des Nähmaterials, eventuell
zur Abspülung der bereits inficirten Wunde, während die Asepsis und
die Antisepsis in den Verbandstoffen zweckmässiger dem dauerhaft wirkenden und auch bei längerer Anwendung ungefährlichen Salicyl anvertraut wird. — Bei einer derartigen Wundbehandlung konnte die Klinik,
an der ich zu wirken Gelegenheit hatte, die befriedigendsten Erfolge aufweisen, wenn ich auch gleich hier bemerken muss, dass eine Reihe von
Untersuchungen den Beweis erbrachte, dass in dem Wundsecrete, das
sich in die Salicyljute eingesogen hatte, Mikroorganismen selbst in Fällen
zur Entwicklung kamen, wo die Heilung der Wunde durch die Anwesenheit derselben durchaus nicht gestört wurde.

SECHSTES CAPITEL.

Thymol. Ranke: Wundbehandlung mit Thymol. Continuirliche
Thymolirrigation.

Das Thymol ($C_{10} H_{14} O$), eine zur Phenolgruppe gehörende Substanz, bildet farblose Krystalle, ist in Wasser schwer, in Alkohol und
Aether hingegen leicht löslich.   Das Thymol ist sehr flüchtig und verbreitet einen eigenthümlichen Thymiangeruch.   Es bildet übrigens einen
Bestandtheil des Thymus vulgaris, dessen Absud schon seit langen Zeiten
zur Behandlung von Wunden benützt wurde.   Die Entwicklung der
Mikroorganismen verzögert es bei einer Lösung von 1 : 2000; eine
Emulsion von 1 : 200 tödtet die Bacterien.   Es reizt die Gewebe nicht,
bringt keine Intoxicationserscheinungen hervor, und hat auch keinen
unangenehmen Geruch.

In der Wundbehandlung wurde das Thymol von Ranke systematisch und mit Ausdauer angewendet, und zwar nach dem Muster des Lister'schen Verfahrens, mit dem Unterschiede, dass mit Rücksicht auf die reizlose Wirkung des Thymol das Protectiv wegblieb. Der stärkeren bakterientödtenden Wirkung des Thymols entsprechend wendet es Ranke in schwächeren Lösungen an; 1 : 1000 dient zum Spray, zur Desinfection der Hände, der Instrumente, der Schwämme, der Seide und der Drains, nur das Carbolcatgut behielt er. Die Anwendung dieser schwachen Thymollösung ist übrigens auch deshalb opportun, weil das Thymol im Wasser schwer löslich ist und sich auch aus der 1 pr. M. Lösung niederschlagen würde, wenn dies durch Zugabe von 10 Th. Alkohol und 20 Th. Glycerin nicht verhindert würde. Noch schwieriger st es, bei der Bereitung der Thymolgaze gegen die Flüchtigkeit des Thymols anzukämpfen. Ranke verwendet 16 Th. Thymol, 50 Th. Colophonium und 500 Th. Wallrath (cetaceum) zur Bereitung von 1000 Gewichtstheilen der Gaze. Bei dieser Bereitungsart ist die Menge des zur Fixirung des Thymols benützten Colophoniums und Wallraths so gross, dass dadurch die Gaze an Elasticität und Resorptionsfähigkeit bedeutend verliert. Pöhl will den eben erwähnten Mängeln damit abhelfen, dass er eine Lösung von 1 Th. Thymol, 14 Th. Aether und 42 Th. Alkohol mit Hülfe eines Spray in die Gaze sprüht, wodurch diese ihre Elasticität und hygroskopische Eigenschaft behält. Ranke deckt auch die achtschichtige Thymolgaze mit einer Folie Kautschukpapier, welches er in Thymollösung taucht, und befestigt den Verband mit Organtinbinden, die er ebenfalls mit Thymollösung befeuchtet. Bei dieser Behandlungsart hat Ranke dem Original-Lister-Verfahren ähnlich gute Erfolge erreicht, und hält entgegen den ungünstigen Erfahrungen Anderer, die das Thymol für kein verlässliches Antisepticum anerkennen, den Thymolpräparaten die Zweckmässigkeit absprechen, seine Meinung von der Vorzüglichkeit des Thymols aufrecht; er hält es auch für vortheilhafter als das Carbol, da es nicht so gefährlich und auch im Preise wohlfeiler als jenes ist. — Es lässt sich nicht leugnen, dass die Erfolge Rankes, von denen er in neuester Zeit (1882) Mittheilung machte, und die er mit Hülfe der Thymolantisepsis in einem Krankenhause erzielte, dessen Hygiene den Anforderungen der Antisepsis nicht entsprach, in der That sehr gute sind. Und wenn das Thymol in den Händen Anderer (Küster, Schede, Langenbeck) auch nicht den Erwartungen ent-

sprochen, ja sogar zur Zeit der Thymolantisepsis die hygienischen Verhältnisse der betreffenden Krankenhäuser sich, wie behauptet wird, noch
verschlimmert hätten, so würde dies bei dem Umstande, dass wieder
Andere (Verneuil, Paquet, Füller) mit dem Mittel zufrieden waren,
doch nicht gegen die allgemeine Anwendung des Thymols sprechen,
wenn die Wundbehandlung damit nur etwas leichter und einfacher wäre
als die Methode Listers. Diesen Vortheil entbehrt aber die Thymolantisepsis vollständig, die schwere Löslichkeit in Wasser und die Flüchtigkeit des Thymols gestalten die Anwendung desselben viel umständlicher
und schwieriger. Ein weiterer Uebelstand ist die Ungleichmässigkeit des
Präparates, ein Umstand, dem Ranke die meisten Misserfolge zu-
schreibt, der aber auch gegen die allgemeine Anwendbarkeit spricht.
Es unterliegt heute keinem Zweifel mehr, dass das Thymol nicht berufen sein kann, das Carbol im Allgemeinen zu ersetzen; geeignet bleibt
es für solche Fälle, wo Intoxicationssymptome im Gefolge der Carbolantisepsis das Aussetzen der Carbolanwendung erheischen. In diesen
Fällen entspricht das Thymol, wie ich mich des Oefteren selbst überzeugen konnte, seinem Zwecke der Erhaltung der Wundasepsis vollkommen.

Mit der schweren Löslichkeit, geringer reizender Wirkung und nicht
toxischen Eigenschaft des Thymols verträgt sich am besten die Anwendung, wo es in der Form der continuirlichen Irrigation zur
Desinfection offener Wunden oder Wundhöhlen dient. So benützte es
Füller zur Irrigation ausgedehnter Brandwunden, die er auch von Zeit
zu Zeit mit einem Gemisch von 1 Th. Thymol auf 100 Th. Oel be-
pinselt. — Ganz ungefährlich ist bei der Irrigation auch das Thymol
nicht, wie dies Ohlshausens Fälle beweisen, der nach 4 Laparotomien,
bei denen er eine grössere Menge Thymols zur Toilette der Bauchhöhle
in Anwendung brachte, die Kranken bald unter Erscheinungen von
Shok verlor.

SIEBENTES CAPITEL.

Benzoësäure. Benzoëtinctur.

Die Benzoësäure ($C_7 H_6 O_2$), ein Bestandtheil des Benzoeharzes, wurde auch früher schon in der Wundbehandlung benützt und wird jetzt durch Kochen von Toluol mit Salpetersäure gewonnen, bildet feine Blättchen oder nadelförmige Krystalle, ist im kalten Wasser schwer (1 : 500), im heissen Wasser leicht (1 : 30), auch in Alkohol und Aether leicht löslich. Die Benzoësäure verzögert in einer Lösung von 1 : 1000 die Entwicklung der Mikroorganismen; 1 : 250 hebt sie ihre Vermehrung ganz auf, reizt die Wundflächen fast gar nicht, und wurde auf Grund dieser Eigenschaften in neuester Zeit theils allein, theils mit Carbol gemengt in der Wundbehandlung angewendet. Mit den Benzoëpräparaten, 4 °/o und 10 °/o Benzoëwatte und 5 °/o Benzoëjute, die den analogen Salicylpräparaten ähnlich zur Anwendung kamen, wurde auch aseptische Heilung der Wunden erzielt (Kraske an der Klinik Volkmans), aber die prima intentio schien bei dieser Behandlung nicht so gesichert als durch den Lister-Verband. Auf Grund dieser Versuche empfiehlt man sie nur bei kleineren Wunden, während Brovn (1880) ein älteres Verfahren Bennions (1857) aufs Neue aufgreifend, complicirte Fracturen mit Benzoëtinctur behandelt, indem er die Wunde mit Compressen oder Lint, die er mit Benzoëtinctur befeuchtet, bedeckt. Er erzielte damit günstige Erfolge.

———

ACHTES CAPITEL.

Antiseptica aus der Phenol- und Benzolgruppe. Salicylmethyläther. Resorcin. Salicylresorcinketon. Trichlorphenol. Aseptol. Trinitrophenol.

Einer leicht begreiflichen Ideenassociation folgend, wurde bereits eine ganze Reihe der zur Phenol- und Benzolgruppe gehörenden chemischen Verbindungen als Antiseptica in der Wundbehandlung versucht, wobei stets die vorher erprobte, Fäulniss hemmende Wirkung dieser Substanzen zur Basis dieser Versuche diente.

Der Salicylmethyläther, aus der Gaultheria procumbens bereitet, wird auch Gaultheriaessenz genannt, bildet eine ölige, angenehm riechende Flüssigkeit, die nur in Alkohol (86 ^{0} o) löslich ist. Acht Tropfen einer 5 ^{0} o Alkohollösung konnten die Zersetzung von 2 Gramm Blut durch 12 Tage hintanhalten; was dabei auf die Rechnung des Alkohols, was auf die Wirkung der Gaultheriaessenz kömmt, lässt sich freilich nicht genau bestimmen; doch standen die Experimentatoren (Gosselin und Bergeron 1880) nicht an, dieses Mittel auf Grund dieser Experimente und auf Grund der aseptischen Heilung dreier leichter Wunden, bei denen 5 Th. Essenz auf 100 Th. Alkohol und 50 Th. Wasser in Gaze imprägnirt zur Verwendung kamen, als gutes Antisepticum zu empfehlen.

Das Resorcin, ein Benzolderivat, ist in Wasser und Alkohol leicht löslich. Die 1 ^{0} o bis 1^{1}2 ^{0} o Lösung hemmt die Fäulniss energisch, und wurde es daher auch als Antisepticum in der Wundbehandlung empfohlen. Die ^{1}2 ^{0} o bis 1 ^{0} o wässerige Lösung wurde zum Spray, die 5 ^{0} o Alkohollösung in Gaze und Watte imprägnirt angewendet. Eine bemerkenswerthe gute Wirkung sahen von der 50 ^{0}o bis 80 ^{0} o Resorcin-Vaselinsalbe bei Erysipel Anders und neuestens auch Kaegler (1885).

Salicylresorcinketon ist ein durch Erhitzen von Salicyl- und Resorcingemenge erzeugter Stoff, der in Wasser schwer, in Alkohol und Glycerin leicht löslich ist, und den Repond mit Hinblick auf dessen Abstammung zu Wundbehandlungszwecken für geeignet hält. Er rieb die Wundflächen mit diesem Antisepticum ein und bedeckte sie mit Gaze, die eben mit diesem Stoffe imprägnirt war. Er rechnete darauf, dass bei der langsamen Zersetzung des Antisepticums auch dessen Wirkung eine anhaltende sein werde. Einige so behandelte Wunden heilten gut.

Trichlorphenol hindert in einer wässerigen Lösung von 1:500 die Entwicklung der Mikroorganismen, und auf Grund dieser Eigenschaft wurde es von Butschik als Antisepticum verwendet und mit der 1 ^{0} o Lösung befriedigende Erfolge erzielt. Während Popoff mit einer 5 ^{0} o Glycerinlösung dieses Antisepticums selbst das Erysipel coupiren konnte, brauchte Jurinsky zu diesem Zwecke schon eine 10 ^{0} o Lösung, und Farowsky sah weder von der schwächeren noch von der stärkeren Lösung einen Erfolg, konnte damit das Erysipel weder heilen noch die

Verbreitung desselben hemmen. Die Anwendung dieses Antisepticums blieb örtlich übrigens auf Russland beschränkt.

Aseptol (C_6 H_4 OH SO_2 OH), Orthoxyphenilschwefelsäure, bildet eine braune, syrupdichte Substanz, ist in Wasser leicht löslich und verhindert bei $^1/_2$ % bis 2 % Lösung vollständig jede Fermentation (Serrant 1885). Die 10 % wässerige Lösung wird in Holland, Belgien und neuestens auch in Frankreich mit gutem Erfolg in der Wundbehandlung verwendet. Einen Vortheil des Mittels soll das Fehlen aller reizenden und toxischen Nebenwirkung bilden.

Trinitrophenol (C_6 H_3 O_7 N_3) oder Pikrinsäure wurde von Curie (1876) als Antisepticum empfohlen und theils zur continuirlichen Irrigation in einer Lösung von 1 : 750, theils in 2 % bis 5 % Lösung in Watte imprägnirt zum Wundverbande benützt. Ein giftiger und gefährlicher Stoff, dessen Schattenseiten von gar keinem Vortheil aufgewogen werden.

NEUNTES CAPITEL.

Naphtalin. Naphtalinwatte und Jute. Werth des Naphtalins in der Wundbehandlung.

Das Naphtalin (C_{10} H_8) ist ein weisser, in blattartigen Krystallen vorkommender, im Wasser und im Wundsecret unlöslicher, in warmen Alkohol, Aether und in Oelen leicht löslicher Stoff von intensivem Theergeruch, der auch einen Bestandtheil des Kaminrusses bildet. Das Naphtalin wird allgemein als wirksames Antisepticum anerkannt, indem es die Entwicklung der Mikroorganismen energisch hemmt. Da es in Wasser nicht löslich ist, wird es zumeist in Pulverform angewendet. Mit Alkohol und Aetherlösungen werden Watte und Jute imprägnirt, in welchen, nachdem der Alkohol und der Aether verflüchtigt sind, das Naphtalin rein zurückbleibt.

Fischer (1881), der an der Strassburger Klinik das Mittel zuerst und ausgebreitet anwendete, überhäufte es mit Lob, indem er neben der antiseptischen Wirkung noch besonders dessen Unschädlichkeit hervorhob, welch letztere Eigenschaft demselben gewissermaassen einen Vortheil über das ebenfalls in Pulverform gebrauchte Jodoform einräumen

sollte. Er erwähnt auch dessen vorzügliche Wirkung auf inficirte und
brandige Geschwüre, und den Umstand, dass es bei sonst torpid granulirenden Wunden eine lebhaftere Granulation hervorzurufen im Stande
sei. Seitdem wurde das Naphtalin vielfach angewendet und erprobt,
und die in Vielem abweichenden Erfahrungen haben doch schon erwiesen, 1) dass, wenn das auf die Wunde gestreute Naphtalinpulver mit
dem Wundsecret sich mengt und zu einer harten Kruste verbäckt, es
trotz seiner antiseptischen Wirkung doch nicht zu hindern vermag, dass
unter dem Schorf das angesammelte Wundsecret in Fermentation über-
gehe; 2) dass bei der geringen hygroskopischen Wirkung des Naphtalins
eine solche Secretstauung besonders dann leicht entsteht, wenn man so,
wie dies Fischer empfohlen, das Naphtalin 1 Centimeter dick auf die
Wunde streut; 3) dass auch das Naphtalin die Wunde und ihre Umgebung reizt und zuweilen auch Intoxication verursacht. Fürbringer
sah acute Nephritis und Albinurie nach Anwendung von Naphtalin auftreten. Ein entschiedener Vortheil des Naphtalins ist nur dessen Wohlfeilheit, ein entschiedener Nachtheil die Schmerzhaftigkeit bei der Anwendung und der intensive Theergeruch. Was die granulationsverbessernde Wirkung des Mittels anbelangt, so können wir von dem
Standpunkte aus, den wir in dieser Frage überhaupt einnehmen, nicht
viel von dieser Wirkung halten, und müssen wir die Erklärung der
diesbezüglich observirten Thatsachen nicht in der specifischen Wirkung,
sondern in der Anwendungsart, in dem mechanischen Reiz der Pulver-
krystalle suchen, welche mässige Irritation eine gelinde Entzündung hervorruft, im Verlaufe welcher die torpiden, schlechten Granulationen abgestossen und resistentere Granulationen mit besserem Heiltriebe entstehen. So ist es zu erklären, dass Hager mit dem Naphtalin, besonders bei torpiden Unterschenkelgeschwüren, gute Erfolge erzielt hat.
Bei den zur primären Verklebung geeigneten Wunden ist es, wie
Fischer selbst zugibt, besser, das Naphtalin gar nicht zu versuchen.
Lindenbaum hält bei Gewebsnekrosen nach Erfrierungen das Naphtalin für ein unersetzliches Mittel; inwieferne diese Behauptung
jedoch begründet ist, erhellt aus der Analyse seines Verfahrens. Er
wäscht die Wunde mit Carbollösung, bestreut sie mit Naphtalinpulver
und bedeckt sie mit Gaze oder Oacum, welches er mit in Carbollösung
getauchten Gazebinden fixirt. »Die Wunde,« sagt er, »reinigt sich in
Fällen, wo der Knochen nicht abgestorben war, auffallend schnell und

heilt die Wunde, trotzdem die Granulationen leicht bluten, sehr rasch. «
Er wäscht also die Wunden mit Carbollösung, legt über das Naphtalin
einen getheerten Verbandstoff, er findet die Granulationen leicht blutend,
und ist dennoch von der Wirkung des Naphtalins überaus befriedigt!
Zu bemerken bleibt noch, dass Bonning in dem Wundsecret, welches
sich unter dem Naphtalinschorf gebildet, auch Mikrococcen gefunden
und Erysipel, bei der Anwendung des Naphtalins, auch von Vielen beobachtet wurde. —

ZEHNTES CAPITEL.

Theer, Theerwerg. Oacum. Petroleum.

Der Theer, dessen Benützung in der Wundbehandlung auch bereits der Anwendung des Carbols vorangegangen war, bildet ein Gemenge von fermentwidrigen Bestandtheilen. — Abgesehen davon, dass
er, mit Kreide und Gyps zu Pulver verrieben, mit Oel und Salben-
constituentien als Pasta und Salbe angewendet wurde (Lemaire's »Coal
tar saponiné« bestand aus 1 Th. Theer, 2—4 Th. alkoholischer Tincturae
quillayae saponariae, dem zum Wundverbande noch 4 Th. Wasser zugegeben wurden), hat sich auch jene Anwendungsart erhalten, welche
zuerst im nordamerikanischen Kriege versucht wurde. Zu dieser Zeit
wurde nämlich die möglichst fein zerzupfte Charpie der abgenützten
Schiffstaue — Oacum — zum Wundverbande benützt. Dass übrigens
derjenige, der in neuester Zeit diesen antiseptischen Verbandstoff wieder
warm empfiehlt (Weljaminoff), selbst nicht ganz der antiseptischen
Wirkung des Theers vertraut, ist daraus ersichtlich, dass er zur Desinfection der Wunde auch noch eine 8 % Chlorzinklösung oder 5 %
Carbollösung benützt, und wenn er den Verband länger liegen zu lassen
gedenkt, auch noch mit irgend einem anderen Antisepticum imprägnirte
Verbandstoffe anwendet.

Der Theer ist übrigens ein die Fäulniss wirksam bekämpfender
Stoff; in der Wundbehandlung ist er jedoch bei der Unbeständigkeit
seiner Bestandtheile, welche die Wunde und deren Umgebung irritiren
und die, aus der Wunde resorbirt, auch leicht toxisch wirken können,
nicht genug verlässlich, und wegen seines durchdringenden Geruches

11*

überaus unangenehm.   Gut angebracht ist der Theer als Desinfectionsmittel bei der Desinfection von Krankenhausräumen, besonders da, wo
der Geruch desselben irgend einen noch unangenehmeren Geruch von
Fäulnissgasen deckt (Aborte, Senkgruben etc.), und wo diese auch nicht
in einen Raum verschlossen bleiben, sondern mit der grossen Menge
der Luft sich frei mengen.

Das Petroleum bildet auch ein Gemenge fäulnisswidriger Mittel,
welches auch schon seit langer Zeit in der Wundbehandlung angewendet
wurde, und das besonders in der volksthümlichen Wundbehandlung auch
heute noch eine bedeutende Rolle spielt.   Zu Beginn der antiseptischen
Aera wurde es von Fayrer empfohlen, es ist übrigens schon wegen
seiner nicht constanten Bestandtheile kein verlässliches Mittel, hemmt
auch die Entwicklung der Antiseptica nicht besonders, und konnte es
bei seinem unangenehmen Geruche selbst auf dem Gebiete der chirurgischen Versuche keinen Boden fassen.

————

ELFTES CAPITEL.

**Balsame als Antiseptica.   Kampfer.   Menthol.   Perubalsam.   Styrax-
balsam.   Aloë.**

Mit der Verbreitung der antiseptischen Principien und der gleichzeitig aufgetauchten Mittel wurden die seit lange her gebrauchten Wundheilmittel, Balsame, Salben und Pflaster in den Hintergrund gedrängt,
ja fast ganz vergessen, als sie in neuer Form als Antiseptica wieder
hervorgezogen wurden.   Und es liess sich in der That von den in
früheren Zeiten mit gutem Erfolge angewendeten und zu grossem Rufe
gelangten Wundheilmitteln nachweisen, dass ihre Wirkung mit den antiseptischen Eigenschaften ihrer Bestandtheile in Zusammenhang stehe.
In den verschiedenen Balsamen sind ebensoviele benzolartige
Bestandtheile enthalten, und von der geringeren oder bedeuten-
deren Quantität derselben hängt die Wirkung des Mittels ab.   So gelangten die Balsame wieder in die Reihe der Wundheilmittel, und von
den Bestandtheilen derselben ist besonders zu erwähnen der Kampfer,
der in Pulverform, mit Wasser gemengt, als Emulsion, in Alkohol gelöst,

allein und anderen Antisepticis, Carbolsäure, Chlorkalk beigemengt, sich
einer grossen Verbreitung in der Wundbehandlung erfreut. Guerin
streut auf die Wattelagen des Verbandes Kampferpulver, um die Zersetzung des eingesaugten Wundsecrets zu verhindern. Die Kampfer-
alkohollösung wirkt auf die Mikroorganismen eben so energisch wie das
Carbol ein, und ist zur Imprägnirung der Watte ganz verlässlich. Mit
animalischer Kohle gemengt, bildet der Kampfer ein bei gangränösen
Wunden gut verwendbares, desinficirendes Streupulver, welches durch
Zusammenwirken des Kampfers und des Kohlenpulvers den üblen Geruch der brandigen Gewebe einigermaassen deckt, und unter welchem
sich auch die Wunde gut reinigt. — Zur allgemeinen Benützung ist jedoch der Kampfer trotz seiner antiseptischen Wirkung nicht geeignet,
weil er die Wunde und deren Umgebung irritirt, und von der Wunde
resorbirt auch Intoxicationserscheinungen hervorruft. Bei Wunden von
nicht bedeutender Ausdehnung, wo die mit der Wunde in Berührung
kommende Kampfermenge nicht bedeutend, bei torpiden Geschwüren,
wo die irritirende Wirkung des Kampfers nicht nachtheilig, bei gangränösen Wunden und Geschwüren, wo der Geruch des Kampfers nicht
ungelegen, und in Verbandstoffen, die nicht direct auf die Wunde zu
liegen kommen, kann dieses Mittel mit Vortheil angewendet werden.
Da aber bei der wechselnden Qualität des Kampfers auch die antiseptische Wirkung nicht immer gleich bleibt, so ist das Verfahren Jener
nicht unbegründet, die denselben stets in Verbindung mit einem anderen
Antisepticum anwenden. — Als ein sehr gutes Antisepticum empfahl
Mac-Donald (1880) das Menthol, einen Kampfer der Mentha
piperita.

Der Perubalsam wird in der Wundbehandlung als Antisepticum
benützt. Seine wirksamen Bestandtheile sind die Zimmtsäure und die
Benzoësäure, beide Benzolderivate. Sein angenehmer Geruch und ge-
nügend energische antiseptische Wirkung würden ihn zum brauchbaren
Wundbehandlungsmittel machen, wenn der hohe Preis seiner allgemeinen
Anwendung nicht im Wege stünde. In Amerika wendet Arton mit
Perubalsam imprägnirtes Werg mit gutem Erfolg als Verbandstoff an.

Der Styraxbalsam, dessen wirkender Bestandtheil der durch
Popoff in der neuesten Zeit angewendete Styron ist, tödtet in $\frac{1}{2}$ $^0/_0$
wässeriger Lösung die Mikroorganismen in den künstlichen Nährsubstanzen.
Der Balsam enthält übrigens auch noch Zimmt- und Benzoësäure. Er reizt

die Wunden nur wenig und ist in Salbenform (in Belgien) ein beliebtes Wundbehandlungsmittel.

Das Aloë, welches bereits im Alterthum zu Balsamirungszwecken benützt wurde, wird von Millet (1879) neuestens zum Wundverbande auf die Art angewendet, dass er Aloëpulver auf die Wunde streut und den darüber gelegten Verband acht Tage liegen lässt. —

ZWÖLFTES CAPITEL.

Die flüchtigen Oele als Antiseptica. Terpentin. Tereben. Juniperusöl. Eucalyptusöl.

Die flüchtigen — ätherischen — Oele, welche ebenfalls Bestandtheile der älteren Wundbehandlungsmaterialien bildeten, wirken auf die Entwicklung und Vermehrung der Mikroorganismen auch hindernd ein. Diese Wirkung ist theils ihren benzolhaltigen Bestandtheilen, theils ihrer ozonisirenden Eigenschaft zuzuschreiben, also jener Eigenschaft, welche mit Hülfe des energisch oxydirenden Ozon den bei der faulen Zersetzung wirkenden »Anaerobies« hindernd in den Weg tritt. Ein gemeinsamer Nachtheil dieser Stoffe ist ihre Flüchtigkeit, welche die Dauer der antiseptischen Wirkung eng begrenzt. Ein grosser Theil derselben kann schon des hohen Kosten-preises halber als Wundbehandlungsmittel nicht in Betracht kommen.

Das Terpentin bildet heute, wie auch schon in früheren Zeiten, allein und mit anderen Stoffen gemengt den Bestandtheil verschiedener Wundpflaster. Auf das Leben der Mikroorganismen hat es keinen grossen Einfluss. Unmittelbar auf die Wunde oder in grösserer Ausdehnung auf die Haut gebracht, irritirt es in loco und, indem es resorbirt wird, wirkt es besonders auf die Nieren reizend ein. Die Wirkung ist nicht constant, da sie von der zumeist verschiedenen Qualität abhängt. — Am verlässlichsten ist das destillirte Terpentinöl, welches auch in der vorbereitenden Antisepsis zur Reinigung der Haut gebraucht wird, nicht so sehr seiner antiseptischen Eigenschaften halber, als vielmehr deshalb, weil es zur Entfernung des talgigen Schmutzes der Epidermis geeignet ist. Roux verwendet das Terpentin zur Bereitung

der aseptischen Seide und des Catguts, indem er diese in rectificirtem
Terpentinöl 8 Tage liegen lässt, mit Aether auswäscht und in Alkohol
aufbewahrt. Die Asepsis dieser Präparate ist ganz verlässlich.

Ein Antisepticum ist auch das Spaltungsproduct des Terpentins:
das Tereben ($C_{20}H_{16}$), ein blos mit anderen Oelen mengbarer, angenehm riechender Stoff. Die fäulnisswidrige Wirkung des Tereben ist
genug anhaltend, so dass die mit der öligen Emulsion desselben getränkte Verbandwatte auch 8 10 Tage auf der Wunde bleiben kann.
Neuestens wurde es mit gutem Erfolg bei brandigen Geschwüren benützt, wo es den Fäulnissgeruch mildert und auch die Reinigung der
Wunde befördert. — Ein gutes Antisepticum ist ein aus Tereben,
Eisenvitriol und Kalium bichromicum zusammengesetztes, pulver-
förmiges Präparat, welches in England ausgedehnt angewendet wird, und
an dem Jeanneret nur das aussetzt, dass es die Metallinstrumente,
welche mit der Wunde in Berührung kommen, sehr angreift. —

Das Juniperusöl ist ein Stoff von bedeutender fäulnisswidriger
Wirkung, der aber in concentrirtem Zustande ebenso, wie in den stär-
keren Alkohollösungen, auch die Gewebe angreift. Unmittelbar auf die
Wunde gebracht, ist es also kein zweckmässiges Antisepticum, und abgesehen von dem sonderlichen Verfahren Boen's, der seine ganze
Wundbehandlung damit durchführt und die Wunden beim Verbandwechsel mit Wachholderbranntwein wäscht, wird es sonst von
Niemandem benützt. — Kocher, der mit der Verlässlichkeit des
Carbolcatguts nicht zufrieden war, präparirt es mit Juniperusöl, indem
er es 24 Stunden darin liegen lässt und dann in 95 % Alkohol aufbewahrt; durch Zusatz von 10 % Glycerin sorgt er für die Schmiegsamkeit des Materials. Mit demselben Verfahren bereitet er die Nähseide.

Eucalyptusöl wird aus den Blättern oder aus der Rinde des
Eucalyptus globulus bereitet und ist ein energisch desinficirender, in
Alkohol und Oel gut löslicher, zuweilen stechend riechender Stoff. Der
wirksame Bestandtheil desselben ist das Eucalyptol, welches in einer
Verdünnung von 1 : 660 die Entwicklung der Mikroorganismen hemmt.
Das Eucalyptusöl ist bei dieser energischen antiseptischen Wirkung nicht
so irritirend und auch nicht so toxisch als das Carbol, weshalb Lister
auch durch dasselbe in einigen Theilen seines Verfahrens das Carbol zu
ersetzen versuchte. Eucalyptusgaze bereitet er mit 1 Th. Eucalyptusöl,
2 Th. Damarharz und 3 Th. Paraffin und wendet es wie die Carbolgaze

an. Schulze (1882) empfiehlt ein Präparat, welches längere Zeit der
Einwirkung von Luft und Licht ausgesetzt war, wonach es seinen
stechenden Geruch verliert und auch gar nicht irritirend auf die Wunde
wirkt. Die Lösung des Oels in Alkohol und mit Wasser gemengt verwendet er zum Spray und zur Irrigation, mit Paraffin zur Imprägnirung
der Gaze (50 % Eucalyptusgaze), mit 10 Theilen Olivenöls zur Einpinselung der Wunde. Schulze hebt die eminente antiseptische Wirkung des Eucalyptus und den Umstand hervor, dass es die Körpertemperatur herabsetzt. Das Letztere erkennt auch Bassini an, wenn
auch nicht als einen Vortheil des Mittels, denn mehrere seiner Versuchs-
kaninchen gingen eben durch das rapide Sinken der Körpertemperatur
zu Grunde; überdies hatte er auch bei der Eucalyptus-Wundbehandlung
in kurzer Zeit sieben Fälle von Sepsis, Erysipel und Lymphgefäss-
entzündung zu verzeichnen, was ihn zum Einstellen der Eucalyptus-
Behandlung bewog. Cheyne, der an der Klinik Listers die Eu-
calyptus-Behandlung zu observiren Gelegenheit hatte, gibt zu, dass unter
dem Eucalyptus-Gazeverbande Mikroorganismen in grosser Zahl vegetiren, und wenn wir dies mit den befriedigenden Resultaten Anderer ver-
gleichen, so müssen wir die Erklärung acceptiren, dass die Präparate
nicht gleich gut sind. Dieser Umstand spricht jedoch, indem er das
Ausbleiben des guten Erfolges erklärt, auch gegen die allgemeine Benützung eines Mittels, dessen Qualität so überaus schwankend ist. —
Kestewen wendet zur »pulverisation prolongée« bei jauchenden Wunden das Eucalyptusöl an, indem er es mittels des Dampfsprays auf die
Wunde stäubt. —

DREIZEHNTES CAPITEL.

Ozon. Hyperoxydirtes Wasser.

Die Annahme des Ozon als Antisepticum ist unmittelbar auf
jene Theorie begründet, welche Pasteur von dem Einflusse der Mikroorganismen und speciell der Anaerobies auf die Fäulniss aufgestellt hatte.
Und da auch die antiseptische Wirkung der flüchtigen Oele auf deren
ozonisirende Wirkung zurückgeführt wurde, so lag die Verwendung des
Ozon als Antisepticum in der Wundbehandlung nahe. — Ivanow

imprägnirte Gaze und Watte mit Ozon, benützte diese Stoffe zum Wund-
verbande und sah gute Erfolge. Selbst nach 14 Tagen fand er diese
Verbandstoffe genügend antiseptisch, zum Beweis dafür, dass sich der
Ozongehalt noch nicht verflüchtigt hatte. Auf ähnlicher Basis beruhten
die Versuche P. Berts und Regnards, die Wasser unter einem hohen
Drucke mit Oxygen saturirten. Sie fanden, dass dieses **hyperoxydirte
Wasser** in hohem Grade die Fäulniss verhindere, die Entwicklung der
Mikroorganismen hemme, und auf Grund dieser Versuche wusch Pean
mit dem mit 6—8fachem Volumen Sauerstoffs saturirten Wasser die
Wunden, imprägnirte die Flüssigkeit in den Verbandstoff und erzielte
reactionslose, aseptische Heilung. — Der Ausschluss einer jeden localen
Reizung und einer jeden Allgemein-Intoxication bilden einen Vortheil
dieses Mittels. — Es ist jedoch leicht einzusehen, dass die Herstellung
grösserer Quantitäten hyperoxydirten Wassers eine eben so schwere Aufgabe ist als die Conservirung der Flüssigkeit, bei welcher das unter
hohem Drucke befindliche Oxygen im Wasser verblieb. So vortheilhaft demnach auch die Anwendung des hyperoxydirten Wassers wäre,
so kann unter den obwaltenden Umständen die Anwendung desselben
nur den Werth des Experimentes haben.

VIERZEHNTES CAPITEL.

**Pflanzensäure als Antiseptica. Citronensäure. Tannin. Graf: Tannin-
Watteverband. Katechu. Essigsäure. Trichlor-Essigsäure. Plumbum
aceticum. Essigsaure Thonerde. Essigweinsaure Thonerde.**

Von den Pflanzenbestandtheilen haben auch die Pflanzensäuren
antiseptische Eigenschaften und werden in der Wundbehandlung theilweise auch als Antiseptica angewendet. Für die Vegetation und die
Vermehrung der Mikroorganismen eignet sich nämlich am besten ein
Nährboden, der schwach alkalisch ist; in der sauer reagirenden Nährsubstanz ist die Entwicklung der Mikroorganismen nicht so lebhaft und
geht mit der Steigerung der sauren Reaction immer mehr zurück. —
Dass aber die Pflanzensäuren sich im Allgemeinen doch nicht zu antiseptischen Wundbehandlungsstoffen eignen, ist dem Umstande zuzuschreiben, dass ihre desinficirende Wirkung nur bei starker Concentration

zur Geltung gelangt, eine solche Concentration derselben aber auch für
die Integrität der Gewebe nicht mehr gleichgültig ist.

Die Citronensäure (C_6 H_8 O_7) wurde als Antisepticum benützt. Bei unseren eigenen Versuchen konnte selbst eine sehr concentrirte Lösung desselben die Mikroorganismen der Nährsubstanz nicht
tödten. Am meisten dagegen spricht aber der Umstand, dass die
Lösung der Säure selbst schimmelig wird.

Die Gerbsäure — Tannin - (C_{17} H_{22} O_{17}) ist ein etwas energi-
scheres Antisepticum, und obzwar es kein allzugefährliches Gift der
Mikroorganismen ist, entbehrt die Art der Anwendung desselben, wie
sie Graf empfohlen, doch nicht der rationellen Basis. Das Tannin
coagulirt das Eiweiss und stillt die parenchymatöse Blutung; diese beiden
Eigenschaften in Verbindung mit der antiseptischen Wirkung können in
der Wundbehandlung gut verwerthet werden. Dadurch, dass es die
Blutung stillt, wirkt es der Bildung von Wundsecret entgegen, dadurch
aber, dass es auf der Wundfläche das Eiweiss coagulirt, trocknet es
gleichsam die Wunde und führt zur Schorfbildung, und unter diesem
Schorf kann die Wunde ungestört heilen. Graf streute daher das
Tannin auf die Verbandwatte und legte diese unmittelbar auf die
Wunde. Bei der Bildung des Schorfes wirken die Watte und das
Tannin gleichmässig mit, und die unter diesem Schorf erzielten Re-
sultate sind genug aufmunternd, dieses Mittel zu verwenden, wenn uns
kein besseres zur Verfügung steht. Bei Höhlenwunden ist jedoch diese
Anwendung des Tannins unmöglich, und deshalb benützt es Graf auch
nur bei freiliegenden Wundflächen; bei Höhlenwunden und grossen
Amputationswunden hält er ein anderes Verfahren, z. B. dasjenige
Listers, für angezeigt.

Das Katechu, dessen wirksamen Bestandtheil die Katechu-
gerbsäure bildet, wurde bei einer der obigen ähnlichen Anwendungsart empfohlen. Novatzky wendete Katechu-Watteverbände an,
fand aber keine Nachahmung.

Die Essigsäure (C_2 H_4 O_2) ist in concentrirter Lösung ein sehr
energisch wirkendes Antisepticum, das zur Conservirung von organischen Stoffen von Alters her benützt wurde, und dessen Anwendung in
der Wundbehandlung auch neuestens ab und zu versucht wird. Da
aber nur die concentrirten Lösungen verlässlich desinficiren, und da die
Essigsäure bei so concentrirter Anwendung irritirend und schmerzhaft

ist, die Granulationen schrumpfen macht und die Essigverbände einen unangenehmen stechenden Geruch verbreiten, so ist dessen Anwendung doch nicht angezeigt. Es spielt auch thatsächlich die Essigsäure weniger selbst als vielmehr ihre chemischen Verbindungen eine Rolle in der modernen Wundbehandlung.

Die Trichlor-Essigsäure, welche von Philippovics (1883) auf ihre Fäulniss hemmenden Eigenschaften untersucht wurde, hemmt in $1/2$ % Lösung die Entwicklung des Schizomyceten, die 2 % Lösung macht alle organischen Gewebe für die Einwirkung der Organismen eine Zeit lang unempfänglich. In der Wundbehandlung wurde sie noch nicht angewendet.

Das essigsaure Blei wirkt in einer Lösung von 1 : 20 tödtend auf die Mikroorganismen und wurde auf Grund dieser Wirkung auch in der Reihe der neueren Wundbehandlungsmittel behalten, wenn es hier auch nicht mehr die Rolle von ehemals spielt. Die wässerige und die Alkohollösung — Aqua Goulardi — werden zur Desinfection inficirter Wunden und Geschwüre mit gutem Erfolge angewendet, und ist es in solchen Fällen auch zur Imprägnirung des Verbandstoffes ein brauchbares Antisepticum. Auf das Eiweiss wirkt es in der Concentration, bei welcher seine antiseptische Wirkung zur Geltung gelangt, coagulirend, und mag es nun mit der hierauf bezüglichen Theorie Gosselins im Zusammenhange stehen oder nicht, Thatsache ist, dass es auch in hohem Grade antiphlogistisch wirkt. Auch zur Irrigation ist die essigsaure Bleilösung geeignet, wenn auch die continuirliche Irrigation nicht ganz ungefährlich ist, da das Bleipräparat, aus der Wunde resorbirt, zur Intoxicatio saturnina Anlass geben kann.

Die essigsaure Thonerde ($2 C_2 H_4 O_2 M_2 O_3 + H_2 O$) wird nach der Anweisung Fischers am zweckmässigsten so bereitet, dass 1000 Theile reiner Thonerde bei 40° bis 60° C. 24 Stunden hindurch der Einwirkung von 800 Theilen diluirter Essigsäure ausgesetzt werden, und die sich bildende gallertartige Masse von der ungelösten Thonerde abfiltrirt wird. — Die essigsaure Thonerde ist ein wirksames Antisepticum, mit welcher Burow in Verbindung mit der offenen Wundbehandlung schon zu einer Zeit gute Erfolge erzielte, als er dieselbe als specifisches Wundheilmittel und nicht als Antisepticum benützte (1857). Ihre Anwendung ist, da sie in Wasser löslich ist, in allen Theilen der Wundbehandlung erleichtert. Sie kann in $1/2$ bis 1 %er Lösung zum Waschen

der Wunden, zur Imprägnirung der Verbandstoffe und zur continuirlichen
Irrigation benützt werden, da sie weder die Wunde reizt, noch durch
Resorption Intoxication verursacht. Ein bedeutender Nachtheil des
Mittels ist jedoch, dass selbst aus der best bereiteten Lösung die Thonerde sich nach längerem Stehen und noch vor der Anwendung niederschlägt, und nachher, besonders bei der continuirlichen Irrigation, in der
Wunde aus der Lösung fällt und die Granulationen der Wundflächen
incrustirt. Diese geringe Beständigkeit des Präparates bildet ein wesentliches Hinderniss seiner Verbreitung. Maas benützt die $2^{1}/_{3}$ $^{0}/_{0}$ Lösung
zum Spray; mit derselben Lösung tränkt er die Verbandgaze, welche er
übrigens so anwendet, wie Lister die Carbolgaze, und deren Ränder
er am Verbande mit Salicylwatte umgibt. Seine Erfolge sollen, abgesehen von der Wohlfeilheit des Verbandes, auch noch besser als die
mit dem Lister-Verbande erzielten sein.

Die essigweinsaure Thonerde hindert die Entwicklung der
Mikroorganismen in einer $^{1}/_{2}$ $^{0}/_{0}$, ihre Vermehrung in einer 3 $^{0}/_{0}$ Lösung,
ist ein in Wasser leicht löslicher Stoff, welcher in der Wundbehandlung,
ähnlich wie die essigsaure Thonerde, angewendet werden kann. Letzteres
übertrifft dieses Präparat an Zweckmässigkeit, da es nicht so leicht aus
der Lösung fällt. — Zur continuirlichen Lösung kann die 3 bis 5 $^{0}/_{0}$
Lösung benützt werden, Schede mischt es mit Holzkohlenpulver (1 : 3)
und streut es direct auf die Wunde, oder wickelt es in Gazebeutel und
stopft damit Wundhöhlen aus. Bei dieser Anwendung kommt es jedoch
nicht selten vor, dass unter dem Schorfe Eiterverhaltung entsteht und
die Zersetzung des Eiters auftritt. Die Schorfbildung wird nämlich
durch dieses Antisepticum um so mehr angeregt, als es die Wundflächen
ein wenig anätzt. — Uebrigens irritirt die essigweinsaure Thonerde die
Wunde wenig, und ist besonders in Fällen angezeigt, wo bei der Anwendung des Carbols Intoxicationserscheinungen sich gezeigt haben.

— — — —

FÜNFZEHNTES CAPITEL.

Antiseptica, welche auch als Vehikel anderer Antiseptica dienen: Kohle, Glycerin, Zucker, Alkohol.

Die Fäulniss hemmende Wirkung des Pflanzenkohlenpulvers war schon lange her bekannt, und wurde dasselbe als Constituens von Wundheilmitteln auch vielfach verwendet, die grosse Anzahl der bequemer anwendbaren Antiseptica hat jedoch dieses altbewährte Mittel derzeit sehr in den Hintergrund gedrängt. Es kann bei brandigen und stinkenden Geschwüren als Pulver aufgestreut oder in Gazebeutel auf die Wunde gelegt werden, wodurch der üble Geruch des Wundsecrets geringer wird, die Wunde sich reinigt und zuweilen auch mit einer festen Kohlenkruste bedeckt wird. Diese krustenbildende Eigenschaft des Kohlenpulvers im Vereine mit dessen antiseptischer Wirkung wird nun so ausgenützt, dass es, mit anderen Antisepticis gemengt, als Pulverconstituens derselben dient. —

Das Glycerin ($C_3 H_6 O_3$) wurde auf seine Wirkung den Mikroorganismen gegenüber eingehend untersucht (Mikulicz), wobei sich erwies, dass die Mikroorganismen unter der Einwirkung des Glycerins zwar zu Grunde gehen, ihre giftigen Stoffwechselproducte aber, welche in den faulenden Substanzen entstehen und welche bei der septischen Infection eine bedeutende Rolle spielen, in das Glycerin als Lösung übergehen und ihre toxische Wirkung auch da behalten. Das Glycerin kann demnach als ein Mittel betrachtet werden, welches das Einnisten und die Vermehrung der Mikroorganismen zu verhindern mag, welches aber die bei der eingetretenen Zersetzung gebildeten und die Infection vermittelnden chemischen Verbindungen nicht zu neutralisiren im Stande ist. Unmittelbar auf die Wunde gebracht, wirkt das Glycerin einigermaassen irritirend, entzieht den Geweben die Feuchtigkeit und macht die Granulationen schrumpfen. Neuestens benützt es Mosetig (1882) zur Reinigung von Wundhöhlen, wobei er nicht so die antiseptische Wirkung, als eigentlich die specifische Schwere des Glycerins ausnützt. Er füllt die Wunde mit Glycerin, das auf den Boden der Wundhöhle sinkt und den specifisch leichteren Eiter zur Wundöffnung herausdrängt. Abgesehen von dieser Anwendung, dient das Glycerin jetzt nur mehr zur Lösung anderer Antiseptica, bei der Desinfection von Händen, Instrumenten, bei der Präparation des Catguts und der Seide, oder zum Binden der Antiseptica bei der Imprägnirung derselben in die Verbandstoffe, zu welchem Zwecke es besser als Fette, Paraffin oder Harz verwendet werden kann, da es selbst hygroskopisch ist und so die Aufsaugungsfähigkeit der Verbandstoffe nicht herabsetzt.

Der Zucker $(C_{12} H_{22} O_{11})$ ist zwar selbst ein gährungsfähiger Körper, kann aber bei concentrirter Anwendung dennoch die Zersetzung hintanhalten, und wurde diese Wirkung schon lange bei der Conservirung von Obst ausgenützt. — Bei brandigen und stinkenden Geschwüren wurde er auch schon früher angewendet. Die Fäulniss hemmende Wirkung des Zuckers soll vorzüglich darauf basiren, dass er alkalisch reagirenden, organischen Flüssigkeiten, wie es auch die Wundsäfte sind, zugesetzt, eine saure Reaction derselben herbeiführt, ein Umstand, der, wie bekannt, dem Leben der Mikroorganismen nicht günstig ist. Diese gewissermaassen antiseptische Eigenschaft des Zuckers wurde neuestens an der Strassburger Klinik (Fischer) dazu benützt, um den Zucker als Wundverbandmittel zu verwenden, und wurde er zu diesem Zwecke auch mit Jodoform und Naphtalin gemengt in Pulverform auf die Wunde gebracht; oder man liess auch die Antiseptica aus dem Verbande ganz fort und bedeckte die mit Sublimat desinficirte, genähte und drainirte Wunde mit einer $\frac{1}{2}$ Centimeter dicken Zuckerschichte, welche in einen Gazebeutel eingewickelt war; darüber kam Guttaperchapapier, und das Ganze wurde nun mit Gazebinden befestigt. Der Verband wird auch 8—14 Tage liegen gelassen. Der Zucker hat kein bedeutendes Aufsaugungsvermögen, bei geringer Secretion vertheilt sich das Secret im Verbande ziemlich gleichmässig, bis die feucht gewordenen Stellen sich zu Ballen klumpen und eintrocknen. Bei grösserer Wundsecretion löst sich der Zucker ganz auf, zerfliesst, und erodirt wohl auch die Haut in der Umgebung der Wunde. Unmittelbar auf nicht genähte Wunden gebracht, verursacht der Zucker auch Schmerzen. Dass übrigens bei sonst rationeller Behandlung auch der Zucker sich als gutes Antisepticum und Verbandmaterial bewährt, beweisen eben die Resultate der Strassburger Klinik (1885).

Der Alkohol $([C_2 H_5] OH)$ hat als Lösungsmittel anderer Antiseptica, aber auch als selbständiges Antisepticum eine bedeutende Rolle in der Wundbehandlung. Der Alkohol ist nämlich selbst ein energisches

Antisepticum, welches die Entwicklung und Vermehrung der Mikroorganismen verhindert. Diese antimykotische Wirkung gelangt aber nur bei der Anwendung des concentrirten Alkohols voll zur Geltung; dieser concentrirte, absolute Alkohol irritirt die Wunde und deren Umgebung, coagulirt das Eiweiss und verursacht, indem er auf die Nervenenden wirkt, lebhaften Schmerz. Die mit Alkohol behandelten Wundflächen haben nach Hacks Untersuchungen ein geringes Resorptionsvermögen. Die vollständige Vernarbung, d. h. die Ueberhäutung der Wunde, verzögert der Alkohol, indem er die Epidermiszellen schrumpfen macht. — Concentrirte wässerige Lösungen des Alkohols wirken auch noch blutstillend. Als Desinfectionsmittel eignet es sich besonders wegen seiner leichten Anwendungsart, ein Vortheil, dem zu Liebe dieses Mittel in Frankreich auch heute noch in der Wundbehandlung ausgebreitet in Verwendung steht. Die wässerige Lösung wird zum Spray, zum Waschen und Ausspülen der Wunden und zur Imprägnirung von Verbandstoffen verwendet. Toporoff empfiehlt neuestens den Spirituslack zur Bepinselung der Wunden. Wenn aber auch die guten Resultate Després (1881) und Anderer dafür sprechen, dass bei einer rationellen Anwendung des Alkohols ebenfalls aseptische Wundheilung erreicht werden kann, so widerrathen gewisse Eigenschaften desselben dennoch dessen Anwendung. — Der Alkohol ist ein überaus flüchtiges Antisepticum, das sich aus dem Verbandstoffe rasch verflüchtigt, so dass die, welche es zur Imprägnirung von Verbandstoffen benützen, gezwungen sind, den Alkoholgehalt derselben 2—3 Stunden durch wiederholtes Befeuchten des Verbandstoffes aufzufrischen. Die hygroskopische Wirkung der Verbandstoffe wird zwar hiedurch nicht herabgesetzt, da der Alkohol selbst hydrophil ist; wenn man jedoch die Unannehmlichkeiten, mit welcher die ständige Beaufsichtigung des Verbandes verbunden ist, ferner die irritirende Wirkung des Alkohols auf die Gewebe der Wunde und deren Umgebung in Betracht zieht, und endlich auch den unangenehmen betäubenden Geruch, welchen diese Anwendung des Alkohols verursacht, so kann die Verwendung des Alkohols überhaupt nicht vortheilhaft genannt werden. In der Reihe der Antiseptica verdient der Alkohol zumeist darum behalten zu werden, weil seine sonstige Allgemeinverbreitung die Anwendung desselben stets nahe stellt und daher erleichtert, weil er also ein Antisepticum ist, welches sich in den Händen des Volkes befindet und dessen Anwendung mit weniger Gefahr verbunden

ist als die des Carbols, das in unverständigen Händen schon viel, selbst
das Leben bedrohendes Unheil angerichtet hat.   Die Hauptbedeutung
kömmt dem Alkohol auch in der Wundbehandlung als Vehikel anderer
Antiseptica zu, deren grösste Zahl er zu lösen und in Lösung zu
halten im Stande ist. —

SECHZEHNTES CAPITEL.

**Jod. Wirkung des Jods auf die Mikroorganismen.   Anwendung des
Jods in der Wundbehandlung. Jodtannintinctur. Jodkali-Jodlösung.**

Das Jod, dieser in Wasser schwer, in Alkohol und Chloroform
leicht lösliche und flüchtige Stoff ist eines der wirksamsten Antiseptica.
Das Jod hindert die Vermehrung der Mikroorganismen bei einer Lösung
von 1 : 5700; die Joddämpfe vernichten auch die widerstandsfähigsten
Mikroorganismensporen. Es coagulirt das Eiweiss sofort und wird auch
selbst von der Hautfläche resorbirt.

Die Lösung des Jods in Alkohol, die Jodtinctur, wird mit
Wasser gemengt zur Einpinselung von Wundflächen, wie auch in Form
von Salben und zur Imprägnirung der Verbandstoffe benützt. Braynard
wendete das Jod sogar auf die Art an, dass er es in Pulverform auf
den Verbandstoff streute, dasselbe dann mit Taffet, Zinkfolie und Binde
bedeckte und die Desinfection der Wunde den successiv sich entwickelnden Joddämpfen überliess. — Boinet wendet auch in der neuesten Zeit
bei der Behandlung complicirter Fracturen mit gutem Erfolge die Jodtannintinctur an, mit der er die Wunde reinigt und diese dann mit
Gaze oder Charpie, welche er mit Jodtannin tränkt, bedeckt. Die
oberen Schichten des Verbandes bilden reine Watte und ein Gummi-
stoff, die er von Zeit zu Zeit austauscht, bei welcher Gelegenheit er die
tieferen Schichten wiederholt mit der Jodtinctur begiesst. —

Die Jodkali-Jodlösung — Lugollösung — wird mit Wasser
verdünnt bei luetischen Geschwüren mit gutem Erfolge angewendet, indem die Wunden damit gereinigt und die Verbandstoffe imprägnirt werden, und ist dieses Mittel, hier angewendet, eines der seltenen Wundheilmittel, welche neben ihrer localen Wirkung durch Resorption auch

eine allgemeine Heilwirkung haben. In Amerika wird eine Lösung von
2 Jod, 3 Jodkali und 48 Th. Wasser in Lint getränkt zum Wundverbande benützt.

Das Jod hat trotz seiner energischen antiseptischen Wirkung doch
den Nachtheil, dass es, in welcher Form immer angewendet, die Wunde
reizt, und, indem es resorbirt wird, Intoxicationen hervorruft, deren
Symptome mit jenen bei innerer Verabreichung identisch (Ozoena, Kopfschmerz, Hautausschläge) sind; und endlich ist auch die antiseptische
Wirkung bei der Flüchtigkeit des Stoffes nicht von Dauer. —

SIEBENZEHNTES CAPITEL.

Jodoform. Antiseptische Wirkung des Jodoforms. Wirkung des Jodoforms auf die Gewebe. Nachweis des Jodoforms im Urin. Wirkung
des Jodoforms auf die Leukocyten. Jodoformgeruch. Local irritirende
Wirkung des Jodoforms. Symptome der Jodoformintoxication. Ursachen der Jodoformintoxication. Therapie der Jodoformintoxication.
Anwendung des Jodoformpulvers. Jodoformverbandstoffe. Jodoformbrei. Jodoformemulsion. Jodoformseide. Jodoformirter Drain. Jodoformcollodium. Vortheile der Behandlung mit Jodoform. Specifische
Wirkung des Jodoforms. Jodoform in Wundhöhlen. Jodol

Das Jodoform (CHJ_3) wird bereitet, indem eine stark verdünnte
Lösung kohlensauren Natrons mit warmem Alkohol gemengt und die
Mischung bei 60 ⁰ C. mit Jod versetzt wird. — Das so bereitete und
dem Chloroform in seiner chemischen Zusammensetzung analoge Präparat
bildet citronengelbe, blättchenförmige Krystalle, enthält 96 Th. Jod, ist
in Wasser, Säuren und Alkalien unlöslich, in Alkohol, Aether, Chloroform und Fetten leicht löslich, flüchtig, durch Säuren und auch durch
Einwirkung von Sonnenlicht und dem Sauerstoff der Luft leicht zer-
setzbar.

Bouma prüft die chemische Reinheit des Jodoforms, indem er es
mit destillirtem Wasser schüttelt, filtrirt und mit einer alkoholischen
Lösung von Höllenstein mengt. Nach 24 Stunden bildet das reine Jodoform nur einen geringen grauen Niederschlag, während bei Verunreinigungen des Präparates ein schwarzer Niederschlag entsteht. —

Seitdem es von Serullas (1822) zum ersten Male bereitet wurde, fand es in der Therapie vielfach Anwendung, doch bildete die Basis seiner Anwendung stets die Rücksicht auf die specifische Wirkung des Jodoforms. Als Desinfectionsmittel wurde es zuerst von Rhigini (1862) empfohlen, und diese Wirkung liegt auch seiner Anwendung in der modernen Wundbehandlung zu Grunde.

Das Jodoform hemmt die Vermehrung der Mikroorganismen, jedoch gelangt diese Wirkung nicht sogleich, sondern erst bei andauernder Anwendung zur Geltung. Diese verzögerte Wirkung des Jodoforms findet ihre Erklärung darin, dass auch die Jodoformwirkung eigentlich eine Jodwirkung ist, welche in dem Maasse zur Geltung gelangt, als das Jod aus der Verbindung frei wird. Diese Zerspaltung des Jodoforms wird durch seine Berührung mit dem Eiweiss der Gewebe befördert, bei welcher Gelegenheit sich Jodalbumin bildet, welches zum Theile resorbirt wird, zum Theile sich wieder spaltet und das Jod noch in der Wunde frei werden lässt (Högyes). Diese Zerspaltung des Jodoforms wird in der Wunde durch die Wirkung des Sauerstoffes des Hämoglobins, im Organismus durch die Wirkung der lebenden Gewebe selbst befördert. Beschleunigt wird die Resorption des Jodoforms von der Wundfläche durch den Umstand, dass es sich daselbst mit Fettstoffen mengt und durch selbe gelöst wird. Aus dem Jodalbumin, welches in den Organismus gelangt, entfernt sich das Jod durch die Nieren. Diese rasche Resorption des Jod wird durch die gelbe Färbung bezeichnet, welche das zum Speichel oder zum Harn gemengte Kalomelpulver gibt. Eine andere, sehr empfindliche Reaction des Jodoforms, resp. des bei Jodoformbehandlung im Harn befindlichen Jod ist die, welche wir durch rauchende Salpetersäure und Chloroform erhalten, die selbst bei 400 000facher Verdünnung des Jod eine lebhaft violette Färbung bewirken.

Die rasch auftretende und lang anhaltende Entleerung des Jod durch den Urin ist auch ein Symptom der protrahirten Jodwirkung; 2 Gramm Jodoform auf die Wunde eines 24jährigen Mannes gebracht, liessen noch nach 26 Tagen Jod im Urin erkennen. —

Das Jodoform verzögert auch, wie es aus wiederholten und verlässlichen Experimenten hervorgeht, die Auswanderung der Leukocyten durch die Gefässwände. Diese Wirkung des Jodoforms ist, wie es die Untersuchungen von Binz beweisen, eine Jodwirkung; denn das in

Mandelöl gelöste Jodoform auf das Mesenterium des Frosches getropft, verhinderte nur dann die Extravasation der Leukocyten, wenn es früher der Wirkung des Sonnenlichtes ausgesetzt war und das Jod sich abspalten konnte. Das im Dunkeln bereitete und gehaltene Jodoform konnte diese Wirkung nicht aufweisen. Insoferne das Jodoform die Auswanderung der Leukocyten verhindert, verringert es auch die Eiterung. Man hat auch eine Wirkung des Jodoforms observirt, wobei es die Entwicklung der Riesenzellen verhindert (Marchand). Bardeleben behauptet auch, dass das Jodoform durch die Contraction der kleinen Gefässe hämostatisch und nebstdem auch schmerzstillend wirke.

Auf Grund der eben erwähnten Vorzüge meinte man, im Jodoform ein energisches und dauerhaft wirkendes Antisepticum gefunden zu haben, welches auch die Eiterung verringert, und in Verbindung mit seiner antiseptischen Wirkung auch auf die schlechten, speciell auf die fungösen Granulationen verbessernd einwirken sollte. Wie weit die Erfahrung diesen Erwartungen entsprachen, werden wir sehen, aber bei der ausgedehnten und eifrigen Anwendung des Jodoforms hat sich auch erwiesen, dass das Jodoform kein ganz indifferentes Mittel ist, dass dessen Anwendung auch unangenehme Seiten hat, dass es auch local irritirend wirkt und auch allgemeine Intoxicationserscheinungen hervorrufen kann.

Mit zu den Unannehmlichkeiten der Jodoformbehandlung gehört der durchdringende, unangenehme und Vielen unerträgliche Jodoformgeruch. Dass mit dieser Unannehmlichkeit thatsächlich gerechnet werden muss, beweisen jene Fälle, in denen der Geruch des Jodoforms den Kranken qualvolle Kopfschmerzen verursacht, so dass man das Jodoform nur aus diesem Grunde vermeiden musste, und dies beweisen auch jene Bestrebungen, welche auf das Desodorisiren des Mittels gerichtet sind. Mosetig hält eine in das Jodoform gelegte Tonkabohne zur Desodorisation geeignet. Man wendete auch das Carbol an (1 : 10), um mit dessen Geruch jenen des Jodoforms zu decken. Die flüchtigen Oele wurden schon alle versucht, und das Oleum Menthae kann für eine Zeit wirklich den Jodoformgeruch decken, sobald aber das Oel verflüchtigt, kehrt der Jodoformgeruch zurück. Neuestens wurde der gebrannte Kaffee (40 bis 50 % des gebrannten Kaffeepulvers zum Jodoform gemengt) empfohlen (Oppler); nach unseren eigenen Erfahrungen ist aber auch diese Desodorisation keine anhaltende. Am erträglichsten

ist der Jodoformgeruch in der Glycerinemulsion, wo das Glycerin den
Geruch einigermaassen und anhaltend zu binden scheint.

Das Jodoform irritirt die Wunden und deren Um-
gebung. Das in Krystall oder in Pulverform auf die Wunde gestreute
Jodoform irritirt auch mechanisch die Wunde. Diese mechanische Irritation wird freilich desto geringer sein, je feiner die Körnchen des
Pulvers sind. Aber nicht nur dies allein verursacht die Irritation. Das
Jod, welches aus dem Jodoform frei wird, reizt die Wunde und in deren
Umgebung die Haut, ruft ein Erythem hervor, welches zwar oft unbedeutend, zuweilen aber so heftig und so schmerzhaft ist, dass es fast
wie ein Erysipel aussieht und auch ohne andere Intoxicationserscheinungen für sich allein die Einstellung der Jodoformbehandlung nothwendig macht. Diese Wirkung kömmt bei einer jeden Anwendungsart
des Jodoforms vor, und wir konnten es oft in Fällen beobachten, wo
die Wunde nur von 1—2 Schichten Jodoformgaze bedeckt war.

Viel schwerer sind noch die Allgemein-Symptome der
Jodoformintoxication. Die Allgemein-Symptome der Jodoformintoxication sind mit den Symptomen der Allgemein-Wirkung des Jods
nicht identisch, es fehlt die Ozoena, so auch der Hautausschlag, und was
besonders in die Augen springt, ist der Umstand, dass die Quantität
des Jodoforms, welche schwere Allgemein-Erscheinungen hervorruft, oft
so gering ist, dass die Wirkung des freiwerdenden Jods dem Umfange
dieser Erscheinungen unmöglich entspricht. Die Allgemein-Symptome
sind zuweilen milde und gelangen in geringer Temperaturerhöhung, fre-
quentem und kleinem Puls, Kopfschmerz, Schlaflosigkeit, Apetitlosigkeit
und einem eigenthümlichen Jodoformgeschmack im Munde zum Ausdruck.
Oft aber tritt die Jodoformintoxication mit bedeutenden und anhaltenden Temperaturerhöhungen, überaus heftigem Herzklopfen, collapsus-
artigem und mit Collaps endigendem Puls, meningitischen Erscheinungen,
ja mit ausgesprochenen Gehirnerkrankungssymptomen auf. Die Geistes-
erkrankung, welche ein Symptom der Jodoformintoxication bildet, wurde
bereits in den verschiedensten Formen observirt. Bald sind es mani-
acalische Anfälle, ein anderesmal melancholische Depression, ja sogar
Selbstmordversuche, welche das Symptom der Jodoformintoxication bilden, und hält diese Geistesstörung auch dann noch an, wenn das zur
Intoxication Anlass gebende Antisepticum fortgelassen wurde. Es wurden nebst diesen auch noch Störungen fast sämmtlicher Organe observirt,

man sah Pneumonie, Hepatitis, und besonders häufig Nephritis, die mit
Albuminurie und mit der Abstossung von Nierenepithel verbunden war.
Es ist natürlich, dass Jod, welches auch in den Fällen im Urin nachweisbar ist, wo das Jodoform keine Intoxication verursacht hatte, bei
Intoxicationsfällen auch gefunden wird; hervorgehoben muss nur werden,
dass die Quantität des Jods in solchen Fällen nicht grösser ist wie
z. B. bei Carbolintoxicationen die Carbolmenge), sondern oft noch kleiner
als gewöhnlich, und stets geringer, als es der Menge des Jods entspricht,
welche in den Organismus gelangt ist.

Diese Allgemein-Symptome hören, wie wir bereits erwähnt, mit dem
Aussetzen des Jodoformgebrauches nicht immer sofort auf, wozu vielleicht
die Anwendungsart des Jodoforms beitragen mag, indem es in Pulverform auf die Wunde gestreut, sich mit den Geweben resp. den Granulationen so verfilzt, dass es von dort nicht leicht entfernt werden kann,
und seine toxische Wirkung auch weiter ausübt. — Es bleiben aber oft
die schweren Allgemein-Erscheinungen der Jodoformintoxication auch
noch dann, wenn das Jodoform ganz aus der Wunde hinaus ist, sie bestehen noch lange Zeit hindurch fort und gehen in Heilung über, oder
enden ebenso wie die schweren acuten Intoxicationssymptome mit dem
Tode des Kranken. In einem Falle Schede's dauerte das durch die
Jodoformintoxication verursachte Fieber 4 Wochen ununterbrochen fort,
nachdem bereits die Jodoformbehandlung eingestellt und das Jodoform
aus der Wunde entfernt wurde, und die Intoxication endete tödtlich. —

Die Symptome der Jodoformintoxication an der Leiche
sind die Entzündung der serösen Hirnhäute, welche oft den im Leben
observirten Gehirnerscheinungen entspricht, zuweilen aber trotz dieser
Gehirnerscheinungen fehlt, die Verfettung und Brüchigkeit der Herz-
wandungen, die fettartige Degeneration der Leber, oft Hyperämie der
Darmschleimhaut, und stets die trübe Schwellung der Nieren oder eine
mehr weniger vorgeschrittene Nephritis.

Wenn wir die Ursachen dieser toxischen Wirkung des
Jodoforms suchen, so lässt sich vor Allem constatiren, dass wir selbe
keiner blossen Jodwirkung zuschreiben können. — Es ist dies eine
specielle Wirkung, welche durch das Jodoform als solches bedingt ist.
Die veranlassende Ursache liegt entweder im Mittel selbst oder in der
Art seiner Anwendung, oder in der individuellen Disposition.

Das chemisch reine Jodoform verursacht selten eine

Intoxication. Dies beweisen eclatant die Erfahrungen des Leydener
Krankenhauses, wo sämmtliche Jodoformpräparate einer Prüfung unter-
zogen wurden und wobei keine Intoxicationen vorkamen. Ein von
dieser Anstalt zurückgewiesenes Präparat, welches 8 ^{0}/o Verunreinigungen
enthielt, wurde in einem anderen Krankenhause verwendet und verursachte in der Hälfte der Fälle schwere Allgemein-Intoxicationen. Die
verunreinigenden Bestandtheile der Jodoformpräparate mögen wohl auch
selbst toxisch wirken, dürften aber insbesondere dadurch die Intoxication
befördern, dass sie die Spaltung des Jodoforms und dessen Entleerung
aus dem Organismus verhindern. Diese Hypothese wird von Manchen
besonders dann als Gewissheit dahingestellt, wenn sie die toxischen
Wirkungen des Jodoforms auf das gleichzeitig angewendete Carbol
zurückführen wollen. Nach der Meinung dieser würde das Carbol, indem es auf die Nieren wirkt, dieses Organ für die Ausscheidung des
Jods untauglich machen; als Beweis hiefür führen sie an, dass bei der
gleichzeitigen Anwendung von Carbol und Jodoformpräparaten das Jod
viel später als sonst im Urin erscheint, ja dass sogar oft das Carbol
früher im Urin nachgewiesen werden kann. Es widerspricht jedoch
dieser Hypothese die Thatsache, dass ein grosser Theil der Chirurgen
neben dem Jodoform thatsächlich auch das Carbol in Anwendung bringt,
dass Viele auf die mit Jodoform bestreute Wunde den Lister-Verband
legen, dass wir selbst gar oft die Wunde mit Carbollösung gereinigt
und mit Jodoformgaze verbunden, und dabei doch keine Jodoformintoxication observirt haben. — Wenn bei der gleichzeitigen Anwendung
von Carbol und Jodoform Intoxication auftritt, und wenn gleichzeitig auch
Carbol im Urin nachweisbar ist, so lässt sich dies auch so erklären,
dass wir hier es mit einer Carbolintoxication zu thun haben, zu welcher
sich auch die Erscheinungen der Jodoformintoxication gesellen. Thatsache ist, dass die Jodoformintoxication mit der mangelhaften Ausscheidung des Jods aus dem Organismus im Zusammenhange ist, dass
diese Intoxication häufiger bei Anwendung nicht reiner Jodoformpräparate
vorkömmt, dass sie aber auch durch reine Präparate nicht ganz ausgeschlossen werden kann. —

Man sucht die Ursache der Jodoformintoxication auch
in der Anwendungsart des Mittels. Es ist natürlich, dass bei der
Anwendung grösserer Jodoformmengen auch die Chancen der
Intoxication grösser sind; es ist jedoch bisher noch nicht gelungen, jene

Quantität des Jodoforms zu bestimmen, bei welcher die Intoxication als absolut ausgeschlossen betrachtet werden könnte. Seitdem K ö n i g (1882) auf Grund eigener und fremder Erfahrungen 10 Gramm als eine Quantität bezeichnet hat, die ungescheut angewendet werden kann, haben sich Fälle ereignet, die bewiesen, dass auch kleinere Gewichtsmengen genügen, um schwere Intoxicationen hervorzurufen, so dass M ü n i c h (1883) schon vor der Anwendung von über 4 Gramm Jodoform warnt.

Ebenso verhält sich die Frage bezüglich d e s E i n f l u s s e s d e r W u n d f l ä c h e n d i m e n s i o n e n a u f d i e J o d o f o r m i n t o x i c a t i o n. Es liegt nahe anzunehmen, dass mit der Ausdehnung der Wundfläche, auf welche das Jodoform angewendet wird, auch die Menge des resorbirten Jodoforms und die Gefahr der Intoxication zunimmt. Und in der grossen Zahl der Fälle verhält sich dies in der That so. Es wurden aber auch schon Fälle beobachtet, wo das Jodoform, auf kleine Wundflächen und Geschwüre angewendet, Intoxicationserscheinungen hervorrief. Hier können wir auch jenen durch Experimente erhärteten Umstand erwähnen, dass das Jodoform von granulirenden Wundflächen leichter resorbirt wird als aus frischen Wunden, trotzdem doch Intoxicationen erfahrungsgemäss, insbesondere bei der Anwendung auf frische Wunden vorkommen.

Manche schreiben dem Jodoformpulver eine grössere toxische Wirkung zu, weil es sich leichter zersetzt und rascher resorbirt wird, während Andere das krystallkörnige Jodoform für einen Stoff halten, der auch mechanisch die Wunde intensiver reizt und dadurch zur Intoxication geeigneter ist. Endlich ist auch noch die Frage streitig, ob die trockene Wunde, wo das Jodoform unmittelbar mit der Wundfläche in Berührung ist und rascher resorbirt wird, mehr zur Intoxication disponirt, oder ob die Wunde dann leichter die Intoxication vermittelt, wenn sie durch Feuchtigkeit oder Wundsecret die Zersetzung und Resorption des Jodoforms beschleunigt. — Thatsache ist, dass die meisten Intoxicationsfälle bei der Anwendung des trockenen Jodoformpulvers, viel weniger bei der Anwendung von Jodoformgaze und am wenigsten bei der Anwendung der Jodoformglycerinemulsion vorkamen.

Auch dem Druck, unter welchem das Jodoform auf die Wunde applicirt wurde, schrieb man Einfluss auf die Intoxication zu, und nahm daher auch von jener Anwendung Abstand, bei welcher das Jodoform in die Wunde eingerieben wird.

Unter den Anlass gebenden Factoren der Jodoformintoxication gibt es auch welche, die wir in dem Individuum selbst suchen müssen. Schwache, anämische Personen incliniren mehr zur Jodoformintoxication; eine geringe Resistenz gegen die giftige Wirkung des Jodoforms zeigen auch alte Individuen, während Tuberkulotiker und Scrophulöse es gut ertragen. Bei fetten Leuten kann das Jodoform in Folge der geringen Widerstandskraft des Herzens leicht gefährlich werden, wie es überhaupt auf fettreiche Wundflächen nicht geeignet ist, weil es durch die Fettsäuren leicht zersetzt und rasch resorbirt wird. — Man behauptete, dass es am besten von Kindern vertragen würde; doch liegen Erfahrungen vor, welche das Jodoform auch bei Kindern als nicht ganz harmloses Antisepticum erscheinen lassen. Anders, der diesbezüglich Beobachtungen angestellt, theilt mit (1882), dass ein acht Monate und ein vier Jahre altes Kind das Jodoform gut vertrugen, während ein neun Jahre altes Kind mit den Erscheinungen einer schweren Psychose erkrankte. Zwei ähnliche Fälle bei Kindern kamen an unserer Klinik vor. Also gewährt auch das Alter keine Immunität gegen die toxische Wirkung des Jodoforms, um so weniger, als auch dem Jodoform gegenüber jene räthselhafte Prädisposition besteht, die man Idiosynkrasie nennt. Während es Individuen gibt, die bei grossen Wundflächen 60 bis 80 Gramm Jodoform ohne Intoxication ertragen, und sich an die Jodoformatmosphäre gewöhnen und sich darin wohl befinden, zeigen andere selbst bei geringen Mengen von Jodoform eine unangenehme Reaction, können den Geruch nicht ertragen und klagen über anhaltenden Kopfschmerz und unerträglichen Jodoformgeschmack im Munde.

Selbst die unbedeutenderen Anzeichen der Jodoformintoxication bilden Indicationen zum Einstellen der Jodoformbehandlung. Leider können wir auch bei den schweren Intoxicationserscheinungen nichts Anderes und nichts Mehr thun. Die erste Aufgabe bei dem Auftreten von Intoxicationserscheinungen ist die vollständige Entfernung des Jodoforms aus der Wunde. Es lässt sich leicht einsehen, dass dies viel leichter geschieht, wenn das Jodoform an irgend einen Stoff (z. B. Gaze) gebunden, als wenn es in Pulverform auf die Wunde gestreut ist. Auch sonst muss auf jede Art die Entfernung des Jodoforms aus dem Organismus angestrebt werden, und hier können die Diuretica mit Vortheil angewendet werden. Gegen den raschen Collaps bei Jodo-

formintoxication hatte in einem Falle Kocher's die Kochsalzinfusion
guten Erfolg. —

Das Jodoform wurde zuerst von Mosetig in Pulverform angewendet, indem er es mit hiezu geeigneten (und von Anderen vielfach modificirten) Zerstäubern auf die mit gewöhnlichem Wasser gereinigte und trocken abgetupfte Wunde streute, es dann mit Watte und
Guttaperchapapier bedeckte und mit Binden fixirte. Den Verband wechselt
er in 8—10 Tagen einmal. Neuestens empfiehlt er, die mit Jodoformpulver bestreute Wunde unmittelbar mit einem Stück Gummipapier zu
bedecken, damit das Pulver nicht mit dem Wundsecret zusammentrockne.
Ueber das Gummipapier, das nur etwas grösser sein soll als die Wunde,
kömmt dann der aufsaugende Verbandstoff. Bei dieser Anwendungsart
findet Mosetig die Wundasepsis vollkommen gesichert und auch die
rasche Verklebung durch Nichts gestört. Genauer betrachtet, hat jedoch
die rasche Verklebung bei dieser Anwendungsart des Jodoforms nicht
viel Wahrscheinlichkeit. Es ist Fiction, dass die auf die frische Wundfläche gestreute Jodoformschichte dadurch, dass sie antiseptisch wirkt,
die rasche Verklebung sichert, und dadurch, dass sie resorbirt wird,
diese rasche Verklebung nicht stört; denn eine Jodoformschichte, welche
so rasch resorbirt wird, dass sie der raschen Verklebung nicht hinderlich
ist, kann nicht als Schutz für die Asepsis betrachtet werden, und eine
genügende Quantität des Jodoforms wird nicht so rasch resorbirt, dass
dabei die prima reunio zu Stande kommen dürfte. Dass aber da, wo
die zur primären Verklebung geeigneten Wundflächen vereinigt und
darüber Jodoformpulver gestreut wurde, nicht dieses letztere es ist,
welche die Asepsis sichert, ist evident.

Bei den durch Granulation heilenden Wunden können wir von der
Wirkung des Jodoformpulvers die Verhütung der Secretzersetzung und
einigermaassen auch die Verringerung der Secretbildung erwarten. Das
in stärkerer Schichte applicirte Jodoformpulver verringert das Wundsecret,
und, indem es mit einem Theile desselben zur Kruste zusammentrocknet,
sichert es auch auf diese Art den aseptischen Verlauf der Heilung. —
Der bereits erwähnte Einfluss des Jodoforms auf die Extravasation der
Leukocyten befördert in der That häufig die Heilung unter dem trockenen
Schorf. Wenn aber auch unter der Kruste, welche das Jodoform bildet,
sich Wundsecret ausscheidet, so ist das Jodoform, trotz seiner antiseptischen Wirkung, die Zersetzung des Wundsecrets und deren Folgen nicht

zu verhindern im Stande, und zwar aus dem Grunde, weil das Jodoform im Wundsecret fast gar nicht löslich ist. Bei Wunden, die stark secerniren, ist das Jodoformpulver deshalb nicht verlässlich, weil das Wundsecret einen Theil des Pulvers wegspült, und ist aus dieser Ursache hier eine Anwendungsart des Jodoforms angezeigt, bei welcher dieses an den Verbandstoff gebunden ist.

Die Jodoformgaze wird bereitet, indem das fein pulverisirte Jodoform in die Gaze hineingeknetet und das Ueberschüssige herausgeschüttelt wird. Die so präparirte Jodoformgaze enthält 10 bis 20 °/₀ Jodoform und ist kein verlässliches Präparat; denn das nur primitiv eingeknetete Jodoform stäubt sich auch weiter noch aus, wird auch durch das Wundsecret leicht weggespült und verflüchtigt sich auch rasch. Gleichmässiger ist das Jodoform in Neuber's Präparat vertheilt, der die Gaze (500 Gramm) in (50) Jodoform, (250) Aether und (750) Alkohol tränkt, welch letztere verdunsten. Noch zweckmässiger ist die Jodoformgaze, in welche das Jodoform so fixirt ist, dass die Gaze in ein Gemisch von 4 Th. Colophonium, 1 Th. Glycerin und 200 Th. Weingeist getränkt wird und dann mit einer 50 bis 60 °/₀ entsprechenden Gewichtsmenge Jodoform imprägnirt wird. Dieses Präparat ist seinem Jodoformgehalt nach stärker, das Jodoform selbst dauernder fixirt, und eignet sich diese »klebrige Jodoformgaze« zum Bedecken von Wundflächen, besonders aber in Wundhöhlen, wo die Anwendung des Jodoformpulvers unmöglich ist. — Die Jodoformgaze unterscheidet sich nämlich von dem gleichartigen Präparate anderer Antiseptica darin, dass bei ihrer Anwendung ausser der antiseptischen Wirkung vielfach auch die specifische Wirkung des Jodoforms in Betracht gezogen und die Gaze als Trägerin des Jodoforms angesehen wird, dessen unmittelbare Berührung mit den Flächen der Wundhöhlen sie vermitteln soll. — Denselben Zweck verfolgen auch die anderen Jodoformpräparate, die man theils zur Ausfüllung von Wundhöhlen, theils zur Anwendung in schmalen Fistelgängen bereitete. Solche sind: der Jodoformbrei (Schinzinger), der aus Jodoform, Glycerin und Oel bereitet wird, die Jodoformemulsion aus Glycerin und Jodoform (10 bis 30 °/₀ stark), die Jodoformstäbchen, in welchen das Jodoform mit Gummi arabicum und Stärke, oder mit Gelatine, oder mit Cacaobutter zu verschiedenen dicken Stäbchen geformt ist. In Aether gelöst benützt man das Jodoform zum Touchiren von Geschwüren. Die Jodoformgaze

dient auch, in Streifen geschnitten, zur Drainirung von Wundhöhlen.
Auch jene Anwendung derselben ist rationell, die neuestens Sprengel
empfiehlt. Er tamponirt Wunden, deren Blutung nicht vollständig gestillt werden konnte und in denen das angesammelte Secret leicht zur
Retention führen könnte, mit Jodoformgaze, entfernt nach einigen Tagen
die Gaze und vereinigt nun die Wundflächen mit der Secundärnaht.
Die Wundflächen heilen eben so gut und rasch wie die frischen zusammen. Er empfiehlt diese »antiseptische Tamponade und
Secundärnaht« auch für Wunden, bei denen aus irgend einem
Grunde »septische Eiterung« zu befürchten ist. In die genähten Wunden legt er auch Drains ein.

Ausser der Jodoformgaze, die vielfach mit dem Lister-Verband combinirt angewendet wurde, werden auch noch andere Jodoformverbandstoffe bereitet. So die Jodoformwatte aus 500 Gramm Watte,
50 Gramm Jodoform, 250 Gramm Aether und 1000 Gramm Alkohol,
die Jodoformjute aus 500 Gramm Jute, 50 Gramm Jodoform, 250
Gramm Aether und 500 Gramm Alkohol. Beide Präparate wendet
Esmarch in der Form von Pölstern an. — Neuber wendet den
Jodoformmoostorfverband an. Er besprüht die frische Wunde
vor dem Verschluss mit einer Lösung von 1 Th. Jodoform auf 7 Th.
Aether, legt auf die genähte Wunde einen $^1/_2$ Centimeter dicken Jodo-
formwattepolster, darüber einen kleineren, und endlich einen grösseren
Jodoformtorfpolster, indem er die Pölster einzeln mit Carbolgazebinden
fixirt. —

Nach der Anweisung von Partsch kann das Jodoform auch zur
Desinfection der Näh- und Ligaturseide benützt werden, indem
man die gekochte Rohseide in 10 % Jodoformätherlösung liegen lässt
und dann zwischen Löschpapier trocknet.

Leisrink empfiehlt jodoformirte Drains zur Behandlung von
Fistelgängen, wo das Jodoform an die äussere Fläche des Gummidrains
gebunden ist, und die er für zweckmässiger als die Jodoformstäbchen
hält, weil letztere oft Eiterretention verursachen.

Das Jodoformcollodium (1 : 10) kann bei kleinen Wunden
verwendet werden, und da es auch zur Vereinigung der Wundränder
beiträgt, befördert es die rasche Verklebung.

Auch an verschiedenen Jodoformsalben und Jodoformpflastern ist
kein Mangel. —

Bei der ausgebreiteten Anwendung des Jodoforms in der Wundbehandlung sind dessen Vortheile und Nachtheile heute schon
unbefangen zu constatiren. — Das Jodoform ist ein zweckmässiges
Antisepticum, welches besonders durch seine anhaltende Wirkung die
Aufgabe der Desinfection auch in solchen Fällen erfüllt, wo andere
Antiseptica uns im Stich lassen. Eine vorzügliche Wirkung muss ihm
in Wundhöhlen zugestanden werden, wo man kein anderes Antisepticum,
das gleich anhaltend antiseptisch wirkt, anwenden kann. Das Carbol
z. B., ob an Gaze oder an Jute gebunden, oder in Pulverform in die
Wunden gebracht, die mit serösen oder Schleimhauthöhlen communiciren, wirkt nicht so andauernd wie das Jodoform. Ob nun das Jodoform
in solchen Fällen unmittelbar, d. i. in Pulverform, oder im Verbandstoffe fixirt in die Wunde kömmt, so ist dessen dauernde antiseptische
Wirkung gleich verlässlich, wenngleich das grosse Vertrauen Mosetig's,
der selbst dann die Infection nicht fürchtet, wenn das in die Jodoformgaze getränkte Wundsecret bereits in Zersetzung begriffen ist, übertrieben
erscheint.

Das Jodoform hat keine Momentanwirkung, und eben weil dessen
antiseptische Wirkung nicht rasch eintritt, ist es auch nicht am Platze,
wenn die rasche Desinfection bereits inficirter Wunden nöthig ist, auch
deshalb nicht, weil hiezu ein jedes andere in Wasser lösliche Antisepticum, mit welchem die Wunde auch gereinigt werden kann, geeigneter
ist. Eine specifische oder die Granulation verbessernde, besonders aber
gegen die fungöse Granulation gerichtete Wirkung (welche man aus der
die Entwicklung der Riesenzellen hindernden Wirkung des Jodoforms
erklären wollte) müssen wir auch diesem Antisepticum absprechen. —
Wir selbst haben weder bei den osteomyellitischen, cariösen Erkrankungen der Knochen einen Erfolg vom Jodoform gesehen, noch änderte
es etwas an der fungösen Entartung der Weichtheile. Es heilten solche
fungöse, tuberkulotische Processe, wenn die erkrankten Theile mittelst
Messer, scharfem Löffel oder Thermocauter entfernt wurden, und wenn
wir dann die Wunde mit Jodoform behandelten; sie heilten aber auch,
wenn wir diese Wunden nicht mit Jodoform behandelten. Diese Erfahrung machten Alle, die das Jodoform ob seiner antituberkulotischen
Wirkung aufgreifen wollten (König, Schede, Mikulicz), und nur
Mosetig hält seine Behauptung vor der vorzüglichen Wirkung des
Jodoforms gegenüber den fungösen Erkrankungen aufrecht.

Das Jodoform kann mit Vortheil bei Senkungsabscessen angewendet
werden, wo die nach der Entleerung des Eiters die in die Abscesshöhle
injicirte Jodoformemulsion die Zersetzung des eventuell zurückgebliebenen Wundsecrets verhindert, und so Zeit und Gelegenheit bietet, dass
gesunde Granulationen die Höhle zum Verschluss bringen. Diese Wirkung hat aber die Jodoformemulsion nur dann, wenn der zum Senkungsabscess Anlass gebende Krankheitsprocess bereits abgelaufen, und daher
kein frischer Eiter sich an die Stelle des vorigen senkt.

Richtig ist die Anwendung des Jodoforms als Antisepticum in den Verbandstoffen, weil es die Zersetzung des Wundsecrets lange Zeit hindurch
verhindert und den öfteren Verbandwechsel unnöthig macht.

Alle anderen Antiseptica kann das Jodoform nicht ersetzen, insbesondere die nicht, welche auf allerlei Art anwendbar und auch weniger bedenklich sind; es kann auch jene Maassregeln nicht ersetzen,
welche die Asepsis mit Hülfe der Reinlichkeit erstreben; doch kann
demselben der Werth eines bedeutenden Hülfsmittels in der modernen
Wundbehandlung nicht abgesprochen werden. Dass bei der Jodoformbehandlung gute Resultate und Misserfolge zu Tage traten, dass es einen
Theil der Chirurgen zu Lobpreisungen hinriss, während andere sich so
sehr in ihren Erwartungen getäuscht sahen, dass sie, wie Kocher, die
gesetzliche Verfolgung des Jodoforms wünschten, dies Alles hängt von
den Ansprüchen ab, welche man an das Jodoform als Antisepticum
stellte. Die Alles vom Antisepticum erwarten, die durch das Desinficiren
die Asepsis gesichert sehen wollen, und die in der Anwendung desselben
kein Maass und keine Grenzen kennen, die werden sich auch im Jodoform häufig täuschen, und können dann, wie Mikulicz, leicht incon-
sequent erscheinen, der für die Verbreitung des Jodoforms literarisch
am eifrigsten eingetreten und der heute die Jodoformgaze vor der Anwendung erst in Carbollösung tränkt.

Die massenhaften Jodoformintoxicationen (Kocher 25 Fälle in
2 Jahren) sind zum grossen Theile der allzu leichtfertigen Anwendung
des Jodoforms zuzuschreiben, ebenso wie der Umstand, dass bei der
Jodoformbehandlung häufig Erysipel aufgetreten, dem allzu grossen Vertrauen in die Wirkung des Jodoforms zugeschrieben werden kann.
(Schede hatte bei Jodoformbehandlung im Verlaufe von 13 Monaten
39 schwere Erysipelfälle, darunter 15 tödtliche.) Freilich verhindert das
Jodoform allein das Auftreten des Erysipels nicht; dass aber nicht das

Jodoform die Ursache der massenhaften Erysipelerkrankungen ist, beweisen die Erfahrungen jener, bei denen trotz allgemeiner Jodoformbehandlung Erysipel höchst selten vorkömmt. Die vom Jodoform nicht mehr erwarten, als was ohne Uebertreibung erwartet werden darf, die z. B. mit Carbol- oder Sublimatlösung Schwämme desinficiren, die Wunden auswaschen, Drains einführen, nicht bei grossen Wunden und überhaupt nicht viel Jodoform anwenden, die können weder über die mangelhafte Antisepsis, noch über die toxische Wirkung des Jodoforms Klage führen. Bei einer rationellen Wundbehandlungstechnik ist auch das Jodoform ein gutes Antisepticum, das dank der einfachen und leichten Anwendung und der verhältnissmässigen Wohlfeilheit ausgedehnt angewendet werden kann, kurz ein Antisepticum, das seinen Platz unter den übrigen aufs Beste ausfüllt, sie aber nicht in Allem überragt. —

Das Jodol — Tetrajodpyrrol — $(C_4 J_4 NH)$ enthält 88,9 ^{0}/₀ Jod, ist ein neues Antisepticum, das durch Einwirken von Jod auf Pyrrol entsteht, gelbbraune, glänzende Krystalle bildet, geruch- und geschmacklos, in Alkohol, Aether und fetten Oelen leicht, in Wasser schwer löslich ist (1 : 5000). Es wurde von Ciamician entdeckt und neuestens vielfach statt des Jodoforms empfohlen, da es die guten Eigenschaften desselben ohne dessen Nachtheile besitzen soll, da namentlich der unangenehme Geruch und die giftige Wirkung fehlen. Es wurde auch analog dem Jodoform zur Anwendung gebracht, nämlich in Pulverform auf die Wunde gestäubt, wobei sich erwies, dass es mit dem Wundsecret keine Kruste bildet, ferner als Glycerin-Alkoholemulsion (1 Th. Jodol, 16 Th. Alkohol und 34 Th. Glycerin) und als Jodolgaze. Die mit demselben erzielten Erfolge, soweit sie veröffentlicht wurden, sind aufmunternd (Mazzoni, Wolf, Schmid). Bei unseren eigenen Versuchen, in denen das Jodolpulver, die 10 ^{0}/₀ Jodol-Glycerinemulsion und die Jodolgaze zur Verwendung kamen, ergab sich als gewisses Resultat, dass das Jodol selbst zwar geruchlos ist, aber dass es das Wundsecret zu desodorisiren nicht im Stande ist, dass sich auch das Wundsecret in der Jodolgaze rascher zersetzt, dass Jodol von frischen Wunden langsamer, von granulirenden Wunden rascher resorbirt wird, und Jod selbst bei der Anwendung kleiner Mengen Jodols im Urin nachweisbar ist. Die Wunde und deren Umgebung reizt es nicht, auch keine Intoxicationen kommen vor; freilich wurde es nur vorsichtig angewendet. Eine specifische, granulationsverbessernde Wirkung auf atonische Geschwüre konnten wir

nicht constatiren. Da also die Wirkung des Jodols, wie aus dem Erscheinen des Jods im Urin zu schliessen ist, der Wirkung des Jodoforms
analog ist, nämlich auf Abspaltung des Jods beruht, und da auch sein
absolut hoher Jodgehalt für die aseptische Wirkung bürgt, so kann
es, insbesondere seiner Geruchlosigkeit halber, als ein gutes Sub-
stituens des Jodoforms betrachtet werden.

ACHTZEHNTES CAPITEL.

**Chlor. Salzsäure. Chloroform. Chloral. Chlorkalk. Unterchlorig-
saures Natron. Kochsalz.**

Das Chlor kann schon bei einer Verdünnung von 1 : 25 000 die
Sporen der Mikroorganismen vernichten und so deren Vermehrung aufheben. Diese energische desinficirende Wirkung der Chlordämpfe kann
jedoch nicht direct in der Wundbehandlung verwerthet werden, weil sie
auch die lebenden Gewebe zerstören. und sind sie daher zumeist
nur zur Desinfection von inficirten Localitäten verwendbar. Auch
das Aqua chlori ist ein energisches Antisepticum, welches in
der Wundbehandlung zur Desinfection der Schwämme, der Hände und
auch zum Reinigen der Wunden verwendet werden kann. Die grösste
Bedeutung erlangt das Chlor in der Wundbehandlung durch seine Verbindungen, deren einige schon seit langer Zeit als wirksame fäulnisshemmende Stoffe bekannt waren; ein Theil derselben desinficirt auf
die Art, dass bei deren Anwendung ein Theil des Chlorgehaltes
frei wird.

Die Salzsäure (H Cl) ist selbst bei achtzigfacher Verdünnung ein
energisches Antisepticum, wirkt aber selbst bei dieser Dilution deletär
auf die Gewebe, und da sie auch sonst flüchtig und leicht zersetzlich
ist, eignet sie sich weder zur Imprägnirung der Verbandstoffe, noch unmittelbar für die Wunde. Zum Aetzen inficirter Wunden (z. B. bei
Leicheninfection) kann sie im Nothfalle benützt werden. Eine wichtige
Rolle fällt ihr neuestens bei der Bereitung der resorbirbaren Knochendrains zu. Mac-Even präparirt diese Drains, indem er die Röhrenknochen der Vögel in Salzsäure liegen lässt und so deren Kalkbestand-

theile extrahirt. Die decalcinirten Knochenröhren werden in Carbolglycerin aufbewahrt.

Das Chloroform (C H Cl$_3$) wurde als eine dem Jodoformana-
loge chemische Verbindung auch als Antisepticum empfohlen. Es ist
jedoch gar kein raisonabler Grund für die Verwendung dieses bei jeder
Anwendungsart die Gewebe der Wunde und deren Umgebung irritirenden, aus den Verbandstoffen sich leicht verflüchtigenden und betäubend
wirkenden Stoffes vorhanden; und so fand die Empfehlung Gerrard's
1881), der es antiseptisch wirksamer, als die Salicylsäure und viele
andere Antiseptica gefunden, keinen Anklang.

Das Chloral (C$_2$ Cl$_3$ HO H$_2$ O) ist ein Desinficiens, dessen Wirkung jedoch nur in concentrirter Lösung zur Geltung kömmt, wobei es
auch irritirend auf die Wunde wirkt. Zur Imprägnirung der Verbandstoffe eignet es sich deshalb nicht, weil es flüchtig ist und sich rasch
zersetzt. Wenn Verneuil die 1 °/o Chlorallösung als prolongirtes Bad
bei ausgedehnten Verletzungen der oberen Extremitäten mit gutem Erfolge benützt, so lässt sich daraus auf die besondere Vorzüglichkeit des
Chlorals nicht schliessen, weil er auch mit anderen Antisepticis und
Andere ohne Antiseptica mit derselben Behandlungsart gute Erfolge erzielten. Die starke Lösung in Glycerin (15—30 Gramm auf 200 Gramm
Glycerin) wird von Korn zum Bepinseln diphtheritischer Wunden empfohlen, und dies ist in der That eine gute Art der energischen und
raschen Desinfection.

Der Chlorkalk — unterchlorigsaurer Kalk — (Cl$_2$ O$_2$ Ca) ist
eines der ältesten Desinfectionsmittel (von Semmelweiss lange vor
Lister zur Desinfection der Hände und der Wäsche in der Geburts-
hülfe verwendet), dessen zwanzigfache wässerige Lösung energisch die
Entwicklung der Mikroorganismen hemmt. Diese desinficirende Wirkung
ist zum grossen Theile dem sich abspaltenden freien Chlor zuzuschreiben.
Zur Desinfection der Verbandstoffe ist es sehr geeignet, wenn auch eben
in Folge der Verflüchtigung des Chlors die Wirkung nicht anhaltend ist.
Unmittelbar auf die Wunde eignet es sich nur bei bereits zersetzten Geweben, brandigen Geschwüren. Der gesunden und frischen Wunde
schadet es durch seine ätzende Wirkung mehr, als was es als Antisepticum nützt. Zur Desinfection von Spitalsräumen (zum Uebertünchen der
Wände unter den Kalk gemengt), bei der Reinigung inficirter Wäsche
und zur Desinfection von Gegenständen, die durch das Chlor nicht

angegriffen werden, wird es auch jetzt noch vielfach angewendet; zur Desinfection in der Umgebung der Wunde stehen uns jedoch zweckmässigere Stoffe zur Verfügung.

Das unterchlorigsaure Natron (Cl O Na) wirkt bei zwanzigfacher Verdünnung hemmend auf die Entwicklung der Mikroorganismen, und ist es in dieser Solution auch zum Waschen der Wunden geeignet. Verneuil hat eine 6 % Lösung bei brandigen Wunden benützt. Es bildet einen Bestandtheil des Liquor de Labarraque, welcher mit 15—20 Theilen Wassers verdünnt zum Waschen inficirter stinkender Wunden und zu feuchten Umschlägen bei eben solchen Wunden dient.

Das Kochsalz (Na Cl) ist einer jener Stoffe, welchen man auf Grund seiner fäulnisshemmenden Wirkung seit langer Zeit benützt, der zur Conservirung des Fleisches auch heute allgemein verwendet wird, und der trotzdem in der modernen Wundbehandlung nicht viel beachtet wurde, vielleicht deshalb, weil er in Pulverform oder in concentrirten Lösungen die Wunde irritirt und Schmerzen verursacht. An unserer Klinik wird die 2 % Kochsalzlösung zur Reinigung der Wunden angewendet. Die Ursache, die uns zur ausgebreiteten Anwendung der Kochsalzlösung bewog, ist zum Theile die seit lange bekannte fäulnisshemmende Wirkung des Mittels, theils der Umstand, dass diese Lösung für die Gewebe der Wunde ganz indifferent ist und auch keine Intoxication verursachen kann.

Das Blut, die Gewebssäfte und die Gewebszellen enthalten bekanntermaassen Salz. Die Blutzelle wird durch destillirtes Wasser geschwellt, da ihr Salzgehalt entzogen wird und an dessen Stelle Wasser tritt. Mit Salzlösung versetzt, wird die so geschwellte Blutzelle wieder zur normalen Form zurückgeführt. Wenn wir nun zu den Geweben der Wundflächen Salz gelangen lassen, so wird dieses kraft seiner bedeutenden Endosmose von den Zellen aufgesogen, und andererseits entzieht wieder das Salz den Geweben einen Theil ihres Wassergehaltes, wodurch diese compacter, die Granulationen resistenter und dauerhafter werden. Diese Wirkung oder richtiger diese Indifferenz der Salzlösung fällt schwer ins Gewicht, da doch eine rationelle Strömung in der Wundbehandlung alle sogenannten energischen Antiseptica darum eliminiren will, weil sie die Vitalität der Gewebezellen angreifen und diese der schädlichen Wirkung der Mikroorganismen gegenüber wehrlos machen. Unsere Versuche haben uns auch überzeugt, dass die 2 % Kochsalzlösung zur Erhaltung der Asepsis der Wunde resp. zur Verhütung der Zersetzung des Wundsecrets geeignet ist, dass es aber den eingetretenen Zerfall der Gewebe einzudämmen, die Infection aufzuhalten nicht im Stande ist.

Houzé wendete bei stark eiternden Wunden, Empyemen, die Kochsalzlösung mit gutem Erfolge an. Neuber benützt zur Reinigung frischer Wunden ¹/₂ ⁰/₀ Kochsalzlösung, Esmarch in letzter Zeit 6 : 1000 Kochsalzlösung zum Spray vor der Operation und zur Wundirrigation. Maas verwendet das Kochsalz bei der Bereitung der Sublimatgaze (auf 1000 Gramm Gaze 500 Gramm Kochsalz, 150 Gramm Glycerin und 1 Gramm Sublimat), deren Aufsaugungsfähigkeit die grosse Menge des Kochsalzes so erhöht, dass sie das 270fache ihres eigenen Gewichtes aufsaugen kann. Das Sublimat in Verbindung mit Kochsalz (1 : 5) zu benützen, ist auch darum vortheilhaft, weil das Kochsalz die Bildung von Sublimateiweiss befördert, und hiedurch zwar die Wirksamkeit des Sublimats herabsetzt, aber auch die reizende und toxische Nebenwirkung eher vermeiden lässt (Vogel).

NEUNZEHNTES CAPITEL.

Chlormetallverbindungen als Antiseptica. Chlorzink. Die Wirkung starker und schwacher Chlorzinklösungen. Chlorzinkschorf. Chlorzinkverbandstoffe. Ferrum sesquichloratum.

Die Chlormetallverbindungen spielen in der modernen Wundbehandlung eine hervorragende Rolle, obzwar ihre Anwendung in der Wundbehandlung auch schon zur Zeit, als man das Heilen der Wunden für identisch mit dem Reizen derselben hielt, ausgebreitet war. Es muss zwar zugegeben werden, dass letztere Wirkung dieser Stoffe auch heute noch in Betracht gezogen wird; doch ist es vorzüglich die antiseptische Wirkung, auf welche die moderne Wundbehandlung Gewicht legt, und sie rechnet auf die irritirende resp. die Gewebe angreifende Wirkung derselben nur da, wo sie damit die zur Verschorfung führende Tödtung — die Aetzung — der Gewebe erreichen will. —

Das Chlorzink (Zn Cl₂ H₂ O) ist ein energisches Antisepticum,

welches jedoch auch die Gewebe angreift und sie verschorft. Die Frage
bezüglich der antiseptischen Wirkung der verschiedenen starken Chlorzinklösungen ist lange umstritten worden und kann, da die moderne
Strömung auch über dieses Mittel nun schon grösstentheils hinweg ging,
auch heute noch als nicht ganz gelöst betrachtet werden. Billroth,
Lücke, König und Andere konnten nur mit concentrirten Lösungen
eine Desinfection erzielen, während Kocher gerade das Gegentheil erreichte und auf Grund seiner Versuche die schwachen Chlorzinklösungen
empfahl. Koch fand, dass eine 5 % Chlorzinklösung Milzbrandsporen,
die einen Monat darin gelegen waren, nicht in ihrer Entwicklungsfähig-
keit beeinträchtigte. Amüat hingegen konnte Fleisch, welches er in
eine 1 : 500 Lösung von Chlorzink ¼ Stunde liegen liess, Wochen hindurch fäulnissfrei erhalten. Die Vermehrung der Mikroorganismen in
der Nährflüssigkeit konnte eine 1 % Lösung verhindern. Auf Grund
dieser Versuche hält Kocher die 0,2 % Chlorzinklösung zur Erhaltung
der Asepsis, die 1 % Lösung zur Antisepsis hinreichend, und behandelte
die Wunden auf die Art, dass er die Gefässe mit Juniperus-Catgut unter-
band, die Wunde mit Carbolseide nähte, unmittelbar auf die genähte
Wunde in 0,2 % Chlorzinklösung getränktes Guttaperchapapier, darüber
in derselben Lösung getränkte Gaze, dann wieder Guttaperchapapier
und endlich Watte legte und das Ganze mit Binden befestigte. Zur
Desinfection der Instrumente, zum Waschen der Hände, zum Reinigen
des Operationsterrains benützt er (1 bis 4 %) Carbollösung. Trotzdem
er, den veröffentlichten Mittheilungen nach zu schliessen, mit diesen
schwachen Chlorzinklösungen zufrieden sein konnte, so verliess er sie
doch wieder, um zur Carbollösung zurückzukehren, insbesondere deshalb, weil er auch die 0,2 % Chlorzinklösung noch irritirend fand. Die
stärkeren Chlorzinklösungen verwarf er überhaupt, da sie die Integrität
der Gewebe angreifen und nicht nur deren Heiltrieb vernichten, sondern
auch ihre Resistenz gegenüber den infectiösen Noxen herabsetzen, und
so eigentlich die Wunde der Gefahr der Infection blossstellen.

Die irritirende Wirkung der starken Chlorzinklösungen ist nicht so
nachtheilig, wo die Desinfection von bereits in Zerfall begriffenen Gewebstheilen der Wunde nothwendig ist. Hier ist die 8 % Chlorzinklösung, wie sie Lister anwendet, verlässlich und zweckmässig, und
wenn sie auch die bereits im Absterben begriffenen Gewebe ganz zerstört, kann dies nicht viel schaden, um so weniger, als der so entstehende

13*

Aetzschorf die Resorption der giftigen Zersetzungsproducte verhindert. Die 10 bis 15 °/o Chlorzinklösung bildet stets einen Schorf, welcher, energischer als die Aetzschorfe der übrigen Antiseptica, die Resorption der infectiösen Stoffe verhindert (Hack). Bei inficirten Wunden hat man auch von der Irrigation mit stärkeren Chlorzinklösungen gute Erfolge gesehen, und hat bei dieser Anwendungsart das Chlorzink den Vortheil, dass man von der Resorption desselben und damit verbundenen Intoxicationen Nichts zu befürchten hat.

Während also die Chlorzinklösungen bei inficirten Wunden mit Vortheil angewendet werden können, eignen sie sich sonst wenig, da sie auch die granulirenden Wunden irritiren und Schmerzen verursachen; und wo wir die rasche Verklebung der Wundflächen anstreben, dort sichert ein jedes andere, wenn auch minder energische, aber weniger irritirende Antisepticum besser den Erfolg.

Die antiseptische Wirkung des Chlorzinks kann bei der Bereitung der Verbandstoffe gut ausgenützt werden, insbesondere wenn diese nur zur Aufnahme des Wundsecrets dienen, aber mit der Wunde nicht in unmittelbare Berührung kommen sollen. Wir können auf die desinficirende und antiseptische Wirkung des Chlorzinks in den Verbandstoffen um so sicherer rechnen, weil das Chlorzink eine stabile Verbindung ist, sich weder zersetzt noch verflüchtigt. Ein Nachtheil desselben ist nur, dass es die Verbandstoffe (Pflanzenfaserstoffe) selbst angreift und mit der Zeit corrodirt. Bardeleben wendete nasse Verbände mit Watte und Jute, die in 5 bis 12 °/o Chlorzinklösungen getränkt waren, mit gutem Erfolge an. Als ein gutes Verbandmaterial wird auch das am Dorpater Krankenhause benützte Chlorzink-Werg empfohlen, das besonders seine Wohlfeilheit auszeichnet, und das nach der Anweisung Dombrowsky's so bereitet wird, dass das Werg erst mit Schwefeldämpfen desinficirt, dann mit 12 °/o Chlorzinklösung getränkt und in einem zur Hälfte mit Chlorkalk gefüllten und hermetisch schliessenden Blechkasten aufbewahrt wird. Von diesem Präparat wies jedoch Hirschsohn nach, dass es die Zersetzung nicht besonders zu hindern vermag, und dass es zweckmässiger ist, das Werg erst mit Chlordämpfen zu desinficiren und dann mit der Chlorzinklösung zu tränken.

In dem so bereiteten trockenen Chlorzinkwerg war das Antisepticum auch noch nach sechs Monaten in unveränderter Menge vorhanden, und durch das 14 % Chlorzinkwerg filtrirter ammoniakalischer Harn zeigte rasch saure Reaction und klärte sich, während das 8 % Chlorzinkwerg und die 10 % Salicylwatte die Zersetzung des Urins auf diese Art nicht aufhalten konnten.

Weder das Chlorzink, noch die mit Chlorzink bereiteten Verbandstoffe konnten sich allgemeine Verbreitung verschaffen, und sie werden jetzt nur mehr bei der Behandlung inficirter Wunden angewendet.

Ferrum sesquichloratum ($Fe_2 Cl_6 + 12 H_2 O$), das als Hämostaticum in der Wundbehandlung auch schon früher angewendet wurde, ist ein energisches Antisepticum, welches in einer Lösung von 1 : 160 in der bereits in Zersetzung begriffenen Nährflüssigkeit die Mikroorganismen zu tödten und die Flüssigkeit zu sterilisiren vermag, greift aber auch die Gewebe an, ätzt sie und bildet einen Schorf. Diese ätzende Wirkung ist, abgesehen von der Schwärzung der Wunde und deren Umgebung, ein Nachtheil in der Wundbehandlung, so dass es als Antisepticum kaum in Betracht kommt. Damit getränkte, entfettete Watte wird als Verbandstoff bei acuten Verletzungen behufs Blutstillung angewendet, der gleichzeitig gebildete Schorf hindert die Aufsaugung der infectiösen Stoffe. Koeberlé benützt das Ferrum sesquichloratum bei Laparotomien als Verschorfungsmittel; er reinigt die Peritonealhöhle mit einer schwachen Lösung und verschorft die Wundfläche des Cystenstiels; er führt übrigens die Wunde nur unter Anwendung von reinem Wasser und reiner Charpie zur Heilung.

ZWANZIGSTES CAPITEL.

Quecksilbersublimat. Wirkung des Sublimats auf die Mikroorganismen und die Eiweissstoffe. Anwendung des Sublimats zur Desinfection nicht eiweisshaltiger Stoffe. Anwendung des Sublimats auf die Wunden. Sublimatintoxication. Sublimatbehandlung. Sublimatcatgut. Sublimatseide. Sublimatverbandstoffe. Bruns: Sublimat-Holzwolle; Trockenverband. Feuchter Sublimatverband. Offene Wundbehandlung mit Sublimat. Sublimatserum als Antisepticum. Kalomel als Antisepticum.

Das Quecksilber — corrosiv sublimat. — ($Hg Cl_2$) ist eines der wirksamsten Antiseptica. In einer Lösung von 1 : 300000 hindert

es die Entwicklung der Mikroorganismen in der Nährflüssigkeit, in einer
Lösung von 1 : 20000 tödtet es die Mikroorganismen vollständig (Buchholz, Koch). Das Sublimat äussert seine antiseptische Wirkung
auch rasch, wie dies die Versuche Gärtner's und Plagge's beweisen,
bei denen die 1 : 1000 Sublimatlösung sämmtliche Mikroorganismenarten
in den Nährflüssigkeiten binnen acht Secunden vernichtete. Diese selbst
bei starker Verdünnung bedeutende antiseptische Wirkung ist es, welche
diesen sonst so corrodirenden und giftigen Stoff in der Wundbehandlung
verwendbar macht. Ja, wenn dieser bedeutende Wirkungscoëfficient,
welchen die obigen Zahlen ausdrücken, auch in der Wundbehandlung
voll zur Geltung käme, so wäre das Sublimat das Ideal der Antiseptica,
denn bei einer Verdünnung von 1 : 300000, oder auch nur von 1 : 20000
kommt die giftige Wirkung des Sublimats auf die Gewebe und auf den Organismus kaum mehr in Betracht. Jedoch diese hohen Zahlen, welche
Koch und Andere bezüglich der desinficirenden Wirkung des Sublimats
im Wege des Experiments festgesetzt haben, fallen bedeutend ab, wenn
das Sublimat, in der Wundbehandlung verwendet, mit den Geweben der
Wunde und dem Wundsecret in Berührung kommt.

Wenn das Sublimat mit den eiweisshaltigen Geweben und Flüssigkeiten in Berührung kommt, bildet sich Sublimateiweiss, und daher wird die Menge des freien und wirksamen Sublimats in dem Maasse
geringer, als das mit der Wunde in Berührung kommende Sublimat Eiweiss findet, mit welchem es sich zu diesem, in seiner Wirkung weit
hinter dem Sublimat zurückbleibenden Sublimateiweiss verbindet. Befördert wird diese Wirkung des Sublimats durch den Salzgehalt der Gewebe, und bei grossen Wundflächen und profusem Wundsecret ist bald
ein Zeitpunkt erreicht, in welchem gar kein freies Sublimat mehr vorhanden und demgemäss auch keine Sublimatwirkung zur Geltung kommt.

Diese Eigenschaft des Sublimats bestimmt seinen Werth in der
Wundbehandlung, da dessen bedeutende antiseptische Wirkung dort voll
zur Geltung gelangen kann, wo es nicht mit eiweisshaltigen Stoffen in
Berührung kommt, während es dort, wo es seine Wirkung auf Eiweissstoffe entfalten soll, in grösserer Menge resp. in stärkerer Concentration
angewendet werden muss.

Das Sublimat ist also zur Desinfection der mit der Wunde in Berührung kommenden Gegenstände, mit Ausnahme der Metallinstrumente,
auch in sehr verdünnten Lösungen geeignet. Es eignet sich zur Des-

infection der Schwämme, zur Bereitung des Catguts und der Nähseide, zur Abspülung des vorher von den eiweisshaltigen Stoffen gereinigten Operationsterrains, zur raschen und gründlichen Desinfection der vorher ebenfalls gereinigten Hände, kurz es eignet sich vollkommen in jenem Theile der Wundbehandlung, welche sich auf die Prophylaxis der Infection bezieht. Hier genügen auch die schwachen Lösungen; 1 : 1000 für die Desinfection und 1 : 5000 zur Erhaltung der Asepsis reichen vollauf hin.

In unmittelbarer Berührung mit der Wunde sichern jedoch diese verdünnten Lösungen weder die Antisepsis, noch die Asepsis; sie sichern sie bei frischen Wunden nicht, wo das Blut das Sublimat sogleich bindet, und auch nicht bei profus secernirenden granulirenden Wunden, wo das Eiweiss des Wundsecrets das Sublimat bindet und die Wirkung des Antisepticums schwächt. Dieser Ausfall der antiseptischen Wirkung, welche durch die erwähnte Metamorphose des Sublimats verursacht wird, lässt sich bei frischen Wunden durch grössere Mengen der Sublimatlösung, bei profus secernirenden durch die concentrirtere Anwendung des Sublimats in den Verbandstoffen ersetzen.

Die Anwendung grösserer Mengen Sublimats, sei es nun in grösseren Mengen verdünnter Lösungen, oder in Form concentrirterer Lösungen oder Mischungen des Sublimats, ist weder für die Wunde, noch für den Organismus gleichgültig. Dass das Sublimat für die Gewebe der Wunde nicht indifferent ist, beweist der Umstand, dass es sich mit dem Eiweiss verbindet, und diese Eiweissverbindung bildet sich ohne Zweifel auf Kosten der Integrität der Gewebszellen. Damit hängen die Resultate der Experimente Ehrlich's zusammen, laut welchen das Sublimat die rothen Blutkörperchen bei einer Verdünnung von 1 : 30000 sofort auflöst, während eine Lösung von 1 : 90000 diese »Auflösung« der Blutkörperchen in drei Tagen zu Stande bringt.

Thatsache ist, dass derselbe Umstand, welcher die desinficirende Wirkung des Sublimats herabsetzt, auch die giftigen Eigenschaften desselben verringert. Nur dadurch, dass das Sublimat mit dem Eiweiss eine unlösliche und auch nicht resorbirbare Verbindung bildet, ist die Anwendung des selbst in kleinen Quantitäten so giftigen Sublimats auf die Wunden ermöglicht. Trotzdem ist jedoch die toxische Wirkung des Sublimats von der Wunde aus nicht ausgeschlossen; sie kann schon auf Grund jener theoretischen Auffassung nicht als ausgeschlossen betrachtet

werden, nach welcher bei der Anwendung aller Quecksilberpräparate mit
einer gewissen individuellen Idiosynkrasie gerechnet werden muss. Es
mehren sich aber auch die positiven Daten von der irritirenden resp.
toxischen Wirkung des Sublimats als Wundbehandlungsmittel, und zwar
in dem Maasse, in welchem das Sublimat als Antisepticum an Terrain
gewinnt.

Die ätzende resp. irritirende Wirkung des Sublimats zeigt sich in
localen, die toxische Wirkung in Allgemein-Symptomen. — Die ätzende
Wirkung des Sublimats trifft insbesondere die Haut in der Umgebung der Wunde. Schmerzhafte Erytheme, welche, von der Umgebung
der Wunde ausgehend, sich auf die Haut des ganzen Körpers verbreiten,
Ekzeme, die nicht nur die rasche Verklebung und Ueberhäutung der
Wundflächen verhindern, sondern auch die resorbirende Fläche, auf
welche das Sublimat wirkt, vergrössern und die eventuelle Resorption
des Sublimats befördern, wurden häufig beobachtet.

Die Allgemein-Symptome der Sublimatintoxication
sind auch bei dieser Anwendungsart fast dieselben als bei anderen An-
wendungsarten der Quecksilberpräparate. Hyperämie und Ulcerationen
der Mundschleimhaut, Irritation der Speicheldrüsen und Salivation, Magen-
und Darmkatarrh mit profusen und zuweilen blutigen Diarrhöen, Nekrose
der Darmschleimhaut, die sich in Fetzen abstösst, Nieren-Irritation mit
Albuminurie oder Ischurie, allgemeine Hyperästhesie, Gereiztheit oder
Collaps, das sind die bisher constatirten Allgemein-Intoxicationssymptome,
welche in manchem Falle nach dem Aussetzen des Sublimats auch zurück-
gingen, oft aber rasch zu letalem Ende führten.

Ein Theil der bisher observirten und mitgetheilten Intoxicationsfälle
kam nicht in der strict chirurgischen, sondern in der geburtshülflichen
und gynäkologischen Praxis, gelegentlich der Ausspülung von Scheide
und Uterus vor. Hier kommt noch zur Resorption von der Uterus- oder
Scheiden-Wundfläche das grössere Aufsaugungsvermögen der Schleimhäute. Dass es aber, direct zur Ausspülung von Wundhöhlen angewendet, auch Intoxication verursachen kann, beweist der Fall Goldhaber's, wo nach der Exstirpation eines Mammacarcinoms die Wunde
mit einer 1 : 1000 Sublimatlösung ausgespült wurde, und trotzdem dabei
nur circa 200 Gramm der Flüssigkeit, also 0,2 Gramm des Sublimats
mit der Wunde in Berührung kamen, nach einigen Stunden sämmtliche Symptome der Sublimatintoxication auftraten. Aber nicht blos die

Anwendung der Sublimatlösungen, sondern auch die trockenen Sublimat-verbandstoffe können Anlass zur acuten und tödtlichen Intoxication geben, wie dies Mikulicz's Fall beweist, der nach der Exstirpation eines Mammacarcinoms die Wunde mit Carbollösung reinigte und sie dann mit einem Sägespänepolster, der mit Sublimat imprägnirt war, bedeckte. Ueberall auf der Haut, wo diese mit dem Sublimatverband in Berührung kam, trat noch am selben Tage ein Erythem, bald nachher ein Ekzem auf; dabei wiesen Stomatitis, blutige Diarrhöe und frequenter schwacher Puls auf die Allgemein-Intoxication, und ging der Patient, trotz der raschen Entfernung des Sublimatverbandes, unter Symptomen der Sublimatintoxication am neunten Tage mit dem Tode ab. — Nach den Erfahrungen an der Klinik Schede's, wo im Verlaufe von $2^1\!/_2$ Jahren 14 mehr oder minder ausgesprochene Fälle von Sublimatintoxication zur Obduction gelangten, meint Fränkel, dass die Anwendung des Sublimats, besonders bei kachektischen oder fetten Individuen, mit Gefahr verbunden sei. — Die bisher gesammelten Erfahrungen über die Sublimatintoxication weisen darauf hin, dass die Anwendung des Sublimats, besonders bei zur Diarrhöe inclinirenden, mit Nierenleiden behafteten, anämischen und kachektischen Individuen, mit Gefahr verbunden ist.

Die Symptome der chronischen Sublimatintoxication werden an Kranken, die der Wirkung des Sublimats doch nur eine gewisse und nicht allzulange Zeit ausgesetzt sind, wahrscheinlich nicht häufig beobachtet werden, desto mehr sind aber Aerzte, die sich anhaltend mit der Sublimatbehandlung abgeben, dieser Gefahr ausgesetzt. Schmerzhafte Risse an der Haut der Hände sind gewöhnliche Begleiter der Sublimatbehandlung.

Das Sublimat ist also auch, in der Wundbehandlung angewendet, ein Mittel von gefährlicher Nebenwirkung, und ist diese Eigenschaft desselben um so schwerwiegender, je weniger die Factoren bekannt sind, welche zu dieser toxischen Wirkung beitragen, je mehr es von der individuellen Prädisposition abhängt, bezüglich welcher wir nur auf Vermuthungen angewiesen sind, und je weniger es in unserer Macht steht, gegen die Symptome der Intoxication, sei es durch Fortlassen des Mittels, sei es durch Verabreichung eines Antidots, anzukämpfen. Gegen den Collaps bei einer Sublimatintoxication, die einer Laparotomie folgte (bei welcher nur in 1 : 5000 Sublimatlösung getauchte und ausgedrückte

Schwämme mit der Peritonealhöhle in Berührung kamen), wendete
K ü m m e l eine Kochsalzinfusion (1500 Gramm 0,6 ^{0} 0 Kochsalzlösung)
mit Erfolg an. Die Collapserscheinungen, nachher auch die übrigen Intoxicationssymptome, schwanden und die Kranke genas.

Selbst bei der Berücksichtigung der toxischen Eigenschaften bleibt
das Sublimat ein werthvolles Antisepticum, besonders deshalb, weil in
den meisten Fällen mit kleinen Quantitäten desselben sich viel erreichen
lasst, weil seine Anwendungsart einfach und leicht, und weil es wohlfeil ist. Die leichte Anwendbarkeit des Sublimats bewirkte, dass es in
den verschiedensten Methoden der Wundbehandlung Anwendung fand,
und von diesen war es wieder in erster Reihe diejenige, bei welcher das
Sublimat ganz an die Stelle des Carbols trat, und das Carbol nur zum
Spray und zur Desinfection der Instrumente behalten wurde, und auch
sonst alle Momente des Lister-Verbandes blieben. Dass es im Allgemeinen als kein grosser Gewinn betrachtet werden kann, wenn die
Umständlichkeit der Behandlung dieselbe bleibt, und nur das eventuell
toxische Carbol durch das ebenfalls eventuell toxische Sublimat ersetzt
wird, ist leicht einzusehen.

Z u r D e s i n f e c t i o n d e r S c h w ä m m e ist die 1 : 1000 Lösung
des Sublimats hinreichend, wenn selbe vorher mit Wasser und Seife von
eiweisshaltigen Stoffen gereinigt wurden; verlässlich sind auch mit derselben Lösung getränkte entfettete Wattebäusche, wie auch gut ge-
waschene Leinwandcompressen. Zur Desinfection der Instrumente ist
das Sublimat aus dem Grunde nicht geeignet, weil es die Metallbestandtheile derselben angreift.

Gut eignet sich das Sublimat zur D e s i n f e c t i o n d e r N ä h s e i d e
u n d d e s C a t g u t s. Verlässlich aseptisch ist die nach H ä g e r's Anweisung durch 2 Stunden in 1 ^{0} 0 Sublimatlösung gekochte und in 1 ^{0}/00
Lösung aufbewahrte Nähseide. Das Catgut liegt 12 Stunden in 1 %
Sublimatlösung und wird nachher in $^1/_4$ % Alkohol-Sublimatlösung mit
Zusatz von 10 ^{0} 0 Glycerin aufbewahrt. N e u b e r wäscht die Darmseiten mit Seife, legt sie für einen Tag in 1 : 1000 Sublimatlösung und
bewahrt sie in 1 : 1000 Sublimat-Alkohollösung auf. Diese Präparation
des Catguts ist vortheilhafter und verlässlicher als die mit Carbolsäure,
weil das Sublimat auch die Anthraxsporen ganz bestimmt unschädlich
macht. Das mit Sublimat präparirte Catgut ist überdies auch wohlfeiler
als das Carbol oder Juniperuspräparat, ist hinreichend schmiegsam,

auch bei stärkerer Qualität elastisch, und die dünneren Fäden auch genug stark.

Im Zusammenhange mit der Sublimatbehandlung wurde von S c h e d e der aus Glasfäden gedrehte G l a s d r a i n angewendet, welchen er in 1 : 1000 Sublimat taucht, und der nur eine capillare Wirkung hat. Zur Desinfection der G u m m i d r a i n s erscheint das Sublimat auch geeignet, obzwar Manche im Lumen der so präparirten Gummidrains Schwefelquecksilber fanden (F i s c h e r).

Z u r D e s i n f e c t i o n d e r H ä n d e und des O p e r a t i o n s t e r r a i n s eignet sich die 1 % Sublimatlösung, aber nur dann, wenn der eiweisshaltige Talg der Hautfläche vorher mit Wasser, Seife und Bürste entfernt wurde.

Z u r R e i n i g u n g resp. z u r D e s i n f e c t i o n d e r W u n d e wird die 1 : 1000 Sublimatlösung als Irrigation angewendet. Bei frischen Wunden ist wegen der grösseren Blutmenge eine grössere Quantität der Sublimatlösung erforderlich. Die Irrigation erfordert aber grosse Vorsicht. Die reichliche Irrigation ist mit Rücksicht auf die giftige Nebenwirkung des Sublimats überhaupt nicht rathsam. Bei Wundhöhlen von grosser Aufsaugungsfähigkeit (Peritonealhöhle) thut man gut, die schwächsten (1 : 5000) Sublimatlösungen zu verwenden (K ü m m e l).

Auch bei der Sublimatbehandlung liegt der Schwerpunkt seiner Anwendung in den Verbandstoffen. Der antiseptischen Wirkung des Sublimats steht in den Verbandstoffen die neutralisirende Wirkung des Wundsecrets in noch höherem Maasse gegenüber, und muss daher mit Rücksicht auf die verlässliche Antisepsis der Sublimatgehalt der Verbandstoffe ein grösserer sein. Da die Anwendung concentrirterer Sublimatlösungen in kleinen Verbandstoffmassen nicht ungefährlich scheint, so kamen im Zusammenhange mit der Sublimatwundbehandlung die grösseren Verbände in Umlauf. Die Löslichkeit des Sublimats in Wasser (1 : 16) und dessen Beständigkeit erleichtern die Bereitung der Verbandstoffe.

B e r g m a n n , der das Sublimat nach dem Schema der L i s t e r schen Carbolantisepsis anwendet, behielt auch die Gaze als Verbandstoff bei und imprägnirte sie mit Sublimat, indem er 10 Th. Sublimat in 500 Th. Glycerin, 1000 Th. Alkohol und 1500 Th. Wasser auflöst, mit dieser Lösung die Gaze tränkt und trocknet. Einen Vortheil dieses Präparates gegenüber der Carbolgaze soll der Umstand bilden, dass das Antisepticum aus demselben nicht entweicht. Die Versuche

K r a t s c h m e r's (1884) haben ja doch erwiesen, dass nicht nur während
der Bereitung ein Theil des Sublimats verloren geht, sondern dass auch
die im geschlossenen Gefässe bewahrte Gaze, die pro Meter 30 Milli-
gramm Sublimat enthielt, nach 3 Monaten kaum mehr Spuren von
Sublimat aufwies. Bei den Versuchen L a s a r s k i's verlor die mit
2 ^{0}o Aether-Sublimatlösung getränkte Gaze in 20 Wochen an der Luft
^{1}o bis ^{1}2, das verschlossene Präparat ^{1}4 des Sublimatgehaltes. Das
Sublimat in der Gaze ist also nicht so flüchtig als das Carbol, kann
aber, was seine Beständigkeit anbelangt, doch nicht ganz verlässlich genannt werden. Wenn wir hiezu noch jenes durch Versuche constatirte
Factum nehmen, dass wenn 120 Gramm einer septischen Flüssigkeit durch
die 36fache Schichte ^{1}2 ^{0}o Sublimatgaze 30 Minuten hindurch filtrirt
wurden, das Filtrat schon in der ersten Zeit des Filtrirens lebensfähige Mikroorganismen aufwies, deren Zahl in dem Maasse wuchs, als
das Eiweiss der filtrirten Flüssigkeit das Sublimat der Gaze neutralisirt
hatte (G i a r d a n o 1884), so können wir zur antiseptischen Wirkung
dieser Sublimatgaze da, wo sie zur Aufnahme von septischem Wundsecret dienen soll, kein sehr grosses Vertrauen hegen. Auch unsere
eigenen Versuche haben den Beweis geliefert, dass die mit 1 : 1000
Sublimat getränkte und feucht applicirte Gaze resp. das in dieselbe
imbibirte Wundsecret schon am dritten bis vierten Tage zahlreiche
Mikroorganismen enthielt, selbst wenn die Wunde indessen ganz aseptisch war.

    S c h e d e wendet auch S u b l i m a t w a t t e an, die er wie die
S u b l i m a t g a z e so bereitet, dass er den Verbandstoff mit einem Gemisch von 1 Th. Sublimat, 190 Th. Wasser und 10 Th. Glycerin tränkt.
Er versuchte auch S u b l i m a t p u l v e r p r ä p a r a t e als Verbandstoffe.
Erst benützte er hiezu G l a s p u l v e r, welches er vorher noch mit concentrirter Schwefelsäure desinficirte. Den Q u a r z s a n d glühte er zu
demselben Zwecke in einem Thongefässe aus und versetzte ihn dann
mit Sublimatätherlösung. Mit diesem Pulver bestreute er zur raschen
Verklebung bestimmte genähte und granulirende Wunden, füllte
damit Hohlgänge aus, und war mit dem Erfolge, was die Asepsis betrifft, zufrieden. Die Vortheile dieser a n o r g a n i s c h e n a n t i s e p t i-
s c h e n V e r b a n d s t o f f e sind viel schwerer zu entdecken als die zahl-
zeichen Unannehmlichkeiten, mit welchen ihre Anwendung verbunden
ist. Glaspulver und Quarzsand sind Stoffe, mit welchen das Sublimat

in der möglichst ungünstigen Form, nämlich in Krystallform, auf die
Wunde gebracht wird, wie auch in der That unter dem Mikroskop die
den Sandkörnchen anhaftenden Sublimatkrystalle sichtbar sind (Kümmel).
Wenn der Sand und das Glaspulver in Calicobeutel (ein dichteres Baum-
wollgewebe) gefüllt, welche in Sublimatlösung getränkt waren, auf die
Wunde gebracht wurden, so war das Gewicht der Beutel zu gross.
Diesem letzteren Umstande wollte S c h e d e damit abhelfen, dass er die
S t e i n k o h l e n a s c h e zum Verband benützte, welche weich und leicht
ist, und nebstdem, dass sie selbst aseptisch ist, noch mit 1 : 2000
Sublimatlösung befeuchtet wurde. Auch die Asche wurde in Calicobeutel gewickelt, und damit auch dieser organische Stoff aus dem Verbande ausgeschlossen werde, wurden später aus A s b e s t g e w e b e verfertigte Beutel angewendet. Mit solchen 1½—2 Finger dicken Aschen-
beuteln wurde die Wunde bedeckt, indem das Aufsaugen des Wundsecrets
diesem anorganischen Verbandstoffe überlassen und auch darauf gerechnet
wurde, dass das imbibirte Wundsecret eintrocknet und seine Zersetzung
auch hiedurch verhindert wird. Als einen sich der Wunde resp. dem
Körper gut anschmiegenden, weichen und gut aufsaugenden Verbandstoff
wendete S c h e d e auch die G l a s w a t t e (ein aus feinen, biegsamen
Fäden bestehendes neues Glasproduct) an, welche er, mit 1 : 1000
Sublimatlösung getränkt, unmittelbar auf die Wunde legt, und die auf
diese Art das Protective und die feuchte Krüllgaze des Lister-Verbandes
zu ersetzen berufen ist. Sie hat auch den Vortheil, dass sie ausgewaschen, mit Sublimatlösung getränkt und wiederholt benützt werden
kann. K ü m m e l (1882), der diese Stoffe empfiehlt und auf die mit
demselben erzielten Resultate hinweist, findet es für gut zu bemerken,
dass man nie mit einem solchen Verbande günstige Resultate erzielen
und denselben genügend lange Zeit wird liegen lassen können, wenn
nicht eine strenge primäre Antisepsis stattgefunden hat, nämlich für reine
Hände, reine Schwämme, reine Instrumente und reines Wärterpersonal
Sorge getragen wurde.

B r u n s desinficirt d i e H o l z w o l l e mit 1 ⁰/₀₀ Sublimatlösung und
legt sie, mit ½ ⁰/₀ Sublimat und 5 ⁰/₀ Glycerin imprägnirt, in Gazebeutel
gewickelt als Polster auf die Wunde, die er unmittelbar mit einem
Sublimat-Glaswollebausch bedeckt. Der mit Gazebinden fixirte Verband
bleibt auch länger als eine Woche (2—3 Wochen) liegen. Bei dieser
Anwendungsart der Holzwolle rechnet B r u n s auf das bedeutende Auf-

saugungsvermögen der Holzwolle, und da er den Verband mit keinem
impermeablen Stoff verschliesst, auch auf das Austrocknen des Wundsecrets im Verbande. Da die Wunde auf diese Art von allem Wundsecret befreit und trocken wird, nennt B r u n s den Verband einen
T r o c k e n - V e r b a n d. Das in der Holzwolle sich ansammelnde Wundsecret wird hier also nicht vor den infectiösen Keimen der Luft geschützt, B r u n s fürchtet diese selbst dann nicht, wenn die Holzwolle
nicht mit Sublimat imprägnirt ist, da er eben die Zersetzung des eingetrockneten Wundsecrets nicht zu befürchten braucht. Thatsache ist,
dass die Erfolge, welche Bruns mit diesem Verbande erzielt, vorzügliche
sind, und wenn wir in Betracht ziehen, dass die Wirkung des Sublimats
im Verbande in Folge der neutralisirenden Wirkung des Wundsecrets
thatsächlich gering ist, so ist die Annahme berechtigt, dass die Holzwolle als ein die Aufsaugung und Austrocknung des Wundsecrets vorzüglich befördernder Verbandstoff die Asepsis auch ohne Antisepticum
zu sichern vermag. Ein Nachtheil dieses Verbandes ist das grosse Volumen und die Lockerheit, welche das Fortgleiten des Verbandes ermöglichen, selbst wenn man ihn mit den fixirenden Binden fest anzieht.
Gleich der Holzwolle werden auch die anderen Holzstoffpräparate, die
W a l d w o l l e, die C e l l u l o s e, die H o l z c h a r p i e, mit Sublimat imprägnirt als Trockenverbände benützt. Auch das T o r f m o o s, in
Form von Kissen und Platten (H a g e d o r n, L e i s r i n k) und vor der
Anwendung mit Sublimatlösung befeuchtet, hat sich mit Erfolg bewährt.

Das Sublimat wird auch wie das Carbol zu f e u c h t e n   V e r -
b ä n d e n verwendet, indem man die Verbandstoffe entweder unmittelbar vor der Anlegung mit der Sublimatlösung befeuchtet oder längere
Zeit vorher darin liegen lässt, und sie feucht auf die Wunde legt. So
wendet man feuchte Sublimatgaze, feuchte Sublimatwatte und Sublimat-
Juteverbände an, indem man die mit Sublimatlösung getränkten Verbandstoffe vor dem Anlegen ausdrückt. Der Torf und das Moos werden nur unmittelbar vor der Anwendung mit der Sublimatlösung befeuchtet. Einen Vortheil dieser feuchten Verbände bildet die bestimmte
Quantität des eingesaugten Antisepticums, einen Nachtheil die bedeutendere Aetzung durch das Sublimat und die Verringerung der Imbibition,
welch letztere jedoch von dem Verbandstoffe abhängt, und wenn dieser
leicht trocknet, unbedeutend ist.

Auch in Verbindung mit d e r   o f f e n e n   W u n d b e h a n d l u n g wird das Sublimat angewendet. Schede wendet bei eitrigen Phlegmonen und bei inficirten Wunden feuchte Sublimatumschläge an. Freudenberg (1884) benützte 1 : 5000 Sublimatlösung zur continuirlichen Irrigation in je einem Falle von Phlegmone des Arms und Gangräne des Unterschenkels mit gutem Erfolge und ohne Intoxicationserscheinungen. Das Ausbleiben der letzteren ist wahrscheinlich der grossen Menge von Wundsecret zu danken, welches das Sublimat in das ungefährliche Sublimateiweiss verwandelte.

König empfiehlt endlich das Sublimat auch zur Desinfection von inficirten Krankenräumen, indem er 50—60 Gramm Sublimat auf glühende Kohlen legt, die gut verschlossene Localität durch mehrere Stunden der Wirkung der Sublimatdämpfe aussetzt. und nachträglich mit Schwefeldämpfen die in der Luft suspendirten Sublimatreste niederschlägt.

Das Sublimateiweiss, welches sich bei Einwirkung von Sublimat auf die eiweisshaltigen Stoffe bildet, verringert zwar die antiseptische Wirkung des zur Anwendung gelangten Sublimats, entfaltet aber, wie die Eiweissniederschläge überhaupt, welche sich bei der Einwirkung der antiseptischen Metallsalze bilden, eine bedeutende Resistenz gegenüber der Fäulniss, und ist gewissermaassen auch als Antisepticum zu betrachten. Auf diese Eigenschaft des Sublimateiweisses lenkt neuestens Lister (1884) die Aufmerksamkeit, da er übrigens mit der Verlässlichkeit der flüchtigen Antiseptica, wie das Carbol und das Eucalyptusöl, nicht zufrieden ist, und diesen gegenüber ebenfalls die Verlässlichkeit des Sublimats hervorhebt. Als ein Präparat, welches die verlässliche antiseptische Wirkung des Sublimats ohne dessen ätzende und toxische Eigenschaften besitzt, hat sich ihm das Sublimatserum bewährt, welches er aus 1 Th. Sublimat und 100—150 Th. Blutserum (Pferdeblut) bereitet. Es bildet eine klare Flüssigkeit, welche Lister in Gaze imprägnirt, so dass auf einen Gewichtstheil Gaze $2^1\!2$ Theile Flüssigkeit kommen. Diese Serum-Sublimatgaze soll nach Lister's Angaben ganz der Aufgabe eines guten Verbandstoffes entsprechen, indem sie weich, aufsaugend, und eben so antiseptisch wie die Carbolgaze ist, vor welcher sie den Vortheil hat, dass sie haltbarer ist, die Wunde und die Haut nicht irritirt und keine Intoxication verursachen kann.

Das Sublimat und die Sublimatpräparate dominiren die Antisepsis der neuesten Zeit, und da die antiseptische Wirkung des Sublimats sich

mit vielseitiger und leichter Anwendbarkeit paart und die Sublimatpräparate auch an Stabilität die meisten anderen antiseptischen Präparate übertreffen, so verdient dieses Antisepticum bei vorsichtiger Anwendung unter den immer neu auftauchenden Mitteln mit Recht den
ersten Platz. Doch nur die v o r s i c h t i g e A n w e n d u n g kann dem
Sublimat diesen Platz erhalten, wie es ja zugegeben werden muss, dass
ihm gewisse Vortheile anderer Antiseptica abgehen. Dass es selbst geruchlos ist, kann als Vortheil gelten, gewiss ist aber, dass es an des-
odorisirender Wirkung, worauf es doch zuweilen auch ankömmt, weit
hinter dem Carbol zurückbleibt, ja oft haben die mit Wundsecret vollgesaugten Sublimatverbände einen intensiven üblen Geruch, ein Umstand, den wir auch selbst bezeugen können, und der z. B. K i e r in
manchem Falle zur Sistirung der Sublimatwundbehandlung bewog. —
Thatsache ist ferner, dass bei der Sublimatwundbehandlung die Wundinfectionskrankheiten noch viel seltener wurden (S c h e d e), und nur
das Erysipel konnte selbst bei dieser Behandlung nicht ausgeschlossen
werden.

Neuestens wurde auch das K a l o m e l als Antisepticum in der
Form von Streupulver empfohlen (T ö p l y). Da sich Kalomel in der
Gegenwart von Kochsalz, welches doch die Gewebe und Gewebssäfte
enthalten, in Sublimat umwandelt, und diese Umwandlung auch durch
die Körpertemperatur begünstigt wird (F l e i s c h e r), so lässt sich die
antiseptische Wirkung des Kalomels als Sublimatwirkung auffassen. Da
es in den Wundsäften nicht sehr löslich ist, bildet es oft einen Schorf,
unter welchem die Wunde ungestört heilen kann.

EINUNDZWANZIGSTES CAPITEL.

**Schwefelverbindungen als Antiseptica. Schwefelsäure. Schwefelige
Säure. Schwefel-Kohlenstoff. Schwefeligsaures Natron. Schwefel-
saures Zink. Schwefelsaures Kupfer. Zincum sulfocarbolicum.
Alaun.**

Die Schwefelverbindungen waren zum Theil schon früher als Wundbehandlungsmittel in Verwendung, zum Theile gelangten sie in neuester
Zeit auf Grund ihrer desinficirenden Eigenschaften in die Reihe der

Wundantiseptica. — Von diesen können manche ob ihrer ätzenden Wirkung mit der Wunde direct gar nicht in Berührung gebracht werden und dienen nur zur Desinfection von Gegenständen, die mit der Wunde in Berührung kommen, oder zur präventiven Desinfection von Verbandstoffen.

Die Schwefelsäure (H_2SO_4) hemmt bei einer Verdünnung von 1 : 160 die Entwicklung und Vermehrung der Mikroorganismen. Sie dient zur Desinfection von Verbandwerg, Glaswolle und Glaspulver. Den Vorschlag, dass die Schwefelsäure concentrirt zur Entfernung von cariösen oder nekrotischen Knochentheilen, oder verdünnt und in Charpie imprägnirt, zum Ausfüllen fungöser Gelenke angewendet werde (Pollok 1875), hat bisher Niemand befolgt.

Die schweflige Säure (SO_3H_2) hindert bei einer Verdünnung von 1 : 666 die Vermehrung der Mikroorganismen, wirkt nicht so irritirend wie die Schwefelsäure, und ist auch nicht toxisch. Die 50 % wässerige oder Glycerinlösung ist zur Abspülung inficirter Wunden, die 5 % Lösung zur continuirlichen Irrigation und zur Ausspülung von Wundhöhlen sehr geeignet. Bei Erysipel wurde sie zu Umschlägen gebraucht; ihre Wirkung ist aber hier, wie die aller anderen Antiseptica, nicht sicher.

Der Schwefel-Kohlenstoff (CS_2) ist ein flüchtiger und intensiv übelriechender Stoff, der, wie Pasteurs Untersuchungen beweisen, ein energisches Antisepticum ist. Bei atonischen Geschwüren hat es Michel (1875) angewendet, indem er die Geschwürsflächen mit Wattetupfern, die mit Schwefel-Kohlenstoff imprägnirt waren, touchirte und dann mit Wismuth oder Reispulver bestreute. Neuestens empfiehlt ihn Scheller (1885) in einer Lösung von einem halben Gramm in einem Liter Wasser, besonders zur Desinfection von Wunden und Geschwüren der Schleimhautgewebe.

Das schwefligsaure Natron wird von Münnich zur Desinfection und zur Bereitung von antiseptischer Gaze verwendet, indem er hiezu eine wässerige Lösung von 1 : 9 benützt, die er mit einem halben Theil Glycerin versetzt.

Von den Schwefel-Metallverbindungen sind besonders das schwefelsaure Zink und das schwefelsaure Kupfer als Antiseptica zu erwähnen. Ersteres hindert die Entwicklung der Mikroorganismen bei einer Verdünnung von 1 : 50, kann aber dabei ihre Sporen nicht tödten;

letzteres vernichtet bei einer Lösung von 1 : 160 die Mikroorganismen vollständig. Die sehr verdünnte wässerige Lösung des schwefelsauren Zinks wird zur continuirlichen Irrigation und zu Umschlägen, die stärkere Lösung des schwefelsauren Kupfers zur Desinfection atonischer oder phagadenischer Geschwüre resp. zu Anätzung derselben verwendet. Bei der Verwendung dieser Stoffe kommt immer auch ihre adstringirende Wirkung in Betracht, welche auf der theilweisen Entziehung des Wassergehaltes der Gewebe und der Coagulirung des Eiweisses beruht.

Zincum sulfocarbolicum [$C_6 H_4 (O H) SO_3$]$^{'2}$ Zn + 6 H$_2$ O ist ein weisser krystallförmiger Stoff, der in destillirtem Wasser und Alkohol leicht löslich ist. Bottini (1884) äussert sich nach zweijähriger Anwendung des Mittels äusserst befriedigend über die antiseptische Wirkung desselben. Es wirke bereits in einer 5 % Lösung energisch desinficirend, und sei selbst die 10 bis 15 % Lösung nicht gefährlich. Schwächere Lösungen, als sie Bottini benützt, irritiren die Gewebe in der That nicht, und die 2 % Lösung kann auch in Wundhöhlen eingespritzt werden, die stärkeren Lösungen wirken aber reizend. — 10 Theile dieses Antisepticums mit 90 Theilen Magnesium oxydatum gemengt, geben ein gutes antiseptisches Streupulver, das nicht toxisch wirkt und daher vortheilhafter als Jodoform ist.

Alaun (schwefelsaures Kalium-Aluminium) ist ein altes Wundheilmittel, dessen zusammenziehende, trocknende Wirkung zur Heilung atonischer Geschwüre, zur Vernichtung ödematöser Granulationen und auch zur Blutstillung ausgenützt wurde. Der Alaun coagulirt das Eiweiss und entzieht den Geweben Feuchtigkeit; hierauf beruht auch seine schorfbildende Eigenschaft. Er hemmt die Entwicklung der Mikroorganismen selbst bei einer Verdünnung, bei welcher die Gewebe der Wunde nicht sehr irritirt werden. Es unterliegt keinem Zweifel, dass der Alaun ein gutes Antisepticum ist und als Pulver, mit irgend einem indifferenten Stoff gemengt, oder in Lösung, wie es die Erfahrungen Smith's (1870) bewiesen, gute Dienste leistet; aber in der stets nach Neuem jagenden Strömung wurde dieses alte Mittel trotz seiner Brauchbarkeit aus der Wundbehandlung verdrängt. — Das in Schweden benützte Aseptin besteht aus 2 Th. Borsäure, 1 Th. Alaun und 18 Th. Wasser und soll ein verlässliches Antisepticum sein. —

ZWEIUNDZWANZIGSTES CAPITEL.

Bismuthum subnitricum. Kocher's Wundbehandlungsmethode; Secundärnaht. Wismuthemulsionen. Toxische Wirkung des Wismuths.
Werth des Wismuths in der Wundbehandlung. Argentum nitricum.

Bismuthum subnitricum ($N O_3 [O H]_2$ Bi) ist nach den Untersuchungen Kocher's und Schuler's ein Stoff, der die Zersetzung der
organischen Stoffe und Gewebe, insbesondere die Fäulniss des Blutes
und des Fleisches, eine Zeit lang zu hindern vermag. Es hemmt die
Entwicklung und Vermehrung der Mikroorganismen, aber ganz vernichten kann es selbe nicht.   Auf Grund dieser Wirkung versuchte
Kocher (1882), nachdem er weder das Carbol, noch das Chlorzink,
noch das Jodoform als solche Antiseptica befand, welche in jeder
Hinsicht den Aufgaben entsprechend und verlässlich wären, das Wismuth
in Verbindung mit einer eigenen Wundbehandlungsmethode anzuwenden.
Während nämlich Cloquet und Velpeau (1860) und später Guil-
laumet (1876) das in Wasser unlösliche Wismuth in Pulverform auf
die Wunde streuten, brachte es Kocher in Emulsionen und in die
Verbandstoffe imprägnirt zur Anwendung.   Das Wismuth wirkt auf das
Eiweiss coagulirend; nach der Behauptung Kocher's trocknet es auch
die Wundflächen, verhindert daher die Secretbildung, ein Umstand,
welcher das Mittel auch zur Behandlung der per primam heilenden
Wunden besonders geeignet mache.   Um diese austrocknende und die
Secretbildung verhindernde Wirkung des Wismuths in der eben be-
zeichneten Richtung zu verwerthen, verfährt Kocher auf folgende
Weise.   Das Zusammennähen der Wundflächen bewerkstelligt er erst
12—24 Stunden nach der Verwundung; bis dahin bedeckt er die Wunde
mit Wismuthgaze, nachdem er die Blutung möglichst genau gestillt, in
die Ränder den Seidennähfaden eingezogen, und während und auch nach
der Operation wiederholt mit 1 bis 10 °/o Wismuthemulsion übergossen.
Wenn er sich nach 12—24 Stunden überzeugt, dass die Wundflächen
vollkommen trocken sind, knüpft er die Fäden und vereinigt die Wundflächen, ohne irgend welche Drainage anzulegen.   Ueber diese, wie er
es nennt, mit der Secundärnaht vereinigten Wundflächen, schmiert
er einen dichten Wismuthbrei, der zur Kruste eintrocknet, die Wunde

schützt, und von den darüber gelegten Torf- oder Wismuth-Wattelagen unterstützt, den Verbandwechsel für längere Zeit entbehrlich macht. Unter der Wismuthkruste überhäutet sich die Wunde rasch.

Andere, die auf Empfehlung Kocher's das Wismuth ebenfalls versucht haben, fanden es für zweckmässiger, mit der Anwendung der Wismuthemulsionen die primäre Naht und die Drainage zu verbinden, und obzwar sie mit der durch das Wismuth erreichten Asepsis zufrieden waren, so konnten sie es doch zur Desinfection inficirter Wunden, also zur Antisepsis nicht verwenden, und konnten selbst, wenn sie es mit Sublimat gemengt zur Anwendung brachten, das Erysipel nicht ausschliessen (Riedel).

Die Ansichten über die Quantität des Wismuths, bei welcher dasselbe die Asepsis sichert, differiren. Während Kocher die 1 % Mixtur für genügend erachtet, wendete Langenbeck 10 %, ja manchmal 20 % Mixturen an. Die Anwendung grösserer Wismuthmengen ist aber nicht gleichgültig für den Organismus, weil auch dieses Antisepticum toxisch wirkt. Das Wismuth, welches innerlich verabreicht vom Organismus in grossen Mengen vertragen wird, kann von der Wunde aus zuweilen selbst in kleinen Dosen schwere Intoxicationserscheinungen hervorrufen.

Das Wismuth irritirt auch die Wunde, coagulirt das Eiweiss und verursacht, in Pulverform angewendet, Schmerzen, manchmal auch Eccem in der Umgebung der Wunde.   Es wird auch von der Wunde resorbirt, und verursacht darum Entzündung der Mundschleimhaut, eine Stomatitis, bei welcher das Zahnfleisch schwarz wird, welche Verfärbung überall da erfolgt, wo das Wismuth mit Hydrothion in Berührung kommend Schwefelwismuth bildet.   Die Zähne werden locker, Darmkatarrh, ja sogar schmerzhafte Enteritis mit blutiger Diarrhöe, Nephritis mit Albuminurie, zuweilen Milzanschwellung und der Katarrh der Luftwege bilden die Allgemein-Symptome der Wismuthintoxication. Das Wismuth wird wahrscheinlich durch die Nieren ausgeschieden, was besonders durch den Umstand bewiesen wird, dass im Urin Wismuth nachweisbar ist, indem der dunkel gefärbte Urin abgedampft mit Hydrothion einen schwarzen Niederschlag gibt. Mit diesen Symptomen tritt die Wismuthintoxication auf, und Kocher theilt aus seiner eigenen Praxis einen Fall mit, bei welchem nach der Anwendung des Wismuths auf eine grosse Wundfläche unter den erwähnten Symptomen der Tod eintrat.

Das Wismuth kann also, die Vortheile und Nachtheile seiner Anwendungsart zusammen gehalten, als kein Antisepticum bezeichnet werden, welches alle anderen oder auch nur die zumeist verbreiteten zu
ersetzen berufen sein könnte. Da es nur in Emulsionen und Mixturen
angewendet werden kann, taugt es zur Desinfection von Händen,
Schwämmen und Instrumenten nicht, ist auch kein solch energisch
wirkendes Antisepticum, welches die bereits eingetretene Infection
aufheben könnte, und seine die Wunde austrocknende und krustenbildende Eigenschaft kann nur bei kleinen Wunden verwerthet werden,
da es wegen seiner toxischen Wirkung als Pulver nur in geringer Quantität
angewendet werden darf. Thatsächlich ist es also nicht vortheilhafter
als das Carbol oder das Jodoform, und auch jene Methode, mit welcher
Kocher dessen Anwendung verbindet, ist, wenn auch in manchen
Fällen zweckmässig, im Allgemeinen nicht einfacher als Lister's Verfahren; denn das nachträgliche Vernähen der Wundflächen complicirt
die Versorgung der Wunde, und der Ausfall der Drainage ist kein so
bedeutender Gewinn, der dem Schaden gleichkäme, den wir durch eine
eventuelle Secretverhaltung provociren.

Von den salpetersauren Metallsalzen spielt noch das Argentum
nitricum, der Höllenstein, eine gewisse Rolle in der Wundbehandlung, wenn auch nicht als Antisepticum, so doch als ein zur Zerstörung
der ödematösen und atonischen Granulationen dienendes Mittel.
Der Lapis verschorft die Wundflächen, vermag aber die Zersetzung
des Wundsecrets nicht zu verhindern, die Lapislösungen die Wunden
nicht zu desinficiren. —

DREIUNDZWANZIGSTES CAPITEL.

Borsäure. Chromsäure. Kalium bichromicum.

Die Borsäure (BO_3H_3) hemmt die Entwicklung der Mikroorganismen bei einer Verdünnung von 1 : 136, ist in kaltem Wasser
schwer (1 : 30), in warmem Wasser und Alkohol leicht löslich. Lister
hat die Borsäure seit den ersten Versuchen seiner antiseptischen Wundbehandlung angewendet, besonders in der Form von Salben, und als

ein mildes, die Wunde nicht irritirendes Antisepticum wird es auch jetzt
noch ausgebreitet benützt. Die 3 °₀ wässerigen Lösungen dienen zum
Waschen der Wunden. Gaze und Watte mit Borlösungen getränkt
dienen als Verbandstoffe, entweder nach dem Muster des Lister-Verbandes (wo das Protective entfällt) oder in verschiedenen anderen
Variationen. So wendet Solger (1878) die warme wässerige Lösung
(40 ° C.), in Watte getränkt, zum Wundverbande an, wobei er neben
der antiseptischen Wirkung der Borsäure auch auf die blutstillende Wirkung der warmen Lösung rechnet. In Salbenform aus 3 Th. Borsäure, 5 Th. Vaselin und 10 Th. Paraffin bestehend, dient es zur Bedeckung von Wunden, zu deren vollständiger Heilung nur noch die
Ueberhäutung fehlt. Auch zu feuchten Umschlägen empfiehlt sie
Lister, wozu sie besonders wegen ihrer geringen irritirenden Wirkung
geeignet ist.

Dass die Borsäure aber trotz ihrer milden Wirkung kein ganz un-
gefährliches Antisepticum ist, beweisen die Erfahrungen Molodenkov's,
der in einem Falle die 5 °/₀ Borsäurelösung in grösserer Menge zur
Irrigation der Brusthöhle benützte, und unter Erscheinungen eines die
ganze Haut bedeckenden Erythems, unstillbaren Erbrechens und Schluch-
zens am vierten Tage den Kranken verlor, während er in einem anderen
Falle einen Senkungsabscess mit 5 °/₀ Borsäurelösung irrigirte und den
Kranken unter ähnlichen Symptomen am dritten Tage sterben sah.
Abgesehen von dieser, wie es scheint, übertriebenen Anwendung, hat
sich die Borsäure als mildes Antisepticum erwiesen, bei dessen Anwendung die Asepsis der gut granulirenden Wunden erhalten werden
und die Ueberhäutung der Wunden rasch erfolgen kann.

Die Chromsäure (Cr O₃) ist zwar ein sehr energisches Antisepticum (zwanzigmal wirksamer als das Carbol), konnte aber wegen
ihrer giftigen und die Gewebe angreifenden Nebenwirkung in der Wundbehandlung nur insoferne zur Geltung gelangen, als sie von Lister
und Mac-Ewen bei der Bereitung des Catguts verwendet wird.
Lister nimmt auf 4000 Th. Wasser 200 Th. reiner Carbolsäure und
1 Th. Chromsäure und lässt in diesem Gemenge das Catgut liegen.
Mac-Ewen legt das Catgut für 7—8 Monate in ein Gemenge von
20 Th. Glycerin und 1 Th. 20 °₀ Chromsäurelösung und verwahrt es
in 10 °₀ Carbolglycerin. Das so präparirte Catgut ist verlässlicher aseptisch
und widersteht der Resorption auch länger als das reine Carbolcatgut.

Eine Verbindung der Chromsäure, das Kalium bichromicum
(Cr O₄ K₂), wurde neuestens von Laujorrois (1884) empfohlen als
ein Antisepticum, welches selbst in einer 1 % Lösung energisch wirkt
und die Gewebe nur wenig angreift. Er erwies die fäulnisshemmende
Wirkung des Mittels durch das Experiment, dass von drei Eiern das
eine, in welches er durch eine kleine Oeffnung zehn Tropfen 1 % 0
doppelchromsaure Kalilösung gegeben, ebenso wie das zweite, welches
unberührt geblieben, auch nach zwei Monaten gut und geruchlos, während
das dritte auf dieselbe Art mit 1 % Carbollösung behandelte faul und
stinkend geworden. — Die Untersuchungen Koch's dagegen haben erwiesen, dass das Kalium bichromicum ein so schwaches Antisepticum
ist, dass die 5 % Lösung desselben die Anthraxbacillensporen selbst in
zwei Tagen nicht tödten.

VIERUNDZWANZIGSTES CAPITEL.

Zinkoxyd. Kaliumhypermanganicum.

Das Zinkoxyd (Zn O) ist ein mildes Antisepticum, dessen Wirkung in Vielem derjenigen des Wismuths ähnlich ist. Es wird in Pulverform oder in 1 bis 10 % Emulsionen oder Mixturen unmittelbar auf
die Wunde gebracht, oder in Verbandstoffe imprägnirt angewendet.
Socin (1884) wendete im Baseler Krankenhause mit gutem Erfolge die
1 % Schüttelmixtur — dünne Zinkmilch — zur Berieselung frischer
Wunden und zur Befeuchtung der Schwämme an; mit der 10 % 0
dichten Zinkmilch berieselt er die Wunden, die nicht genäht werden, bis die ganze Wundfläche von einer dünnen weissen Schichte bedeckt ist. Aus 50 Th. Zinkoxyd, 50 Th. Wasser und 5—6 Th. Chlorzink bereitet er eine Pasta, mit welcher er die genähten Wunden deckt,
und die hier zur Kruste eintrocknet und die Wunde 10—12 Tage vor
der Infection schützt. Das Zinkoxydpulver verwendet er zur Bestreuung
von Brandwunden und stinkenden Geschwüren.

Die geringe reizende Wirkung und geringe Resorption des Zink-
oxyds empfehlen dies Mittel besonders, und Petersen hält es zur Ausfüllung von Wundhöhlen nur deshalb nicht für geeignet, weil es sich

mit den Granulationen verfilzt und dann schwer zu entfernen ist. Sein Preis ist übrigens sechsmal kleiner als der des Jodoforms, und viermal als der des Wismuths.

Kalium hypermanganicum ($K_2 MnO_8$) ist ein wirksames Antisepticum, welches unmittelbar auf die Wunde angewendet, das Eiweiss coagulirt und auch auf die Umgebung irritirend wirkt. Es eignet sich besonders in mehr oder minder starken Lösungen zur Reinigung stinkender Geschwüre und zur Desinfection inficirter Wunden. Es wird zur directen Behandlung der Wunden auch seiner stark färbenden Wirkung halber wenig herangezogen und derzeit zumeist nur zur Desinfection der Schwämme verwendet.

FÜNFUNDZWANZIGSTES CAPITEL.

Das Suchen nach neuen Antisepticis. Wenig verwendete Antiseptica: Chinin, Chinolin, Helenol, Ozokerit, Natron silicilicum, Kaffee.

Einen Auswuchs der antiseptischen Wundbehandlungsepoche bildet das fortwährende Jagen nach neuen Antisepticis. Ein Auswuchs kann dieses forcirte Entdecken immer neuer Antiseptica schon deshalb genannt werden, weil die Wundbehandlung dadurch thatsächlich nicht viel gewinnt, aber auch deshalb, weil so das Hauptgewicht auf die Antiseptica gelegt und dabei gar oft die Aufmerksamkeit von der Wundbehandlungstechnik und den Bedürfnissen des gegebenen Falles abgelenkt wird. Ein heute noch hochgepriesenes Antisepticum zeigt sich morgen nur schon gleichwerthig und übermorgen schon minderwerthig gegen andere Antiseptica, und da manchmal auch durch unzeitigen Uebereifer direct geschadet wird, kommen die Antiseptica oder richtiger das Suchen derselben nachgerade in Verruf. Abgesehen hievon, kann bei dem fortwährenden Wechsel des Wundbehandlungsmaterials die zur Vollkommenheit führende Uebung nicht zur Geltung gelangen, und bleibt die Wundbehandlung fast stets auf dem Niveau des Experiments. Dieser Umstand ist mit ein Grund dafür, dass sich dem einen Extrem das andere gegenüberstellt und sich mehr und mehr eine gewisse Reaction gegen den Gebrauch der Antiseptica überhaupt bemerkbar macht. — Viele der so entdeckten Mittel können auch schon deshalb keinen Boden fassen, weil sie nicht nöthig sind. Solche sind das Chinin und das Chinolin, beide gute Antiseptica; aber ihr hoher Preis steht in gar keinem Verhältniss zu dem eventuellen Nutzen, der aus ihrer Anwendung resultiren würde. Das Helenol, welches Bloque (1883) in Paris versucht und als gutes Antisepticum befand, das Ozokerit, ein Erdharz, welches im Kaukasus und Rumänien benützt wird; das Natron silicilicum, welches Champuillon (1872) empfohlen, und neuestens der Kaffee, den Oppler (1885) gebrannt und pulverisirt nicht nur zur Desodorisation des Jodoforms für geeignet erklärt, sondern auch für ein praktisches und ausreichend antiseptisches Verbandsmaterial hält. Es wird messerrückendick aufgestrichen und dann mit Gaze bedeckt. Das Wundsecret soll aufgezogen und mit dem Pulver vermengt einen antiseptischen Schorf bilden. Es wird dem Mittel sogar eine gewisse Bedeutung für die Kriegschirurgie vorausgesagt. —

Das Entdecken dieser und anderer Antiseptica hat nur insoferne einen Werth, als sie zeigen, was Alles unter gewissen Umständen, d. h. im Nothfalle als Antisepticum benützt werden kann.

SECHSUNDZWANZIGSTES CAPITEL.

Dauerverband. Indication und Vortheile des Dauerverbandes. Esmarch-Neuber: Dauerverbände. Verbandstoffe zu Dauerverbänden. Bruns: Trockenverband. Schede: Heilung unter dem Blutschorf.

Eine neue Errungenschaft der antiseptischen Wundbehandlung bildet der die Ruhe der Wunde anstrebende Dauerverband. Die Ruhe, ein Hauptfactor der ungestörten Heilung der Wunde, ist zwar kein directer Zweck, aber ein indirectes Resultat der aseptischen Wundbehandlung. Der aseptische Verband soll die Wunde vor mechanischen und chemischen, d. i. infectiösen Reizen schützen, und die auf diese Art gesicherte Ruhe der Wunde wird nur noch durch den Verbandwechsel gestört. Je länger also der antiseptische Deckverband liegen bleiben kann, desto besser entspricht die Behandlung ihrer idealen Aufgabe, desto günstiger ist sie der Ruhe der Wunde. Und den Fortschritt der antiseptischen Wundbehandlung kennzeichnet in der That am besten jene Richtung, deren Resultat die antiseptischen Dauerverbände sind. Die Sicherheit der Asepsis wird durch die Dauerverbände auch insoferne befördert, als durch den selteneren Verbandwechsel auch die Gelegenheit zur Infection seltener wird. Die Dauerverbände gestalten überdies die ganze Wundbehandlung mit Bezug auf Arbeit, Zeit und Kosten vortheilhafter, nämlich einfacher, leichter und wohlfeiler.

Welches sind die Indicationen der Anwendung von Dauerverbänden und welches die Bedingungen, die ihre Anwendung ermöglichen? Dauerverbände sind für alle Wunden angezeigt, mögen diese zur Heilung durch rasche Verklebung oder durch Granulation bestimmt sein, sie können bei allen Wunden angewendet werden, die von Infection frei unter den Verband kommen, bei welchen der raschen Verklebung oder der Heilung durch Granulation profuse Nachblutungen, abgestorbene oder im Absterben begriffene Gewebstheile oder irritirende Fremdkörper nicht hindernd im Wege sind.

Dauerverbände können mit einer jeden Wundbehandlungsmethode erreicht werden, bei welcher Antiseptica und Verbandstoffe dem Zwecke entsprechend auserlesen, angewendet werden. Von den Antisepticis werden daher die dauerhaft wirkenden und nicht irritirenden, von den Verbandstoffen die gut aufsaugenden und eventuell mit Antisepticis gut imprägnirbaren und fixirbaren zu Dauerverbänden geeignet sein.

Auch der Lister-Verband ist einigermaassen ein Dauerverband; er kann nämlich so lange auf der Wunde belassen werden, bis das Wundsecret durch den Verband durchgeschlagen; und dass dieser Umstand möglichst spät eintrete, bezweckt der zwischen die zwei obersten Gazeschichten geschobene Mackintosh. Wo das Wundsecret nicht profus ist, dort werden mit dem Lister-Verband in der That Erfolge erzielt in der Art, dass, nachdem der erste, mit Blut durchtränkte Verband mit einem anderen ausgewechselt wurde, unter dem zweiten oder dritten Verband Wunden heilen, wie es die Amputations- oder Resectionswunden grosser Extremitäten sind. Im Allgemeinen ist jedoch der Lister-Verband kein Dauerverband, und kann es deshalb nicht sein, weil einerseits die Entfernung der Nähte, die Kürzung und Entfernung des Drains, den Wechsel resp. die Entfernung des Verbandes nöthig machen, und weil anderseits die achtschichtige Gaze zur Aufnahme grösserer Mengen Wundsecrets nicht hinreicht. Da auch das in die Gaze imprägnirte Carbol sich rasch verflüchtigt, kann der Verband selbst die Zersetzung kleinerer Secretmengen für lange Zeit nicht hintanhalten.

Um diesen Mängeln des Lister-Verbandes abzuhelfen, wendeten Esmarch und Neuber Verbände an, bei deren Composition ihnen ausser der antiseptischen Wirkung auch die Dauerhaftigkeit derselben als Hauptziel vorschwebte. Dass auch der erste Verband schon ein Dauerverband sei, kann nur durch die minutiöseste Blutstillung erreicht werden. Da aber eben diese genaue Blutstillung und die Verhinderung der Wundsecretbildung nicht immer gelingen, und da sie die zur Ableitung dieses Wundsecrets nöthigen Drainröhren als Fremdkörper betrachteten, welche die vollständige Heilung verhindern, wenn sie in der Wunde verbleiben, und den Wechsel des Verbandes erheischen, wenn sie entfernt werden, so hielten sie die Eliminirung der Drainage für die nächste Aufgabe. Die Anwendung des resorbirbaren, decalcinirten Knochendrains, die Catgutdrainage zielten auf die Lösung dieser Aufgabe ab; das Resultat entsprach aber den Erwartungen nicht, denn der Zeitpunkt der Erweichung und der Resorption dieser resorbirbaren Drains ist unbestimmt, und bald fielen sie früher auseinander, als dies vom Gesichtspunkte der Secretableitung erwünscht war, bald wurden sie gar nicht resorbirt und hatten gar keinen Vortheil gegenüber den Gummidrains. — Neuber constatirte, dass die rasche Erweichung der Knochendrains nur durch Einwirkung des eiterigen Wundsecrets zu Stande komme, dass in Abwesenheit solchen Wundsecrets der Drain nur sehr langsam resorbirt werde, und dass er ganz unverändert bleibt, wenn er von Blutgerinnsel umgeben ist. Um also die Drainröhren ganz zu vermeiden, nahm Neuber zur bereits erwähnten »natürlichen Canalisation« Zuflucht, indem er stellenweise die Wundränder einsäumte und so Oeffnungen in der Wunde dauernd offen hielt, und überdies in die Haut mit einem Locheisen 3—4 Millimeter grosse kreisrunde Oeffnungen, Knopflöcher, schlug, die auch zur Ableitung des Wundsecrets dienten. Aber selbst diese Art der Drainage bestrebt er sich dadurch überflüssig zu machen, dass er die Wundflächen in ihrer ganzen Ausdehnung, d. i. auch in der Tiefe mit versenkten Catgutnähten vereinigt und so die Berührung und gleichzeitige Verklebung derselben auf allen Punkten anstrebt. Wo die Wandungen der Wundhöhle starr sind und folglich einander nicht genähert werden können, dort näht er die von ihrer Basis losgelöste und so mobil gemachte Haut an den Grund der Wundhöhle an. Der Verband aber, der auf der so präparirten Wunde bis zur erfolgten Heilung bleiben sollte, bestand ursprünglich aus 10 % Carboljute. Eine kleinere, 2—3 Centimeter dicke Juteschichte in einen Carbolgazebeutel genäht, kam in der Form eines Kissens unmittelbar auf die Wunde, darüber eine Schichte geölten Papiers, welches sammt dem Jutekissen mit einer feuchten Carbolgazebinde fixirt wurde. Nun kam ein grösseres Carboljutekissen, dessen oberste Schichte eine doppelte Oelpapierlage bildete, und das wieder mit einer feuchten Carbolgazebinde fixirt wurde. Wo es möglich war, legte er über den Verband auch die elastische Kautschukbinde an, so dass diese den Rand der Jutekissen zwei Finger breit überragte. — Die grössere Menge des Verbandstoffes in den so constuirten Verbänden ist für die Aufsaugung grösserer Secretmengen bestimmt, und die doppelten Kissen haben den Zweck, dass im Nothfalle das obere Kissen entfernt werden und das untere unberührt bleiben kann. Die nicht besonders hygroskopische Jute wurde später mit dem Torf, das flüchtige Carbol mit dem dauerhafteren Jodoform vertauscht. Bald kamen das Moos, die Holzwolle und die Waldwolle als Verbandstoffe, das Sublimatals Antisepticum, im Zusammenhange mit der Idee des Dauerverbandes zur Anwendung.

Mit der Anwendung dieser Verbandstoffe von grösserem Aufsaugungsvermögen erlitt auch das Princip der Dauerverbände eine Umänderung. Während nämlich die ersten Experimentatoren auf diesem Gebiete, ebenso wie Lister, die Asepsis der Wunde, durch Ausschluss der Luft resp. der infectiösen Keime derselben zu erreichen wähnten, fürchtet man neuestens die infectiöse Wirkung der Luft für das Wundsecret in dem Verbande gar nicht, und ist bestrebt, den Zerfall des Wundsecrets durch das Austrocknen desselben zu verhindern. Es geschieht hier dasselbe mit dem Secret im Verbande, was die verschiedenen Verschorfungsmethoden an der Wunde selbst produciren. Bei den so wirkenden Verbänden kömmt also neben der hygroskopischen Eigenschaft und der grossen Menge des Verbandstoffes auch seine Permeabilität für die Luft in Betracht. Bei diesen Verbänden fällt selbstverständlich ein jeder Stoff weg, welcher den Abschluss der aufsaugenden Schichten gegen die Luft bewirken würde. Auf Basis dieses Princips ist der Trockenverband von Bruns construirt, bei welchem als Antisepticum das Sublimat, als Verbandstoff die mit ¹₂ °/₀ Sublimat und 5 °/₀ Glycerin imprägnirte Holzwolle zur Anwendung gelangt.

Das Sublimat passt sich in Verbindung mit diesen Verbandstoffen ebenfalls gut den Anforderungen des Dauerverbandes an. Jene Concentration, welche zur Präparirung der Verbandstoffe erforderlich ist, verträgt sich gut mit der grossen Masse der zum Dauerverbande nöthigen Verbandstoffe, und wenn es auch flüchtig ist, so ist es doch dauerhafter als Carbol.

Und noch eine gründlichere Umwälzung soll das Princip des Dauerverbandes, ja man könnte sagen das Princip der antiseptischen Wundbehandlung überhaupt erfahren, wenn sich das Verfahren, welches S c h e d e jüngst (Chirurgischer Congress 1886) mitgetheilt und mit Daten illustrirt, auch ferner und auch in anderen Händen bewähren sollte. — S c h e d e hält nämlich das Drainrohr für einen schädlichen Fremdkörper und das Blut für eine werthvolle, ja unübertreffliche plastische Substanz in der Wunde, und richtet sein Wundbehandlungsverfahren dem entsprechend so ein, dass er die mit Sublimatlösung desinficirte und aseptisch gehaltene Wunde mit Blut, das der parenchymatösen Blutung entstammt, volllaufen lässt, für den Abfluss des überflüssigen Blutes durch geeignete Spaltöffnungen, die auf dem höchsten Punkte der Wunde offen gelassen werden, sorgt, nur die Haut über der Wunde oder eventuell Sehnen, Nerven näht, oder die Wunde auch ganz klaffen lässt, sie dann mit einem grossen Stück Protective bedeckt, welches nicht durchlöchert ist und die Wundränder nach allen Seiten um mehrere Centimeter überragt. Das Protetio soll so die Aufsaugung und Verdunstung oder Austrocknung des Blutgerinnsels verhindern. Endlich legt er einen grossen Verband, aus mehreren Schichten glatt zusammengelegter Sublimatgaze und Watte und Sublimatmooskissen bestehend, unter Vermeidung jedes impermeablen Stoffes an und stellt das Glied ruhig. Das Blutgerinnsel in der Wunde soll sich organisiren und kleine und grosse Wunden in 12 Tagen bis 6 Wochen reactionslos und vollständig vernarben, ohne dass der Verband auch nur einmal gewechselt werden müsste. — Am besten geeignet für diese Heilungsmethode sind Wunden mit starken Wandungen, Knochen und Gelenkwunden. Die

Bedeutung dieser H e i l u n g u n t e r d e m f e u c h t e n B l u t s c h o r f in
Verbindung mit dem Dauerverbande lässt sich durch theoretische Be-
denken zwar nicht verkleinern, doch bestehen diese Bedenken derzeit
noch thatsächlich, und hatten eben, bevor S c h e d e ' s neue Heilmethode
veröffentlicht wurde, bereits einen Umschwung in der entgegengesetzten
Richtung provocirt.

Während nämlich E s m a r c h und N e u b e r um jeden Preis, womöglich unter einem Verbande, selbst die Heilung grosser Wunden erreichen wollten und so grosses Vertrauen zu ihrer Methode und zu
ihren Verbandstoffen hatten, dass sie selbst durch 38—39 ° C. Temperaturerhöhungen und die vollständige Durchtränkung des Verbandes
sich nicht zum Wechseln des Verbandes bestimmen liessen, so ist
neuestens ein grosser Theil der Chirurgen, der dieser Uebertreibung ge-
folgt war, davon zurückgekehrt. — Das Vernähen der Wunden und
Eliminiren der Drainage um jeden Preis, das Liegenlassen des dazu bestimmten Dauerverbandes um jeden Preis, hat bereits viele Opfer ge-
kostet. Der Dauerverband kann eben keinen abstracten Zweck bilden,
er ist nur ein Mittel der Ruhe der Wunde, die wieder nur ein, wenn
auch wesentlicher Factor der Wundheilung ist. — Die Heilung der
Wunde bleibt unter allen Umständen der Zweck, welchen man, wenn
möglich, mit einem oder mit wenigen, wenn nöthig aber mit öfterem
Verbandwechsel zu erreichen bestrebt sein muss. Dass übrigens nicht
unbedingt einem Verfahren der Vorzug gebührt, bei welchem z. B. eine
Oberschenkelamputation unter 1 oder 2 Verbänden in 5 Wochen heilt,
während sie bei etwas häufigerem Verbandwechsel schon mit Ende der
2. bis 3. Woche geheilt erscheint, ist eben so evident, als es zu mindest
eigenthümlich ist, sich in manchen Fällen der prima intentio zu rühmen,
wenn zur Sicherung dieser »raschen Verklebung« bei Weichtheilswunden
der Verband 25—30 Tage liegen gelassen wurde. Wir wollen dabei
von den theoretischen Widersprüchen, in welche der Dauerverband mit
den Principien der Antisepsis geräth, ganz absehen, obzwar es auch
da sonderbar anmuthet, verkündet zu hören, dass die aseptischen
Fremdkörper in der Wunde ganz unschädlich seien, und durch den
»Dauerverband« doch den aseptischen Drain als Fremdkörper verfolgt
zu sehen, zu hören, dass die Blutstillung ein Hauptmoment der antiseptischen Wundbehandlung sei und unter dem Dauerverband die Wunde
mit Blut volllaufen zu sehen. Es führen eben viele Wege zum selben

Ziel. – Die Dauerverbände repräsentiren ohne Zweifel einen grossen Fortschritt auf dem Gebiete der Wundbehandlung, indem sie die Asepsis der Wunde mit der Ruhe derselben vereinigen; durch übertriebene Anwendung derselben über ein gewisses Maass hinaus sündigt man jedoch gegen den Zweck, indem man diesen — die ungestörte und rasche Heilung der Wunde — mit dem Mittel, der durch den Verband repräsentirten Ruhe, verwechselt.

VIERTER THEIL.

Die Anwendung der verschiedenen Wundbehandlungsmethoden u. Wundbehandlungsmaterialien bei den Wunden verschiedener Körpertheile und den verschiedenartigen Verwundungen.

— —— —

ERSTES CAPITEL.

Die Anpassung der Wundbehandlungsmethoden an die verschiedenen Arten der Wunden.

Die methodisirten Wundbehandlungsverfahren werden gelegentlich ihrer Durchführung bei den mannigfachen Verwundungen der verschiedenen Körpertheile vielfach modificirt. Ein Wundbehandlungsverfahren, das als bestes, allgemein bei allen Arten der Verwundungen angewendet werden könnte, gibt es nicht. Theils liegt in der Technik, theils in den Eigenschaften der Wundbehandlungsstoffe irgend ein Umstand, welcher im concreten Falle die eine oder die andere Methode vortheilhafter macht. Selbst so fällt die Wahl schwer, denn die verschiedenartigsten und oft widersprechendsten Verfahren zeigen anscheinend gleich gute Erfolge, und wo die theoretischen Kenntnisse nur Unschlüssigkeit erzeugen, dort lehrt nur der durch Erfahrung geschärfte Blick das beste Mittel ergreifen.

Die Wunden können ihrer Natur gemäss oder eigentlich vom Gesichtspunkte der Wundbehandlung in zwei Hauptgruppen classificirt werden: in planmässig bereitete, d. i. Operationswunden, und in zufällige, d. i. traumatische Wunden.

Die antiseptischen Wundbehandlungsverfahren accommodiren sich aber nicht nur selbst den verschiedenen Arten der Verwundungen, sondern haben in Folge des Wechselverhältnisses, welches zwischen Verwundung und Behandlung besteht, auch auf die Verwundungs- resp. Operationsmethoden Einfluss; und in der That erfuhren manche Operationen unter dem Einflusse der modernen Wundbehandlung eine totale Umänderung, ja manche verdanken überhaupt dieser Wundbehandlung und der durch selbe garantirten Sicherheit des Erfolges ihre Entstehung.

ZWEITES CAPITEL.

Operationswunden des Kopfes. Verband bei Kopfwunden. Wunden der Schädelknochen. Verbandwechsel bei Kopfwunden. Antiseptica bei Kopfwunden. Heilungsstatistik der Trepanationen.

Bei den planmässigen Verwundungen des Kopfes, gleichwie bei der Behandlung dieser Wunden muss mit Rücksicht auf das Gehirn vorgegangen werden, welches von diesen Verwundungen nahe tangirt wird und zu den fatalsten Complicationen Anlass geben kann. —

Die Wunden des Kopfes und besonders die der Schädelknochen erfordern aber seitens der Wundbehandlung auch deshalb Sorgfalt, weil die mit Haar bewachsene Haut, die Hauptbedingung der Antisepsis, die Reinhaltung sehr erschwert, und weil die reiche Vascularisirung der deckenden Weichtheile, noch mehr aber die der Schädelknochen selbst der Infection einen günstigen Weg bereitet, weshalb die Infection hier eine rasch verlaufende und unmittelbare Gefahr repräsentirt.

Zu den Hauptagenden der Wundbehandlungen bei Operationen am Kopfe zählt also die gründliche Antisepsis vor der Operation, mit Entfernung des Haares nicht nur vom Terrain der Operation, sondern auch von der Umgebung der geplanten Wunde.

Wenn die Verwundung sich nur auf die Weichtheile erstreckt, und wenn die Grösse des durch die Operation gesetzten Substanzverlustes der Vereinigung der getrennten Theile nicht hinderlich ist, ist die rasche Verklebung fast immer zu erreichen, umsomehr als die durch den Schädel

gebildete fixe Basis das Vereintbleiben der Theile und den hierauf zielenden
Druck des Verbandes wirksam unterstützt.

Wer, wie Lister das Hinzugelangen der Luft fürchtet, bedeckt die
Wunde in grossem Umfange mit dem Verbande, umfasst mit demselben
die ganze beharrte Kopfhaut und füllt die durch die Unebenheiten des
Schädels verursachten Lücken, z. B. die Vertiefungen hinter dem Ohre
sorgfältig mit dem antiseptischen Verbandstoffe aus.

Die Hauptsache wird, wie bereits erwähnt, der zweckmässige Druck
des Verbandes sein; und bei einem gut durchgeführten Druck und bei
so günstigem Gegendruck ist es mit Sicherheit zu erwarten, dass kein
zur Ansammlung von Wundsecret geeigneter Raum in der Wunde bleiben
wird. Folglich können auch die zur Secretableitung dienenden Vorkehrungen als zum grossen Theile überflüssig entfallen. Um so wichtiger
werden diese Vorkehrungen dann, wenn die Verwundung sich auch auf die
Knochen erstreckt und, mit der oberflächlichen Abmeisselung derselben
die reich vascularisirte Diploe, oder mit der totalen Durchbrechung des
Knochens die Schädelhöhle geöffnet wird, und die für progrediente Entzündungen überaus empfänglichen Gehirnhäute in den Kreis der Verwundung einbezogen werden. — Bei solchen Wunden erfordert die
Ableitung des eventuellen Wundsecrets besondere Sorgfalt, und ob daher
die Entfernung eines Fremdkörpers, oder die Exstirpation einer Neubildung, die Heraushebung eines eingedrückten Knochentheiles, oder die
Eröffnung eines Schädelknochens oder Gehirnabscesses die Verwundung
der Schädelknochen erfordert, immer muss bereits in den Rahmen der
Operation jene Vorkehrung aufgenommen werden, welche den freien
Abfluss des Wundsecrets sichern soll. — Diese Vorkehrung besteht
darin, dass wir der Oeffnung in der Schädeldecke eine Form und Ausdehnung geben, bei welcher die Ansammlung des Wundsecrets innerhalb
der Schädelhöhle unmöglich wird, d. h. wir machen den äusseren Umfang der Knochenöffnung wenigstens so gross als es der innere ist.
Diese einer »natürlichen Canalisation« analoge Methode ist hier um so
angezeigter, als andere Ableitungsmittel, wie es die verschiedenen Drainröhren sind, sich nicht gut bewähren, da sie als Fremdkörper die Hirnhaut reizen und zu deren Entzündung führen, die resorbirbaren aber
nicht zur Genüge die Ableitung des Wundsecrets sichern. Eine wichtige
Rolle fällt auch dem Verbandstoffe zu, da die weitere Ableitung des
Wundsecrets von der hygroskopischen Eigenschaft desselben abhängt.

Verbandstoffe, welche mit dem Wundsecret leicht zu einer Kruste ver-
backen, unter welcher das Secret stagnirt, sind bei Schädelwunden besonders ungeeignet. Aus diesem Grunde ist hier die Gaze zweckmässiger als die Watte und Jute. Auch zur Tamponade eignet sich
hier die hydrophile Gaze am besten, und ist die Tamponade selbst, da
sie die parenchimatöse Blutung aus den Schädelknochen verhindert, auf
die Verringerung der Secretbildung von bedeutendem Einfluss. Indem
wir bei Schädelwunden auf die Ableitung des Wundsecrets das Hauptgewicht legen, müssen wir noch bemerken, dass hier nur ein Minimum
des Vertrauens berechtigt ist, welches Temperaturerhöhungen über 38°
noch nicht als Indication für den Verbandwechsel betrachtet. Nicht so
sehr die infectiöse Wirkung des Wundsecrets, als vielmehr dessen
mechanische Wirkung, der Druck, den es auf die Basis der Wunde, auf
die Hirnhaut und das Gehirn ausübt, fordern in solchen Fällen den
schleunigen Wechsel des Verbandes.

Oefterer Verbandwechsel ist auch bei den Wunden der Weichtheil-
decken erwünscht, wenn sie nicht per primam heilen und das Wundsecret profus ist. Auch hier muss das Wundsecret nicht gerade inficirt
sein, und dennoch kann es die Heilung sehr störend dadurch beeinflussen, dass es zwischen den Knochen und dem leicht abhebbaren
Pericranium sich senkt, und wenn auch nicht infectiöse, so doch sehr
lästige Senkungsabscesse hervorbringt.

Bei phlegmonösen Entzündungen und Eiterungen nöthige Einschnitte in die Weichtheile der Schädeldecken, muss die Intention leiten,
dass nachher die zur Ableitung des Entzündungsproductes nöthigen
Drainröhren zweckmässig angebracht werden können.

Die Eigenschaften des Antisepticums, welches bei Wunden der
Weichtheile des Kopfes und der Schädelknochen zur Anwendung gelangt, sind nur insofern von Bedeutung, als die bereits erwähnten Umstände und Verhältnisse dieser Wunden es wünschenswerth erscheinen
lassen, dass das Antisepticum möglichst wenig irritirend wirke. Als
solches ist bei Wunden, welche in die Schädelhöhle dringen. bei Behandlung von Gehirnabscessen, besonders die Borsäurelösung zu empfehlen. Der Grad der antiseptischen Wirkung kömmt hier weniger
in Betracht, weil bei Wunden der Weichtheile die Reinlichkeit. bei
Wunden der Schädelknochen aber die Ableitung des Wundsecrets
zum grossen Theile die Aufgabe lösen, und weil unter günstigen

Umständen und gutem Druckverband Wunden der Weichtheile und auch oberflächliche Knochenwunden reactionslos und rasch heilen, und weil der die Ableitung des Wundsecrets befördernde fleissige Verbandwechsel die Asepsis auch bei der Anwendung von schwachen Antisepticis (Kochsalzlösung) sichert.

Unter dem Einflusse der antiseptischen Wundbehandlung haben sich die Heilungsverhältnisse der Kopfwunden bedeutend gebessert, und selbst das Erysipel, das sich früher so häufig diesen Wunden zugesellt, ist so selten geworden, dass Nussbaum für das Erysipel, das sich einer Kopfwunde anschliesst, den Arzt zur Verantwortlichkeit gezogen haben will. Die Operation und die Behandlung der Gehirnabscesse ward nur unter dem Schutze der Antisepsis ermöglicht; am eclatantesten aber zeigen die auf die Trepanation bezüglichen statistischen Daten den Einfluss der antiseptischen Behandlung. — Kramer (1880) macht von 25 antiseptisch behandelten primären Trepanationen Mittheilung, von welchen 2 = 8 ^{0}/o starben. Ferrier's trepanirte Versuchsthiere gingen ohne antiseptische Behandlung alle an Menyngoencephalitis zu Grunde, während die aseptisch behandelten mit Ausnahme einer einzigen die Operation überstanden; dieses eine hatte den Verband heruntergerissen. — Walsham (1883) stellte die Statistik aller bisher verlässlich publicirten Trepanationen zusammen und fand bei 686 Fällen 417 Heilungen und 217 tödtlich verlaufende Fälle, also 39,3 ^{0}/o, von denen ein grosser Theil aber auf die vorantiseptische Zeit fällt, so dass er diese Operation derzeit zu den wenig gefährlichen zählt.

DRITTES CAPITEL.

Wunden des Gesichts. Wunden der Gesichtshöhlen. Verband bei Wunden der Gesichtshöhlen. Jodoformgaze bei Wunden der Mund- und Nasenhöhle. Irrigation der Mund- und Nasenhöhle. Thermokanter bei Wunden der Mund- und Nasenhöhle. Dauerverbände bei Wunden des Gesichts.

Bei Wunden des Gesichts ist besonders aus kosmetischen Rücksichten, die mit minimaler Narbenbildung verbundene rasche Verklebung erwünscht. Dies können wir durch eine bis ins Detail genaue

Vereinigung der Wundflächen und durch einen zweckmässig angelegten Druckverband erreichen. Die Zweckmässigkeit des Antisepticums wird durch die geringe Irritation desselben bestimmt (Cheyne hält das Chlorzink bei Gesichtswunden nur aus dieser Ursache für nicht angezeigt); der Grad der antiseptischen Wirkung ist auch hier nicht von Bedeutung. Zu Nähten eignen sich hier besonders umschlungene Nähte mit Karlsbader Insekten-Nadeln, welch letztere den sonst leicht beweglichen Gebilden zugleich einen festen Rückhalt bieten. Die meisten Wunden im Gesichte heilen ohne jedweden Verband per primam, blos durch die Heftpflasterstreifen geschützt, welche, indem sie die Nähte im Zusammenhalten der Wundränder unterstützen, auch die Wunde bedecken. Die Anwendung von Drainröhren ist in den meisten Fällen überflüssig, die Asepsis ist bereits zum grossen Theile dadurch gesichert, dass das Operationsterrain und dessen Umgebung vorher gründlich gereinigt wurden.

Bei den Wunden der Mund- und Nasenhöhle gelingt die Verhinderung der Infection weder durch vorherige Reinigung, noch kann bei den durch die Raumverhältnisse bedingten Schwierigkeiten durch einen Verband die Asepsis nachträglich gesichert werden. Da diese Höhlen nämlich mit Schleimhäuten überzogen sind, so ist das schleimige Secret derselben selbst der beste Nährboden für die verschiedensten Mikroorganismen und ein stets bereiter Anlass zur Zersetzung des Wundsecrets. Die Bildung dieses Wundsecrets lässt sich aber nur so verhindern, wenn bei genauer Blutstillung und Anlegung von Nähten die Verklebung per primam gelingt. Die Blutstillung ist jedoch hier eben in Folge der schweren Zugänglichkeit der blutenden Theile selten vollständig möglich, und so heilen diese Wunden zumeist mit Secretbildung durch Granulation. Das Wundsecret kann hiebei in der Wunde selbst oder in den mit ihr communicirenden normalen Höhlen stagniren, und seine Zersetzung zur Infection der Wunde und zur rasch verlaufenden Sepsis Anlass geben. Das in den Mund gelangende infectiöse Wundsecret gelangt durch die Luftröhre auch in die Lunge weiter und ruft hier eine infectiöse Pneumonie und tödtlich verlaufenden Lungenbrand hervor (Wölfler).

Von dem antiseptischen Verband lässt sich hier nur dann etwas erwarten, wenn wir diese Höhlen mit dem antiseptischen Verbandstoff ausfüllen. Es bleibt dann zur Ansammlung von Wundsecret kein Raum, und der hydrophile Stoff besorgt zugleich die Aufsaugung und Ableitung des Secrets. Die Tamponade dieser mit der Wunde communicirenden Höhlen ist auch darum vortheilhaft, weil der hiedurch auch auf die Wunde ausgeübte Druck die Blutung stillt und die rasche Verklebung der Wundflächen, wenn sie überhaupt möglich ist, befördert. Von den Verbandstoffen ist derjenige hier am besten geeignet, welcher weich und hydrophil ist, und aus der Wunde in einem Stücke entfernt werden kann. Zweckmässig sind daher die Gaze und die Jute, letztere deshalb, weil sie mit einem Faden zusammengebunden einen festen und die parenchymatöse Blutung rasch stillenden Tampon bildet, erstere, weil sie weich, schmiegsam und hydrophil ist. Die geringe reizende Wirkung des zur Imprägnirung des Tampons benützten Antisepticums ist zwar auch hier erwünscht, das Hauptgewicht wird aber doch auf die antiseptische Wirkung gelegt. Die Intensität und die Dauer der antiseptischen Wirkung sichern hier dem Jodoform den Vorzug vor anderen Antisepticis. — Die Jodoformgaze löst hier von allen bisher angewendeten Stoffen am sichersten die Aufgabe, und nur der unangenehme Geruch (und Geschmack) des Jodoforms bilden auch bei dieser Anwendungsart seine Schattenseite, und liesse es sich daher am besten durch das ähnliche Jodolpräparat ersetzen. Aber selbst die Anwendung der desinficirenden Jodoformgaze macht die Reinhaltung und Ausspülung dieser Höhlen nicht entbehrlich. Die Carbol- oder Salicyllösung, wie auch eine 2 ^{0}/$_0$ Kochsalzlösung, sind zu diesem Zwecke geeignet, und das eifrige Ausspülen mit diesen Flüssigkeiten unterstützt aufs beste die Wirkung des Jodoforms in der Erhaltung der Wundasepsis.

Das Auswaschen resp. Irrigiren dieser Wundhöhlen kann auch allein die Asepsis sichern, wenn die Anlegung des antiseptischen Verbandstoffes unmöglich ist. Bei dieser Berieselung muss auch für den Abfluss der eventuell toxischen antiseptischen Lösung Sorge getragen werden, damit diese nicht verschluckt wird. Wenn wir zu dieser Art der Antisepsis, nämlich zu der mit grösserer Mühe verbundenen Reinhaltung Zuflucht nehmen, so ist zu diesem Zwecke besonders die Kochsalzlösung geeignet, welche auch durch das Lösen des Schleimes die Reinhaltung befördert.

Vom Gesichtspunkte der Asepsis sind in diesen Höhlen Operationen zweckmässig, welche die Verschorfung der Wunde bewirken. Der durch den Thermokanter gebildete Schorf stillt die parenchymatöse Blutung und schützt die Wunde vor dem inficirenden Secret der Schleimhauthöhlen.

Bei dieser Behandlung werden gross angelegte Operationen in der Mund- und Nasenhöhle ermöglicht und ihr Heilungsverlauf ungefahrdet. In manchen Fällen erfordern so ausgedehnte Verwundungen auch eine besondere Art der Secretableitung. Bei der Exstirpation der carcinomalösen Zunge z. B. erleichtert die Drainage der Mundhöhle durch den Boden die Antisepsis, und nach den Operationen, welche an den Gesichtsknochen, welche die Wände der Gesichtshöhlen bilden, ausgeführt werden, muss für die Ableitung des Wundsecrets, durch Einlegung von Drainröhren auch dann Sorge getragen werden, wenn für den Drain im Gesicht eine Oeffnung bereitet werden muss.

Die Dauerverbände eignen sich für all diese Fälle nicht; der auf das Gesicht und dessen Umgebung angelegte Verband wird durch die mobilen Theile des Gesichts von der Stelle verschoben, und kein antiseptischer Verbandstoff, und gar keine Anwendungsmethode derselben kann jene Methode der Reinhaltung ersetzen, welche mit dem häufigen Verbandswechsel einhergeht.

VIERTES CAPITEL.

Operationen am Halse. Verband bei Halswunden. Kropfexstirpation.

Bei den Wunden des Halses, wenn sie mit der Verwundung der Haut, des Unterhautbindegewebes, der Muskeln und Muskelhüllen verbunden sind, können wir eine rasche Verklebung erreichen; doch muss insbesondere für den Abfluss des Wundsecrets gesorgt werden. Ein Druckverband, durch welchen „todte Räume“, die zur Ansammlung von Wundsecret dienen, ausgeschlossen werden könnten, lässt sich hier aus leicht begreiflichen Gründen nicht anlegen, und so können, wenn die Drainage keine ausreichende und zweckmässige ist, gar leicht längs der Fascien und Muskeln folgenschwere Eitersenkungen entstehen. Wenn auch nicht durch den Druck, so lässt sich doch durch die Immobilisirung des Halses die rasche Verklebung der Wundflächen wirksam befördern. Doch ist auch die Immobilisirung des Halses keine leichte Aufgabe, die absolute Unbeweglichkeit — bei der Bewegung des Kehlkopfes resp. des Pomum — eine absolute Unmöglichkeit. L i s t e r schliesst, theils um den Hals unbeweglich zu machen, theils um die Luft von der Wunde ganz auszuschliessen, auch einen Theil des Kopfes, den Nacken und die Achselhöhlen mit in den Verband ein, und indem er appretirte Organtinbinden benützt, verleiht er dem Verbande auch eine gewisse Starrheit. Mit dieser Befestigungsmethode kann man bei grösseren Wunden auch Dauerverbände anlegen.

Bei den Wunden anderer Theile des Halses wechselt die Wundbehandlung je nachdem wir auf die rasche Verklebung mehr oder minder oder auch gar nicht rechnen, wie z. B. bei Tracheotomien und Laryngotomien, wo neben dem Liegenlassen der Canule die Reinhaltung der Wunde durch Abspülen und das Anlegen eines leichten Deckverbandes (Salbenverband) die einzige Aufgabe ist, bei Lymphomexstirpationen, wo die vollständige Entfernung der bereits zerfallenen Drüsentheile, die ausgiebige Handhabung des scharfen Löffels am besten die rasche und aseptische Heilung sichert, bei Kropfexstirpationen, wo der für die Heilung wichtigste Umstand in der genauen Blutstillung liegt.

Von den Antisepticis kann hier nur das Jodoform als vortheilhaft hervorgehoben werden, besonders in Fällen wo die Tamponade der Wundhöhlen (z. B. mit Jodoformgaze) nothwendig ist; auf die Heilung der nach Lymphomextirpationen zurückgebliebenen stellenweise vielleicht auch noch fungösen Wunden, hat das Jodoform gar keinen nennenswerthen Einfluss.

Die vom Gesichtspunkte der Blutung und der Infection weitaus gefährlichste aller Operationen am Halse, die K r o p f e x s t i r p a t i o n, hat durch die antiseptische Wundbehandlung viel von ihrer Gefährlichkeit verloren, ja sie ward eigentlich durch diese erst möglich, indem es gelungen, der so sehr gefürchteten Blutung Herr zu werden. Auch die Ligatur so zahlreicher Gefässe als hier deren nöthig sind, hindert nicht die Heilung, da uns ein Ligaturmaterial zur Verfügung steht, welches selbst aseptisch ist, und welches, in die Wunde versenkt, den Verschluss und die rasche Verklebung derselben ermöglicht. Noch grössere Sicherheit mag hier die antiseptische Tamponade, (mit Jodoformgaze, Sublimatgaze, Salicylgaze, Wismuth, Zinkoxyd), und die nach vollständiger Sicherung der Haemostase vorgenommene Secundärnaht gewähren. K o c h e r, der die verschiedensten Antiseptica auf die mannigfachste Art angewendet hatte, bis er 110 Kropfexstirpationen ausführte,

verlor dabei nur 13 Kranke, und in der allgemeinen Zusammenstellung
Liebrecht's weisen 351 Kropfoperationen 82% Heilung auf. - (Freilich
scheint auch diese glänzende Operation ihre Glanzperiode hinter sich zu
haben, denn die vielen Fälle ausgesprochener Kachexsia strumipriva lassen
den Werth der totalen Kropfexstirpation noch weniger als problematisch
erscheinen und Kocher thut gewiss Recht, wenn er nach seinen eigenen
traurigen Erfahrungen nun Andere gewissenhaft vor den Totalexstirpationen
warnt. Die partielle Exstirpation (Mikulicz's Resection) behält aber auch
ferner Berechtigung).

FÜNFTES CAPITEL.

**Wunden am Thorax. Wunden der Rippen. Wunden der Brusthöhle.
Ableitung des Wundsecrets bei penetrirenden Wunden der Brust.
Irrigation der Brusthöhle. Operationen an der Brust bei antiseptischer
Behandlung.**

Bei den Wunden am Thorax gelingt die Verklebung per
primam immer, wenn die Bedingungen derselben überhaupt vorhanden
sind. Die aseptische Wundbehandlung hat hier gar keine besonderen
Verhaltungsmassregeln, und bezüglich der Technik derselben muss
höchstens darauf gesehen werden, dass der Verband trotz der Bewegungen des Brustkorbes nicht verschoben werde und der Druck desselben
gesichert bleibe, dass bei Wunden der Achselhöhle diese gut drainirt
und nebst dem von aussen mit dem Verbandstoffe gut ausgefüllt werden,
und dass, um die Zerrung der Wundränder zu vermeiden, bei den meisten
Wunden am Thorax der Arm an den Thorax fixirt werde. Eine breite
Flanell- oder Leinwandbinde dient zum Fixiren des Verbandes und des
Armes, oder letzterer kann noch besonders mit einem dreieckigen Tuch
in Mitelaform befestigt werden.

Bei den Verwundungen der Rippen, wie bei den in die
Brusthöhle dringenden Wunden überhaupt, müssen auch die kleinsten
Details der aseptischen Wundbehandlung strenge durchgeführt werden.
Das Eindringen der Luft in die Pleurahöhle ist bei grösseren penetrirenden
Operationen fast gar nicht zu vermeiden, doch haben wir keine Ursache,

es zu fürchten, wenn die Wundbehandlung im Uebrigen den Anforderungen der Asepsis entspricht. Die Wichtigkeit der Ableitung des Wundsecrets tritt hier wieder in den Vordergrund. Wichtig ist übrigens auch das Material des Drains. Jeder elastische Gummidrain hat den Nachtheil, dass er bei den Bewegungen des Brustkorbes leicht geknickt wird und die freie Entleerung des Wundsecrets hindert, die starren Drains hingegen irritiren mit ihrem inneren Ende die Pleura oder die Lunge. Am zweckmässigsten entspricht die capillare Drainage mit Jodoformgaze-streifen, oder bei profuser Eiterung dickrandige Gummidrains, wobei nur noch darauf geachtet werden muss, dass sie mit einem durch ihr äusseres Ende gezogenen Faden oder Nadel oder auch Annähen an den Haut-rand vor dem Hineingleiten geschützt werden, in welchem Falle ihre Entfernung mit bedeutenden Schwierigkeiten verbunden ist oder über-haupt unmöglich wird. Die gut angebrachten Drains sichern neben der Ableitung des Wundsecrets auch die Asepsis der Brusthöhle. Die Irri-gation der Pleurahöhle ist bei den Verbandwechseln möglichst zu ver-meiden, weil eventuell zu Stande gekommene Verwachsungen hierdurch wieder zerrissen, und weil die antiseptischen Lösungen durch die Pleura leicht resorbirt werden. Der Verband muss, wo profuse Eiterung vor-handen, oft, auch mehreremal des Tages gewechselt werden. — Bei penetrirenden Brustwunden können ausser den verschiedenen antiseptischen Verbänden auch die offene Wundbehandlung mit continuirlicher oder temporärer Irrigation mit Erfolg angewendet werden. Insbesondere bei Fällen von Empyem, wo weder ein noch mehrere Drainröhren zur Ableitung der rasch und in grosser Menge gebildeten Wundsecrete ge-nügen, können wir nur von der continuirlichen oder doch häufigen Irrigation der Brusthöhle Heilung erwarten, und führen diese so durch, dass wir die Pleurahöhle an zwei entsprechenden Stellen drainiren, und die antiseptische Flüssigkeit mit Hülfe der Drainöffnungen durch die Brusthöhle durchfliessen lassen. Wir können zu diesem Behufe auch einen in dieselbe Oeffnung placirten Doppeldrain benützen; stets muss nur darauf geachtet werden, dass der ausführende Drain möglichst tief zu liegen komme, damit so die antiseptische Lösung sich sammt dem Wundsecret ganz entleeren könne. Auch bei der Wahl der zu dieser Irrigation benützten Flüssigkeit sind mehrere Gesichtspunkte masgebend. Die antiseptische Flüssigkeit darf nicht irritirend wirken, nicht zu leicht durch die Pleura resorbirt, und das darin gelöste Antisepticum nicht leicht gefüllt werden. Von den zahlreichen Antisepticis entsprechen wenige diesen Anforderungen. Das Carbol irritirt und wird ebenso wie das Sublimat leicht resorbirt, die essigsaure Thonerde schlägt sich aus der Lösung bald nieder. Genug gut sind Salicyl-, Thymol- und Borsäure-Lösungen, ja auch die Kochsalzlösung entspricht dem Zwecke vollkommen, da bei der fortwährenden Entfernung des Wundsecrets auch die geringe antiseptische Wirkung der Salzlösung ausreicht. Die zur Irrigation benützte Flüssigkeit muss überdies stets lauwarm, oder der Körpertemperatur entsprechend warm sein.

Die Qualität des Antisepticums ist bei den Verbänden der penetrirenden Brustwunden von Wichtigkeit. Da nämlich das Wundsecret hier zumeist profus ist, muss die Zersetzung des in den Verband eingesaugten Wundsecrets durch die Imprägnirung der Verbandstoffe mit dauerhaft wirkenden und energischen Antisepticis bekämpft werden.

Auch auf dem Gebiete der die Brusthöhle eröffnenden Operationen hat die antiseptische Wundbehandlung Grosses geleistet. Nicht nur die Entfernung cariöser Rippentheile ist mit keiner besonderen Gefahr verbunden, sondern es sind auch Operationen ermöglicht, welche wie die Estlenderische Thorakoplastik das chronische Empyem durch Resection mehrerer und grosser Rippentheile der Heilung entgegenführt, und wie die es ist, welche mit der Eröffnung und Reinigung der Lungencaverne diese gefährliche Erkrankung zuweilen auf diese Weise heilbar macht. 24 solche von Boll registrirte (1883) in die Lunge eingreifende Operationen hatten folgendes Resultat: 4 heilten vollständig, 4 wurden auf längere Zeit, 4 vorübergehend besser, bei 7 hatte die Operation gar keinen Erfolg, d. h. die Erkrankung führte, zum Theile durch das operative Eingreifen befördert, bald zum Tode. —

SECHSTES CAPITEL.

Wunden der Bauchwand. Wunden der Bauchhöhle. Verhältniss des
Peritoneums zur Infection. Vorkehrungen bei penetrirenden Operationen
in der Bauchhöhle. Laparotomien. Antiseptica bei Laparotomien.
Der Spray bei Laparotomien. Reinigung — Toilette — der Bauchhöhle.
Drainage der Bauchhöhle. Blutstillung bei Operationen in der Bauchhöhle. Verband bei Laparotomien. Druckverband nach Entfernung
von Abdominaltumoren. Einfluss der antiseptischen Wundbehandlung
auf den Heilungsverlauf bei Laparotomien.

Die Wunden der Bauchwand sind zur Heilung per primam sehr
geeignet, da zumeist genügend grosse und gut genährte Wundflächen
zur Verfügung stehen, und da auch das Klaffen der Wundflächen durch
geeignete Massregeln leicht überwunden werden kann.

Da die meisten operativen Wunden der Bauchwand in die Längsachse
des Körpers, resp. in die Spaltrichtung der Muskelfasern fallen, oder
dieser doch nahe sind, so ist es bei der Vereinigung der Wundflächen
zumeist kein Schweres, das Klaffen derselben durch seitliches Zusammen-
drücken der mobilen Bauchwände und mit Hülfe des Verbandes auf
ein Minimum herabzusetzen. Die aus ihrer Elasticität hervorgehende
Retraction der Bauchwandschichten kann man durch Nähte überwinden,
welche wie die Zapfennaht diese Schichten entspannen, oder wie die
Etagennaht in die Tiefe versenkt, die einzelnen Schichten einzeln vereinigen. Zu diesen versenkten Nähten eignet sich das Catgut, zu den
oberflächlichen Hautnähten, zur Kropfnaht, die Seide oder der Metalldraht. Nur wo die Operation einen grossen Substanzverlust der Bauch-
decken setzt, muss man von der primären Vereinigung von vorn herein
abstehen, und die Heilung der Wunde der Granulation überlassen.

Wenn die rasche und totale Verklebung der Wunde in der Bauchwand nicht gelingt, so ist das Einlegen eines Drainrohrs, resp. die Ableitung des Wundsecrets nothwendig, und je früher dies geschieht, desto
rascher erfolgt die Heilung durch Granulation, und desto sicherer werden
Abscessbildung und Eitersenkungen verhindert, welche eventuell in die
Nähe des Peritoneums gelangend, zu gefährlicher Infection desselben
Anlass geben.

Das Peritoneum, so unbegrenzt indolent es sich den durch das
chirurgische Eingreifen bedingten mechanischen Insulten gegenüber zeigt,
so empfänglich ist es für die eventuell sich zur Operation gesellende

Infection. Diese grosse Empfänglichkeit des Peritoneums für die Infection erklärt sich daraus, dass das Peritoneum ein grosses resorbirendes Organ bildet, welches alles was zur Resorption geeignet ist, also auch die infectiösen Stoffe, rasch in den Kreis der Lymph- und Blutcirculation gelangen lässt. Dieser Eigenschaft des Peritoneums hat die moderne Wundbehandlung auch vollauf Rechnung getragen, als sie bei den Verwundungen desselben, resp. bei den mit der Eröffnung der Peritonealhöhle verbundenen Operationen g e g e n d i e I n f e c t i o n d i e w e i t g e h e n d s t e n V o r k e h r u n g e n t r a f. Die gründliche Reinigung und Desinfection des Operationsraumes, die Desinfection der. Luft, gewählte und verlässliche Assistenz, beschränkte Anzahl von Zuschauern, besondere Schwämme, besondere Instrumente, eine besondere Vorbereitung des Kranken, sind alles Vorkehrungen, welche gegen die bei der Laparotomie so imminente Gefahr der Infection gerichtet sind.

G e l e g e n t l i c h dieser proplylactischen Vorkehrungen wird die Anwendung der Antiseptica durch die besonderen Eigenschaften derselben bestimmt. Die Ausräucherung des Operationsraumes mit Sublimat und Schwefel, die Uebertünchung der Wände mit Kalk (mit Chlorkalk gemengt), das Abwaschen der Instrumente mit Carbollösung, all dies ist zweckmässig, und dabei kommen die unangenehmen, toxischen Nebenwirkungen dieser Antiseptica kaum in Betracht. Anders verhält es sich jedoch mit dieser Nebenwirkung der Antiseptica dann, wenn sie mit der Wunde resp. mit der offenen Peritonealhöhle in Berührung kommen. Insoferne nämlich diese Antiseptica zur Resorption geeignet sind, werden sie durch das Peritoneum auch rasch resorbirt, und insoferne sie toxisch wirken, gelangt diese Wirkung auf diesem Wege rasch und verhängnissvoll zur Geltung.

Die auf die Fernhaltung der Infection gerichteten Vorkehrungen setzen sich auch über die Dauer der Operation fort, und obzwar angenommen werden sollte, das Laparotomien nur unter Verhältnissen vorgenommen werden, wo die Möglichkeit der Infection durch geeignete Vorsorge ausgeschlossen wurde, so wendet man den Carbolspray bei diesen Operationen auch heute noch genug häufig an. Bei der Eröffnung der Peritonealhöhle gelangen von den bereits erwähnten Nachtheilen des Spray besonders zwei zur Geltung, nämlich die Gefahr der Carbolresorption durch das Peritoneum, und die Abkühlung des ganzen Organismus durch den anhaltenden Sprühregen, welcher die grosse

Peritonealfläche benetzt, so dass die Annahme Mancher, die verhälsniss-
mässig häufige, rasche und tödtliche Erschöpfung — der Shock —
sei hier zumeist auf die eben erwähnten Ursachen zurückzuführen, nicht
der Berechtigung entbehrt. Manche wollen diesem Uebelstande durch
Anwendung schwacher und warmer antiseptischer Lösungen zum Spray
abhelfen.

Die Gefahr der Abkühlung des Organismus durch Vermittlung des
Peritoneums ist auch dann noch vorhanden, wenn kein Spray zur Anwendung gelangt. Die Ursache davon ist, ausser der grossen Flächen-
Ausdehnung des Peritoneums, auch noch der Mangel von schlechten
Wärmeleitern (wie sie die Haut in der Behaarung und im Talg besitzt,
welche eine solche Abkühlung von der Hautfläche aus verhindern) und
jener continuirliche und latente Wärmeverlust, der aus dem Austrocknen
der serösen Flächen resultirt.

Die vorangehende Desinfection, die peinliche Reinlichkeit bei der
Manipulation mit Schwämmen (Tupfern) und Instrumenten, das fleissige
Abspülen der Hände sichern die Asepsis während der Operation zur
Genüge; der möglichst rasche Verschluss der Peritonealhöhle muss ohnehin
unsere Sorge sein, und wenn all' dies gelingt, so ist der Spray überflüssig,
wenn es nicht gelingt, dann schadet auch der Spray leicht mehr als
er nützt.

Wenn während der Operation die Peritonealhöhle keine Infection
erlitten, so ist der aseptische Heilungsverlauf zum Theile gesichert;
vollständige Sicherheit bietet die genaue Hämostase und die Entfernung
des während der Operation in die Bauchhöhle gelangten Blutes, oder
anderer eventuell in Zerfall begriffener und inficirender Stoffe. — Diese
Reinigung — Toilette — der Bauchhöhle erfordert grosse Sorgfalt und
genaue Umschau, nicht nur bezüglich der Vollständigkeit der Toilette,
sondern auch deshalb, weil eben oft die bei der Toilette benützten
Schwämme (zuweilen auch Instrumente) sich in der Höhle verstecken
und zur tödtlichen Infection Anlass geben.

Die Toilette der Peritonealhöhle kann, insoferne sie sich auf die
Entfernung von Blut oder anderen flüssigen oder cohärenten Gewebe-
resten bezieht, mittels grosser aseptischer Schwämme, oder Wattetupfer
bewerkstelligt werden, mit welchen man alle Buchten der Oeffnung aus-
wischt und trocken legt, eventuell auch die Eingeweide abwischt und
reinigt. Auch das »Stürzen« des Kranken, wobei die Bauchöffnung

möglichst seitlich nach unten zu liegen kommt, befördert die Toilette; am bedenklichsten bleibt das Eingiessen von antiseptischen Flüssigkeiten, die auf diese Art gar leicht zu Intoxiationen Anlass geben.

Das Blut, dieses erste Wundsecret in der Bauchhöhle, auf dessen Entfernung es die Toilette doch auch absieht, hindert die Heilung, und vermittelt die Infection nur dann, wenn während der Operation infectiöse Stoffe Gelegenheit hatten, in die Peritonealhöhle zu gelangen; sonst ist das Blut in der Peritonealhöhle unschädlich, und wird, ohne zu zerfallen, resorbirt. Unter Umständen also, wo die Infection als ausgeschlossen betrachtet werden kann und die Toilette gelang, ist die proplylactische Drainage der Peritonealhöhle zur Entleerung des nachsickernden wenigen Blutes zumindest überflüssig, da das Peritoneum selbst zur Genüge die Entleerung dieses resorptionsfähigen Stoffes besorgt. Der Drain ist in solchen Fällen nur ein Fremdkörper, der, wie Manche glauben, einerseits irritirt, andererseits das Eindringen der infectiösen Stoffe in die Bauchhöhle nachträglich noch befördert.

Die Drainage der Bauchhöhle ist nur in Fällen angezeigt, wo während der Operation infectiöse Stoffe (Cysteninhalt, Faeces etc.) in die Peritonealhöhle sich ergossen, und wo diese Stoffe, oder die lädirten und möglicherweise in Zerfall gerathenden Gewebstheile, wie auch das hiebei sich bildende eitrige Wundsecret auf diesem Wege nachträglich entfernt werden sollen. Zur Drainage können weiche dickwandige und verschieden starke Gummidrains, Glascanulen (von 10—12 mm Lichtweite, Hegar) oder auch Hartkautschukdrains (von 2—3 cm Lichtweite, Hegor) benützt werden. Die zweckmässige Anlegung des Drains bei Peritonealwunden ist keine leichte Aufgabe. Wenn das äussere Ende des Drainrohres in irgend einem Winkel der Bauchwunde mündet, so wird das in der Bauchhöhle angesammelte Blut oder anderes Wundsecret sich durch das Drainrohr spontan nur dann entleeren, wenn es im Bauch die dazu nöthige Höhe erreicht, und durch den intraabdominellen Druck, der beim Verbandswechsel auch noch von Aussen unterstützt werden kann, herausgepresst wird. Hegar führt in seine Glascanule einen Carbolwattepfropf ein, der an einem Draht befestigt ist, und der, wenn er sich mit Wundsecret vollgesaugt, von Zeit zu Zeit entfernt werden kann. Das Drainrohr muss auch entsprechend lang sein, um das Wundsecret aus den Buchten und Vertiefungen der Wundhöhle herauszuleiten, und je länger es ist, desto leichter wird es geknickt, wenn es aus weichem

Material ist, und desto mehr lädirt es die Eingeweide, wenn es hart ist. Ueberdies werden die Fenster des Rohrs durch Exudatmassen leicht verstopft und reissen diese Verklebungen bei der Entfernung des Drain sich los. Da das Drainrohr auch eventuell zur Ausspülung der Peritonealhöhle dienen soll, so ist stets auch noch ein zweites ausführendes Rohr erforderlich. In solchen Fällen müssen zwei Drains angelegt werden, einer mit nicht durchlöcherter Wand zum Einspritzen, ein zweiter mit gefensterter Wand zum Ausführen der Irrigationsflüssigkeit. Damit die beiden Drainrohre auch in der Peritonealhöhle neben einander bleiben, ist es zweckmässig, selbe aus einem Stück zu verfertigen, indem wir aus der Wand eines langen und entsprechend starken Gummirohres so viel heraus schneiden, dass die beiden Hälften nur durch eine schmale und beim Anziehen leicht abreissende Brücke zusammenhängen. — Das so bereitete U-förmige Drainrohr kann immer leicht entfernt werden, denn wenn es auch von Pseudomembranen oder Darmschlingen fixirt ist, begegnet das Herausziehen nach dem Reissen des schmalen Gummistreifens keinen Schwierigkeiten.

Eine andere Methode der Peritonealdrainage ist die, bei welcher das Drainrohr aus dem Douglasraum durch das Vaginalgewölbe und die Vagina hinausführt (Sims). Die statischen Verhältnisse sind bei dieser Drainage zweifellos der Entleerung des Secrets günstig, dagegen besteht die Gefahr der Infection durch das Vaginalsecret. In solchen Fällen ist die fleissige Irrigation der Vagina nothwendig, und thut man auch gut daran, die Scheide mit irgend einem antiseptischen und hydrophilen Verbandsstoff, z. B. Jodoformgaze auszufüllen. Endlich hat man die Vaginaldrainage auch noch mit der Bauchdrainage verbunden und durch die hiebei verwendeten (ca. 1 cm starken und 67 cm langen) Gummidrains den Peritonealraum von Zeit zu Zeit durchgespült.

Die Wirkung der Peritonealdrainage ist räumlich und zeitlich begrenzt; denn wie immer der Drain angelegt ist, so wird er nur aus einer gewissen Partie der durch die Eingeweide in so viele Theile getheilten Bauchhöhle das Secret ableiten können, und auch dieser Rayon wird in dem Maasse kleiner, als die zum Theile auch durch das Drainrohr provocirte Entzündung einen Raum um das Rohr abkapselt.

Es bilden sich daher trotz der Drainage leicht »todte Räume«, in denen sich das Secret staut und zersetzt, besonders wenn das Peritoneum durch chronische Entzündung oder durch den Verlust seines Epithelialüberzugs zur Aufsaugung weniger fähig ist, aber desto reichlicher secernirt. Mikulicz legt, behufs Verhinderung solcher todter Räume

ein tabakbeutelförmiges Säckchen aus Jodoformgaze in den Peritonealraum, das mit Jodoformgazestreifen gefüllt ist. Diese saugen in den
ersten Tagen nach der Operation das reichliche Wundsecret ein, werden
dann in einigen Tagen sammt dem Beutel mit Leichtigkeit entfernt,
und durch ein Drainrohr ersetzt, welches im Verlauf der Heilung entsprechend abgekürzt wird. Die Bildung von todten Räumen kann überdies durch das Aneinandernähen von losen Peritonealstücken verhindert
werden, welche rasch durch das entzündliche Exsudat verklebt werden.

Die ungestörte Heilung der Peritoncalhöhlenwunden wird oft durch
die Nachblutung verhindert, welche aus der Wunde der Bauchwand,
des Bauchfells oder des operirten Eingeweides oder Organs hervorgeht.
Der Nachblutung aus der Wunde der Bauchwand können wir leicht den
Weg verlegen, indem wir die Schichten der Bauchwand auf die bereits
erwähnte Art mittels etagenförmiger Nähte einzeln vereinigen. Die Wunde
des Peritoneums kann am zweckmässigsten durch besondere Nähte vernäht werden, und wenn wir bei diesen Nähten noch die Vorsicht gebrauchen, keine scharfkantigen, sondern runde Nadeln zu verwenden,
und so das Peritoneum beim Nähen möglichst wenig verletzen, ist aus
den Querschnittwunden des Peritoneums keine Blutung zu befürchten.
Die Blutung aus den diffus abgetrennten Flächen des Peritoneums, die
ihres Epithelialüberzuges beraubt sind und continuirlich ein blutig-secröses
Exsudat durchsickern lassen, lässt sich jedoch nicht ganz bewältigen.
Noch schwieriger ist oft die Hämostase aus der Visceralwunde, und die
Folge dieser Schwierigkeit bildet die grosse Anzahl von Methoden, welche
man bei der Behandlung des in der Peritonealhöhle verbleibenden verwundeten Theiles anwendet. Die Ligatur der blutenden Gefässe
musste von jeder Methode angenommen werden, und werden diese entweder einzeln oder en masse unterbunden. Beide Methoden haben ihre
Vor- und Nachtheile. Die Ligatur en masse sichert zwar gegen
Nachblutung, sie fasst aber auch Gewebe mit, deren Abschnürung und
Mortification nicht gewünscht wird, und giebt durch den Zerfall dieser
abgeschnürten Gewebstheile auch leicht zur Infection Anlass. Bei der
einzeln vorgenommenen Ligatur der Gefässe hingegen gelangen nur die grösseren und sichtbaren Gefässe zur Unterbindung,
gegen die Blutung der kleinen Gefässe und der parenchymatösen Blutung
haben wir da gar keine Sicherheit. Auch die Verschorfung der
Wundfläche wird mit dem Thermocauter vielfach geübt; der daraus

resultirende Schorf soll ganz unbedenklich in der Peritonealhöhle belassen werden können, doch ist es leicht einzusehen, dass diese Verschorfung gegen die Blutung aus grösseren Gefässen gar keine Sicherheit bietet. Bei schmalen, wenig Gefässe enthaltenden Stielen mag sich auch diese Methode gut bewähren.

Die Aufgabe der grundlichen Hämostase ist besonders bei der Exstirpation von Abdominaltumoren wichtig. Bei Ovariotomien ist jenes Verfahren das zweckmässigste, bei welchem die blutenden Gefässe des Stiels einzeln, oder in mehreren kleinen Abtheilungen en masse unterbunden werden, und über der Wundfläche des Stiels das Peritoneum mit der Naht vereinigt wird. Aus der so verschlossenen Wunde des Stiels kann keine Nachblutung stattfinden, und ist die Wunde des Stiels, da sie doch mit Peritoneum bedeckt ist, trotzdem der Stiel in die Bauchhöhle versenkt wird, als extraperitoneal zu betrachten.

Bei den intraperitonealen Wunden des Uterus ist die parenchymatöse Blutung sowohl als die Blutung aus den Gefässen noch bedeutender, die Hämostase noch viel schwieriger. Hier werden auch Umstechungen der Blutgefässe nothwendig; manche lassen die Klemmpincetten an den einzelnen Gefässen hängen; auch jenem Verfahren lässt sich die Berechtigung nicht abstreiten, welches ein desinficirtes Gummirohr um den Uterusstumpf schlingt, es sammt dem Stumpf versenkt und ihm die vollständige Blutstillung und der antiseptischen Behandlung die Einheilung dieses Fremdkörpers überlässt. Sehr gut bewährt sich hier das Verfahren, die Wundflächen des Uterusstumpfes schichtenweise mit versenkten Nähten zu vereinigen und darüber das Peritoneum zu vernähen. (Dieses Verfahren, von Prof. Kovacs bereits seit vielen Jahren ,1872) bei Uterusamputationen angewendet, wurde seinem Wesen nach später von Schröder acceptirt, der jetzt auch zum Vernähen des Peritoneums die von Kovacs im Allgemeinen angewendete fortlaufende Kürschnernaht benützt.) Es gelingt auf diese Art, die Blutung aus dem Uterusstumpfe zum Stillstand zu bringen, doch bleibt nach der Meinung Mancher der Weg zur Thrombose der Venen und der daraus entstehenden gefährlichen Infection offen. Zur Ligatur kann Catgut oder Seide, und zur Naht, wie es Schauta's Erfahrungen beweisen, am zweckmässigsten der verlässlich desinficirbare Silberdraht angewendet werden.

Die möglichst genaue Hämostase ist besonders dann von eminenter Wichtigkeit, wenn über dem verwundeten Theile die Oeffnung der Bauch-

wand geschlossen werden soll. Da diese genaue Blutstillung mit den
üblichen Methoden Vielen nicht gelungen war, und da auch sehr häufig
infectiöse Peritonitiden und Abscedirungen, die zum Theile auch durch
das mangelhaft desinficirte Ligatur- und Nähmaterial bedingt waren, die
Heilung verzögerten und auch das Leben des Kranken gefährdeten, so
wird der verwundete Theil vielfach auch aus der Peritonealhöhle herausgehoben, in der Wunde der Bauchwand mit Nähten fixirt, und der
Heilung durch Granulation überlassen. Auf diese Art nimmt die intra-
peritoneale Wunde einen extraperitonealen Charakter an,
und ist um Nichts gefährlicher, als eine andere extraperitoneale Wunde.
Die so hervorgezogene Wundfläche wird oft auch noch dadurch gegen
die Infection geschützt, dass sie mit dem Thermocauter oder einem
Aetzmittel (Chlorzink) verschorft wird.

In die Wunde der Bauchwand fixirt, eingenäht, wird auch die
künstliche Magenfistel, wie auch die perforirte Darmschlinge, wenn der
Verschluss der perforirten Stelle wegen der Entzündung der Darmwand
nicht angezeigt ist, und wenn wir der Entleerung des Darminhaltes in die
Peritonealhöhle durch Anlegung eines künstlichen Afters vorbeugen wollen.
Endlich wird auch nach der Exstirpation des Leberechinococcus und
der Eröffnung des Leberabscesses die betreffende Leberparthie in die
Oeffnung der Bauchwunde fixirt, und eventuell durch ein Drainrohr die
Entleerung des Secrets gesichert. Die Technik der Herniotomien wurde
durch die antiseptische Wundbehandlung insoferne beeinflusst, als die
Cautelen des Verfahrens auch ein Hervorziehen verdächtiger Darmschlingen, die Resection brandiger Theile, und durch das Vernähen
der Bruchpforten und auch der Bruchcanäle die sogenannte radicale
Operation ermöglichen. Zur Naht eignet sich hier die Seide besser
als das Catgut, da letzteres rasch resorbirt wird und Hustenanfälle leicht
das Platzen der vernähten Stellen herbeiführen.

Der Verband, welcher nach Verschluss der Bauchwunde angelegt wird, ist insoferne von Wichtigkeit, als er die
Wunde resp. die Nahtlinie vor infectiösen Stoffen schützt und zugleich
einen gleichmässigen Druck auf den Bauch ausübt. — Der durch den
Verband auf die Bauchwand resp. auf die Bauchhöhle ausgeübte Druck ist
besonders dort von grosser Bedeutung, wo nach der Exstirpation von
grösseren Abdominaltumoren die Fluxion nach der vom Drucke des
Tumors entledigten Bauchhöhle stärker, die Secretion — Transsu-

dation — dieser stärkeren Fluxion entsprechend lebhafter und die
Menge des Transsudates grösser wird. Für die infectiöse Zersetzung
ist aber dieses Transsudat der günstigste Nährboden. Der auf die Ab-
dominalhöhle ausgeübte Druck dient also zum Ersatz des früheren intra-
abdominalen Druckes, zur Verhinderung der stärkeren Transsudatbildung,
und unterstützt die Asepsis auch noch dadurch, dass er die Entleerung
des Secrets durch das Drainrohr befördert, oder, indem er die Trans-
sudation herabsetzt, das Drain überhaupt entbehrlich macht. Einen
gleichmässigen Druck auf den Bauch erzielen wir mit dem Verband,
wenn wir grosse Mengen von Verbandstoff (Bruns-Watte oder Salicyl-
Watte) mit einer breiten Flanellbinde, die um den Bauch herumgeführt
und angezogen wird, befestigen.

Zur Aufnahme von Wundsecret dient der nach Laparotomien angelegte Verband nur dann, wenn der wunde Visceralstumpf extraperitoneal
behandelt wird, oder wenn die Peritonealhöhle entweder unmittelbar im
Anschlusse an die Operation drainirt wird, oder wir während des Verlaufs der Heilung gezwungen sind, die Bauchnaht zu lösen und Drains
einzulegen. Auch der Verbandwechsel wird durch die oben erwähnten
Umstände bedingt. Bei profusem Wundsecret aus der Peritonealhöhle
wird der Verband auch mehreremal täglich gewechselt. Auch der in der
Klammer necrotisirende Stiel erfordert öfteren Verbandwechsel. Wenn
sich der mortificirte Theil abgestossen, kann die Wunde mit Jodoform
oder einem anderen Streupulver bestreut, auch unter einer Kruste ungestört heilen. Bei ganz verschlossener Bauchwunde hat also das Antisepticum im Verbandstoffe keine grosse Bedeutung; die Asepsis hat bereits gelegentlich der Operation ihre Lösung gefunden.

Diesem Umstande ist es zuzuschreiben, dass, obzwar der Verlauf
der Laparotomien seit der Verbreitung der antiseptischen Wundbehandlung
bedeutend günstiger ist, als vordem, dieser Unterschied doch kein so
grosser ist, als dies unter den für die Infection so geeigneten Umständen
zu erwarten wäre. Die Entwicklung der Technik der mit Laparotomie
verbundenen Operationen ist es besonders, die das günstige Resultat
beeinflusst, welches diese Operationen aufweisen; und dass weder das
Carbol, noch das Jodoform etc. die Factoren sind, welchen die auf
diesem Gebiete erzielten Erfolge zuzuschreiben sind, das beweisen am
besten Köberle's und Lawson-Tait's Beispiele, die ihre diesbe-
züglichen glänzenden Erfolge nur bei Anwendung von reinem Wasser

erreichen. Der Schlüssel zur Verhinderung der Wundinfection liegt in der vorhergehenden Desinfection, in der Reinlichkeit während der Operation, in der genauen Hämostase und in der rationellen Vorsorge zur Ableitung des eventuell infectiösen Wundsecrets. Und da die Erkenntniss dieser Facta zeitlich mit der Entwicklung der antiseptischen Wundbehandlung zusammenfällt, so ist es erklärlich, dass diese Wundbehandlung es ist, auf die gestützt die Eröffnung der Bauchhöhle nicht nur zu Operations-, sondern auch zu diagnostischen Zwecken als erlaubt angesehen wird. Seitdem die Principien der Antisepsis Verbreitung gefunden, verlaufen mit überwiegend günstigem Erfolge nicht nur die auch früher schon mit wechselndem Erfolge geübten Ovariotomien und Hysterotomien, und ein grosser Theil der Herniotomien, sondern auch die seitdem entstandenen Operationen der Magen- und Darmresectionen, die Operation bei Ileus, die Exstirpation von Leber- und Milztumoren, die Eröffnung und Exstirpation der Gallenblase, die Nephrektomien, als ebenso viele Beweise dessen, wie wenig man die Verwundung des Peritoneums und Eröffnung der Peritonealhöhle zu fürchten braucht, wenn es dabei gelingt, die Infection auszuschliessen.

Oft gelangt der infectiöse Factor nicht von aussen, sondern aus irgend einem der Abdominalorgane in die Peritonealhöhle. So führen häufig die Wunden des Magens und der Gedärme tödtliche Infection herbei, wenn bei oder nach der Operation der infectiöse Magen- oder Darminhalt in die Peritonealhöhle Eingang findet, und wenn es nicht rasch gelingt, die Peritonealhöhle zu reinigen, mit einer desinficirenden Lösung auszuspülen und so zu desinficiren. Die genau und gut angelegte Darm- und Magennaht sichern hier auch dadurch den Erfolg der Operation, dass sie durch die Verklebung der Wundflächen das nachträgliche Eindringen der infectiösen Stoffe aus denselben in die Peritonealhöhle verhindern. Das Bestreuen der Umgebung der genähten Wunde mit Jodoformpulver mag auch zur Sicherung der Asepsis beitragen. Thatsache ist, dass die Prophylaxis auch hier mehr Werth als das nachträgliche Eingreifen hat, und diese Prophylaxis gelangt darin zum Ausdruck, dass vor der Operation der Magen- und Darmcanal durch Abführmittel möglichst entleert, die Diät des Kranken beschränkt wird, während der Operation der zu verwundende Theil von der Peritonealhöhle möglichst isolirt wird, und die umliegenden Theile mit in Carbol-, Salicyl-, Thymol- oder Sublimatlösung getränkten Schwämmen geschützt werden.

Die antiseptische Wundbehandlung kampft also auch gegen solche Infectionsgefahren erfolgreich an, und bietet selbst unter verzweifelten Umständen Hoffnung. Wenn die auf die Exstirpation physiologisch wichtiger Organe gerichteten kuhnen Experimente auch keine glänzenden Erfolge aufweisen, wenn die Exstirpation carcinomatöser Magen-, Darm- und Uterustheile etc. auch oft rasch zum Tode des Kranken führen, so ist dieses Gebahren und diese Kuhnheit zwar als Auswuchs des in die Wundbehandlung gesetzten grossen Vertrauens anzusehen, der Misserfolg jedoch nicht auf das Kerbholz der antiseptischen Wundbehandlung zu schreiben.

SIEBENTES CAPITEL.

Operationswunden der Harnorgane.   Einfluss des Urins auf die Wundheilung.

Bei den Verwundungen der Harnorgane sind die allge- mein gültigen Principien der antiseptischen Wundbehandlung mit ge- ringen Abänderungen ebenfalls anwendbar. Eine Hauptaufgabe ist es hier, den Harn von Stellen abzuleiten, wo er sich anhäufen, zwischen die Gewebe infiltriren und deren Mortification und allgemeine Sepsis hervorrufen könnte. Nur die mit der Anhäufung des Urins verbundene Stagnation und Zersetzung desselben gefährdet die Heilung der Wunde. Denn der gesunde (normale) Harn, der zeitweise mit der Wunde in Berührung kommt, stört die Heilung der Wunde kaum; dessen Re- sorption in geringen Mengen durch die Wunde führt zu keiner Sepsis. Im Interesse der Asepsis ist also nur die Verhinderung der Urin-Stag- nation und das Fernehalten des zersetzen Urins von der Wunde noth- wendig. Auf diese Anforderung der Asepsis muss auch bei der Wahl der Operationsmethoden der Harnorgane Rücksicht genommen werden. So scheint vom Gesichtspunkte der Antisepsis der hohe Blasenschnitt vortheilhafter als der Peritonealschnitt — vorausgesetzt, dass das Peri- toneum nicht verletzt und so die Peritonealhöhle dem eventuell aus- fliessenden Urin nicht zugänglich gemacht wird. Durch das Einlegen eines permanenten elastischen Katheters gelingt es leicht, den Urin von der Wunde fern zu halten, während bei dem Peritonealschnitt der in den meisten Fällen doch nicht ganz normale Urin die Wunde fortwährend belästigt und besonders bei Erwachsenen das reiche Venen-Convolut in der Umgebung der Wunde die Verbreitung der Infection vermittelt. Fraglich ist es noch, ob vom Standpunkte der Sicherheit des Verfahrens bei dem hohen Blasenschnitt die Blasenwunde und die Bauchwunde genäht werden soll, oder ob es nicht angezeigter ist, weder die eine noch die andere Wunde ganz zu vernähen und die vollständige Heilung der Wunde der Granulation zu überlassen. Es wird dadurch der unangenehmen oder auch gefährlichen Complication vorgebeugt, dass durch die mangelhaft verklebte Wunde der Blase nachträglich Urin durchsickert, und da er keinen genügenden Abfluss hat, zwischen die Gewebe des Pericystiums und eventuell in die Peritonealhöhle infiltrirt.

Der äussere Urethralschnitt scheint vom Gesichtspunkte der Antisepsis vortheilhafter als die Urethrotomia interna zu sein, weil durch die Anwendung eines permanenten Katheters bei der ersteren Operation der kranke zersetzte Urin von der Wunde leicht fern gehalten werden kann. Doch wirkt andererseits auf die aseptische Heilung der durch die Boutonnière gesetzten Wunde oft die Nähe der Mastdarmöffnung störend ein.

Insoferne die Naht der mit dem Urin in Berührung kommenden Wundflächen geboten erscheint (Blasennaht), so ist hiezu der Seidenfaden und überhaupt das stabile Nähmaterial zweckmässiger als das unter der Einwirkung des Urins rasch zerfallende Catgut.

Da der Urin insbesondere für die infectiösen Zersetzungskeime ein günstiges Nährsubstrat bildet, so sind die Verbände, welche auf solche Wunden gelegt werden und sich mit Urin oder mit Urin gemengtem Wundsecret ansaugen, oft zu wechseln. Und da insbesondere die mit zersetztem Urin in Berührung kommenden Wunden und Verbandstoffe der fortwährenden resp. andauernden Desinfection bedürfen, so scheint das Jodoform das Antisepticum zu sein, welches ob seiner andauernden antiseptischen Wirkung auf diese Wunden und zur Imprägnirung der hier verwendeten Verbandstoffe am geeignetsten ist. Auch die feuchten Carbolverbände können hier vortheilhaft angewendet werden, und ein feuchter Carbolschwamm, z. B. auf die Wunde am Perineum (nach dem Peritonealschnitt) gedrückt und öfters gewechselt, saugt den Urin gut an und sichert die Asepsis. Insoferne die Nähe des Anus mit der Verunreinigung der Wunden am Damme oder an der Harnröhre droht, sichern gut schliessende Verbände, noch mehr aber die sorgfältige Pflege

und Reinigung des Kranken die Asepsis. — Welche Immunität manche
Wunden gegen die Infectionen besitzen,« sagt Thompson, »beweisen
die mit Blasendammschnitt bereiteten Wunden, welche mit Urin und
Koth doch genug inficirt werden, und die trotzdem ohne jede besondere
Antisepsis heilen.« — Den Schlüssel zu dieser »Immunität« bildet auch
hier gewiss die sorgfältige Reinlichkeit in der Behandlung.

ACHTES CAPITEL.

**Operationswunden des]Scrotum und der Hoden. Wunden der Scheide.
Behandlung peri- und parametraler Abscesse von der Scheide aus.
Wunden am Damme. Wunden des Rectums und am Anus.**

Die Operationswunden der Hoden, wie die Wunden des Scrotums
überhaupt, müssen durch den Verband womöglichst gegen die Beschmutzung mit Urin und Koth geschützt werden, weshalb hier der
impermeable Stoff in den obersten Schichten des Verbandes schon aus
dieser Rücksicht angezeigt ist. Der Penis muss natürlich ausser dem
Verbande bleiben. Lister polstert das Scrotum auf und zieht es
gegen die Leiste. Volkman fasst auch das Becken und beide Oberschenkel in den Verband ein, welcher durch die Bindetouren mit appre-
tirtem Organtin auch eine gewisse Steifheit erhält (Schwimmhosenver-
band). Aber auch der best angelegte und am besten occludirende Verband kann keine absolute Sicherheit bieten, wenn der Kranke selbst
und das Wärterpersonal auf die Reinhaltung des Verbandes nicht achten,
wo hingegen die letztgenannte Bedingung (wie es unsere eigenen Erfahrungen beweisen) allein die complicirten Verbände überflüssig macht.
Die Nähe des Anus macht es auch angezeigt, dass, wenn in diese
Wunden ein Drainrohr überhaupt eingelegt wird, die äussere Mündung
desselben nicht in die Nähe der Anus, sondern in einen entfernten
Wundwinkel zu liegen komme. Bei Castrationen sichert die vollständige
Blutstillung die rasche Heilung, und der Verschluss der Wunde in der
Tiefe mit versenkten Catgutnähten befördert die rasche Verklebung der
Wundflächen und macht den Drain entbehrlich.

Unter dem Schutze der antiseptischen Wundbehandlung hat insbesondere auf Empfehlung Volkman's die Radicaloperation des

Hydrocele (Aufschlitzen der Tunica, Abkratzen der eventuell ver-
dickten Flächen und Vereinigung mit der Catgutnaht) Verbreitung gefunden.
Obzwar diese Operation in der neueren Zeit von Vielen geübt und ge-
lobt wird, und obzwar sie unter dem Einflusse der antiseptischen Wundbehandlung viel von ihrer Gefährlichkeit verloren, so kann sie dennoch,
und mit Recht, die viel einfachere Behandlung des Leidens durch Punction
und Jodtinctur-Einspritzungen nicht verdrängen, deren Resultat nach
den vieljährigen Erfahrungen unserer Klinik ebenso verlässlich ist, und
die, wie auch König (1885) behauptet, schon wegen ihrer Einfachheit
noch lange die Behandlungsmethode der allgemeinen Praxis bilden wird.

Bei den in der Scheide ausgeführten Operationen kann
das Secret der Scheide selbst als Infectionsstoff dienen, und muss daher
die sorgfältige Reinigung derselben, ihre Ausspülung mit antiseptischen
Flüssigkeiten (Carbol-, Salicyl- und Sublimatlösung) dem verwundenden
Eingriff vorausgeschickt werden. Wenn in der Scheide, an der vagi-
nalen Portion des Uterus ulceröse Processe und damit in Verbindung
stinkendes und jauchiges Secret vorhanden sind, ist es angezeigt, durch
directe Behandlung, eventuell unter Anwendung von Causticis, wenigstens
die Heilung dieser Geschwüre anzustreben und erst wenn diese erfolgt,
die Operation vorzunehmen. Wenn wir auf primäre Verklebung der
Wundflächen rechnen, ist als Nähmaterial am zweckmässigsten Metalldraht zu verwenden; die Seide kann hier leicht zur Eiterung führen,
und das Catgut zerfällt rasch. Die Entspannung der Wundränder wird
auch durch das Zusammenbinden der Schenkel befördert. — Der gute
Erfolg der meisten Operationen in der Scheide, wie z. B. die der Harn-
fisteln, hängt zum geringen Theile von der Wundbehandlung ab; sie
hat ihre Lösung zumeist schon in der Technik der Operation gefunden.

Das Anfüllen der Scheide mit antiseptischen Verbandstoffen (z. B.
Jodoformgaze) oder, wie es Manche versuchten, mit Salicyl- oder Naphtalinpulver sichern zwar den aseptischen Verlauf, dieser ist aber auch durch
Reinhaltung und fleissiges Ausspülen der Scheide zu erreichen. Bei der
Anwendung der hiezu dienenden antiseptischen Flüssigkeiten muss auch
die aufsaugende Wirkung der Scheiden-Schleimhaut, eventuell der Uterus-
höhle berücksichtigt werden, ein Umstand, der ausser Acht gelassen,
schon häufig zur Intoxication Anlass gab.

Abscesse und jauchige Ergüsse (eventuell auch Hämatome) im
Douglas-Raume und im parametralen Gewebe können durch die Scheide

entleert, die Abscesshöhlen durch die Scheide drainirt, ausgespült und zur Heilung gebracht werden. Die Reinhaltung der Scheide ist auch hier eine unerlässliche Bedingung der Asepsis. Bei profuser Secretion kann die Scheide zweckmässig mit der gut aufsaugenden Jodoformgaze ausgefüllt werden. Hegar hat die Vaginaldrainage mit der Drainage durch die Bauchhöhle verbunden, und durch fleissiges Durchirrigiren einen intraperitonealen Abscess, der zum Theile zwischen den Darmschlingen eingekapselt war, geheilt.

Bei den Wunden des Dammes wirken auch die Nähe der Harnröhren und der Mastdarmöffnung störend auf die Asepsis der Heilung ein. Trotzdem erzielen gut angelegte Nähte (am zweckmässigsten mit Metalldraht), bei tiefen Wunden versenkte Nähte die rasche Verklebung der Wundflächen, wenn das Fixiren der Schenkel die Entspannung der Nähte, die von Zeit zu Zeit wiederholte Abspülung die Reinheit der Wunde und der umliegenden Theile sichern.

Bei den Wunden des Mastdarms muss mit Rücksicht auf die Asepsis der Darmkoth von der Wunde wo möglich fern gehalten werden. Für die Dauer der Operation und die erste Zeit der Wundheilung können wir dies dadurch erreichen, dass wir durch vorhergehende Verabreichung von Abführmitteln und Ausspülen des Mastdarms dessen Lumen säubern und dann durch Opium die Function des Darms, resp. die Stuhlentleerungen für eine Zeit suspendiren. — Ausserdem wird die Asepsis der Mastdarmwunden durch Tamponade mit antiseptischen Verbandstoffen (Jodoformgaze, Salicyljute) und im Zusammenhange damit durch Reinhaltung (die vor einiger Unbequemlichkeit nicht zurückschreckt) gesichert. Auch hier ist übrigens mit Rücksicht auf die Asepsis jenes operative Verfahren angezeigt, welches zugleich die Verschorfung der Wundflächen bewirkt.

Mit Hülfe der antiseptischen Wundbehandlung weisen nicht nur die älteren Mastdarm-Operationen, Fisteldiscissionen, Exstirpationen von Hämorrhoidalknoten bessere Resultate auf, sondern es wurden auch neue und eingreifendere Operationen mit gutem Erfolg versucht. Eine solche ist die Exstirpation des Mastdarms wegen bösartiger Geschwülste, die als Verwundung selbst dann noch Hoffnung zur Heilung gibt, wenn gelegentlich der Operation auch die Peritonealhöhle eröffnet wurde. In solchen Fällen wird das verwundete Peritoneum mittels Catgut-Nähten verschlossen und die um den Mastdarm entstandene Wundhöhle

durch ein Drain, welches durch eine direct zu diesem Zwecke neben der
Mastdarmöffnung bereitete Oeffnung herausgeführt wird, zeitweise oder
permanent irrigirt, so lange, bis die Geruchlosigkeit des Secrets die er-
folgreiche Antisepsis andeutet. Zur Irrigation werden am zweckmässigsten
Salicyl- oder Thymollösung benützt, das Carbol und das Sublimat können
besonders hier durch Resorption zur Intoxication Anlass geben. Wenn
die Wunde bereits rein granulirt, dann kann sie auch mit dem hydro-
phylen antiseptischen Verbandstoff — in der Form von Bourdonnets —
ausgefüllt werden.

NEUNTES CAPITEL.

Operationswunden der Extremitäten. Wunden der Weichtheile. Behandlung der Entzündungen der Sehnen, Muskelscheiden und
Schleimbeutel.

Bei den Wunden der Extremitäten wechselt die Wundbehandlung,
je nachdem die Verwundung blos die Weichtheile trifft, oder sich auch
auf die Knochen erstreckt, oder die Gelenkshöhlen öffnet.

Die Wunden der Weichtheile der Extremitäten heilen bei zweckmässiger Vereinigung und unter einem antiseptischen Druckverband fast
immer per primam. Schnittwunden, welche in die Längsachse der Extremitäten fallen, können, da die Spannung der Wundflächen keine bedeutende ist, auch ohne Naht, blos durch einen oder mehrere um die
Circumferenz herumreichenden Heftpflasterstreifen, oder durch die Bindetouren des Verbandes zusammengehalten werden und rasch verkleben.
Bei Schnittwunden, die quer zur Längsachse der Extremitäten fallen,
was wohl bei Operationen selten vorkömmt, ist die Vereinigung der
Wundflächen durch Nähte nothwendig, und die durch solche Catgutnähte auch in der Tiefe vereinigten Weichtheile, Sehnen und Nerven
heilen gut zusammen und zeigen nachträglich gar keine Störung der
Function.

Die vorangehende Desinfection, die Reinhaltung während der Operation und die Befestigung des antiseptischen Verbandes gelingen hier
leicht und gut, und sind daher die Dauerverbände, wenn überhaupt
ein längeres Verbleiben des Verbandes nothwendig ist, hier gut anwendbar. Nur wenn das Leiden, welches das blutige Eingreifen erforderte,

ein derartiges ist, dass entweder eine Nachblutung oder eine profuse
Eiterung zu erwarten steht (Phlegmone), muss für die Ableitung dieses
Wundsecrets vorgesorgt werden. Bei solch entzündlichen Erkrankungen
der Weichtheile bildet die Operation selbst einen Factor der Antisepsis,
insoferne sie den zwischen den Weichtheilen angehäuften, zumeist auch
infectiösen Stoffen den Weg nach aussen bahnt. Die Entleerung solch
infectiöser Producte wird entweder gelegentlich der Operation durch
ausgibige Einschnitte und Ausräumen der Abscesshöhlen bewerkstelligt,
oder es werden die Weichtheile nur in einer Richtung und in einem Umfange aufgeschlitzt, wie dies die successive Entfernung der kranken und
zur Zersetzung geeigneten Gewebetheile erleichtert. Das Anlegen von
Drains ist hier unerlässlich. Von der Beschaffenheit und der Qualität
des Wundsecrets hängt auch die erlaubte Dauer des Verbandes ab. Es
können solche zum Zwecke der Heilung der acuten oder chronischen Ent-
zündungsprocesse der Weichtheile gesetzten Verwundungen rasch, unter
einem oder wenigen Verbänden heilen, so dass nur die Drainstelle von
den Granulationen ausgefüllt zu werden braucht.

Es kann aber die Heilung auch von solch profuser Eiterung begleitet sein, dass der Verband täglich mehreremal gewechselt werden
muss. Ja oft wird die Asepsis am besten so gesichert, das überhaupt
kein Verband angelegt wird, sondern durch continuirliche Irrigation oder
permanentes Wasserbad die Desinfection des profusen und eventuell
auch schon zersetzen Wundsecrets versucht wird. In den Zwischen-
zeiträumen können wohl auch feuchte antiseptische Umschläge (mit
Carbol- oder Borsäurelösung) auf die kranke Extremität gelegt werden.
Nur nachdem die gangränescirten und abgestossenen Gewebsfetzen zum
grössten Theile eliminirt wurden und die Wunde granulirt, kann der
antiseptische Verband angelegt werden.

Die subcutane Tenotomie hat sich, trotz der durch die antiseptische Wundbehandlung gebotenen Sicherheit für die offene Durchschneidung der Sehnen, erhalten. Die Geringfügigkeit der Verwundung
macht keine besonderen Vorkehrungen nöthig. Die Stichwunde, die an
der rein gewaschenen Haut mit einem reinen und aseptischen Instrumente
bereitet wurde, heilt ungestört unter einem kleinen Tampon von reiner
Watte oder Salicyljute. Wenn nöthig, scheut man jedoch heute auch
die offenen Wunden der Sehnen nicht (Phelp's Klumpfussoperation
mit offener Durchschneidung mehrerer Plantarmuskeln und Sehnen) und

behandelt die Wunde mit Rücksicht auf den angestrebten orthopädischen Zweck wie alle anderen reinen Wunden.

Bei der Behandlung der acuten oder chronischen Schleimbeutelentzündungen wird nach der Eröffnung des Schleimbeutels und Entleerung des serösen oder citrigen, oder auch fibrinösen, blutigen Inhalts die Höhle mit Carbol- oder Sublimatlösung ausgespült, ein Drainrohr, oder Jodoformgazestreifen eingelegt und das Ganze unter einen Druckverband gebracht.

—

ZEHNTES CAPITEL.

Amputationswunden. Einfluss der künstlichen Blutleere (nach Esmarch) auf das Resorptionsvermögen der Wundflächen. Osteotomien und Resectionen. Schienenverbände in Verbindung mit dem antiseptischen Verbande. Antiseptische Contentiv-Verbände. Aseptische Heilung der Knochenwunden an Extremitäten. Wundbehandlung nach Nekrotomien und Knochenausschabungen.

Bei jenen sich auch auf die Knochen erstreckenden Verwundungen der Extremitäten, welche mit dem Durchsägen des Knochens und der Entfernung des Gliedtheiles verbunden sind, also bei den Amputationswunden, ist der Heilungsverlauf kaum von der Heilung anderer Weichtheile verschieden. Die durchschnittenen und in Trichter- oder Manchette- oder Lappenform zurückbleibenden Weichtheile verkleben, mit einander in Berührung gebracht, per primam, und bedecken die Sägefläche des Knochenstumpfes.

Die auch sonst üblichen Vorkehrungen der Antisepsis können hier leicht durchgeführt werden, und gelangen voll zur Geltung. — Besondere Sorgfalt erfordert die genaue Hämostase, da bei der Anwendung des Esmarch'schen Apparats die Blutung während der Operation zwar gering ist, aber desto schwerer die geringere oder bedeutendere Nachblutung vermieden werden kann. Diese durch die mangelhafte Hämostase verursachte Nachblutung als erstes Wundsecret macht nicht nur den raschen Wechsel des ersten Verbandes nothwendig, sondern verhindert auch zum Theile die rasche Verklebung der Wundflächen. Um dies zu vermeiden, müssen also nicht nur die sichtbaren Gefässe unterbunden werden, sondern es muss auch die nach der Entfernung des elastischen

Gummirohrs, oder der elastischen Binde sich einstellende Blutung vollständig gestillt sein, bevor an das Verschliessen der Wunde geschritten wird.

Wölfler kam auf Grund von Experimenten zu dem Ergebniss,
dass während der Dauer der Compression durch den elastischen Kautschukschlauch keine Resorption von der Wundfläche aus zu Stande
kömmt, dass aber nach der Entfernung des Schlauches die Resorption
viel intensiver und rascher ist, als es ohne vorhergehende Compression
möglich wäre, und zieht daraus den Schluss, dass vom Gesichtspunkte der
Asepsis sowohl, als behufs Verhinderung der Resorption des im Verlaufe
der Operation auf die Wunde gebrachten Antisepticums es zweckmässiger sei, den comprimirenden Schlauch erst nach dem
Anlegen des Verbandes zu lösen. Andere schliessen daher
nach der Unterbindung der sichtbaren Gefässe die Wunde mit der Naht,
führen das Drainrohr ein, legen auch den antiseptischen Druckverband auf den Stumpf, und lösen erst jetzt den Kautschukschlauch,
indem sie darauf rechnen, dass der Druck des Verbandes, den sie noch
durch Bindetouren mit einer elastischen Binde unterstützen, die Nachblutung zu verhindern im Stande sein wird. Neuber stülpt auch noch
eine Gummiblase über den Verband, um so den Druck des Verbandes
zu vermehren. Dieses Verfahren ist jedoch schmerzhaft, und führt
auch leicht zur Mortification der Weichtheillappen. Andere polstern
den Stumpf hoch auf, oder suspendiren ihn, um so die Nachblutung zu
verhindern. Drainirt muss aber die Wunde bei all' dem werden, denn
keines dieser Verfahren vermag die Nachblutung ganz auszuschliessen.
Um den Drain doch ganz fortlassen zu können, vereinigt Neuber
auch bei Amputationswunden die Wundfläche mit versenkten Nähten.

Das Gelingen der Hämostase entscheidet auch hier über den Verbandwechsel, und bei genauer Blutstillung ist es keine Seltenheit, dass
Amputationswunden grosser Extremitäten unter 2 — 3, ja auch unter
dem ersten Verbande heilen. Der Verband muss übrigens stets ein
Druckverband sein und entsprechend der Menge des eventuell zu er-
wartenden Wundsecrets aus vielen oder starken Lagen des Verbands-
stoffes bestehen.

Bei den Amputationen können die verschiedensten Antiseptica mit
gutem Erfolge angewendet werden; die vorbereitende Antisepsis, die
gute Operations- und Verbandtechnik und ein gut aufsaugender Druck-

verband lösen vollständig die Aufgabe der aseptischen Heilung, ob wir
mit Carbol oder Salicyl oder Thymol die Wunde besprühen oder berieseln, ob wir mit Carbolgaze oder Salicyljute, oder Jodoformtorf, oder
Sublimatholzwolle oder mit dem blossen Zuckersacke den Stumpf bedecken. Es ist wahr, dass die Amputationswunden auch bei offener
Wundbehandlung heilen, aber der rasche Heilungsverlauf, die schonere
und zweckmässigere Narbe, resp. die bessere Stumpfform sind es, welche
bei Vergleich der Vor- und Nachtheile der offenen und occludirenden
antiseptischen Wundbehandlung für die letztere entscheiden.

Als Errungenschaft der antiseptischen Wundbehandlung können
jene partiellen Entfernungen der Extremitätenknochen betrachtet werden,
die wir nach der Verschiedenheit der Stelle und der Ausdehnung O s t e o -
t o m i e n , O s t e k t o m i e n oder R e s e c t i o n e n nennen.

Nur ein Wundbehandlungsverfahren, welches die Infection von
dem Knochen resp. von dem für die Infection so empfänglichen Knochenmark ferne zu halten vermag, erlaubt es uns, ohne Gefährdung des
Lebens den complicirten Brüchen identische Verwundungen zu Operationszwecken zu produciren.

Das antiseptische Verfahren bei diesen operativen Knochenver-
wundungen hält sich in dem allgemeinen Rahmen der antiseptischen
Principien, und ändert sich nur insoferne, als das operative Eingreifen
die Bildung eines soliden Knochencallus oder einer Pseudarthrose anstrebt. — Wo man nach der blutigen Continuitätstrennung der Knochen
(zu orthopädischen Zwecken) oder nach der Entfernung eines Knochentheiles (keilförmige Ostektomien) die Knochenenden wieder durch den
Callus zu vereinigen wünscht, dort wird nach der Blutstillung, der Coaptation der Knochenenden und dem Verschluss der Wunde der antiseptische Verband angelegt, die Ruhe der Extremität ebenfalls durch
einen entsprechenden Verband gesichert und die Bildung des Knochencallus abgewartet.

Wenn man die Knochenenden bis zur erfolgten Callusbildung
noch verlässlicher fixiren will, so kann dies mit Hülfe der Knochennaht geschehen, und der durch die angebohrten Knochenenden durch-
gezogene und festgeknüpfte Metall-(Silber-)draht, oder Metall- oder
Elfenbeinzapfen, oder auch die durch Schraubennägel fixirten Metall-
querstangen halten die Knochenenden in der gewünschten Richtung
zusammen, bis der Callus diese Aufgabe übernimmt. All' diese Hülfsmittel

der Knochennaht müssen selbstverständlich gehörig desinficirt sein, und können manche (deren Grösse und Form es zulässt) sogar ungestört einheilen, was umso erwünschter ist, als ihre Entfernung doch auch eine gewisse Verletzung der Gewebe bedingt. Ein ganz gutes Nähmaterial und eine ebensolche Naht zur Vereinigung der Knochen fehlt heute noch, da die bisher gebräuchlichen fast alle den Knochen mehr oder minder verletzen und Nekrose von Knochentheilen nicht selten die vollständige Heilung lange verzögert. Die Zeitdauer der Callusbildung und die Stärke des Callus hängen bekanntlich von den Ernährungsverhältnissen des Individuums, oder eigentlich von denen des betreffenden Knochens ab, und die Behandlung sichert nur den Verlauf der Callusbildung und bestimmt die Richtung des durch den Callus vereinigten Knochens resp. der behandelten Extremität. Selbst die beste Wundbehandlung jedoch ist nicht im Stande, die Callusbildung in jedem Falle zu sichern, und so heilen die Knochenenden oft trotz der genauesten Coaptation und dem besten antiseptischen Contentiv-Verbande durch Pseudarthrose zusammen.

Wenn, wie nach der Resection gewisser Gelenksenden, es vortheilhaft erscheint, neben der Heilung auch ein noch einigermaassen mobiles Gelenk zu erhalten, so kann in einer gewissen Phase der Heilung, nämlich der Vernarbung der Weichtheilwunde, die passive Bewegung des Gelenks in Angriff genommen werden.

Bei dem Anlegen des antiseptischen Verbandes muss hier also auch auf die geplante Brauchbarkeit der Extremität Rücksicht genommen werden, und müssen daher auch die orthopädischen Hülfsmittel, die Schienen- und Contentivverbände in den Kreis des antiseptischen Verbandes aufgenommen werden. Es bedarf gar keines Beweises, dass ein jeder Fixations-Verband an den Extremitäten als Ruhemittel auch den antiseptischen Verband in der Beförderung der raschen Heilung unterstützt, wenn wir auch bezüglich der Callusbildung dem Erfahrungssatz Raum geben müssen, dass eine gewisse Irritation, hervorgerufen durch die Bewegung der Extremität, günstig auf diesen Knochenbildungsprocess einwirkt.

Wenn die Fixirung der Extremität in einer gewissen Richtung durch Schienen geschieht, so wird beim Anlegen des Verbandes der Extremität die gewünschte Richtung gegeben, die Unebenheiten an deren Oberfläche mit Wattelagen ausgeglichen, und nachdem auch diese Watte mit Bindetouren befestigt wurde, werden die Schienen angelegt. Die Reinheit dieser Schienen ist auch ein wichtiges Erforderniss; denn wenn bei profuser Secretbildung das Secret durch den Verband durchschlägt, kann der Schmutz der Schienen leicht die Veranlassung zur infectiösen Zersetzung des Secrets im Verbande sein. Mit reiner Watte oder mit Leinwandcompressen gepolsterte Holzschienen, leicht rein zu haltende Eisenblechschienen oder Drahtkörbe sind zu diesem Zwecke geeignet. Die von Neuber und Gluck empfohlenen Glasschienen sind vom Gesichtspunkte der Reinhaltung besonders vortheilhaft, ferner auch weil sie mit den Formen der Extremitäten entsprechenden Erhöhungen und Vertiefungen erzeugt werden können, und endlich weil sie durchsichtig sind und so der Zustand des Verbandes, das Durchschlagen des Wund-secrets controllirt werden kann, ohne dass die Schiene zu diesem Zwecke entfernt werden müsste. Ihr Nachtheil ist nur der höhere Preis und die Zerbrechlichkeit. Oft werden auch kurze, leicht desinficirbare Hart-kautschukschienen in den antiseptischen Verband eingeschaltet, und dienen ebenfalls zur Fixation der Knochenenden.

Die Schienen müssen ganz entfernt werden, wenn wir den die Wunde deckenden Verband wechseln, und darunter leidet selbstver-ständlich die zur zweckentsprechenden Heilung unbedingt nothwendige Ruhe. Diesen nachtheiligen Umstand kann man mit den Contentivver-bänden dadurch vermeiden, dass in dem Verbande, der Wunde entsprechend, ein Fenster geschnitten wird, und die nöthigen Verbandswechsel durch diese Oeffnung bewerkstelligt werden. Mosengeil benützt auch den Contentivverband zum Zwecke der Asepsis, indem er den Gypsbrei mit Carbollösung bereitet, und so die Zersetzung des in den porösen Gyps eingesaugten Wundsecrets verhindern will.

Wenn wir bei den an den Knochen der Extremitäten vorgenommenen blutigen Operationen von der Heilung per primam sprechen, so kann dar-unter selbstverständlich nur die Heilung der Weichtheilwunde ver-standen werden, denn die die Knochenwunde verklebende Substanz — der Callus — wird nicht per primam gebildet, ist nicht das Resultat von einigen 24 Stunden, sondern das Product eines mehr minder langen, auf Wochen ja auf Monate sich erstreckenden Heilungsprocesses.

Dies ist jedoch für die Asepsis von keiner Bedeutung, denn wenn mit der Verklebung der Weichtheilwunde die Wunde selbst verschlossen wird, und sich kein Wundsecret bildet, so heilen die gesunden Knochen-

enden bei der zweckentsprechenden Fixation oder Bewegung durch
einen soliden Callus oder eine Pseudarthrose so zusammen, wie dies bei
den occulten Knochenbrüchen der Fall ist.

Die Heilung der Knochenwunde dem Knochen selbst zu überlassen
und über dem verwundeten Knochen die Weichtheile mit der Intention
der raschen Verklebung zu vereinigen, kann nur nach Operationen an
gesunden Knochen angezeigt sein. Anders steht es um die Sache, wenn
die Operation behufs Entfernung kranker Knochentheile vorgenommen
wurde, und wenn eine Knochenhöhle zurückbleibt, deren Wände zwar
von lebenskräftigem Knochengewebe gebildet werden, in deren Umgebung
aber noch Spuren der durch die locale Erkrankung verursachten Reaction
vorhanden sind. Nach der Ausmeisselung nekrotischer Knochentheile,
nach der Ausschabung cariöser Knochenherde schreitet die Ersetzung
des Substanzverlustes durch Granulation mehr minder rasch vorwärts,
und ist vielleicht noch früher zu Ende als die Callusbildung. Aber
diese Granulationsbildung ist fast ohne Ausnahme mit Eiterung verbunden, und zur Entleerung des Eiters muss der Weg durch die Weichtheile offen gelassen werden. Indem wir für diese Ableitung des Wundsecrets vorsorgen, können wir das Ende der Heilung unter Anwendung
verschiedener Verfahren abwarten, eventuell beschleunigen. Wir können
die Weichtheilwunde vernähen und nur für die Drainage eine Oeffnung
freilassen, oder, da es ohnehin keinen besonderen Werth hat, wenn die
Weichtheilwunde rasch verheilt, da doch die Heilung der Knochenwunde noch im Rückstande ist, warten wir ab, dass die Wunde von der
Basis aus heile, dass die Knochenhöhle mit Granulationen ausgefüllt sei
und erst über diese die Weichtheile ebenfalls durch Granulation zu-
sammheilen sollen. Wir füllen daher nach der Operation und während
des Heilungsverlaufes die Wunde mit einem hydrophilen antiseptischen
Verbandstoffe aus, welcher das Secret aufsaugen, dessen Zersetzung verhindern, wenn möglich auch noch die Secretbildung verringern soll.
Die Jodoformgaze, das Jodoformpulver und die Jodoformglycerin-Emulsion, das Salicyl, das Naphtalin, all diese Substanzen wurden bereits
zum Ausfüllen von Knochenhöhlen benützt, und die Vorsicht, welche
ihre Anwendung erheischt, im Auge behalten, sind sie auch alle gut
verwendbar. Unter Einwirkung dieser Antiseptica können auch die
zurückgebliebenen kranken Gewebstheile sich successive abstossen und,

ohne dass sie sich in der Wunde zersetzen würden, eliminirt werden. Eine specielle granulationsbefördernde Wirkung haben sie jedoch nicht. Eine solche Behandlung erfordern nicht nur die durch chronische und fungöse Knochenentzündungen bedingten Nekrotomien und Knochenausschabungen, sondern die acuten Knochenhautentzündungen und osteomyelitische Processe. Auch bei diesen führt die frühzeitige Eröffnung des erkrankten Knochenherdes, die Ausräumung der Entzündungsproducte, die Desinfection der Knochenhöhle und ein mit Hinterlassung eines Drains angelegter antiseptischer Verband zum Stillstehen des Krankheitsprocesses und zur Heilung.

Neuber, der auch nach Nekrotomien die Heilung der ganzen Wunde per primam durchsetzen will, empfiehlt ein Verfahren, bei welchem die Haut in der Umgebung der Wunde von der Basis losgelöst, die Hautränder in die Wunde hineingestülpt und am Boden der Knochenhöhle an einander oder an den Knochen befestigt werden, und so ihr Ankleben und die rasche Heilung der ganzen Wunde erreicht werden soll. Dass dies nicht gar häufig gelingen kann, ist leicht begreiflich, wenn man an die viele cmtr.-tiefen Wundhöhlen denkt, die oft nach Nekrotomien zurückbleiben, und an deren Boden die Hautränder nach dem Abmeisseln der Knochenränder hinabzuziehen und daselbst zu befestigen keine kleine Aufgabe ist, so dass es auch thatsächlich hier (Budapest) einem Operateur bei diesem Versuche passirt ist (Nekrotomie am Fenur, dass er die Arteria cruralis durchschnitt und die Venen so beschädigte, dass eine tödtliche Phlebitis den sonst jungen und starken Mann dahinraffte. Bei Resectionen der Gelenkflächen will Neuber auf ähnliche Art die rasche Verklebung (und zum Theil auch die Vermeidung der Drainage) erreichen, indem er durch Compressivverbände die Weichtheile bis zur Berührung der gegenüberliegenden Wundflächen in den Knochendefect hineindrängt. — Schede hat statt dieses Verfahrens seine bereits erwähnte Methode der Heilung unter dem feuchten Blutschorf empfohlen, wo das Blutcoagulum in der Wundhöhle den Grundstoff zur plastischen Neubildung des Knochens liefern soll. Wenn er nicht gelegentlich der Operation die Wundhöhle mit Blut volllaufen lassen kann (weil ihm die Asepsis nicht gesichert erscheint), so tamponirt er die Wunde mit Jodoformgaze oder Sublimatgaze, schabt dann bei einer nächsten Gelegenheit die gut granulirende Wand der Wundhöhle an einer Stelle ab, und lässt nun so die Wunde sich mit Blut füllen, welches unter dem ebenfalls erwähnten Verband sich organisiren und rasch in Knochensubstanz umsetzen soll. —

ELFTES CAPITEL.

Operationswunden der Gelenke. Exarticulationen. Drainage der Gelenke. Jodoform bei Gelenkwunden. Antiseptische Behandlung von Gelenkaffectionen.

Die mit der Eröffnung der Gelenke verbundenen Wunden fordern vom Gesichtspunkte der Antisepsis besondere Sorgfalt. Die Eröffnung der Gelenke behufs Entfernung der Extremitäten — Exarticulation — erfordert dieselbe Behandlung wie die mit der Durchtrennung der Knochen verbundenen Amputationswunden. Bei antiseptischer Behandlung ist nicht nur die rasche Heilung der Exarticulationswunden an kleinen Gelenken zu erwarten, sondern es heilen auch Exarticulationen, welche, wie die im Hüftgelenke, in vorantiseptischer Zeit überhaupt keine Heilung erwarten liessen.

Der Schwerpunkt der Behandlung von Gelenkwunden liegt darin, dass die Gelenke für die Ansammlung von Wundsecret geeignete Räume, Ausbuchtungen bilden, und die Synovialflächen der Gelenke nicht nur selbst einen Stoff secerniren, der den infectiösen Keimen ein günstiges Nährsubstrat bietet, sondern die infectiösen Stoffe auch selbst leicht resorbiren und die Infection rasch weiter befördern. Bei den Verwundungen der Gelenke muss daher ausser den Vorkehrungen, welche auf das Fernehalten der Infection gerichtet sind und die hier aufs strengste durchgeführt werden müssen, auch noch besondere Sorgfalt auf die Ableitung der Wundsecrete verwendet werden. Der Schlüssel der antiseptischen Behandlung der Gelenke liegt in der zweckmässigen Drainage.

Die Behandlung acuter oder chronischer seröser Gelenkentzündungen beruht zum Theile auch auf der zweckmässigen Drainage der Gelenke, indem durch diese Drainrohre die geöffnete und ausgeleerte Gelenkhöhle ausgespritzt wird. Zu dieser Ausspülung hat man die 5 %₀ Carbollösung, die 3—4 %₀ Chlorzink- und die 1 %₀₀ Sublimatlösung verwendet, und bei diesem Verfahren und dem

Anlegen des antiseptischen Verbandes ist in den meisten Fällen die Heilung dieser Affectionen zu erreichen. Sobald das Wundsecret, welches in solchen Fällen gewöhnlich eine profuse und dünne Synovia ist, geringer wird, kann diese Gelenkhöhle in immer grösseren Zwischenpausen ausgespült, die Drains gekürzt und endlich auch ganz fortgelassen werden.

Bei der Behandlung eitriger Gelenksentzündungen führt dieses Verfahren auch zum Ziel, vorausgesetzt, dass die Gelenksenden der Knochen nicht auch von der eitrigen Entzündung ergriffen wurden, oder die Gelenksaffection nicht eben die Folge einer solchen Knochenerkrankung war. Die Entleerung des Eiters, die Ausspülung des Gelenks mit Carbol- oder Sublimatlösung, das Eingiessen von Jodoformemulsion in die Wunde können die eitrige Entzündung hemmen und Heilung erzielen (wenn auch mit dem Erstarren des Gelenks), in solchen Fällen, wo sonst die Abtragung des Gliedes unvermeidlich schien.

Bei der Eröffnung kranker Gelenke ist die Hauptbedingung des aseptischen und zweckmässigen Heilungsverlaufes die gründliche Entfernung der kranken Gewebe. Ob seröses Exsudat, Eiter, Gelenkskapselreste, oder durch fungöse Entzündung zerstörte Knochentheile in der geöffneten Gelenkshöhle sind, kann ein ungestörter Heilungsverlauf nur dann erwartet werden, wenn diese kranken Gewebstheile alle entfernt werden.

Von den Antisepticis sind hier auch die andauernd wirkenden die zweckmässigen, und so kann das Jodoform als geeigneter Stoff betrachtet werden. Jedoch lässt sich auch vom Jodoform keine besondere Wirkung bei den tuberculösen Knochen- und Gelenkserkrankungen erwarten. Das Jodoform heilt den Gelenksfungus nicht, befördert auch die Eliminirung der fungösen Granulationen nicht, und die Erwartungen, die in dieser Richtung an dies Antisepticum geknüpft wurden, haben sich wie die an die antiseptische Wundbehandlung geknüpften Erwartungen im Allgemeinen auf die Erkenntniss reducirt, dass die Hauptbedingung der Heilung in der operativen Entfernung der kranken Theile liegt. Das auf den cariösen Knochen, auf den tuberculösen und zerbröckelnden Gelenksknorpel gestreute Jodoformpulver, die in das fungöse Gelenk gestopfte Jodoformgaze, oder die eingegossene Jodoformemulsion sind weder den tuberculösen Process zu hemmen, noch die Heilung durch Eliminirung der kranken Theile anzubahnen im Stande; es lässt sich mit ihnen höchstens erreichen, dass sie die Zersetzung der in den Gelenken befindlichen fäulnissfähigen Stoffe dauernd verhindern. Die Eröffnung der Gelenke hat seit der Verbreitung der Antisepsis auch viel von ihrer Gefährlichkeit verloren, und insoferne die antiseptische Wundbehandlung auch die Eiterung in vielen Fällen zu hindern vermag, so leidet durch den operativen Eingriff zumeist auch die Functionsfähigkeit des Gelenks nicht. Dieser letztere Umstand berechtigt zu Operationen, wie es die Eröffnung der Gelenke behufs Entfernung von Gelenkmäusen ist. So ist auch die so gefürchtete Eröffnung des Kniegelenks bei occulten Patellabrüchen erlaubt, wo die Gelenkshöhlen von Blutgerinnseln gesäubert, die Bruchstücke der Patella mit der Naht (Silberdraht) vereinigt und die Wunde wieder verschlossen wird. So ist auch die Eröffnung des Ellbogengelenks bei schlecht geheiltem Olecranonbruch erlaubt, wo die Bruchenden aufgefrischt und mit der Naht vereinigt werden. Unter dem Schutze der Antisepsis verspricht auch die blutige Reposition veralteter Verrenkungen Erfolg, und wo die Reposition nicht mehr möglich ist, da bleibt noch die Resection des Gelenkkopfes als letztes Remedium, und auch diese gelingt bei der antiseptischen Wundbehandlung.

Wo wir mit der Operation ein starres Gelenk oder richtiger die Verödung des Gelenks erreichen wollen, dort vereinigen wir den antiseptischen Verband mit der Fixation, im entgegengesetzten Falle bestreben wir uns während des Heilungsverlaufes, durch passive und active Bewegung die Biegsamkeit des Gelenks zu erhalten. — Zu ersterem Zwecke eignen sich die Schienen (Resectionsschienen) und die eventuell gefensterten Contentivverbände, zum letzteren die (in Charniers beweglichen) Brücken-Gypsverbände, welche die Wunde für den Wechsel des Verbandes frei lassen.

ZWÖLFTES CAPITEL.

Behandlung der Abscesse. Acute, kalte und Senkungsabscesse. Jodoformpräparate bei der Behandlung von Senkungsabscessen.

Die Behandlung der Abscesse wechselt, je nachdem die Eiteransammlung den Ausgang einer acuten Entzündung, oder das Product eines chronisch verlaufenden Gewebszerfalles bildet, dessen Ursprung oft nicht einmal da ist, wo wir den Abscess finden, der sich also von einer anderen Stelle hierher gesenkt hat.

Der das Product einer acuten Entzündung bildende h e i s s e A b- s c e s s wird geöffnet und der Eiter entleert. Wenn der Eiter stinkend war, wird die Abscesshöhle mit einer stärkeren, sonst aber nur mit einer schwachen antiseptischen Lösung ausgespült, in die Oeffnung, je nachdem der Abscess oberflächlich oder tief gelegen, ein kürzeres oder längeres Drainrohr, oder Jodoformgazestreifen eingeschoben und darüber ein antiseptischer Verband gelegt. Wenn der Entzündungsprocess abgelaufen und die Abscesshöhle nicht gross war, so kleben die Wände desselben unter dem Druckverbande zusammen, und die Wunde heilt unter wenigen Verbänden, jene Fälle ausgenommen, wo der Eiterherd das Symptom einer allgemeinen Infection bildet (Pyohämie) und wo die Heilung nur sehr langsam oder überhaupt nicht zu Stande kömmt.

Die Behandlung der k a l t e n A b s c e s s e ist oft mit vielen Schwierigkeiten verbunden, besonders in Fällen, wo der Eiter sich schon selbst einen Weg nach aussen gebahnt, und wo die Abscesswände mit eitersecernirenden Granulationen der sogenannten Pyogenmembran überzogen sind, deren Product sich zum Theile durch die kürzeren oder längeren Fistelgänge entleert, zum Theile in der Abscesshöhle bleibt und daselbst stagnirt. Die Heilung wird in solchen Fällen durch das weite Eröffnen des Abscesses, das Freilegen der Fistelgänge und das Abschaben der pyogenen Membran befördert. Bei der Eröffnung des Abscesses muss nur darauf Bedacht genommen werden, dass die Oeffnung womöglich nicht in die Nähe von Körpertheilen falle, welche, wie z. B. die Mastdarmöffnung, zur Infection des Abscessinhaltes Anlass geben können. Wenn bei solchen kalten Abscessen der den eitrigen Zerfall der Gewebe verursachende Process abgelaufen, so können nach der totalen Ausräumung der Abscesshöhle und dem Abschaben der pyogenen Membran die wunden Abscesswände unter dem Druckverband per primam an die Basis ankleben. Eine Ausnahme bilden die mit Fistelgangen complicirten Periproctal-Abscesse, deren Heilung, resp. das Verkleben der Abscesswände, durch die Bewegungen des Mastdarms verhindert wird. Hier befördert die weite Eröffnung des Abscesses, der Fistelgänge und das Durchtrennen des Mastdarmsschliessmuskels die Heilung, die durch Granulation von der Basis der Wunde aus erfolgen muss. Dieser Heilungsverlauf wird durch Reinhaltung und Einführen von antiseptischen Bourdonnets befördert. Bei Periurethralabscessen bewirkt die Eröffnung des Abscesses nur dann die Heilung, wenn der häufigste Anlass dieses mit vielfach verzweigten Fistelgängen complicirten Abscesses, — die Strictur der Harnröhre — behoben wird. Die häufigste Form der kalten Abscesse, die sogenannten lymphatischen Abscesse, geben viel zu schaffen, und trotzen hartnäckig der Behandlung, da eben den Geweben der Heiltrieb mangelt. Das Ausfüllen der Abscesshöhlen mit Jodoformgaze, das Eingiessen von Jodoformemulsion in die verzweigten Fistelgänge und ein antiseptischer Deckverband befördern zuweilen die Heilung, oft aber nützt all dies nicht, und aus dem lymphatischen Abscess wird ein lymphatisches — skrophulöses — Geschwür, das nur dann heilt, wenn die Vegetation des ganzen Organismus und damit der Heiltrieb sich bessert.

Besonders in die Augen fallend ist die Umwälzung, welche die antiseptische Wundbehandlung in der Heilung der k a l t e n S e n k u n g s - a b s c e s s e hervorgebracht.

Die Furcht, mit welcher man früher an die Eröffnung kalter und zum grossen Theile mit Knochenerkrankungen zusammenhängender Abscesse ging, findet ihre Erklärung zumeist darin, dass der Inhalt dieser Abscesse als günstiges Nährsubstrat für infectiöse Keime diente, die sich ohne antiseptische Cautelen hier mit der Operation zugleich festsetzen konnten. Und da auch der Weg zur Resorption derselben angebahnt war, so konnte der durch die Natur des Leidens ohnehin schon als irresistent bezeichnete Organismus bei der protrahirten Eiterung diesen infectiösen Factoren nicht widerstehen, und die Pyohämie als Complication war daher in der vorantiseptischen Zeit in der Regel zu erwarten. Auch heute besteht die Behandlung des Senkungsabscesses in der Eröffnung desselben, doch wird die infectiöse Complication durch die moderne Wundbehandlung vermieden. Bei Psoas-Abscessen, die sich gegen den Oberschenkel senkten, bereiten wir die Oeffnung möglichst fern von dem Anus, selbst dann, wenn die erhabenste Stelle der fluctuirenden Geschwulst und dementsprechend auch die Verdünnung der Haut nicht ganz mit der Eröffnungsstelle zusammenfällt. Senkungsabscesse (und wohl auch Congestionsabscesse) im Becken können durch Trepanation des Darmbeins direct zugänglich gemacht, entleert und drainirt werden. Es gelang auf diese Art langwierige Abscesse des Beckens zur definitiven Heilung zu bringen.

Wenn der Inhalt des Senkungsabscesses entleert wurde, und wenn für die fernere Entleerung des sich noch bildenden Wundsecrets durch Einführen eines dickwandigen Drains gesorgt, die Abscesshöhle eventuell mit einer antiseptischen Lösung (Bor-, Salicyl-, Thymollösung) ausgespült wird, so kann die Infection, welche bei der Eröffnung des Abscesses droht, vermieden werden, und wenn der Process, der zur Eitersenkung Anlass gab, abgelaufen, unter dem aseptischen Verband und bei rationellem Verbandswechsel auch definitive Heilung, der Verschluss der Abscesshöhle ohne Fistelbildung erzielt werden. Wenn der zum Senkungsabscess führende Process noch nicht abgelaufen, so gelingt es, eine vollständige Heilung nur dann zu erzielen, wenn der Sitz der Erkrankung gefunden und schadhafte Knochentheile mit dem scharfen Löffel oder auf eine andere Art entfernt werden können. Sonst erreicht man im besten Falle nur, dass das Wundsecret sich durch die Oeffnung entleert, die Abscesshöhle zum Theil vernarbt, aber ein oder mehrere eiternde Fistelgänge zurückbleiben.

Die Jodoformpräparate können auch hier mit gutem Erfolge angewendet werden, und wenn die Jodoformglycerin-Emulsion in eine Abscesshöhle eingegossen wird, wo der Eiter den einzigen Rest der abgelaufenen Knochenerkrankung bildet, so können wir es erreichen, dass unter einem gut comprimirenden Verband mit der Resorption der Jodoformemulsion auch die Abscesshöhle ganz verschwindet und sich auch nicht mehr füllt. Wenn in solchen Fällen das post und propter hoc nicht scharf distinguirt werden, so könnte man auch glauben, dass das Jodoform die zur Eitersenkung führende Knochenerkrankung geheilt hat, wo es doch nichts weiter thut, als dass es die Zersetzung der in der Abscesshöhle zurückbleibenden Eiter- und Gewebsreste verhindert und so das Hinderniss bei Seite räumt, welches dem Heiltrieb, den die umgebenden Gewebe besitzen, der Granulation im Wege steht. Wenn die Knochenerkrankung nicht abgelaufen, so kann auch die Jodoform emulsion keinen Erfolg haben, und die Höhle des Senkungsabscesses füllt sich nach kurzer Zeit wieder.

DREIZEHNTES CAPITEL.

Wunden der Blutgefässe. Behandlung von Blutextravasaten. Wunden der Nerven, Nervennaht.

Bei der operativen Verwundung der Blutgefässe unterstützt die Anwendung des antiseptischen Catgut- oder Seidenfadens das Gelingen des durch diese Operation bezweckten Resultats aufs beste. Da der zur Ligatur benützte antiseptische Faden keinen Grund zur Eiterung, zur Entzündung der Gefässwände und zum Zerfall des Thrombus gibt, so haben wir keine unstillbaren Blutungen bei der Unterbindung der Arterien und keine gefährliche Phlebitis bei der Unterbindung der Venen zu befürchten.

Die an gehöriger Stelle blossgelegte Arterie (bei Aneurismen), mit dem aseptischen Faden umschnürt, kann ruhig liegen gelassen, die Wunde darüber verschlossen werden, ohne dass nach dem Durchschneiden der Arterienwand eine Nachblutung das Leben des Kranken gefährden, oder auch nur die Heilung der Wunde stören würde. Wenn bei Arterien mit durchtrenntem Lumen die einfache Ligatur auf Schwierigkeiten stösst, die entweder örtlicher Natur sind (da das Lumen der retrahirten Arterie mit der Klemmpincette schwer zu fassen ist), oder in der abnormen Structur der Gefässwand (Brüchigkeit bei Arteriosklerose) liegen, da kann die Umstechung versucht werden, und da auch hier ein aseptisches Material benützt wird, so gibt auch die Einfassung grösserer Gewebstheile in den umschnürenden Faden keinen Anlass zu stürmischen Erscheinungen. In manchen Fällen jedoch, wo die eben erwähnten Schwierigkeiten ihren Höhepunkt erreichen, kann überhaupt keine Ligatur der Arterie vorgenommen werden, und hier kann die verlässlich reine Klemmpincette bis zur erfolgten Thrombusbildung liegen gelassen werden. Die Wunde wird hier aber nicht genäht, sondern nur tamponirt und mit einem provisorischen antiseptischen

Deckverband versehen. Bei sonst aseptischer Behandlung hat die Mortification des in die Pincette eingefassten Arterientheiles nichts für die Infection zu bedeuten. Auch die früher gefürchtete Exstirpation des Aneurismasackes kann nun meist ohne Gefahr ausgeführt werden.

Das Vernähen grösserer Venenlumina, die Exstirpation von varicösen Knoten ist auch mit keiner Gefahr (was die Infection anbelangt) verbunden. Angeschnittene Venen grösseren Kalibers dürfen aus Rücksicht für die ungestörte Circulation nicht gleich unterbunden werden. Man kann die angeschnittene Wand mit dünnem Catgut (und fortlaufender Naht) vernähen, und heilen die so genähten Wunden der Venen, wie wir aus eigener Erfahrung bestätigen können, stets prompt und ohne Reaction. Auch die Tamponade mit antiseptischen Verbandstoffen lässt sich hier gut anwenden, und heilen solche Venenwunden unter einem Jodoformgaze- oder Salicyljutetampon, welcher einen nicht zu grossen Druck auf die Venen ausübt, ebenfalls gut; ja Lister tamponirte die Venenwunde mit einem Tampon aus Carbolcatgut und hatte Erfolg.

Grosse Blutextravasate zwischen den Geweben, insoferne sie einem chirurgischen Eingriffe zugänglich sind und dieser Eingriff nothwendig erscheint, werden so behandelt, dass nach der Durchtrennung der deckenden Weichtheile das Blut entfernt, die Wundhöhle mit Carbol- oder Sublimatlösung ausgespült und ein antiseptischer Druckverband angelegt wird. Ein solches Verfahren mit grossen Blutextravasaten ist um so zweckmässiger, als neuestens durch Experimente (Düring 1885) festgestellt wurde, dass aus solchen Extravasaten ein gewisses Fibrin- ferment frei wird, welches durch Diffusion in die Gefässe der betreffenden Gegend gelangt, und hier zur Thrombose, in den entfernteren Gefässen aber zur Embolie Anlass gibt.

Von den operativen Verwundungen der Nerven werden die Nervendurchschneidungen und Nervenresectionen nur insofern von der Wundbehandlung beeinflusst, als diese die reactions- lose und rasche Heilung der durch diese Operationen bedingten Wunden sichert. Die Nervennaht ist aber nur durch die aseptische Wund- behandlung ermöglicht, da eben nur bei dieser die den Erfolg der Operation sichernde rasche Verklebung erreichbar ist. Zur Nervennaht wird am zweckmässigsten Catgutfaden benützt, den wir mit Hülfe einer möglichst wenig verletzenden (runden) Nadel durch die Nervenenden durchziehen und diese einander nähernd den Faden festknüpfen.

Direct durch die Nervensubstanz wird der Faden nur dann durchgezogen, wenn die Spannung der Nervenenden bedeutend ist. Sonst
nähen wir nur das Bindegewebe um den Nerv und die Nervenscheide
(Neurilemma), wobei die Marksubstanzen der Nervenenden doch auch mit
einander in Berührung kommen. Nachdem die Wunde gereinigt, die
Wundflächen mittels versenkter und oberflächlicher Nähte vereinigt
und in möglichst günstiger, nämlich die Nervenenden entspannender
Stellung des Gliedes ein antiseptischer Druckverband angelegt wird, heilt
die Wunde reactionslos, und oft stellt sich bereits am 3.—4. Tag nach
der Operation die Nervenleitung ein. Aber nicht nur bei frisch durchschnittenen Nerven hat die Naht einen so guten Erfolg, es mehren sich
die Fälle, wo die Nervenleitung in durchschnittenen Nerven hergestellt
wurde, deren Function bereits seit Monaten, ja sogar seit Jahren auf-
gehoben war, und wo die vernarbten Nervenenden vorher aus der Narbe
herauspräparirt und angefrischt werden mussten. (Von 45 bisher publicirten ähnlichen Operationen hatten 35 Erfolg, darunter der Fall Tillaux's,
der durch die secundäre Nervennaht die Functionsfähigkeit des durch
14 Jahre in seiner Continuität getrennten N. medianus herstellte.) Die
Secundärnaht der Nerven wird nachträglich durch die Anwendung der
Elektricität in der Wiederherstellung der Nervenfunction unterstützt.

VIERZEHNTES CAPITEL.

Wundbehandlung bei plastischen Operationen. Hamilton's Schwamm-inplantation.

Auch die Resultate der plastischen Operationen werden
durch die antiseptische Wundbehandlung gesichert, denn es ist leicht
begreiflich, dass nur bei tadelloser Asepsis die bei plastischen Operationen
zumeist unentbehrliche rasche Verklebung erreicht werden kann. Damit
aber eine solche rasche Verklebung, von der oft das Resultat schwieriger
Operationen abhängt, zu Stande komme, ist ausser der vollständigen
Asepsis auch noch nothwendig, dass die Irritation der zur raschen
Verklebung bestimmten Wundflächen möglichst vermieden werde. Es
müssen daher bei der hier angewendeten Antisepsis alle Antiseptica gemieden werden, welche die Wundflächen reizen, die Gewebezellen

angreifen oder verschorfen. Besonders wichtig ist dieser Umstand bei der Transplantation von Gewebstheilen, die an ihrer neuen Stelle per primam anheilen sollen. — Wichtig ist die Vermeidung der Irritation und der hierdurch hervorgerufenen Secretbildung bei der R e v e r d i n - s c h e n T r a n s p l a n t a t i o n. Das reine Wasser, oder schwache Koch-salz-, Carbol- oder Borsäurelösungen genügen hier zur Sicherung der Asepsis. — Die bei antiseptischer Behandlung transplantirten Lappen, grosse Wundflächen bedeckende, mosaikartig nebeneinander gelegte Hautstückchen heilen rasch an, und selbst ein Verfahren verspricht Er-folg, welches H a m i l t o n (1881) unter der Benennung der S c h w a m m - i n p l a n t a t i o n empfiehlt. Sein Zweck ist die rasche Ersetzung solcher Defecte, denen die Basis zur Granulation mangelt und die sonst nur sehr langsam oder überhaupt nicht heilen würden. Der aseptische Schwamm wird in dünne Platten geschnitten in den Defect eingelegt, aus der Umgebung wachsen die Granulationen hinein und verzehren langsam die Substanz desselben, bis sie mit der Haut in ein Niveau gelangt und nun überhäutet werden.

Die Erfolge der plastischen Operationen werden auch durch die versenkten Catgutnähte und die antiseptischen Verbände befördert. Die nach der Verschiebung oder Transplantation entstehenden Defecte heilen unter dem antiseptischen Verband, manchmal auch unter einem Jodoform-schorf oder einer Borsalbe.

Selbst die plastischen Operationen mit Transplantationen von P e r i - o s t und K n o c h e n sind nun in vielen Fällen von auffallend schönem Erfolge begleitet. N u s s b a u m verpflanzte K n o c h e n s t ü c k e durch Ver-schiebung des am Periost hängenden Knochentheils, K ö n i g (1886) nimmt Haut-Periost und Knochenlammelle in einem Stück von der Stirne und ver-pflanzt es durch Umbiegung, die Haut nach innen gekehrt, an die Stelle der Nase, um dann über die Knochenwunde wieder Haut zu ziehen und so eine Nase mit knöchernem Gerüst herzustellen, und T r u c h a r t (1885) re-producirt ein $2^3/4$ Zoll langes Stück der zerschmetterten Clavicula beim Menschen durch Pfropfung von Periost und von mit Periost bedeckten dünnen Knochenscheiben des Hundes in die granulirende Wunde. Auch die P s e u d o p l a s t i k mit Verschiebung von Sehnentheilen hat schon Erfolg gehabt und neuestens wurde auch die Ersetzung von N e r v e n - d e f e c t e n durch Einschaltung von Catgutfäden versucht, welche die Nervenenden verbinden (T i l l m a n s), oder durch Einschaltung von

delcalcinirten Knochendrains (Vaulair, in welche die Enden der
Nerven eingeschoben werden, und die bald durch Nervenelemente ent-
haltende Narbenmassen ersetzt werden.

FÜNFZEHNTES CAPITEL.

**Behandlung traumatischer Wunden.   Antiseptica bei traumatischen
Verwundungen.   Behandlung von Schnitt-, Stich-, Quetsch- und
Schusswunden.   Behandlung von Brand- und Congelationswunden.**

Viele Momente der Antisepsis wechseln und differiren bei der Behandlung von Wunden, die nicht zu Heilungszwecken gesetzt wurden,
und die also ihrer Genese nach entwender zufällige Verletzungen
oder absichtliche gewaltsame Verwundungen sind. Diese
Wunden sind, da jene Vorkehrungen, welche von der Operationswunde
die Infection ferne zu halten berufen sind, hier fehlen, von vorneherein
als solche zu betrachten, bei welchen mit der Verwundung gleichzeitig
auch die Möglichkeit der Infection gegeben war. Mit dem verletzenden
Instrument, aus der Umgebung der Wunde können infectiöse Stoffe in
die Wunde gelangen, und wenn es auch trotzdem keine nothwendige
Consequenz ist, dass die zufällig oder absichtlich beigebrachte Stich-,
Hieb- etc. Wunde inficirt sei, so müssen wir es doch annehmen, und
dies bei unserem Heilungsverfahren berücksichtigen.

Die erste Aufgabe ist also die Desinfection dieser Wunden. Die
Desinfection wird mit Hülfe irgend eines Antisepticums bewerkstelligt,
wobei jenes Antisepticum den Vorzug verdient, welches auch in Lösung
anwendbar ist, d. h. mit welchem man die Wunde und deren Umgebung von Blut und Schmutz reinigen kann, dessen Wirkung
rasch zur Geltung gelangt, d. h. welches die infectiösen Keime
rasch unschädlich zu machen vermag, welches die Wunde möglichst wenig irritirt und das, auch in grösseren Mengen angewendet, keine Allgemein-Intoxications-Erscheinungen hervorruft. Es ist wahr, dass es bisher kein Antisepticum gibt, das
allen diesen Anforderungen entsprechen würde; die energischen Antiseptica sind zugleich energische Gifte, die, wenn sie auch in verdünnten
Lösungen angewendet werden können, entweder die Wundflächen

afficiren oder resorbirt werden und Intoxicationen verursachen. Die zumeist benützten Antiseptica, die 5 % Carbollösung, die 8 % Chlorzinklösung, die 1 %oo Sublimatlösung, sind bekanntlich alle Flüssigkeiten, welche auch die Integrität der Gewebszellen in der Wunde angreifen und von grösseren Wundflächen aus in gefährlicher Quantität resorbirt werden. Die Salicyl- und Thymollösungen sind zur energischen Desinfection zu schwer, die essigsauere Thonerde ist aber wegen ihrer Unbeständigkeit für die allgemeine Anwendung nicht geeignet. Das Jodoform und die pulverförmigen, d. h. nicht löslichen Antiseptica alle eignen sich zur raschen Desinfection nicht, und sind nur im Nothfalle anzuwenden, wenn die definitive Reinigung und Desinfection auf später verschoben wird.

Neben der Anwendung des Antisepticums wird die Desinfection zumeist durch die sorgfältige Reinigung erzielt, die sich auf einen jeden Winkel der Wunde und deren Umgebung erstrecken muss. Zu dieser Reinigung wird die antiseptische Lösung benützt, doch muss man sich vor Augen halten, dass ein Zuviel des Reinigens nie, aber ein Zuviel des Antisepticums sehr oft schaden kann.

Diese Reinigung erstreckt sich nicht nur auf Schmutz und verschiedene in die Wunde gelangten Fremdkörper, sondern auch auf die Entfernung von Blutgerinnseln und Gewebetheilen, die vom Trauma so mitgenommen wurden, dass ihre Erhaltung nicht zu hoffen ist, und ihr Verbleiben in der Wunde die Heilung stören und eventuell zur Zersetzung und Infection Anlass geben könnte. Nur die Erhaltung und Anheilung von grösseren Gewebspartien muss versucht werden, selbst wenn sie durch das Trauma ganz oder zum grossen Theile von der Circulation abgeschnitten wurden, insbesondere wenn ihre Erhaltung kosmetisch wichtig ist. Doch muss besonders dann, wenn die Erhaltung solcher Theile gewünscht wird, mit der »Antisepsis« oder eigentlich mit den »Antisepticis« sehr vorsichtig verfahren werden, da die durch das Antisepticum angegriffenen Gewebe der Wundflächen am wenigsten zur Anheilung geeignet sein werden. Das reine Wasser ist hier das beste Mittel zur Reinigung der Wunden.

Mit den so desinficirten Wunden verfahren wir so weiter wie mit den Operationswunden überhaupt, wir stillen die Blutung, vereinigen die zur Verklebung geeigneten Wundflächen, sorgen für die Ableitung des Wundsecrets, und legen eventuell den antiseptischen Verband an.

Die Technik der Behandlung dieser Wunden ist auch verschieden je nach der Art des verwundeten Körpertheiles und der verwundeten Gewebe. Von den Wunden der Weichtheile fallen die Schnitt- und Stichwunden der Haut, des subcutanen Bindegewebes, der Muskeln, Sehnen und Nerven demselben Behandlungsverfahren anheim, sie werden nämlich möglichst genau vereinigt, und wenn das Individuum sonst gesund ist, heilen sie in der überwiegenden Zahl der Fälle unter dem Schutze des antiseptischen Verbandes rasch.

Vom Gesichtspunkte der raschen Heilung sind die Schnitt- wunden die günstigsten, selbst wenn sie stark klaffen, da dieser letztere Umstand die Desinfection resp. ihre Reinigung nur noch erleichtert. Das rasche Verkleben der lappenartigen Wundflächen wird durch den Druck des antiseptischen Verbandes befördert. Die durchschnittenen Sehnen an den Extremitäten sind in jedem Falle durch die Naht zu vereinigen, indem die Sehnenenden und die Sehnenscheiden durch Catgutnähte vereinigt werden. Bei diesen so wie bei der Naht der durchschnittenen Nervenenden unterstützt eine günstige, die durchschnittenen Theile entspannende Lagerung der Extremität die rasche Verklebung der Wundflächen. Den Schnittwunden ähnlich verhalten sich die Hiebwunden, deren Ausdehnung oder Tiefe zwar gewöhnlich bedeutender ist, bei denen aber die Wundflächen ebenfalls glatt sind, und wenn sie auch in der Tiefe durch Catgutnähte vereinigt, eventuell drainirt werden, unter dem antiseptischen Verband eben so rasch heilen.

Die Stichwunden heilen selbst dann, wenn sie kleiner sind, und, wie gewöhnlich, ihre Ränder nicht klaffen, selten per primam, insbesondere wenn sie tief sind und ihre Reinigung erschwert ist. Die Naht ist hier zumeist nicht nur überflüssig, sondern bei langen Stickkanälen sogar verwerflich. Sie heilen am besten, wenn nach möglichster Desinfection besonders für die erste Zeit ein Drain, oder Jodoformgazestreifen eingeführt und die Wunde mit einem antiseptischen Deckverband versehen wird.

Bei den Quetschwunden der Weichtheile muss die Entfernung aller zerquetschten, aus der Circulation ausgeschlossenen und voraussichtlich absterbenden Gewebstheile im Interesse der raschen Heilung und der Asepsis in den Kreis der Reinigung der Wunde aufgenommen werden. Die so gereinigten Wundflächen können, wenn der Substanzverlust nicht gross ist, auch mit der Naht vereinigt, und nachdem

das hier unentbehrliche Drainrohr eingelegt worden, auch mit dem
antiseptischen Verbande bedeckt werden. Sie verkleben dann rasch
oder heilen mit Secretbildung durch Granulation. Kleinere Quetschwunden heilen wohl reactionslos und unter dem Schorf. Oft ist man jedoch
nicht im Stande, die Grenze zu bestimmen, wo die Lebensfähigkeit und
Erhaltbarkeit der gequetschten Gewebe aufhört, umso weniger, als bei
Quetschungen gewöhnlich auch Gefässzerreissungen in der Umgebung
und in der Tiefe der Wunde vorkommen, die sich anfangs nur durch
Sugillationen in den Geweben kennzeichnen, und die nachträglich dennoch die Mortification von kleineren oder grösseren Gewebspartien (wohl
auch stärkere Nachblutungen) zur Folge haben. Diese abgestorbenen
Gewebstheile können erst später sich abstossen und eliminirt werden.
Die Aufgabe der Wundbehandlung ist in solchen Fällen, die Eliminirung dieser abgestorbenen Theile zu befördern und ihre Zersetzung in
der Wunde zu verhindern. Es folgt also von selbst, dass bei den
meisten Quetschwunden eine Vereinigung der Wundflächen nicht angezeigt ist, und nur ein fleissig gewechselter antiseptischer Deckverband
dem Zweck entspricht. Bei grossen und mit der Zerstörung grosser
Gewebspartien einhergehenden Quetschwunden kann die Wundbehandlung
dieser Aufgabe nur so entsprechen, dass die Wunde überhaupt offen
bleibt und gar kein Verband angelegt wird.

Hier ist also die offene Wundbehandlung am Platze, und besonders
eignet sich die Methode der continuirlichen Irrigation (Salicyl-, Thymol-,
essigsaure Thonerde-Lösung), bei welcher die Zersetzung durch das Antisepticum constant verhindert wird, und die fortwährend rieselnde Flüssigkeit die Entfernung der abgestorbenen Theile auch mechanisch befördert.
Die gereinigte und gut granulirende Wunde kann unter dem antiseptischen Verband weiter behandelt werden.

Den Quetschwunden ähnlich verhalten sich auch die Risswunden,
wo zwar die Wundflächen und Wundränder nicht direct beschädigt, aber
durch Zerreissungen von capillaren und auch grösseren Gefässen in der
Tiefe, in ihrer Lebensfähigkeit beeinträchtigt sind. — Zuweilen können
die unebenen Wundränder mit der Schere geglättet, und die gereinigte
Wunde mit der Naht verschlossen werden; bei grösseren Risswunden
eignet es sich jedoch besser, die Wundflächen nur durch den Druck
des Verbandes einander zu nähern, eventuell mit dem antiseptischen

Schächter, Wundheilung und Wundbehandlung.   18

Verbandstoff zu tamponiren, und ihre Heilung der Granulationsbildung zu überlassen.

Die nicht vergifteten Bisswunden zählen ihrer Form und ihrem Verhalten nach zu den Riss- resp. zu den Quetschwunden, wenn auch durch den Biss oft grosse Lappen gesetzt werden, die sich zur Verklebung per primam besonders eignen. Die Reinigung dieser Wunden erheischt selbst dann grosse Sorgfalt, wenn sie von gesunden Thieren herrühren, da mit dem Biss oft, wenn auch nicht giftige, aber doch faulende und fäulnisserregende Stoffe in die Wunde gebracht werden.

Die Schusswunden sind oft wie Stichwunden anzusehen, so scharf sind dabei die Gewebe getrennt; in der That sind sie aber gequetschte Wunden, die der Infection umsomehr Chancen bieten, weil die Reinigung der Wunden oft sehr erschwert ist, weil auch die Blutstillung nicht immer ganz gelingt und so die Bildung von Wundsecret nicht verhindert werden kann, weil der ursprüngliche Schusscanal oft bereits kurze Zeit nach der Verwundung durch Verschiebung der in der Nähe befindlichen Weichtheile, speciell der Muskel und Sehnen ebenfalls verschoben, wohl auch zum Theile verschlossen und so die Entleerung des Wundsecrets unmöglich wird, und weil endlich das Projectil selbst, wenn es in der Wunde verbleibt, Veranlassung zur Zersetzung des Wundsecrets geben kann. ·

Die Schusswunden können also nicht direct als inficirte oder (wie dies einst geschehen) als vergiftete Wunden angesehen werden, sondern nur als Wunden, die zur Infection überaus geeignet sind. Das Projectil selbst ist kein unbedingt inficirender Stoff, es kann sogar oft in der Wunde verbleiben und wie ein jeder unter antiseptischen Cantelen eingeführter Fremdkörper von nicht lädirender Form reactionslos oder nach einer geringen entzündlichen Reaction einheilen, und Jahre hindurch ungestört und ohne Schaden anzurichten, zwischen den Geweben verbleiben. Das Projectil kann aber auch Stoffe mit sich in die Wunde hineinbringen, welche selbst zur Zersetzung geeignet, oder mit infectiösen Stoffen verunreinigt sind und so zur Infection der Wunde Anlass geben können. Die Entfernung des Projectils ist also auch behufs gründlicher und sicherer Reinigung erwünscht, ist aber oft auch darum nothwendig, weil dessen Anwesenheit mit unerträglichen Schmerzen und Functionsstörungen verbunden ist.

Die nächsten Aufgaben der Behandlung der eben erwähnten Schusswunden der Weichtheile sind also: die Blutstillung, die Sicherung der
Secretentleerung, die Entfernnng des Projectils und der mit demselben
eventuell eingedrungenen infectiösen Stoffe. Von diesen Agenden müssen
die Blutstillung und die Sicherung der Secretentleerung schon bei der
ersten Gelegenheit, d. h. bei der ersten Versorgung der Wunde und
auch in solchen Fällen zur Ausführung gelangen, wo das verwundende
Projectil wieder aus der Wunde hinaus ist. Auch die Entfernung des
Projectils kann gleich bei der ersten Gelegenheit vorgenommen werden,
vorausgesetzt, dass die mit dieser Entfernung gesetzte Verwundung
und die damit verbundene Gefahr der Infection nicht grösser als
jene ist, welche das Verbleiben des Projectils repräsentirt. — Zur Manipulation der Projectil-Entfernung muss nämlich mit all jenen Cautelen
geschritten werden, mit welchen man bei Operationswunden die Asepsis
der Wunde zu sichern pflegt. Also reine Hände und reine Instrumente
sind auch hier unumgänglich nothwendig, und wenn dies unter gewissen
Umständen, z. B. auf dem Kampfplatz, nicht durchführbar ist, so ist mit
der Hämostase und der Sicherung der Secretentleerung alles geschehen,
was in Verbindung mit einem antiseptischen Verband die Asepsis der
Wunde vorläufig sichert, und kann die Entfernung des Projectils verschoben werden, entweder bis dies nothwendig erscheint, oder doch
leichter auszuführen ist und die damit verbundene Gefahr der Infection
durch geeignete Vorkehrungen hintangehalten werden kann. Sonst ist
die Behandlung der Schusswunden der Weichtheile derjenigen anderer
Quetschwunden analog. Manche heilen unter dem trockenen Blutschorf,
der die Wunde ausfüllt, oder dem antiseptischen Schorf, welchen antiseptische Streupulver erzeugen. Genäht braucht die Schusswunde nie
zu werden, und die freie Entleerung des Wundsecrets muss während des
ganzen Heilungsverlaufes, welcher durch Granulation und oft rasch erfolgt, mit wachsamen Augen verfolgt werden. Der gut aufsaugende antiseptische Verband thut das Uebrige zur Sicherung der Asepsis.

Bei bedeutenden Gewebszerstörungen, welche durch Sprenggeschosse
oder Explosionen verursacht sind, ist das Verfahren dasselbe, wie bei
ausgedehnten Quetsch- und Risswunden, nur dass hier auch noch
in den meisten Fällen die Verbrennung zur Zerstörung der Gewebe beiträgt. Wenn das Individuum nicht rasch in Folge des Blut-
verlustes oder der Erschütternng (Schock) zu Grunde geht, so kann

das Leben oft mit Aufopferung von Gliedmassen erhalten und die Reinigung der Wunde bei offener Wundbehandlung abgewartet werden.

Die Brandwunden sind zum Theile als Wunden anzusehen, bei denen der Brandschorf als Schutz gegen die Infection dient, und indem er sich während des Heilungsverlaufes abstösst, der reparativen Granulation Platz macht. Wenn aber die durch den Brand verursachte Zerstörung der Gewebe von grosser Ausdehnung ist, so kann an der grossen Fläche der zerstörten Gewebe leicht eine Bresche für das Eindringen der infectiösen Stoffe sich öffnen, und diese finden hier einen umso günstigeren Nährboden, weil die Brandhitze eine bedeutende entzündliche Reaction auch über den direct zerstörten Theil hinaus provocirt, und bei dieser Entzündung das Entzündungsproduct, der Eiter, auch nicht fehlt.

Die Aufgabe der Wundbehandlung ist es also, wenn möglich, den Schorf zu schützen, die entzündliche Irritation in den afficirten Theilen zu mildern und, wenn nöthig, den Schorf zu entfernen und dem Wundsecret freien Abfluss zu verschaffen, und all dies so, dass die Wunde vor Infection geschützt bleibe.

Der reine Watteverband (mit Bruns-Watte) leistet hier gute Dienste, indem er den Schorf schützt, und die gleichmässige Temperatur unter demselben den Schmerz lindert. Mit gutem Erfolge können auch die permanenten lauwarmen Bäder angewendet werden, die mit irgend einem milden Antisepticum (Borsäure, Salicyl oder essigsaure Thonerde) versetzt werden können. Auch die pulverförmigen Antiseptica, das Jodo-Arm, das Wismuth und das Zinkoxyd auf die Brandwunde gestreut und mit Watte bedeckt, sind zur Sicherung der Wundasepsis und zur Linderung der Schmerzen geeignet.

Bei Brandwunden können überhaupt nur jene Antiseptica zur Anwendung gelangen, welche die ohnehin irritirten Gewebe möglichst wenig reizen. Die durch Verbrennung zerstörten, oder während des Heilungsverlaufes absterbenden Gewebstheile lösen sich am zweckmässigsten selbst los, und werden eliminirt. Dies kann durch erweichende Verbände, mit milden Antisepticis (Salicyl, Borsäure) bereiteten öligen und fetten Salben befördert werden. (Man empfiehlt die Unna'sche Pasta: Bol. albi, Olei lini aa gmma 30, Liquor plumbici subaceti. gmma 20, Jodoformi gmma 8—16.) Die Entzündung wird am besten durch kühle Umschläge mit essigsaurer Bleilösung bekämpft.

Die antiseptische Wundbehandlung ist auch bei Brandwunden

insoferne von direct günstiger Wirkung, als sie durch die Verringerung der Entzündung auch die Mortification der Gewebe beschränkt, die Eiterung, welche auf grossen Flächen und längere Zeit hindurch anhaltend auch allein schon den Kranken herabbringt und kachektisch macht, vermindert, die Granulationsbildung regelt und schönere, glatte und zur Schrumpfung weniger geneigte Narben producirt. Bei grossen, wenn auch in der Fläche ausgedehnten Brandwunden ist es angezeigt, den Heilungsverlauf dadurch zu befördern, dass die gut granulirende Wunde durch Transplantation von Epidermis rascher zur Vernarbung gebracht wird. Diese Ueberhäutung der Brandwunden ist das Zweckmässigste, da die Narbe so am wenigsten zur Schrumpfung neigt.

Bei den durch Erfrieren verursachten Gewebszerstörungen ist vom Gesichtspunkte der Antisepsis die Entfernung der mortificirten Gewebe angezeigt. Mit dieser Entfernung der abgestorbenen Theile muss hier jedoch nicht lange gezögert werden; sobald sich die Demarcation zeigt, kann sie in Angriff genommen werden, und die daraus resultirende Wunde wird wie andere Wunden unter dem antiseptischen Deckverband zur Heilung gebracht. Wo die Congelation die Entfernung von Gliedmassen nothwendig macht, kann die Amputations- oder Enucleationswunde, da sie von gesunden Geweben gebildet wird, auch per primam heilen.

Die bei Congelationswunden angewendeten Antiseptica dürfen auch nicht irritirend wirken, weil die in ihrer Resistenz ohnehin geschwächten Gewebe in Folge der Irritation leicht zu Grunde gehen; daher sind Salicyl und Thymol hier zweckmässiger als Carbol. Als vortreffliches Antisepticum bei Congelationsgangräne und Congelationsgeschwüren ist das Naphtalin empfohlen worden, das in Pulverform angewendet, selbst bei Congelations-Nekrosen der Knochen während der Dauer der Elimination der mortificirten Theile die Asepsis sichert.

Bei der richtigen Behandlung von Congelationswunden ist auch der sich zu diesen Wunden gesellende Trismus und Tetanus leichter zu vermeiden.

SECHZEHNTES CAPITEL.

**Behandlung der penetrirenden Wunden der serösen Höhlen.   Stich-
wunden der Brusthöhle.   Stichwunden der Peritonealhöhle.   Schusswunden der Brust- und Bauchhöhle.**

Bei den penetrirenden traumatsischen Verwundungen der serösen
Höhlen hängt das Schicksal des Kranken von der genauen Durchführung der antiseptischen Massregeln ab.

Da die serösen Höhlen ohnehin grosse Neigung zur Infection haben,
ist es leicht begreiflich, dass eine jede traumatische Verwundung derselben umsomehr Sorgfalt hinsichtlich der nachträglichen Asepsis erfordert, als die vorbereitenden Cautelen der Antisepsis nicht durchgeführt
werden konnten.   Die Bedeutung dieser Verletzungen hängt überdies
auch noch davon ab, ob durch dieselbe irgend ein Organ getroffen
wurde, das nun seinerseits durch Vermehrung der Chancen der Infection
die Gefahr erhöht.

Bei den Stichwunden der Brusthöhle spielt die Lunge
eine wichtige Rolle, und zwar nicht nur dann, wenn sie ebenfalls beschädigt wird und zur Blutung und Pneumothorax Anlass gibt, sondern
auch dann, wenn sie in die Stichöffnung der Brust vorfällt und diese
Oeffnung verschliesst. Vom Gesichtspunkte der Wundbehandlung ist dies
der günstigste Umstand, denn die so vorgelagerte Lungenpartie, vorausgesetzt, dass sie nicht zu gross ist und heraushängt, ist das sicherste
Hinderniss für das Eindringen der infectiösen Stoffe, und sichert, wenn
sie an der Stelle bleibt, die Asepsis während des ganzen Heilungsverlaufes. — Die der Art vorgefallene Lungenpartie darf also weder abge-
tragen, noch muss sie ganz reponirt werden, sondern wird ebenso wie
die Umgebung der Wunde gereinigt, mit Carbol- oder Sublimatlösung
abgespült, oder mit Jodoformpulver bestreut und mit dem antiseptischen
Verband bedeckt. — Die Granulationen, welche von den Wundflächen der
Brustkorbwunden ausgehen, drängen die Lunge allmälig zurück und
füllen deren Stelle aus; später werden sie auch überhäutet. — Wenn
die Stichöffnung jedoch nicht so vortheilhaft verschlossen ist, so wird,
wenn nöthig, auch bei erweiterter Wunde die Blutung gestillt, mit einem
Drain der Ausfluss des in die Brusthöhle geströmten und nicht resorbirten Blutes und des sich eventuell bildenden Wundsecrets frei gehalten,

und die Wunde mit der Naht verschlossen. Wenn mehrere Stiche in die Brust gedrungen sind, so wird das Drainrohr in die für die Ableitung des Wundsecrets am günstigsten gelegene Oeffnung eingeführt und die übrigen mit der Naht ganz verschlossen. Eventuell können auch in mehrere Oeffnungen Drains eingelegt werden und durch selbe im Bedarfsfalle, wenn nämlich das Secret jauchig und profus ist, die Irrigation der Brusthöhe bewerkstelligt werden.

Wenn der penetrirenden Verwundung keine bedeutende Blutung folgt, und keine infectiösen Stoffe in die Brust gelangt sind, so kann die rasch genähte Wunde auch per primam heilen, und das Vorsicht halber eingeführte Drainrohr, oder die drainirenden Jodoformgazestreifen schon beim ersten Verbandwechsel entfernt werden. Sonst folgt der Verwundung eine mehr minder starke entzündliche Reaction der Pleura, mit mehr minder starker Eiterung; der Eiter entleert sich durch die Drains und die Wunde in der Brustwand heilt nun durch Granulationsbildung.

Bei der t r a u m a t i s c h e n V e r w u n d u n g der P e r i t o n e a l h ö h l e durch Stich oder Hieb, und wenn keines der Bauchorgane verletzt wurde, führt die Reinigung der Wunde, die Entfernung von grösseren Blutgerinnseln, eine gut schliessende Naht und ein antiseptischer Verband rasch zur Heilung. Die Drainage ist hier zumeist überflüssig, da bei grösseren Wunden auch die Bauchhöhle gereinigt werden kann, und wohl eine seröse oder fibrinöse, aber keine eitrige Peritonitis befürchtet werden muss. Nur in Fällen, wo die notorisch beschmutzte Bauchhöhle nicht verlässlich gereinigt werden kann, kann Vorsichts halber ein Drain eingelegt werden, durch welchen die Bauchhöhle eventuell auch ausgespült wird. Zur Reinigung der Bauchhöhle dürfen nur sehr schwache antiseptische Lösungen (Carbol, Thymol, 1 : 5000 Sublimat mittelst Spray oder Irrigator, oder auch nur so angewendet werden, dass die damit befeuchteten Schwämme eingeführt und die Peritonealflächen der Wand und der Eingeweide abgewischt werden.

Eine solche verlässliche und gründliche Reinigung und Desinfection der Bauchhöhle gelingt gerade dort am schwersten, wo sie am nothwendigsten ist, wo nämlich die Verwundung irgend ein Eingeweide traf. Bei den Stichwunden der Leber und der Milz ist die Verblutung das drohendste Symptom, das manchmal mit einer Leber- oder Milznaht zu bekämpfen gelingt; aber bei den Verwundungen des Magens und der Gedärme droht die unmittelbare Gefahr der septischen Infection, welche durch das Ausströmen des Magen- oder Darminhaltes verursacht wird. In solchen Fällen ist das rasche Aufsuchen der verwundeten Stelle, eventuell mit Erweiterung der Bauchwunde, die Naht der Magen- oder Darmwunde unerlässlich; nachher wird die Bauchhöhle möglichst gründlich gereinigt und desinficirt, und mit Hinterlassung eines Drains mit der Naht verschlossen. Bei den Verwundungen des Omentums werden die blutenden Gefässe unterbunden, und wenn ein Theil derselben durch das Trauma so sehr gelitten, dass dessen Absterben wahrscheinlich ist, wird dieser Theil ganz entfernt, und die Wundfläche des Omentums mit einer feinen Catgutnaht zusammengezogen.

Die vorgefallenen Eingeweide werden, wenn sie sonst nicht beschädigt sind, mit Carbol- oder Sublimatlösung abgespült und reponirt, und die Bauchwunde darüber verschlossen.

Bei den Verwundungen der Urinblase, welche zum Ausströmen von Urin in die Bauchhöhle Anlass geben, verursacht diese Harninvasion, wenn der Harn selbst nicht zersetzt ist, keine Infection. Die Erweiterung der Bauchwunde, Reinigung der Bauchhöhle und des Pericystiums mit feuchten Carbol-Schwämmen, und der Verschluss der Blasenwunde mit der Naht, oder Liegenlassen eines Drainrohrs führen aseptische Heilung herbei. Dieselbe Behandlung erfordern auch solch traumatische Verletzungen der Harnblase, welche durch heftige Stösse gegen den Unterleib verursacht werden. Wenn diese Verletzung — Riss — der Harnblase diagnosticirt wird, so kann die rasche Eröffnung der Bauchhöhle, Reinigung derselben, und die Naht oder Drainage der Blase, unter dem Schutze der Antisepsis, das sonst gewiss verlorene Leben retten. — Bei allen Verletzungen der Blase und der Harnorgane muss die Harninfiltration um jeden Preis verhindert werden. Am besten geschieht dies durch die Sicherung des freien Abflusses des Harns, und ist daher die Anwendung des reinen Katheters das wirksamste Mittel der Asepsis.

Bei Schusswunden der eben erwähnten serösen Höhlen folgt die Behandlung den eben erwähnten Grundsätzen, welche für Schusswunden im Allgemeinen Geltung haben. Die Blutstillung, die Reinigung der Wunde, wenn möglich die Entfernung des Projectils, die Sicherung des Secretabflusses sind hier die Aufgaben der Behandlung. Bei Schusswunden der Gedärme ist oft der Verschluss der Darmwunde

schwieriger als bei Stichwunden, und ist in solchen Fällen das rasche
Hervorziehen des perforirten Darmtheiles und das Einnähen der Oeffnung
in die Bauchwunde vom Gesichtspunkte der Verhinderung der Infection
am zweckmässigsten. Unter günstigeren Umständen kann später die
Naht, eventuell die Resection des Darmtheiles, vorgenommen werden.

SIEBZEHNTES CAPITEL.

Complicirte Knochenbrüche. Heilung complicirter Fracturen unter
dem Schorf. Verbandstoffe bei der Behandlung complicirter Fracturen.
Behandlung von Knochenzerschmetterungen. Behandlung der Knochenschüsse. Behandlung complicirter Luxationen. Stich- und Schusswunden der Gelenke.

Die traumatischen, offenen, sogenannten complicirten Verletzungen
der Knochen und Gelenke sind das Gebiet, auf welchen die antiseptische Wundbehandlung ihre glänzendsten Erfolge errungen. Wenn die
Gewalt, welche die Continuitätstrennung der deckenden Weichtheile verursacht, an den Knochen Fracturen bewirkt, so können diese complicirten
Fracturen, wie die Fracturen überhaupt Sprünge oder Eindrücke, Quer-
oder Schrägbrüche, mehrfache Brüche und Splitterbrüche sein. Sie
können nur insoferne mit einer Weichtheilwunde complicirt sein, als
eines der Bruchenden die Weichtheile durchgestochen, und nur eine
kleine Oeffnung zum Sitz der Fractur führt, — Durchstechungsfracturen —
und sie können mit der Zertrümmerung grosser Weichtheilpartien verbundene Zertrümmerungen — Conquassationen — sein.

Die Wundbehandlung muss hier vor Allem auf die Verhinderung
der Infection bedacht sein. Bei den complicirten Fracturen ist die
Gefahr der Infection darum so imminent, weil die Reinigung und Reinhaltung, die Desinfection der tief liegenden Knochenwunde erschwert
ist, weil das in der geöffneten Knochenhöhle befindliche Knochenmark
ein überaus günstiger Nährboden für die infectiösen Stoffe ist, und weil
die Knochenhaut, die in der Nähe befindlichen und wohl auch an den
Knochen anhaftenden und durch das Trauma ebenfalls verletzten Sehnen
und Sehnenscheiden ebenfalls zur Entzündung geneigt sind, und die
Verbreitung jener Infection befördern, welche von den Blutgerinnseln und

Gewebsfetzen in der Tiefe ausgeht. Es ist daher hier die gründliche
Reinigung und Desinfection der Wunde vorzunehmen. Zu diesem
Zwecke wird die Wunde mit irgend einer antiseptischen Lösung ausgespült, wenn nöthig, die Wunde der Weichtheile erweitert, und so alle
Winkel der Wunde zugänglich gemacht, Gewebsfetzen und Blutgerinnsel
entfernt. Dieser Reinigung und Desinfection der Wunde folgt die Reposition der Bruchenden. Knochentheile, die vom Ganzen abgesprengt
wurden und ihren Zusammenhang verloren haben, so dass ihre Wieder-
anheilung aus diesem Grunde nicht erwartet werden kann, wie auch
Knochentheile, welche die Reposition und die Fixation der Bruchenden
verhindern, oder mit ihren scharfen Ecken und Spitzen die Weichtheile
in der Umgebung irritiren, eventuell Gefässe anstechen können, müssen
entfernt resp. mit der Knochenzange abgekneipt, oder der Stichsäge
abgesägt werden.

Bei complicirten Fracturen der Schädelknochen sind auch solche
Knochentheile zu entfernen, welche aus ihrem Zusammenhange zwar
nicht ganz gelöst sind, die aber durch die Reizung der Hirnhaut oder
durch den auf das Gehirn ausgeübten Druck gefährlich werden. Oft
ist unter dem eingedrückten Knochen Blutgerinnsel, welches auf das
Gehirn drückt und auch entfernt werden muss. Auch bei Wirbelbrüchen
müssen alle Knochensplitter sorgfältig entfernt werden, da deren Anwesenheit gar leicht zur Irritation der Hülle des Rückenmarks und
zu Erscheinungen von Spinalirritation Anlass gibt.

Bei complicirten Fracturen der Rippen müssen die spitzen Bruchenden, welche die Lunge und das Herz mit Anstechen bedrohen, abgekneipt werden, umsomehr als die Reposition und Fixation derselben
ohnehin kaum durchzuführen ist.

Gelegentlich der Reposition und Coaptation der Bruchenden muss
auch darauf geachtet werden, dass sich keine Weichtheile zwischen dieselbe einkeilen, da diese hier während des Heilungsverlaufes die Bildung
des Callus verhindern. Die Fixation der Bruchenden kann auch dem an-
zulegenden Verbande überlassen werden, wo aber dies nicht ausreichend
erscheint, müssen Knochennähte angelegt werden. Bircher empfiehlt
neuestens bei Fracturen der Röhrenknochen das Einlegen eines Elfen-
beinzapfens in die Markhöhle der Bruchenden. Der Elfenbeinzapfen
reizt nicht und kann da definitiv verbleiben und einheilen.

Der Drainage fällt eine wichtige Rolle bei der Behandlung der complicirten Fracturen zu. Durch zahlreiche weite Drains muss dafür gesorgt werden, dass die in der Tiefe zurückgebliebenen, mortificirten und wohl auch zerfallenen Stoffe sich nachträglich entleeren können. Je nachdem die Drainage dieser Aufgabe entspricht oder überflüssig wird, müssen öfter zu wechselnde antiseptische Verbände, gefensterte Contentivverbände oder Dauerverbände angelegt werden, während bei Conquassationsfracturen die mit continuirlicher Irrigation verbundene offene Wundbehandlung am besten dem Zwecke entspricht und die Asepsis sichert.

Von den Antisepticis sind zur primären Desinfection die energisch und rasch wirkenden Antiseptica geeignet; die 5 % Carbol-, die 8 % Chlorzink- und die 1 % Sublimatlösung sind hier gut zu verwenden. Wo grosse Blutgerinnsel die Wundhöhlen ausfüllen, wo die eingetrockneten oberen Schichten des Blutgerinsels die Wunde wie ein Schorf decken, da kann auch die complicirte Fractur unter dem Schorf heilen. In diesen Fällen thut die Wundbehandlung am besten, wenn sie das durch die Natur gebotene Hülfsmittel benützt, und das Blutgerinnsel nicht entfernt. Die Heilung unter dem Schorf kann übrigens auch bei complicirten Fracturen künstlich eingeleitet werden, und wie Bach's Erfahrungen in dem Züricher Krankenhause (1884) beweisen, eignet sich das Einstreuen mit Jodoformpulver zu diesem Zwecke, indem von 26 so behandelten complicirten Fracturen 16 vollständig unter der nach der ersten Einstreuung gebildeten Jodoformkruste heilten. Diese Behandlung kann jedoch, wie leicht begreiflich, nur bei den einfacheren (z. B. Durchstechungsfracturen) Fracturen, wo die Weichtheile nicht bedeutend verletzt sind, Erfolg haben, sonst sind die gut aufsaugenden antiseptischen Verbände angezeigt. Zur Imprägnirung der hier benützten Verbandstoffe wurden die verschiedensten Antiseptica mit dem besten Erfolge angewendet: es hat sich hier die mit Benzoëtinctur imprägnirte Watte eben so gut bewährt, wie die Jodoformgaze, die Salicyljute und die Sublimat-Kochsalzgaze.

Von den Verbandstoffen sind besonders jene geeignet, welche nebst bedeutendem Aufsaugungsvermögen grosse Elasticität besitzen. Die gepressten Moosplatten werden besonders deshalb empfohlen, weil sie befeuchtet sich gut anschmiegen und nachher getrocknet zugleich als

Schiene dienen, und die Aufsaugung des Wundsecrets und die Fixation der Bruchenden gleich gut befördern.

Bei Fracturen mit ausgedehnter Conquassation der Gewebe ist überhaupt für die erste Zeit kein Verband anzulegen, sondern bei der entsprechenden Lagerung des beschädigten Körpertheiles eine in alle Winkel reichende Drainage und offene Behandlung mit continuirlicher Irrigation angezeigt, bis die zertrümmerten Weichtheile und abgesprengten Knochensplitter sich entfernt haben, und eine gesunde und lebhafte Granulation den Beginn der Heilung bezeichnet. Von diesem Zeitpunkte an können die antiseptischen Deckverbände angelegt werden, welche bei geringer Secretion auch Dauerverbände sein und mit der Fixirung der Extremität vereinigt werden können.

Auch Schusswunden können mit Fracturen complicirt sein. Die durch Knochenschüsse verursachten Fracturen unterscheiden sich von anderen, durch Trauma's verursachten complicirten Knochenbrüchen dadurch, dass sie selten einfache Quer- oder Schrägbrüche, sondern zumeist mehrfache und Splitterbrüche sind. Dem entsprechend ist die Entfernung der Knochensplitter nothwendig. Dies muss jedoch ebenso wie die Entfernung des Projectils nicht um jeden Preis sogleich vorgenommen werden. Mit der Blutstillung, der Sicherung des freien Abflusses von eventuellem Wundsecret und dem Anlegen eines antiseptischen Verbandes haben wir auch hier vorläufig den Anforderungen der Antisepsis entsprochen, und nur wenn eine unstillbare Blutung, durch das Projectil oder durch Knochensplitter verursachte unerträgliche Schmerzen oder Circulationsstörungen die Entfernung dieser Körper fordern, erweitern wir die Wunde und nehmen die gründliche Reinigung (Débridement) der Wunde vor. Wenn das Projectil sich in den Knochen eingebohrt und daselbst festgekeilt hat, muss dessen Entfernung nicht um jeden Preis versucht werden; manchmal heilt es daselbst reactionslos ein, oder es provocirt eine circumscripte Entzündung, wird locker und kann dann später leicht entfernt werden.

Wenn trotz der sorgfältigsten Desinfection und genau durchgeführten Antisepsis die Verhinderung der localen entzündlichen Reaction und des Fiebers nicht gelungen ist, muss stets an zurückgebliebene Projectilstücke oder mit denselben eingedrungene infectiöse Stoffe (Kleiderfetzen etc.) gedacht werden; und ehe man an die Entfernung des Knochens resp. der Extremität geht, muss mit der genauen Durchsuchung und gründlichen

Reinigung der Wunde die Herstellung der Asepsis versucht und die Amputation der Extremität verhindert werden.

Durch grosse Geschosse verursachte und mit bedeutender Zerstörung der Weichtheile verbundene Fracturen erfordern die Amputation der Extremität.

Bei den complicirten Luxationen ist dasselbe Verfahren wie bei den complicirten Fracturen anzuwenden, mit dem Unterschiede, dass hier ausser der aseptischen Heilung auch noch die Functionsfähigkeit, d. h. Beweglichkeit des Gelenks angestrebt werden muss.

Die aseptische Heilung der complicirten Luxationen wird durch die Reinigung und Ausspülung der Gelenkhöhle, der Reinigung der zu reponirenden Gelenkflächen, Einlegen genügend vieler und starker Drains, Naht der Wunde und Anlegen eines antiseptischen Verbandes erreicht, die Functionsfähigkeit resp. Beweglichkeit des Gelenks aber durch rechtzeitig in Angriff genommene und mit nöthiger Vorsicht und Ausdauer fortgesetzte passive Bewegung gesichert.

Die Reposition der Gelenksenden erfordert oft die Erweiterung der Wunde und Durchschneidung der Gelenkkapsel; manchmal wird die Resection der Gelenkenden, ja die Entfernung ganzer Knochen (bei der complicirten Luxation im Sprunggelenk die Entfernung des Talus) nothwendig. All dies ist ohne Zweifel von Bedeutung für die Functionsfähigkeit und die Gestaltung des Gelenkes, steigert aber die Schwere der Verwundung nicht, es befördert sogar, indem es die Zugänglichkeit und die Reinigung des Gelenks erleichtert, auch die Asepsis. — Während der Nachbehandlung müssen die Drains nicht länger, als unbedingt nöthig, nämlich so lange sich Secretion zeigt, liegen gelassen werden, da die rechtzeitige Entfernung des Drains auch zur Erhaltung der vollständigen Beweglichkeit des Gelenks beiträgt.

Stichwunden der Gelenke, welche entweder nur die ligamentösen Theile, oder auch die Knochen, beziehungsweise die Knorpelflächen lädiren, werden so behandelt, wie die zu Operationszwecken bereiteten Gelenkwunden. Die Reinigung des Gelenks von Blutgerinnseln, Durchspülung mit einer antiseptischen Flüssigkeit, Einlegen von Drainröhren und, wenn das Secret nicht profus ist, das Anlegen von antiseptischen Dauerverbänden, bilden hier die Aufgabe der Wundbehandlung. — Wenn die Stichwunde eine Infection provocirte, deren Bekämpfung nicht gelingt, muss die Entfernung der Extremität oberhalb des Gelenks vorgenommen werden.

Bedeutende Trauma's bewirken wohl auch das vollständige Herausreissen von Extremitäten aus den Gelenken. Wenn genügend viele Weichtheile zur Bedeckung des Stumpfes geblieben sind, heilen auch diese Wunden gut, ausgenommen in Fällen, wo der Blutverlust nach der Verwundung das Individuum so schwächt, dass darunter auch die Ernährung der Gewebe und daher auch der Heiltrieb leidet. Für solche Fälle eignet sich wohl der Versuch einer Transfusion.

Gelenkschüsse werden, wenn die Gelenksenden keinen Schaden gelitten, nach der Entfernung des Projectils so behandelt, wie andere Gelenkswunden. Wenn auch die Gelenksenden beschädigt, eventuell zersplittert wurden, ist häufig deren Resection nothwendig, und die auf Grund dieser Indication vorgenommenen primären Resectionen sind, unter antiseptischen Cautelen ausgeführt, von dem besten Erfolge begleitet.

— —

ACHTZEHNTES CAPITEL.

Antiseptische Wundbehandlung und conservatives Verfahren. Primäre, intermediäre und secundäre Amputationen. Einfluss der antiseptischen Wundbehandlung auf den Heilungsverlauf der Amputationen und Gelenksresectionen.

Bei den Verletzungen der Knochen und Gelenke der Extremitäten, speciell bei den complicirten Fracturen und Gelenksverwundungen weist die antiseptische Wundbehandlung ihre schönsten Erfolge auf, weil insbesondere diese Verletzungen es waren, die in vorantiseptischer Zeit die häufigste Indication zur Verstümmelung durch Amputation der Gliedmassen gaben. Bevor die antiseptische Wundbehandlung das Fernehalten der Infection bei complicirten Fracturen und Gelenkswunden ermöglichte, war in der überwiegenden Zahl der Fälle die Erhaltung des Lebens nur durch rechtzeitige Entfernung der verletzten Extremität zu erreichen. Die antiseptische Wundbehandlung bildet die Basis des erhaltenden, conservativen Verfahrens.

Selbst nach bedeutenden Verletzungen muss jetzt nicht sogleich an die Amputation gedacht werden; wir können im Gegentheil nach Durchführung der antiseptischen Massregeln die Erhaltung der Gliedmassen in der grossen Zahl der Fälle mit Bestimmtheit erwarten. Diese Conservation gelingt zuweilen bei der vollständigen Wiederherstellung der Integrität der complicirt fracturirten Knochen und der complicirt beschädigten Gelenke. Manchmal gelingt sie aber nicht, und man ist gezwungen, einen Theil des Knochens zu entfernen, entweder, weil dessen Erhaltung ohnehin nicht gehofft werden kann, oder weil er den Nachbargeweben ungelegen ist, und ebenso, um den der Reposition widerstrebenden und beschädigten Gelenkkopf zu reseciren. Selbst bei solch partieller Resection ist die Erhaltung der Extremität ein grosser Gewinn zu nennen, und auch das so durchgeführte Conversations-Verfahren ist nur unter dem Schutze der Antisepsis möglich.

Zuweilen erfordert die durch das Trauma bewirkte bedeutende Zerstörung die sofortige Entfernung des Gliedes, und die mit antiseptischen Cautelen zu Beginn des Heilverfahrens gemachten p r i m ä r e n A m p u t a t i o n e n verlaufen ebenfalls günstig und heilen, wenn sie an sonst gesunden Individuen vorgenommen werden, überraschend schnell. Es muss auch zur Amputation geschritten werden, wenn die intendirte Conservation nicht gelungen, wenn die Eiterung und das mit der Resorption infectiöser Stoffe zusammenhängende Fieber nicht vermieden werden konnten, und die verletzten Gewebe keinen Heiltrieb zeigen. — Die so nachträglich bei der entzündlichen Infiltration der Gewebe, Eiterung und Fieber vorgenommenen — i n t e r m e d i ä r e n A m p u t a t i o n e n — bieten auch nur bei genau durchgeführter Antisepsis Aussicht auf Erfolg. Auch hier können noch conservirende Intentionen leiten, indem die Amputation möglichst tief, wenn auch in zum Theile infiltrirten Geweben gemacht wird.

Bei gründlicher Reinigung der Wunde, und Sicherung der Secretentleerung lässt die entzündliche Infiltration der Gewebe nach der Amputation nach, und wenn auch keine primäre Verklebung, so ist doch eine Heilung durch Granulation bei aseptischem Heilungsverlauf zu erwarten. Wir müssen in solchen Fällen nicht mehr erreichen wollen, als was sich bei nüchterner Betrachtung erwarten lässt. Wir können keine fieberlose Heilung unter 1 oder 2 Verbänden wünschen, sondern müssen uns damit zufrieden geben, dass bei häufigem Verbandwechsel und fleissiger Entfernung des hier unausbleiblichen Wundsecrets die Amputationswunde unter dem antiseptischen Deckverbande langsam heile, eventuell auch ohne Verband die Wunde offen behandelt werde und

durch Granulation heile.   Die secundären Amputationen, die
bei gänzlichem Mangel an Heiltrieb, aber ohne entzündliche Local-
symptome und ohne Fiebererscheinungen seitens des Organismus vorgenommen werden müssen, bieten, da sie normale Gewebe betreffen,
mehr Chancen zur raschen Verklebung.

Die antiseptische Wundbehandlung wirkt hier mit denselben Mitteln
und auf dieselbe Art wie sonst überall. — Die an den Knochen und
Gelenken ausgeführten bedeutenden operativen Eingriffe, wie es die
Amputationen, Exarticulationen und Resectionen sind, sind nunmehr nur
mit soviel Gefahr verbunden, als die Grösse des Eingriffes repräsentirt,
ja selbst die Bedeutung dieser Grösse der Verwundung ist viel geringer
geworden, seitdem die Blut sparende Methode Esmarch's den Blutverlust selbst auf ein Minimum beschränkt.   Die Amputation wird heute
weder durch das vorgeschrittene Stadium des Leidens, noch durch das
Alter der Kranken contraindicirt, denn es heilen bei antiseptischer Behandlung Amputationswunden kachektischer Individuen ebenso, als die
bejahrter Leute. — Eine Publication von Oberst (1880) weist von 48
verschiedenen Amputationen, die alle an Individuen, welche das 50. Jahr
bereits überschritten hatten, ausgeführt wurden, 46 Heilungen auf,
darunter die Oberschenkelamputation einer 84jährigen Frau.   In der
Statistik Schede's ist die Sterblichkeit nach Amputationen, die aus
pathologischer Indication ausgeführt wurden, bei der antiseptischen
Wundbehandlung 4·4%, bei den älteren Behandlungsmethoden 29·18%,
bei den durch complicirte traumatische Verletzungen indicirten Amputationen, bei der Antisepsis 59·3%, bei den älteren Behandlungsmethoden
80·9%. — Die Differenz zwischen den letzten Percentzahlen ist noch
bedeutend grösser, wenn man bedenkt, dass ein grosser Theil der Verletzungen bei antiseptischer Wundbehandlung gar keine Indication zur
Amputation abgibt.   Während in den älteren Zahlen Fälle figuriren,
bei denen heute ohne Zweifel die conservative Behandlung gelingt,
kommen jetzt nur die allerschwersten Fälle zur Amputation, und ist es
dieser letztere Umstand, der die Mortalitätsziffer der traumatischen Amputationen auch heute noch so verhältnissmässig gross erscheinen lässt.

Die Resectionen aber sind nur durch die Antisepsis ermöglicht,
sind nur mit Hülfe dieser Wundbehandlung zu so ungefährlichen Operationen geworden, die selbst behufs Geraderichtung von verkrümmten
Gliedmassen gemacht werden dürfen.   Insoferne wir jedoch mit der

Resection die Heilung pathologischer Gelenke, die Regeneration gesunder kräftiger Gewebe erreichen wollen, können wir von der antiseptischen Wundbehandlung nur die Verhinderung der störenden Infection erwarten; die zur Heilung führende Gewebsreproduction muss vom Individuum selbst, beziehungsweise von den Wundflächen ausgehen. Daher hält die strenge Antisepsis die Infection von dem eröffneten fungösen Gelenke fern, die Heilung kann aber nur von der gründlichen Entfernung der kranken Theile, und nicht von irgend einem speciellen Antisepticum erwartet werden.

Den allgemeinen Heiltrieb des Organismus beeinflusst aber die antiseptische Wundbehandlung nur insoferne, als durch das Fernehalten der fiebererregenden infectiösen Factoren, die Verhinderung der Eiterung und des Gewebszerfalles, der von den kranken Gliedtheilen befreite Organismus in bessere Ernährungsverhältnisse gebracht wird. Aus diesem Grunde sind bei den an gesunden Knochen und zumeist zu orthopädischen Zwecken ausgeführten Osteotomien und Resectionen, ja auch bei den durch traumatische Verletzungen bedingten Resectionen die Heilungsziffern viel günstiger, als bei den durch pathologische Ursachen indicirten Resectionen. Es ist wahr, dass bei der antiseptischen Wundbehandlung auch die pathologischen Resectionen eine geringere Mortalität aufweisen; aber mit Hinterlassung von Fistelgängen geheilte Resectionen gehören, wenn auch nicht in die Mortalitätsrubrik, so doch in jene, welche das Misslingen des operativen Eingreifens verzeichnen. Und daran ändert gar kein antiseptisches Verfahren, gar kein Antisepticum, weder Carbol, noch Jodoform, noch Sublimat, weder die Drainage, noch die Jodoformstäbchen, noch die Dauerverbände etwas. Der Schlüssel zum Erfolge liegt hier in der alles Kranke entfernenden Operation. Der Einfluss der Wundbehandlung gelangt hier besonders in der Ausdehnung der Indicationen für die Resection und, damit zusammenhängend, in der Restrinction der Indicationen für die Amputation zum sichtbaren Ausdruck.

NEUNZEHNTES CAPITEL.

Antiseptische Behandlung inficirter Wunden. Behandlung septischer Wunden. Wundbehandlung bei Pyohämie. Vorkehrungen gegen die Verbreitung der septischen und pyohämischen Wunderkrankung. Behandlung des Erysipels.

Die antiseptische Wundbehandlung bewährt sich auch bei Wunden, bei denen nicht nur die Möglichkeit zur Infection gegeben war, sondern die auch ganz unzweifelhafte Symptome der vorangegangenen Infection zeigen. Die Hauptaufgabe der antiseptischen Wundbehandlung liegt zwar in der Verhinderung der Infection, doch kann sie auch der erfolgten Infection gegenüber noch Vieles leisten. Die Agenden der Wundbehandlung sind hier auf die Vernichtung und Entfernung der infectiösen Factoren und auf die Verhinderung der Verbreitung derselben gerichtet, und dieser Aufgabe wird durch Anwendung energischer Antiseptica und die Ableitung der Infectionsproducte entsprochen. Die Desinfection wird bei den verschiedenen Arten der Infection und den verschiedenen Stadien derselben durch verschiedene Methoden angestrebt.

Bei der superficiellen septischen Gangräne der Wundflächen wird die Desinfection der Wunde, nach der Entfernung der bereits abgestorbenen Gewebstheile mit Pincette, Messer und Schere, durch Irrigation mit Carbol-, Sublimat-, Chlorkalk- und starker Chlorzinklösung vorgenommen. Bei tiefgreifenden phlegmonösen Zerstörungen werden die inficirten und in Zerfall begriffenen Gewebstheile durch tiefe und ausgiebige Einschnitte zugänglich gemacht, die Minengänge der Infection drainirt und durch die Drains hindurch mit desinficirenden Flüssigkeiten ausgespült. Diese Einschnitte und die Drainage dienen auch zur Lösung der weiteren Aufgabe der Wundbehandlung, zur Entfernung der bereits abgestorbenen Gewebstheile und der Ableitung des septischen Wundsecrets, der Jauche. Je freier diese Ableitung, je zahlreicher und ausgiebiger die Einschnitte, je voluminöser und je tiefer reichend die Drainrohre sind, desto bestimmter lässt sich hoffen, dass die Desinfection wirksam sein wird und der septische Zerfall nicht weiter greift. Die Desinfection muss nämlich auch weiter noch energisch fortgesetzt werden; denn ob das Antisepticum, welches gelegentlich der ersten Desinfection noch so energisch mit den inficirten Theilen der

Wunde in Berührung gebracht wurde, die infectiösen Factoren wirklich vernichtet, deren giftige Zerfallsproducte wirklich neutralisirt und unschädlich gemacht hat, lässt sich nicht feststellen; es ist sogar wahrscheinlich, dass mancher infectiöse Stoff der Vernichtung entgangen ist und seine Thätigkeit bald wieder fortsetzt. Während jedoch gelegentlich der ersten Desinfection jenem Antisepticum der Vorzug gebührt, welches unmittelbar und rasch wirkt, wenn diese Wirkung auch mit einiger irritirenden und die Gewebe angreifenden Nebenwirkung verbunden sein sollte, so vertrauen wir die weitere Desinfection lieber einem Mittel an, welches, wenn auch langsamer, aber dennoch genug energisch, besonders aber andauernd und die Gewebe schonend, wirkt.

Als am besten geeignet für diesen Zweck wird das Jodoform empfohlen, dessen Gazepräparate in mehrfachen Schichten auf die Wunde gelegt, und in Streifen geschnitten auch in die Einschnitte gefüllt werden können. — Es kann nämlich auch ein Deckverband bei solch septisch inficirten Wunden angelegt werden, am zweckmässigsten aber bleibt die offene Wundbehandlung mit feuchten antiseptischen Umschlägen, oder die continuirliche Irrigation. Das Carbol, das Salicyl, das Thymol, das Sublimat und die essigsaure Thonerde können dabei angewendet werden. Wo die continuirliche Irrigation von septisch inficirten Wundhöhlen nothwendig ist, dort sind die weniger intensiv wirkenden, aber auch nicht resorbirbaren Flüssigkeiten, wie die Salicyl-, Thymol- und Chlorzinklösung, angezeigt, während die Carbol- und die Sublimatlösung zur Irrigation von inficirten Wundflächen geeignet sind. Wenn die Irrigation nicht lange anhalten muss, ist auch die essigsaure Thonerde gut, da sie nur dort sich aus der Lösung niederschlägt und die Gewebe incrustirt, wo die Flüssigkeit stagnirt. Die Umschläge mit essigsaurer Bleilösung, die Waschungen mit Chlorkalklösung sind längst angewendete Verfahren, die auch jetzt noch Berechtigung haben. Rationell und des Versuches werth sind auch die von Hueter und Kolaczek empfohlenen Methoden, nach denen man die inficirte und diphtheritische Wundfläche, wenn selbe nicht gross ist, herausschneidet und die Wunde wie eine jede andere Wunde behandelt. Ebenso berechtigt ist der Versuch, die Progredienz der septischen Zersetzung durch Verschorfen der diphtheritischen Wundfläche mit dem Thermokauter zu hemmen; wie es auch Fälle gibt, wo das rasche Entfernen von Gliedmassen dem Umsichgreifen der Sepsis ein Ende macht.

19*

Die locale Behandlung wird auch noch von der allgemeinen, d. h. innerlichen medicamentösen Therapie unterstützt, die besonders gegen das Fieber (Antipyrin bewährt sich auch hier sehr gut) und die Entkräftung des Individuums gerichtet ist. Es ist zwar richtig, dass bei vorgeschrittener septischer Infection weder mit der localen noch mit der allgemeinen Behandlung etwas erreicht wird, und der Kranke an der Infection zu Grunde geht; aber zu Beginn der Infection, wenn den localen Symptomen sich noch keine schweren Allgemein-Symptome zugesellt haben, kann die nach den erwähnten Principien durchgeführte Desinfection die Verbreitung des Processes hindern, und mit der Ausscheidung der infectiösen Factoren die Heilung der Wunde durch Granulation bewirken.

Bei der pyohämischen Infection ist die locale und die allgemeine Therapie der bei Sepsis in Anwendung gebrachten ähnlich. Das Oeffnen und Reinigen der Eiterherde, Einschneiden in die entzündlich infiltrirten und eitrig zerfallenden Gewebe ist auch hier indicirt. Man hat auch die centrale Ligatur der thrombotisirten Venen vorgeschlagen, um auf diese Art die Verbreitung der inficirten Thrombustheile in dem Gefässsystem und auch die Resorption der infectiösen Stoffe auf diese Art zu verhindern. In einigen Fällen ist dieser Versuch auch geglückt. (Rigaud und Kraussold 1878.)

Selbst die eitrigen Metastasen sind, wenn überhaupt zugänglich, dem energischen desinficirenden Verfahren zu unterwerfen, das hier in der Entleerung des Eiters, der Reinigung der Abscesshöhlen mit antiseptischen Lösungen und im Anlegen antiseptischer Verbände besteht. Wo solche Eitermetastasen nicht in den inneren Organen sind, dort kann dieses mit antiseptischer Wundbehandlung combinirte chirurgische Eingreifen, unterstützt durch die entsprechende medicamentöse Behandlung, die pyohämische Infection bekämpfen und zur Heilung führen.

Gegen die Verbreitung der septischen sowohl als der pyohämischen Infection kann am meisten die Prophylaxis leisten. Wenn auch beim Anblick der inficirten Wunde das Klagen über versäumte Prophylaxis wenig mehr nützt, so kann doch vieles in der Richtung gethan werden, dass nicht ein Fall zu zahlreichen Erkrankungen Anlass gebe. Die Isolirung des Kranken mit inficirter Wunde, die gründliche Desinfection der mit der Wunde verunreinigten Instrumente, das rasche Fortschaffen und Vernichten der mit dem infectiösen Wundsecrete vollgesaugten Verbandstoffe, besonders aber die gewissenhafte und sorgfältige Reinigung und Desinfection der Hände, dies sind die Factoren, welche, wenn sie zur Geltung gelangen, die Einschränkung der Wund-infection in Fällen sichern, wo sonst ein einzelner Fall d e n A u s g a n g s · p u n k t e i n e r e p i d e m i s c h a u f t r e t e n d e n W u n d i n f e c t i o n b i l d e n w ü r d e. Die Erkenntniss dieser Factoren bildet auch den Schlüssel zu der Thatsache, dass die Wundsepsis und die Wundpyohämie ihren seuchen-artigen Charakter seit der Verbreitung der antiseptischen Principien ver-loren haben.

Während jedoch die antiseptische Behandlung selbst das sporadische Auftreten der septischen und pyohämischen Infection selten gemacht, ihr epidemisches Auftreten aber ganz verhindert hat, zeigt sich gegen die e r y s i p e l a t ö s e W u n d i n f e c t i o n Prophylaxis und Therapie viel weniger vermögend. — Thatsache ist, dass die erysipelatöse Infection bei der antiseptischen Wundbehandlung zwar seltener als früher, aber dennoch häufig genug vorkommt, und dass alle Mittel und alle Behand-lungsarten, welche auf die Verhinderung des Fortschreitens des Erysipels oder auf dessen Heilung gerichtet waren, mehr-minder fehlschlugen. Die verschiedensten Mittel wurden empfohlen, aber keines hat die Probe mit durchschlagendem Erfolge bestanden. Feuchte Umschläge mit Carbollösung, subcutane Injection von Carbollösung an der Grenze der erysipelatösen Hautstellen (H u e t e r), Trichlorphenol, Resorcin, all dies erwies sich nutzlos. Vom Thymol behauptete man, dass da, wo es als Ersatz fürs Carbol ausgebreitet angewendet wurde, die Zahl der ery-sipelatösen Erkrankungen grösser wurde. Bei der Anwendung des Jodo-form war das Erysipel so häufig, dass man schon von einem eigenen Jodoformerysipel sprach, während andere es als ein Specificum gegen Erysipel empfahlen (S p a d u r o 1883). Und dass auch das Sublimat nicht gegen Erysipel schütze, beweisen die neuesten Erfahrungen. Was hier gethan werden kann, besteht darin, dass die Wunde, der sich Ery-sipel zugesellt, gereinigt und desinficirt wird, dass etwaige Eiterreten-tionen entleert, tiefere Zellgewebsentzündungen mit multiplen Einschnitten und desinficirenden Abspülungen behandelt, grössere Erysipelpusteln an-gestochen, die erysipelatöse Haut durch vielfache Scarificationen und nicht tief gehende Incisiosen entspannt und eventuell mit Carbol oder Salicyllösung eingerieben (K ü h n a s t 1886), der Entzündungsschmerz durch kühle Umschläge gelindert, das Fieber durch Medicamente her-abgedrückt (Natron benzoicum von H a b e r k o r n empfohlen 1886) und

dass besonders da, wo die Gefahr der Infection mehrerer Wunden vorhanden ist, durch rasche Isolirung des Kranken die Verbreitung des
Erysipels verhindert wird. Bei den eitrigen Entzündungen, die sich
nachträglich, oft schon nach dem Verschwinden des Erysipels einstellen,
erstreckt sich die Behandlung auch auf die Eröffnung dieser Abscesse,
deren Heilung auf die übliche Art angestrebt wird.

ZWANZIGSTES CAPITEL.

Behandlung infectiöser Entzündungen. Behandlung der Zellgewebsentzündungen. Behandlung des Carbunkels. Behandlung lympha-
tischer und tuberculöser Entzündungen und Geschwüre. Behandlung
syphilitischer Entzündungen und Geschwüre. Wundbehandlung vergifteter (Biss und Stich) Wunden. Wundbehandlung bei seniler
Gangräne.

Die antiseptische Behandlung beeinflusst auch die Behandlung der
verschiedenen infectiösen Entzündungen, indem sie den Erfolg der gegen
diese Erkrankungen gerichteten chirurgischen Eingriffe sichert, wenn
auch bei der Unsicherheit der specifischen Infectionserreger die specifisch
desinficirende Wirkung in den Hintergrund tritt.

Bei der Behandlung der infectiösen Z e l l g e w e b s e n t z ü n d u n g e n
(Phlegmone) verringern die rechtzeitig gemachten Einschnitte nicht nur
die Spannung der Gewebe und lindern nicht nur den Schmerz, sondern
öffnen auch dem infectiösen Entzündungsproduct, dem Eiter oder der
Jauche, den Weg nach aussen, und machen auch die tieferen Zellge-
websräume den antiseptischen Mitteln, zugänglich. Je zahlreicher die
Einschnitte, und je mehr Drains den Ausfluss des Secrets sichern, desto
rascher gehen die Symptome der Entzündung zurück, desto besser
reinigt sich das inficirte Terrain, und desto eher tritt an die Stelle des
Gewebszerfalles die reparative Granulation. In Verbindung hiermit ist
der öftere Verbandwechsel und die sorgfältige Ausspülung der Wunde
gelegentlich eines jeden Verbandwechsels nothwendig. Noch zweckmässiger aber ist die offene antiseptische Behandlung mit feuchten antiseptischen Umschlägen oder continuirlicher Irrigation. Zu antiseptischen
Umschlägen sind die Bor-, Salicyl- und Carbollösungen, zur continuir-

lichen Irrigation die 1 %/0 — 2 %/0 und die 1 : 5000 Sublimatlösung, und wenn sich dabei Intoxicationserscheinungen zeigen sollten, Salicyl- oder Thymollösung angezeigt. Zur Ligatur der durch die phlegmonöse Entzündung arrodirten Gefässe (besonders Arterien) ist die Seide geeigneter als das Catgut, weil letzteres der Wirkung des Entzündungs-Productes (Jauche) gegenüber auch nicht Stand hält und rasch zerfällt. — Nach dem Ablauf der Entzündung und der Ausscheidung der mortificirten Gewebstheile können die antiseptischen Deckverbände angewendet werden, deren Wechsel mit dem Geringerwerden des Wundsecrets in immer grösseren Zwischenräumen nöthig wird.

Die Behandlung des Carbunkels (Anthral) besteht auf Grund der antiseptischen Principien darin, dass in die inficirten und infiltrirten Gewebe tief eingeschnitten, die mortificirten und im Absterben begriffenen, stellenweise brüchigen, stellenweise erweichten Gewebe mit dem Finger und einem scharfen Löffel zerdrückt und ausgekratzt, die so entstandene Höhle mit Carbol-, Chlorzink- oder Sublimatlösung ausgespült, mit irgend einem antiseptischen Verbandstoff (Jodoformgaze) ausgefüllt, und mit einem antiseptischen Deckverband versehen wird. Die Jodoformpräparate sind wegen ihrer dauerhaft antiseptischen Wirkung hier am besten verwendbar. Während des weiteren Verlaufs der Wundbehandlung ist die sorgfältige Reinigung, eventuell wiederholte Incisionen in neu infiltrirte Stellen, und das Auskratzen derselben nothwendig. Die früher üblichen drastischen Behandlungsmethoden, wie es die Anwendung des Glüheisens und der Caustica waren, sind neben der erwähnten Methode ganz in den Hintergrund getreten.

Von den chronischen Infectionskrankheiten, die aber zuweilen mit acuten Entzündungserscheinungen einhergehen, und deren destructive Symptome ein chirurgisches Eingreifen erfordern, sind an erster Stelle die Scrophulose und die Tuberculose zu erwähnen. Bei den scrophulösen und tuberculösen Entzündungen, Geschwüren und Gewebszerstörungen, ob diese an der Haut oder den Schleimhäuten, in den Drüsen, in den Sehnenscheiden, in den Knochen oder Gelenken sich zeigen, kann die antiseptische Behandlung als solche nichts zur Eindämmung des Krankheits-Processes thun. Trotzdem die neuesten Forschungen die Identität der scrophulösen und der tuberculösen Erkrankung und die mycotische Natur derselben erweisen wollen, ist die antiseptische Wundbehandlung selbst, insoferne ihre Hülfsmittel (die Antiseptica) gegen die

Mycose selbst gerichtet sind, der Scrophulose und Tuberculose gegenüber ohnmächtig. Ausser der allgemeinen medicamentösen Behandlung, die doch auch nur symptomatisch und grösstentheils auf die Roborirung des Kranken gerichtet ist, können durch das locale Eingreifen nur dadurch die Bedingungen der Heilung geschaffen werden, dass durch die directe Entfernung und Zerstörung der erkrankten Gewebe gesunde und heilkräftige Wundflächen bereitet werden. Das Messer und die Schere, der Meissel und die Knochenschere, und wohl auch die Ignipunctur sind hier die Mittel, durch welche die kranken Gewebe am zweckmässigsten entfernt resp. zerstört werden.

Der antiseptischen Wundbehandlung bleibt die aseptische Heilung der durch die erwähnten Mittel gesetzten Wunden vorbehalten.

Durch die Heilung der localen Tuberculose, durch Entfernung des den Organismus mit Infection bedrohenden tuberculösen Herdes, wird unzweifelhaft auf die Gesundheit des ganzen Organismus vortheilhaft eingewirkt, und insoferne die antiseptische Behandlung dieses Resultat der Operation sichert, die Heilung der Operationswunde befördert, trägt es zur Verhinderung der Allgemeinen Tuberculose bei. Die bedeutendste Rückwirkung der antiseptischen Wundbehandlung auf die Heilung der scrophulösen und tuberculösen Processe gelangt aber darin zum Ausdruck, dass es die Gefährlichkeit der operativen Verwundungen auf ein Minimum herabgesetzt und so den Wirkungskreis des chirurgischen Eingreifens auf dem Gebiete der tuberculösen Erkrankungen vergrössert hat. Ein Specificum in der antiseptischen Wundbehandlung gegen die allgemeine tuberculöse oder scrophulöse Erkrankung gibt es nicht, ja selbst die locale Recidive des Leidens wird weder durch die antiseptische Behandlung im Allgemeinen, noch durch die im Zusammenhange damit angewendeten Jodoform- oder Jodpräparate verhindert. Thatsache ist nur, dass die locale Recidive, die sogenannte fungöse Entartung der Granulationen, bei langsam heilenden, aber nicht oder nur selten bei den per primam verklebenden Wunden vorkommt. Wenn es sicher wäre, dass die langsame Heilung nicht auch schon ein Symptom der fungösen Erkrankung ist, und das Ausbleiben der prima intentio nicht eben auf die im Keime liegende tuberculöse Infection zurückgeführt werden müsse, so könnte man sagen, dass die antiseptische Behandlung der localen Tuberkelrecidive dadurch vorbeugt, dass es die rasche Verklebung befördere.

Bei den Entzündungen, Geschwüren und Gewebszerstörungen syphilitischen Ursprungs trägt ausser der entsprechenden medicamentösen Behandlung auch die antiseptische Behandlung zur Heilung derselben bei. Ganz mortificirte und in Zerfall begriffene Gewebstheile sind auch hier zu entfernen und die daraus resultirende Wunde nach den Principien der Antisepsis zu behandeln. Ueberdies wirken ausser der Reinhaltung und den anderen antiseptischen Hülfsmitteln auf die Heilung der syphilitischen Gewebsdestructionen auch die unmittelbar auf die Wunde gebrachten Quecksilber- und Jodpräparate günstig ein. Das Jodoform befördert bei luetischen Geschwüren die Reinigung derselben und den Beginn der gesunden Granulationsbildung.

Bei den acut inficirten oder vergifteten Wunden, wie es ein Theil der mit putridem Leichengift (Leichenfurunkel) und die vom Bisse oder Stiche verschiedener Thiere herrührenden Wunden sind, kann die Wundbehandlung nur kurze Zeit nach der Vergiftung direct gegen das infectiöse Gift wirken. Es werden die so inficirten Wunden rein und energisch gewaschen, durch Drücken hinter der verletzten Stelle zum »Ausbluten« gebracht, eventuell die noch an der Oberfläche haftenden septischen Stoffe, mit wenn auch concentrirt angewendeten Antisepticis (bei Leichenfurunkeln eignen sich hiezu Salzsäure und Essigsäure) neutralisirt, die Stichwunden behufs Reinigung auch erweitert. Ein rationelles Verfahren ist in jedem Falle, die aus der Wunde ausgehenden Lymphräume und Lymphgefässe unter einen geringen atmosphärischen Druck zu setzen (der Schröpfkopfwirkung analog) und so den bereits in Resorption begriffenen giftigen Stoff zurück zu aspiriren, und ist zu diesem Zwecke am besten das Aussaugen der Wunde zu empfehlen. Es lässt sich oft auch damit eine gute Wirkung erzielen, dass die sich rasch infiltrirende Umgebung der vergifteten Wunde (bei Vipernstich) durch Einschnitte freigelegt und durch circuläre Schnitte um den Rand herum von der Umgebung gleichsam isolirt wird; die Wunde wird dann antiseptisch behandelt. Wo das Gift nicht rasch tödtet, sondern eine progrediente phegmonöse Entzündung erzeugt, wird diese nach den bereits oben erwähnten Principien behandelt. Aelteren Erfahrungen gemäss hat sich das Ammoniak bei Insectenstichen, das Kalium hypermanganicum bei Schlangenbissen als gut erwiesen. Die Anwendung zahlreicher anderer Mittel trägt zu sehr das Gepräge des Aberglaubens, und auch jenes Streben Pasteur's, das neuestens die Folgen des Bisses wuthkranker Hunde durch Impfungen des präparirten und abgeschwächten Wuthgiftes verhindern will, entbehrt derzeit noch der reell wissenschaftlichen Basis.

Endlich bekampft die antiseptische Wundbehandlung, wenn sie auch die Ursachen nicht aufheben kann, doch erfolgreich die Symptome bei jenen gangränösen Processen, welche jenen Dyskrasien oder Veränderungen der Gefässwände ihre Entstehung verdanken, die das Noma (Wasserkrebs) und die senile Gangräne erzeugen. Bei der antiseptischen Behandlung erfolgt die Demarcation der gangränösen Theile rascher, und wird die Resorption der infectiösen Stoffe verhindert. Reinhaltung, die Entfernung der mortificirten Theile, Abspülung mit antiseptischen Lösungen und feuchte Umschläge mit denselben Lösungen (Borsäure, essigsaures Blei) entsprechen hier am besten. Bei der senilen Gangräne der Extremitäten ist die frühzeitige Amputation indicirt, die unter antiseptischen Cautelen nach der Meinung mancher selbst in den noch infiltrirten Theilen vorgenommen werden kann (Keall 1884), während Andere die möglichst hohe, d. h. von den infiltrirten Theilen central entfernte Amputation vorschlagen (Hutchinson 1884). In diesen Fällen kann die rasche Verklebung der Wundflächen auch darum schon nicht in Aussicht genommen werden, weil die atheromatöse Degeneration der Gefässwände keine solche Ernährung der Wundflächen verspricht, bei welcher eine primäre Vereinigung erwartet werden könnte.

EINUNDZWANZIGSTES CAPITEL.

Antiseptische Wundbehandlung in der Kriegschirurgie. Erste oder provisorische Antisepsis. Verbandpäckchen. Nachträgliche oder secundäre Antisepsis. Antiseptica in der Kriegschirurgie. Carbol, Salicyl, Chlorzink, Sublimat, Jodoform in der Kriegschirurgie. Verbandstoffe; offene Wundbehandlung in der Kriegschirurgie. Werth der antiseptischen Wundbehandlung in der Kriegschirurgie.

Die Erkenntniss der Zweckmässigkeit und der überaus wohlthätigen Wirkung der Antisepsis hat einen vollständigen Systemwechsel in der Kriegschirurgie hervorgebracht, so dass heute eine jede Anordnung und

eine jede Neuerung auf diesem Gebiete auf die practische Durchführung
der Antisepis gerichtet, und das Thun und Lassen des Kriegschirurgen
von Rücksichten auf die Antisepsis beeinflusst ist.

Die das Object der Kriegschirurgie bildenden Verwundungen haben
den Vortheil, dass sie zumeist gesunde und lebenskräftige Individuen
betreffen, bei denen vom natürlichen Heiltrieb hinsichtlich der Repro-
duction der Gewebe, gleichwie hinsichtlich der Resistenz gegen die Infection viel erwartet werden kann. (Düsterhoff's Beobachtungen haben
erwiesen, dass die Syphilis, die einzige Diskrasie, die bei Soldaten
in Betracht kömmt, von keinem Einfluss auf die Infection der Wunden,
speciell von keinem Einfluss auf die Beförderung der pyohämischen Infection ist.) Diesem einen, im Individuum selbst gelegenen Vortheile
steht eine ganze Reihe ungünstiger Factoren in der Kriegschirurgie
gegenüber, die alle die Infection der Wunden befördern, und das dagegen gerichtete Streben erschweren.

Die Schusswunden, diese häufigsten Verletzungen in der modernen
Kriegsführung, werden heute zwar schon als keine vergifteten Wunden
angesehen, und auch die anderen Waffen impfen — wenigstens in den
Kriegen der sogenannten Cultur-Völker — keine directen Gifte in die
Wunde; trotzdem aber kann das durch die Kleider dringende Geschoss
infectiöse Stoffe mitnehmen, und auch die Stech- und Hiebwaffen sind
nicht so tadellos rein, dass sie nicht auch infectiöse Keime in die
Wunde hineinbringen könnten. Abgesehen von der Schwere der Verletzungen, von der Eröffnung für die Infection empfänglicher Körperhöhlen, complicirten Fracturen u. s. w. spielt bei der Infection der Kriegsverletzungen die Umgebung der Wunde eine Hauptrolle, da diese es
ist, welche infectiöse Keime im Ueberfluss beherbergt. — Die im Kampfe
erhaltene Wunde kann also unmittelbar nach der Verwundung inficirt
werden, und da, wie aus der Natur der Umstände leicht begreiflich,
zwischen der Verwundung und der Versorgung der Wunde gewöhnlich
eine gewisse Zeit verfliesst, bietet sich der Infection während dieser
Zeit hinreichend Gelegenheit.

Bei den mannigfachen Widerwärtigkeiten des Krieges begegnet
auch die zweckentsprechende Versorgung der Wunde zahlreichen und
grossen Schwierigkeiten. Der Transport der Verwundeten, die Anhäufung derselben in oft ganz ungeeigneten Räumlichkeiten, die häufige
Unzulänglichkeit des ärztlichen Personals, sind eben so viele Factoren,

welche die Infection der Wunde befördern. Die mangelhafte Versorgung
der Wunde hängt aber nicht blos mit dem unzulänglichen Sanitäts-
Personal zusammen, oft trägt daran auch der Mangel der zur Versorgung
nothwendigen Instrumente und Materialien bei. — Dass die Reinlichkeit, dieser Hauptfactor der Antisepsis, da schwer durchzuführen ist, wo
die rasche Versorgung zahlreicher Verwundeten dringend geboten, und
vielleicht selbst das zum einfachen Abwaschen der Wunden nöthige
Wasser nicht in genügender Quantität vorhanden ist, ist leicht einzusehen, und dass jener grosse Apparat, mit welchem die Antisepsis
verbunden ist, die Antiseptica, die präparirten Verbandstoffe auch nicht
in der Nähe des Kampfplatzes und in solchen Mengen vorhanden sein
können, wie dies einer jeden Eventualität entspricht, ist auch bei einer
oberflächlichen Betrachtung der Kriegsverhältnisse ersichtlich.

Aber nicht nur die im Kampf erhaltene Wunde ist in Folge der
eben erwähnten Umstände der Gefahr der Infection ausgesetzt, in derselben Gefahr befinden sich jene zu Heilzwecken bereiteten Wunden,
welche die verschiedenartigen Verletzungen noch nachträglich erfordern.
Ist ja doch selbst die aus Rücksichten der Antisepsis so wichtige Blutstillung nicht immer möglich. Durch Drains lässt sich zwar für die
Ableitung des Wundsecrets sorgen, aber den mit Wundsecret durchfeuchteten Verband kann man nicht vor den infectiösen Stoffen schützen.

Diesen Verhältnissen und Umständen muss die Wundbehandlung
in der Kriegschirurgie Rechnung tragen, und demgemäss ihre Agenden
in zwei Theile theilen; sie muss für die Asepsis der Wunden in der
ersten Zeit nach der Verwundung sorgen, dies ist die e r s t e o d e r
p r o v i s o r i s c h e A n t i s e p s i s, dann aber die Resultate dieser ersten
provisorischen Vorkehrungen controllirend, eventuell deren Mängel er-
setzend und verbessernd, die definitive Asepsis der Wunde sichern, und
dies ist die an geeigneter Stelle und mit entsprechenden Mitteln durchgeführte n a c h t r ä g l i c h e, s e c u n d ä r e o d e r d e f i n i t i v e A n t i-
s e p s i s.

Wir wollen hier nicht in die Besprechung jener administrativen
Massnahmen eingehen, welche die Durchführung der Antisepsis zu er-
möglichen oder zu erleichtern berufen sind, sondern uns nur auf die
Wundbehandlung beschränken, insoferne diese mit dem antiseptischen
Verfahren in einem gewissen Zusammenhange steht.

Das leitende Princip der provisorischen Antisepsis in der Kriegschirurgie muss sein, dass die auf die provisorische Versorgung der Wunde gerichteten Massnahmen vor Allem
nicht schaden dürfen, d. h. insoferne mit der Wunde etwas provisorisch geschieht, und bei der ersten Hülfeleistung die Blutung gestillt und die Wunde bedeckt wird, ein jeder Handgriff gemieden werde,
welcher zur Infection Anlass geben könnte.

An die Wunde rühre keine schmutzige, und folglich auf dem
Kampfplatze überhaupt keine Hand, eine jede eingehendere Untersuchung
der Wunde unterbleibe, und zum Bedecken der Wunde sollen keine
schmutzigen oder auch nur zweifelhaft reinen Verbandstofie verwendet
werden. Gelegentlich der ersten Versorgung der Wunde (Hülfsplatz)
ist gar kein operatives Eingreifen am Platze und selbst am Verband-
platze sind nur auf Grund vitaler Indicationen Operationen vorzunehmen,
Wunden näher zu untersuchen und eventuell Projectile zu entfernen;
sonst entspricht das Schützen der Wunde durch einen guten Occlusiv-
verband am besten dem Zwecke. Insoferne die Wunde, wenn auch
auf kurze Zeit, durch einen Verband geschützt werden soll, müssen
hiezu reine und wenn möglich antiseptische Verbandstoffe verwendet
werden. Diesen Anforderungen der ersten Hülfe, dieser Durchführung
der ersten Antisepsis kann ein zum Einsammeln der Verwundeten gut
abgerichtetes Sanitätspersonal entsprechen, während für die zum ersten
Verband nöthigen Materialien neuestens durch ein der Ausrüstung
der Soldaten beigeschlossenes »Verbandpäckchen« vorgesorgt
werden soll.

Diese, die Asepsis der ersten Hülfe zu sichern berufenen Verbandpäckchen müssen, um ihrem Zwecke zu entsprechen, irgend ein leicht
und schnell anwendbares und dabei verlässlich wirkendes antiseptisches
Präparat enthalten. Selbstverständlich müssen diese Päckchen auch
möglichst klein und in der Ausrüstung des Kriegers leicht unterzubringen und endlich, soweit dies nicht auf Kosten der Zweckmässigkeit
geschehen kann, auch möglichst wohlfeil sein. Esmarch, dem die
modernen antiseptischen Verbandpäckchen ihre Entstehung verdanken,
construirte dasselbe ursprünglich aus einem Stück Carbol- oder Salicyljute, das in ein mit desmurgischen Zeichnungen versehenes dreieckiges
Tuch und dieses wieder in einen impermeablen Papierstoff eingewickelt
und mit Sicherheitsnadeln zusammengehalten wurde. Der mit Carbol

oder Salicyl imprägnirte Verbandstoff kann unmittelbar auf die Wunde, darüber der impermeable Stoff, worauf das Ganze mit dem dreieckigen Tuche und der Nadel befestigt wurde. Diese Vorkehrung entsprach jedoch den an dasselbe geknüpften Erwartungen nicht, denn die Reinheit der Päckchen, wie auch ihre antiseptischen Eigenschaften waren im Momente ihrer Anwendung bereits illusorisch.

Das Carbol, ob in Jute oder in Watte oder in die schon wegen ihres höheren Preises nicht ganz geeignete Gaze imprägnirt, ist zu diesem Zwecke kein geeignetes Antisepticum, weil es sehr flüchtig ist, und da zwischen der Bereitung des Präparates und dem Gebrauch des Verbandpäckchens eine unbestimmte Zeit verfliesst, so ist zur Zeit der Anwendung derselben oft schon keine Spur des imprägnirten Carbols vorhanden.

Die Salicylverbandstoffe sind für das Verbandpäckchen ebenfalls nicht verlässlich, denn obzwar das Salicyl nicht so flüchtig wie das Carbol ist, so stäubt es doch leicht aus demselben aus.

Die Chlorzinkpräparate wären, da das Chlorzink weder flüchtig ist, noch ausstäubt, genug verlässlich, und da der durch das Chlorzink gebildete Schorf auch die Resorption der infectiösen Stoffe verhindert, schon aus diesem Gesichtspunkte vortheilhaft; ihr Nachtheil ist nur, dass der Verbandstoff selbst vom Chlorzink angegriffen wird und mit der Zeit zerfällt.

Da die Unverlässlichkeit der erwähnten Antiseptica zum grossen Theile mit der Aufbewahrung der Verbandpäckchen zusammenhängt, scheint die Anwendung antiseptischer Pulver zur ersten Hülfe, wie es neuestens empfohlen wird, eine treffliche Idee zu sein. Lesser glaubt das antiseptische Pulver am zweckmässigsten in einer Patronenhülse unterzubringen und diese in der Patronentasche aufzubewahren, während ein mit Colophonium imprägnirtes Stück Gaze und ein Stück entfetteter Baumwolle in ein dreieckiges Tuch gewickelt ausserhalb der Patronentasche unterzubringen wären. Er empfiehlt als Antisepticum ein Pulvergemisch, das aus zum Theile löslichen, zum Theile unlöslichen Bestandtheilen zusammenzusetzen sei, indem er von der Voraussetzung ausgeht, dass das lösliche Antisepticum die Zersetzung des Blutes, Schweisses, Regenwassers und Urins verhindere, während das unlösliche Antisepticum die Asepsis der Wundflächen sichern und die Zersetzung des Wundsecrets für längere Zeit hintanhalten solle. Er empfiehlt als solches

antiseptisches Pulver d a s G e m i s c h v o n 2 T h e i l e n B o r s ä u r e u n d
1 T h e i l J o d o f o r m.

Wenn die Wundfläche nicht gross ist, so kann das in Pulverform
angewendete Antisepticum, welches durch die Gaze und die Watte fixirt
wird, gelegentlich der ersten Hülfeleistung zweckmässig angewendet
werden, und wenn die Blutung nicht stark und, wie bei manchen durchschlagenden Schüssen, die durch das Projectil verursachte Gewebszer-
störung nicht bedeutend ist, so kann nach dem Bestreuen der Ein- und
Ausschussöffnungen dieser erste Verband auch definitiv belassen werden,
und bewirkt Heilung unter dem Schorf. M o s e t i g empfiehlt das reine
Jodoformpulver, N e u d ö r f e r das Salicylpulver bei ähnlicher Anwendung
zu demselben Zwecke. H e i d e n r e i c h schlägt Zuckersublimatpulver
(5 grm 1 : 1000) vor, welches in einer Wachspapierhülse mitgenommen
und im Gebrauchsfalle auf die Wunde gestreut und eingerieben werden
soll, doch hat L e s s e r Recht, wenn er diesem Präparat eine geringere
Wirksamkeit als dem von ihm empfohlenen zumuthet, da die geringe
Menge und die Zersetzlichkeit des Sublimats auf eine geringe Wirkung
schliessen lassen. E s m a r c h (1884) empfiehlt neuestens die Sublimatpräparate. Das von ihm empfohlene Verbandpäckchen enthält zwei
Sublimatgazecompressen, eine Sublimatmoulbinde, dreieckiges Tuch, alles
zusammen in einen gummirten Stoff gewickelt. L i s t e r, der das Sublimat für ein sehr werthvolles Antisepticum in der Kriegschirurgie hält,
empfiehlt für den ersten Verband das Sublimat aus dem Grunde nicht,
weil es durch das Blut leicht hinausgeschwemmt und neutralisirt wird.

Als Verbandstoff für das Verbandpäckchen scheinen die Gaze, die
Watte und die Jute am zweckmässigsten zu sein; die Gaze wegen ihres
bedeutenden Absorptionsvermögens, die Watte und die Jute sind wieder
zu festeren Tampons, wie sie ja eben bei der ersten Hülfeleistung
nöthig sind, geeignet. Alle drei Stoffe sind zugleich leicht und auf
ein kleines Volumen comprimirbar, die Jute zudem auch noch wohlfeil.

Obzwar über die Nothwendigkeit der Antisepsis in der Kriegschirurgie die Meinungen derzeit schon ganz einig sind, so sind jene über
die Zweckmässigkeit der Verbandpäckchen noch sehr getheilt, und wenn
C r a w f o r d als oberster Chef des englischen Sanitätscorps vor noch
nicht langer Zeit (Februar 1884) sich dahin äusserte, dass er derzeit
das zur ersten Hülfeleistung bestimmte Verbandpäckchen für ein
»Unglück« halte, so scheint dies zwar eine paradoxe Behauptung zu

sein, ist es aber dennoch nicht. Thatsache ist, dass das durch die Verbandpäckchen repräsentirte Princip in der Praxis oft vereitelt wird, dass die zur ersten Antisepsis dienenden Verbandpäckchen in vielen Fällen nicht nur nicht antiseptisch, ja nicht einmal verlässlich aseptisch sind. Das schlimmste an der Sache ist aber, dass die Anwendung der Verbandpäckchen Händen überlassen bleibt, die nicht das Bewusstsein der mit ihrer Manipulation verbundenen Verantwortlichkeit besitzen; denn Esmarch's Wunsch, dass auch das untergeordnete Sanitätspersonal mit den Grundsätzen der Antisepsis vertraut sei, wird, wie Ziegler richtig bemerkt, wohl für lange Zeit noch ein frommer Wunsch bleiben. Oft ist das Verbandpäckchen im geeigneten Momente gar nicht mehr vorhanden, wie ja auch Marston gelegentlich des egyptischen Feldzuges die Erfahrung machte, dass die Soldaten die Bestandtheile des Verbandpäckchens zu allem Anderen, nur nicht zum bestimmten Zwecke verwendeten. Auch der Einwurf scheint nicht ganz unbegründet, dass die Verbandpäckchen schon darum nicht viel nützen können, weil zur Anlegung derselben in der Schlachtlinie selbst die Zeit und die Ruhe fehlt. Andere glauben hingegen im Inhalte des Verbandpäckchens eine willkommene Ergänzung des Verbandsmaterials am Hülfs- und auch am Verbandsplatze zu besitzen, ein Vortheil, den die Unverlässlichkeit des Materials wohl auf ein Minimum reduciren dürfte. — Besser als nichts ist aber dieser Anfang doch, und damit die im Verbandpäckchen zum Ausdruck gelangende erste Vorkehrung kein »Unglück« sei, dafür kann und muss die nachträglich durchgeführte gewissenhafte Antisepsis sorgen.

Ein je grösseres Sanitätspersonal uns zur Verfügung steht, je rascher die Wunden in sachverständige Behandlung gelangen, desto sicherer ist das Resultat der nachträglichen Antisepsis. Der Hauptgrundsatz der nachträglichen Antisepsis muss wieder der sein, dass sie Alles von der Wunde fern halte, was mit Rücksicht auf die Infection der Wunde schaden könnte. Von diesem Gesichtspunkte muss, da der Platz dieser nachträglichen Antisepsis in erster Reihe der nächstgelegene Verbandplatz ist, auch hier die übereilte und übereifrige Untersuchung der Wunden mit nicht verlässlich reinen Instrumenten und noch weniger verlässlich reinen Fingern unterbleiben. Schon nach den bisherigen Erfahrungen bilden diese unvorsichtig »befingerten« Wunden im Gegensatze zu den »nicht befingerten« eine traurige Rubrik in der Statistik der septischen Infectionen (Reiher). Die

rasche Versorgung der Wunde, die gründliche Blutstillung, die rasche
Reinigung der Wunde und ihrer Umgebung, die Entfernung leicht zu-
gänglicher Geschosse oder anderer Fremdkörper, die Sicherung der
Wundsecretableitung und das rasche Anlegen eines antiseptischen Verbandes bei Fracturen der Extremitäten, überdies die Immobilisirung
derselben, dies sind die hier zu lösenden Aufgaben, und insoferne diese
Agenden durch ein gut geschultes Personal mit gehöriger Genauigkeit
ausgeführt werden, ist die Asepsis der Wunde zum grössten Theile gesichert. Eingreifendere Operationen, die eventuell mit der Absetzung
von Gliedmassen verbunden sind, müssen auch hier möglichst vermieden
werden, dürfen nur bei vitaler Indication vorgenommen und unter Beobachtung aller Cautelen durchgeführt werden, welche die Antisepsis
auch zu Friedenszeiten erfordert. Selbst das Debridement der Schussfracturen kann hier noch in den meisten Fällen unterbleiben, da ja
die Immobilisirung und der gute antiseptische Verband es nicht so
dringend geboten erscheinen lassen, als dies ohnedem wäre.

Die eingreifenden Operationen gelangen neben der antiseptischen
Wundbehandlung überhaupt immer mehr aus der Liste der Agenden
des Verbandsplatzes in die der Spitäler; freilich hängt auch bis dahin
von der Placirung und Versorgung der Verwundeten (auf dem Trans-
porte) ein Theil des aseptischen Verlaufs ab.

Wie aus alldem ersichtlich, ist die Technik der Wundbehandlung
in der Kriegschirurgie in Vielem von der in Friedenszeiten gebräuchlichen
Wundbehandlungstechnik verschieden. Die Genauigkeit wird hier oft
durch Schnelligkeit, die endgiltigen Anstalten durch provisorische Vorkehrungen ersetzt, u. z. nicht nur betreffs der nothwendig scheinenden
Operationen, sondern auch betreffs der Untersuchung der Wunde.

Nur in einem Punkte muss auch die Kriegschirurgie vollständig im
Rahmen der festgesetzten Principien bleiben, und dies ist das auf
die Verhinderung der Infection gerichtete gewissenhafte Streben, das
auch hier in der erreichbaren grössten Reinlichkeit und in der rationellen
Anwendung der Antiseptica zum Ausdruck gelangt. Die beste Methode
der Reinigung der Wunde ist auch hier der Flüssigkeitsstrahl des Irrigators; zum Abwischen jedoch sind die Schwämme, zu deren wiederholt nothwendiger Desinfection weder Zeit noch Gelegenheit ist,
nicht geeignet und am zweckmässigsten durch Wattebäusche zu ersetzen.

Von den Antisepticis, die in der Kriegschirurgie zur
Anwendung gelangen sollen, wird verlangt, dass ihre Wirkung
verlässlich und andauernd, ihre toxische Nebenwirkung möglichst gering,
ihre Anwendung möglichst allgemein und leicht sei und ausserdem, dass
sie leicht transportabel und wohlfeil seien.

Bei den Verbandstoffen wird die Wahl durch die ver-
lässliche Reinheit, Absorptionsvermögen, Elasticität, die Möglichkeit, sie
rasch mit Antisepticis zu imprägniren, Anwendbarkeit in kleinen Mengen
und, damit zusammenhängend, durch leichten Transport und Wohlfeilheit
bestimmt.

Von den verschiedenen antiseptischen Methoden und
Wundbehandlungsverfahren gebührt denen der Vorzug,
welche mit Hülfe der gegebenen antiseptischen Materialien am leichtesten,
raschesten und besten die Aufgabe zu lösen im Stande sind.

Das Carbol ist als Antisepticum in der Kriegschirurgie wegen
seiner vielseitigen Verwendbarkeit ein zweckmässiges, ja kaum ent-
behrliches Mittel. In Lösung dient es zum Waschen der Wunden,
Hände und Instrumente, zur Imprägnirung verschiedener Verbandstoffe,
in Pulverform zum Bestreuen der Wunde. Jene Anwendung des Carbols und der Carbolpräparate, wie sie das Verfahren Lister's erfordert,
bewährt sich in der Kriegschirurgie schon aus dem Grunde nicht, weil
das Verfahren viel umständlicher ist, als dies den eng gemessenen
Grenzen der Kriegschirurgie entspricht. Uebrigens macht sich jener
Nachtheil des Carbols, welcher sich bei der Imprägnirung der Verbandstoffe auch schon in der Friedenspraxis unliebsam bemerkbar macht,
nämlich die Flüchtigkeit, hier noch mehr geltend, so dass die Carbolpräparate nur dann ihrem Zwecke entsprechen, wenn sie kurz vor der
Anwendung bereitet werden. Bruns hat mit Rücksicht auf die Anforderungen der Kriegschirurgie ein besonderes Präparat empfohlen, das
aus 400 Th. Colophonium, 250 Th. Alkohol, 150 Th. Glycerin und
200 Th. Carbol besteht. Diese Flüssigkeit dient zur Imprägnirung der
rasch zu bereitenden Carbolgaze, und mit 1 : 8 Calcaria carbonica verrieben als Streupulver auf die Wunde. Bei allen Vorzügen des Carbols
ist jedoch auch die irritirende und toxische Wirkung desselben zu be-
achten, umsomehr, als die Chancen der Intoxication mit der ausgedehnten
Anwendung proportionell steigen. (Während des letzten serbisch-bulgarischen Krieges hatten die Aerzte der serbischen Armee ausser Charpie

nur noch concentrirte Carbolsäure mit, und da sie entweder keine genügenden Gefässe oder nicht genügend Wasser zur Bereitung von Carbollösungen hatten, wurden selbst die unbedeutendsten Wunden mit dem concentrirten Carbol tractirt, und so die Wunden und deren Umgebung zwar immer angeätzt, aber die septische Infection doch nicht verhindert.)

Die übrigen flüchtigen Antiseptica, wie z. B. das Thymol, können für kriegschirurgische Zwecke noch weniger in Betracht kommen, weil sie nicht einmal so wohlfeil als das Carbol sind.

Von den beständigeren Antisepticis eignet sich das Salicyl, das in Lösung, ferner als Salicylwatte und Salicyljute verwendet werden kann, wobei es nur den Nachtheil hat, dass es aus dem Verbandstoff leicht ausstäubt. In Pulverform ist es auch hier auf kleinere Wunden gut anwendbar.

Ein gutes Antisepticum zu kriegschirurgischen Zwecken ist auch das Chlorzink, das in Lösung, in Watte und Jute imprägnirt angewendet werden kann, da es nicht flüchtig ist und nicht ausstäubt und seine ätzende, verschorfende Wirkung da, wo es sich nicht so sehr um die prima intentio als um die Verhinderung der Infection handelt, sich eher als ein Vortheil des Mittels erweist.

Als schwächere, aber ungiftige Antiseptica haben die Borsäure und essigsauere Thonerde besonders als continuirlich irrigirende Lösungen auch in der Kriegschirurgie Berechtigung.

Ausser den trockenen Verbänden haben auch die feucht angelegten Verbände eine Bedeutung in der Kriegschirurgie, da sie mit den zur Hand befindlichen Antisepticis in jedem Augenblick bereitet werden können und gewissermassen auch bezüglich ihrer antiseptischen Wirkung verlässlicher, als die vor längerer Zeit bereiteten trockenen antiseptischen Verbandstoffe sind.

Besonders hervorgehoben muss hier das Sublimat werden, weil mit geringen Mengen desselben grosse Mengen Verbandstoffes rasch imprägnirt werden können und weil dessen antiseptische Wirkung auch rasch zur Geltung gelangt und verlässlich ist. In der Kriegschirurgie ist es, wie Lister sagt, besonders deshalb schätzenswerth, weil seine Verwendung einfach und leicht, die Wirkung rasch und sicher, weil es wohlfeil ist und in verhältnissmässig geringen Quantitäten genügt. — Die Verlässlichkeit des Mittels wird nur durch die toxische Nebenwirkung und die Neutralisirung durch das Blut und Wundsecret beeinträchtigt.

20 *

Die in Pulverform angewendeten Antiseptica sind sehr
schätzenswerthe Hülfsmittel der Kriegschirurgie, die auch schon
durch die Einfachheit der Anwendung (Bestreuung) sich vortheilhaft
hervorthun und mit welchen die leichteren Wunden, einmal versorgt,
ohne weiteren Verbandwechsel einfach unter dem Schorf heilen. Das
Jodoform steht derzeit an der Spitze der in Pulverform angewendeten
Antiseptica, und ist es wegen seiner energischen und dauerhaften Wirkung in der That der besten eines. Die Anwendung desselben erfordert
auch hier Vorsicht, obzwar Mosetig auch auf Grund seiner neuesten
Erfahrungen (Serbisch-Bulgarischer Krieg 1885) behauptet, nie Intoxicationen mit der reinen Jodoformbehandlung gehabt zu haben, ja auch
dann nicht, wenn er es mit Sublimat vereint verwendete. — Ein besonders gutes Präparat ist die Jodoformgaze, die mit der antiseptischen Dauerwirkung auch das gute Absorptionsvermögen vereinigt.

Als Verbandstoff eignet sich einmal die Charpie auch für
die Kriegschirurgie entschieden nicht, da ihre Reinheit nie verlässlich
ist. Die Watte, die Jute und der gereinigte Werg sind in der
Kriegschirurgie sehr gut verwendbar; besonders vortheilhaft wäre die
sich durch bedeutendes Absorptionsvermögen und Austrocknung auszeich-
nende und wohlfeile Holzwolle, wenn die damit gemachten Verbände
nicht so gross wären, während des Transports nicht so leicht von der
Stelle rückten und wenn der Transport der grossen Holzfasermengen
nicht so unbequem wäre. Und so steht die Gaze an der Spitze der
Verbandstoffe, schon aus dem Grunde, weil sie zur raschen Imprägnirung mit Antisepticis geeignet ist und nur der hohe Kostenpreis ihren
Nachtheil bildet.

Als Wundbehandlungsmethode eignet sich für die Kriegschirurgie
die antiseptische Occlusion. Diese Methode gewährt unter den
mannigfachen Widerwärtigkeiten, welchen die Kriegsverletzungen ausgesetzt sind, den verhältnissmässig sichersten Schutz gegen die Infection,
und je früher sie der Wunde zu theil wird, desto günstiger der Heilungsverlauf und mit desto weniger Mühe ist die weitere Behandlung der
Wunde verbunden. Diese frühe antiseptische Occlusion strebt auch die
Institution der Verbandpäckchen an. Aber auch bei nicht vollständig
gelungener primärer Antisepsis hat die antiseptische Occlusion mit der
Drainage in Verbindung die meisten Vortheile für sich. Die antiseptische Wundbehandlung muss in den späteren Phasen desto sorgfältiger

und desto energischer durchgeführt werden, je oberflächlicher die erste
Versorgung der Wunde war. Der gelegentlich der ersten Hülfeleistung
angelegte Verband kann nur in den seltensten Fällen und nur bei leichten
Wunden definitiv belassen werden. Jeder am Kampfplatze oder in der
Nähe desselben rasch angelegte Verband muss nachträglich revidirt und
durch die zum Verbleiben bestimmten Verbände entfernt werden, wenn
Temperaturerhöhungen auf Eiterverhaltung deuten. Die Dauerverbände, so
erwünscht ihre Anwendung eben in der Kriegschirurgie wäre, bewähren
sich nur in wenigen Fällen, da eben zur genauen Versorgung der Wunde,
wie es der Dauerverband voraussetzt, die Gelegenheit zur Blutstillung,
die Zeit zum Anlegen der versenkten Nähte fehlt. Das Wechseln der
Verbände ist besonders in der ersten Zeit, nachdem die Verwundeten
ins Spital gelangt sind, angezeigt. Wenn die definitive Versorgung der
Wunde an einem Orte geschieht, wo zum genauen Verfahren die gehörige Zeit, der versorgten und verbundenen Wunde die nöthige Ruhe
zur Verfügung stehen, und auch eine solche Quantität der Wundbehandlungsmaterialien vorhanden ist, wie sie zu den Dauerverbänden nothwendig ist, dann können auch die Dauerverbände mit gutem Erfolge
angewendet und dadurch die mit der Behandlung so vieler Wunden
verbundene Mühe erleichtert werden.

Hier kann auch die continuirliche Irrigation angewendet werden;
wie ja die offene Behandlung besonders da nothwendig ist und mit
gutem Erfolge angewendet werden kann, wo es sich um grosse, durch
Geschosse verursachte Gewebszerstörungen handelt, und auch wo die
mangelhafte erste Hülfe die Infection nicht ausschliessen konnte und die
secundäre Antisepsis mit der energischen und gründlichen Desinfection
der Wunde beginnen muss. Die offene Wundbehandlung ist
jedoch nur in den gut ausgestatteten und den Anforderungen der Reinlichkeit entsprechenden Spitälern erlaubt, wo die Wundbehandlung
übrigens sich kaum mehr von der in Friedenszeiten geübten unterscheidet.

Bei den Verletzungen der verschiedenen Körpertheile und Organe
ist das die Asepsis anstrebende Verfahren dasselbe, welches wir bereits
oben auseinandergesetzt. Zur provisorischen Versorgung und Immobilisirung der hier so häufigen complicirten Fracturen eignen sich am
besten die gut angelegten Schienenverbände, die auch die Controle der
Wunde eher gestatten, als die circulären Contentivverbände. Die conservative Behandlung dieser Fracturen, ebenso wie die conservative

Behandlung der Gelenkschüsse (selbst ohne Resection und oft auch ohne Debridement feiert hier ihre grössten Triumphe. Neben der strengen Befolgung der Principien öffnet sich hier der individuellen Erfahrung und dem individuellen Scharfblick ein weites und dankbares Feld. Die Feststellung der Indicationen für das Eingreifen, die zweckmässige Auswahl unter den zur Verfügung stehenden Mitteln bleibt der Einsicht des Arztes überlassen, und nebst sinnreichen Improvisationen thut derjenige den Principien der Antisepsis am meisten Genüge, der sich durch Uebereifer nicht hinreissen lässt und das vorhandene Material rationell und vorsichtig verwendet.

Von diesem Gesichtspunkte aus scheint auch die Proposition Fischer's (Kriegschirurgie), der in der Kriegschirurgie eine gewisse strict umschriebene und schablonisirte Wundbehandlungs- und Verbandsmethode für zweckmässig erachtet, nicht richtig zu sein, weil bei der Mannigfaltigkeit der Fälle allgemein gültige Regeln aufzustellen überhaupt unmöglich ist und weil dies einerseits die Verwerthung der individuellen Erfahrung beschränkt, und andererseits das Gefühl der persönlichen Verantwortlichkeit verringert. Die Wissenschaft, welche sich mit Entwicklung der antiseptischen Wundbehandlung befasst, ist eine Erfahrungswissenschaft, die im Allgemeinen und mit dem Arzte selbst stetig vorwärts schreitet und deren Resultate zu jeder Zeit nur so verwerthet werden können, dass keine bestimmt vorgeschriebene Methode hindernd im Wege steht.

Was im Interesse der antiseptischen Wundbehandlung der sich hiermit befassende Theil der Heeresadministration thun kann, besteht in der Herbeischaffung der zur Antisepsis nöthigen Mittel und Materialien und in der Vorsorge für ein an Zahl und Quantität entsprechendes ärztliches und Sanitätshülfspersonal. (Diese Vorkehrungen der Heeresadministration haben ohne Zweifel mehr Werth, als gewisse übrigens sehr weise »Verordnungen«, welche die antiseptische Wundbehandlung ex oficio zu einer Zeit anordnen, wo zur Durchführung dieser Anordnung das Material fehlt. Die Mittheilungen über die Versorgung der Verwundeten im letzten serbisch-bulgarischen Kriege zeigen von einer trostlosen Lage der den eigenen humanitären Vorkehrungen der Balkanstaaten überlassenen Verwundeten. Als die durch viele Tage vernachlässigten Wunden fast alle schon septisch inficirt waren, erschien ein Ukas des serbischen Königs, welcher die durch die »moderne Wissenschaft als vortrefflich befundene Antisepsis amtlich strenge anbefiehlt! Der erste grössere Feldzug, in welchem die Antisepsis praktisch geübt wurde, war der russisch-türkische Krieg (1876), und obzwar hier die Durchführung derselben noch mit vielen Schwierigkeiten zu kämpfen hatte, konnte sie doch schon glänzende Resultate aufweisen. Reiher, der bei einem im Kaukasus operirenden Armeekorps wirkte, theilt eine interessante Statistik mit, deren auf die Gelenksverwundungen bezüglicher Theil besonders interessant ist. Von 46 primär antiseptisch behandelten Gelenkschusswunden (18 Fälle mit primärer antiseptischer Occlusion ohne Drain, 9 mit Drain, 19 primäre Amputation) waren letal 6, die Mortalität = 13 %; von 78 secundär antiseptisch behandelten Gelenkschusswunden waren letal 48, die Mortalität = 61 1,5 %; von 62 nicht antiseptisch behandelten Gelenkschusswunden waren fast alle letal; in einer den oben erwähnten Fällen entsprechenden Beobachtungszeit starben 48, Mortalität = 77,4 %. Von 3100 Verwundeten des letzten Krieges, die in den Belgrader Kriegslazarethen mit zum grossen Theile septisch inficirten Wunden Unterkunft fanden, starben innerhalb der ersten 6 Wochen 51, davon 22 an Tetanus. Die energisch durchgeführte secundäre Antisepsis hat hier Staunenswerthes geleistet. 114 Schussfracturen (im deutschen Ordenshospitale Fränkel's), darunter 2 des Schultergelenks, 3 des Ellbogengelenks, 2 des Handgelenks, heilten alle nach mehr minder eingreifenden Operationen, aber in keinem Falle wurde eine Amputation nöthig.

Es ist evident, dass die eben erwähnten Heilungsziffern noch nicht ganz die Vortheile der antiseptischen Wundbehandlung zum Ausdruck bringen. Das Bild ihres wohlthätigen Einflusses wird durch die Schnelligkeit der Heilung und durch die Brauchbarkeit der verwundeten Glieder und Gelenke ergänzt. — Die Resultate der antiseptischen Wundbehandlung überragen auch hier weit die Resultate früherer Behandlungsmethoden, so dass jene Kosten, welche aus der Beschaffung der Hülfsmittel der antiseptischen Wundbehandlung resultiren, vielfach nicht nur durch die Erhaltung vieler nützlicher Menschenleben, sondern auch durch die Verringerung der Pflegekosten bei der raschen Heilung und durch die Ersparung der zur Erhaltung der Invaliden nothwendigen Summen ersetzt werden.

Und wenn wir auch noch weit entfernt davon sind, die Principien

der Humanität auch bei der Anwendung der mörderischen Schiesswaffen
so weit zur Geltung gelangen zu sehen, dass, wie Neudörfer und
auch Andere wünschen (1884 Kopenhagener Congress), auch die Waffen
und Geschosse so construirt seien, dass sie weniger zertrümmerte und
zur antiseptischen Behandlung besser geeignete Wunden bereiten, so können
wir derzeit doch durch die antiseptische Wundbehandlung die traurigen
Folgen des »nothwendigen Uebels« milder und erträglicher gestalten.

FÜNFTER THEIL.

Anhang: Wundbehandlung an der I. chirurgischen Klinik der königl. ungarischen Universität in Budapest.

ERSTES CAPITEL.

Die hygienischen Verhältnisse der Anstalt. Die Behandlung der Wunden. Vorbereitungen zu Operationen. Antisepsis während der Operation. Verband. Nachbehandlung. Antiseptica. Verbandstoffe.

Bei dem Bau und der Einrichtung der I. chirurgischen Universitätsklinik (Belagsraum für 86 Kranke) sind alle Errungenschaften, welche die in neuester Zeit so bedeutend vorgeschrittene Hygiene mit Hülfe der technischen Wissenschaften zu erreichen vermag, verwerthet. Ausser der Zweckmässigkeit ist es besonders das Princip der Reinlichkeit, das in der Einrichtung der Anstalt systematisch verwirklicht, im Betrieb derselben consequent durchgeführt ist. Rein ist die Luft der überaus geräumigen und hellen Krankensäle und des mit Ober- und Seitenlicht versehenen Operationssaales, und diese Reinheit der Luft wird in Verbindung mit der Heizung (Centralwarmwasserheizung mit Mitteldruck) durch eine zu allen Zeiten des Tages und des Jahres tadellos functionirende Ventilation (Aspirationssystem) gesichert. Rein sind die Localitäten selbst, und die Reinhaltung derselben erleichtern die mit heller Oelfarbe angestrichenen glatten Wände und der mit Mettlacher Steinplatten und Ziegeln (die in Cement gebettet sind) ausgelegte Estrich. Rein ist auch die Einrichtung der Kranken- und Operationssäle, deren Material Eisen und mit Wachs getränktes Hartholz bildet; rein ist das

Bettzeug, die Bettwäsche und die Leibwäsche (diese werden in einer mit Desinfectionsvorrichtungen versehenen Dampfwäsche der Universitätskliniken an besonderen Tagen der Woche gereinigt) und rein sind endlich die Kranken selbst, denn die Reinhaltung All dessen ist einem vorzüglich, disciplinirten Wärterpersonal (Ordensschwestern des Gratzer Mutterhauses von St. Vincenz de Paula) vertraut. Unter solchen Verhältnissen ist die Aufrechterhaltung der Asepsis keine schwere Aufgabe und bedarf seitens der Antiseptica wenig Hülfe. Nur insoferne mit selbst bei diesen Vorkehrungen nicht controllirbaren Umständen, wie sie sich zum grossen Theile aus dem didaktischen Charakter der Anstalt ergeben, gerechnet werden muss, werden im Zusammenhange mit dem die Reinlichkeit anstrebenden allgemeinen Verfahren die Antiseptica verwendet.

Die Behandlung der Wunden resp. das Verfahren bei Operationen ist folgendes: Der zur Operation bestimmte Kranke nimmt unmittelbar vor der Operation ein Bad oder wird vom Wartepersonal vom Kopf bis zum Fuss gründlich abgewaschen. Das Operationsterrain und seine Umgebung wird auf dem Operationstisch von den assistirenden Aerzten mit warmem Wasser, Seife und Bürste wiederholt gründlich gereinigt und mit 2 % eventuell 4 % Carbollösung abgespült. Der Operateur und die Assistenten (alle mit langen reinen Leinwandröcken bekleidet) reinigen vor der Operation, unter dem fliessenden Strahl der Warmwasserleitung, mit Seife (Glycerinseife) und Bürste ihre Hände und mit besonderer Sorgfalt die Nagelfalzen. Diejenigen, welche vordem sich mit infectiösen Stoffen abgegeben, spülen die Hände mit 4 % Carbollösung.

Die Instrumente, von denen ein Theil vernickelt ist, werden täglich vor der Operation in 2 % — 4 % Carbollösung gewaschen. Ein Theil der Scalpelle hat Elfenbeingriffe, ein grösserer Theil aber, ebenso wie die Haken und scharfen Löffel, hat gekerbte Holzgriffe. Dieser letztere Umstand erschwert unstreitbar die Reinhaltung und erfordert, dass das Eintrocknen des Blutes und der Gewebereste in die Einschnitte auf die Art verhindert werde, dass das Instrument unmittelbar nach dem Gebrauch mit warmem Wasser abgewaschen und zur grösseren Sicherheit gelegentlich der üblichen Reinigung mit der Bürste gerieben werde. Die so gereinigten Instrumente liegen vor und während der Operation in keiner desinficirenden Flüssigkeit (werden, wenn nöthig, nur mit warmem Wasser abgespült) und so bleibt ihre Schneide und ihr Glanz länger erhalten. Auch die gelegentlich der Operation zur Reinigung der Wunde nöthigen Materialien sind vorbereitet.

In Glasirrigatoren wird $^1/_2$ $^0/_0$, 2 $^0/_0$ und 4 $^0/_0$ Carbollösung (zu einer Zeit auch 1 $^0/_{00}$ Sublimat) und 2 $^0/_0$ Kochsalzlösung (mit vorher aufgekochtem und filtrirtem Wasser bereitet) bereit gehalten. Neuestens ist der Pasteur-Chamberland'sche Bouge-Filter eingeführt. Der Hals der Irrigatorflasche ist so schmal, dass ausser Anwendung das Ansatz-stück (Kautschuk und Bein) des Irrigatorschlauches die Oeffnung ver-schliesst. Die Irrigatoren selbst sind nicht hoch befestigt, sondern sind dem Auge und der Hand erreichbar und werden gelegentlich der Ver-wendung auf die gewünschte Höhe erhoben. Der mit 2 $^0/_0$ Carbollösung gefüllte Handspray hat nur die Rolle eines mit geringen Flüssigkeits-mengen arbeitenden Irrigators, zumeist bei der Reinigung der die Wunde umgebenden Haut, während und nach der Operation. Sonst wird der Carbolspray nur zur Desodorirung der Luft in der Umgebung von stinkenden Geschwüren und zerfallenden Neubildungen verwendet. Zur raschen Reinigung der in solchem Zustande befindlichen Körpertheile dient auch die in einer Irrigatorflasche befindliche 4 $^0/_0$ Carbollösung.

Die Schwämme, welche nach vorangegangener Reinigung (Aus-klopfen des Sandes, Waschen in warmem Wasser) und Desinfection (Liegen durch mehrere Tage in 5 $^0/_0$ Carbollösung) zur Verwendung gelangen, dienen während der Operation zur Reinigung der Wunde. Nur zum Abwischen der blutenden Wunde werden die Schwämme be-nutzt, zum Abwischen der Haut werden reine trockene, oder mit Carbol-lösung befeuchtete Compressen gebraucht und mit denselben werden auch die gelegentlich der Operation hervortretenden stinkenden und zer-setzten Gewebstheile weggewischt. Die Schwämme gelangen also nur mit Blut oder nicht stinkendem Eiter in Berührung und werden während der Operation auf die Art gereinigt, dass sie aus der Hand kommend in reinem Wasser (das je nach Bedarf kalt oder warm ist) vom Blute gewaschen, dann bis zum Momente der Verwendung in 4 $^0/_0$ Carbollösung liegen und bevor sie wieder gebraucht werden, gut ausge-wunden werden. Nach der Operation werden die Schwämme mit warmem Wasser und Seife gewaschen, dann 24 Stunden unter dem fliessenden Strahl der Warmwasserleitung liegen gelassen und, da für jeden Tag der Woche andere Schwämme vorhanden sind, in gut verschlossenen Glasgefässen und 5 $^0/_0$ Carbollösung bis zum bestimmten Tage aufbewahrt.

In einer eigenen grossen Glasflasche liegen in 5 %0 Carbollösung die verschieden starken, dick- und dünnwandigen rothen Gummidrains, welche wir unmittelbar vor der Anwendung auswählen und montiren.

Unmittelbar vor der Anwendung entnehmen wir auch dem Fläschchen das in Sublimat-Alkohollösung liegende Catgut und die Carbolseide (Lister). Das Sublimatcatgut (aus einer heimischen Bezugsquelle) ist neben seiner tadellosen Gleichmässigkeit und Stärke so schmiegsam, dass es am besten so angewendet werden kann, wie es aus der Alkohollösung genommen wird. Das Befeuchten mit Wasser ist überflüssig. Wir benützen es zur Ligatur der Gefässe, wenn wir die Wunde verschliessen, ferner zu versenkten Nähten, und auch zu oberflächlichen Nähten, wenn die Spannung der Wundränder nicht bedeutend ist und wo die Naht nur die genaue Coaptation der oberflächlichen Schichten der Haut und Schleimhaut unterstützt. Den Seidenfaden verwenden wir vorzugsweise zur Naht und auch zur Ligatur der Gefässe, wenn die Wunde offen bleibt, wie z. B. bei arteriösen Blutungen, die bei der Anwendung des Thermokanters entstehen. Beim Nähen in der Scheide und im Mastdarm, ferner zur Knochennaht benützen wir den Metalldraht. Narcotisirt wird mit reinem Chloroform und hat die Anstalt noch keinen Chloroformtod zu verzeichnen.

Während der Operation sind wir bestrebt, die Asepsis so zu sichern, dass wir uns um die Keime der Luft gar nicht kümmern und nur die Wunde selbst vor der unmittelbaren Berührung mit den infectiösen Stoffen frei zu halten suchen. Nebstdem, dass wir die Wunde mit dem feuchten Schwamm reinigen, spülen wir sie auch von Zeit zu Zeit mit dem Flüssigkeitsstrahl des Spray oder des Kochsalzlösung oder ½ %0 Carbollösung enthaltenden Irrigators ab. Grosse Mengen von Flüssigkeit werden aber zu dieser Irrigation nicht verwendet, so dass das unter den verwundeten Körpertheil gelegte, doppelt gummirte graue Gummileintuch zum Auffangen der Flüssigkeit hinreicht. Die zur Operation nicht nothwendigen, entblössten Körpertheile werden mit reinen, eventuell gewärmten Leintüchern bedeckt.

Die Blutstillung wird mit der Ligatur der sichtbaren Gefässlumina begonnen, und da wir bei der Anwendung des guten Catgut mit Vorsicht vorgehen — während des Knotens den Faden locker halten, den Knoten jedoch fest anziehen und dreifach knoten, — haben

wir keine Nachblutung zu befürchten. Bei der Ligatur werden die
Luer'schen Klemmpincetten und eine combinirte Form der Luer'schen
und der Hakenpincetten (von Szénássy) benutzt. Wo mit dem Pince
haemostatique die Ligatur anzulegen nicht gelingt, dort nehmen wir die
Umstechung vor. Auch die grösseren Venenlumina werden mit der
Ligatur versehen, eventuell auch vernäht, wenn in das Operationsterrain
ein grösserer Venenplexus mündet, die Verhinderung der Secretbildung
nicht gesichert scheint und so das Eindringen desselben in die Venen-
mündungen mit Gefahr droht.

Die parenchymatöse Blutung wird durch anhaltendes Andrücken des
feuchten Schwammes und den kühlen Wasserstrahl des Irrigators
gestillt.

Zur Ableitung des Wundsecrets wird der Gummidrain an
der möglichst besten Stelle eingelegt. Auch die Drainage mit Jodoformgazestreifen wird mit gutem Erfolg angewendet. Wo alle Bedingungen für die Heilung per primam gegeben sind, wo auch die Hämostase
vollständig gelungen und wo mit dem Druck des Verbandes voraussichtlich auch die »todten Räume« vermieden werden können, dort
bleibt die Drainage auch weg und wird die Wunde mit der Naht ganz
geschlossen.

Die Naht, mit welcher wir die überwiegende Zahl der Wunden verschliessen, ist die fortlaufende oder »Kürschnernaht«. Bei
tiefgreifenden und oberflächlichen wie auch bei versenkten Nähten bewährt sich diese Naht vollständig. Beim Anlegen der Naht resp. beim
Einstechen der Nadel merken wir darauf, dass die Nadel nach rückwärts
gestochen wird und so möglichst viel Gewebsmassen mitgefasst werden.
Ausserdem wird zuweilen auch die Knopfnaht gemacht, und bei plastischen Operationen auch die umschlungene Naht mit Karlsbader In-
sektennadeln und Seidenfäden. Hier werden auch Heftpflasterstreifen
angelegt, welche die Spannung der Wundränder verringern und so die
Verklebung der Wundflächen befördern.

Ob nun die Wundflächen mit der Naht vereinigt werden oder
nicht, wird die Wunde mit einem Deck- oder Druckverband
versehen. Als Verbandstoff dient Gaze und Jute. Die reine Gaze,
welche wir auch zu Binden benutzen, wird in $1\,^0/_0$ Carbollösung (zu
einer Zeit auch $1\,^0/_{00}$ Sublimat) getränkt und in 4—6fachen Schichten
feucht auf die Wunde gelegt. Nur die $30\,^0/_0$ Jodoformgaze wird aus

dem Handel bezogen, die Carbolgaze wird unmittelbar vor der Anwendung
bereitet. Es ist wahr, dass die so zubereitete Carbolgaze all die Nachtheile besitzt, die wir diesem Präparate bereits nachgesagt haben, insbesondere, dass die Carbolsäure sich rasch verflüchtigt, aber dieser Umstand
zählt für unsere Verhältnisse nicht, denn auch der geringe Carbolgehalt
genügt bei jener geringen Möglichkeit zur Infection, denen hier die
Wunden ausgesetzt sind. Das Protective-Silk ist hier überflüssig und
wird auch nicht angewendet. Die in 1 $^0/_{00}$ Sublimatlösung getauchte
Gaze, die wir eine Zeit lang anwendeten, war ohne Zweifel schwach
imprägnirt, doch auch darunter blieben die Wunden aseptisch.

Während die Gaze insbesondere zum Zwecke der raschen Ansaugung
des Wundsecrets angewendet wird, dient die 4 $^0/_0$ Salicyljute, welche
uber die Gazeschichten in grösseren und stärkeren Lagen angelegt wird,
insbesondere zur Aufnahme der grösseren Wundsecretmengen und zur
Verhinderung der Zersetzung derselben. Die Salicyljute hat sich nach
den vieljährigen Erfahrungen der Klinik als ein sehr brauchbares und
dabei wohlfeiles Verbandmaterial erwiesen. Ihr Absorptionsvermögen
steht zwar hinter der ähnlichen Eigenschaft vieler anderer Verbandstoffe,
aber für die obere Schichte des Verbandes eignet sich dieses Material
vollkommen, da sich unter dem Drucke der fixirenden Binde in dasselbe
auch das Secret gut einsaugt und rasch eintrocknet, und da es auch
hinreichend elastisch ist, um dem Drucke der Binde nachzugeben, sich
der Körperoberfläche anzuschmiegen und auch an der Stelle zu verbleiben.
Es ist zwar ferner wahr, dass das Wundsecret durch die Jutemasse in
senkrechter Richtung früher durchschlägt, als es sich in der Breite ausgedehnt, aber einerseits ist dieser Fehler durch Anwendung stärkerer
Jutelagen leicht zu beheben (wie dies die Jutekissen in Neuber's
Dauerverband beweisen) und andererseits ist diese Eigenschaft der Jute
in manchen Fällen gar kein Nachtheil zu nennen, denn entweder trocknet
das an die Oberfläche gelangte Secret ein, dann hat es nichts weiter
auf sich, oder es trocknet nicht ein und dient als Fingerzeig zur Vor-
nahme des Verbandwechsels.

Auf blutende Wundflächen und in blutenden Wundhöhlen ist die
Salicyljute als Tampon gut verwendbar; ihr Salicylgehalt sichert die
Asepsis und die Jute selbst, abgesehen davon, dass die Consistenz
des Tampons einen entsprechenden Druck auszuüben hilft, ist auch
darum vortheilhaft, weil sich ihre Fäden mit den Geweben verfilzen,

und so die Stillung der parenchymatösen Blutung befördern. Die Entfernung des Tampons bewerkstelligen wir in solchen Fällen schonend unter reichlicher Irrigation; in Fällen, wo wir die Jute trocken und unmittelbar auf nicht verschlossene Wunden legen, überlassen wir der mit der Granulation einhergehenden Secretion diese schonende Abstossung der Jute.

Auch die reine entfettete Watte benutzen wir bei Operationen in der Nähe der Augen, um diese zu schonen, und mit Rücksicht auf die grössere Elasticität der Watte zu Bauchverbänden nach Laparotomien. Wir haben auch das in Tafeln gepresste Moos versucht, doch mussten wir von der weiteren Benutzung des Materials wegen der darin befindlichen Unreinigkeiten abstehen; mit dem Absorptionsvermögen desselben waren wir jedoch vollkommen zufrieden. Impermeable Stoffe benutzen wir zum Verbande nicht, sondern befestigen die Jute unmittelbar mit Mullbinden. Wo die Mullbinde für den Druck zu schwach scheint, wenden wir stärkere Calico- oder Leinwandbinden an; um den Brustkorb fixiren wir den Verband mit einer handtuchförmigen Binde, um den Bauch mit einer breiten und langen Flanellbinde.

Wo der verwundete Körpertheil mehr Immobilisation erfordert, als die erwähnten Verbände gewähren, werden mit reiner Watte gepolsterte Holzschienen oder Pappendeckelschienen, welch letztere angefeuchtet sich ganz den Körperformen anpassen und getrocknet ziemlich hart sind, angewendet. Zur Immobilisirung von Gliedmassen werden verschieden geformte Drahtgeflechtkörbe benutzt.

Bei dem Wechseln des Verbandes ist nicht die Zeit, sondern die Beschaffenheit der Wunde massgebend. Bei Wunden, wo wir die Wundflächen mit der Naht vereinigten und die rasche Verklebung erwarten, wechseln wir den Verband erst dann, wenn dies nothwendig ist, wenn nämlich das durch die Drains oder zwischen den Wundrändern durchgesickerte Wundsecret — zumeist Blut — durch den Verband durchgeschlagen oder Temperaturerhöhungen (über 38^0 C.) auf Secretverhaltung deuten. Wo weder das Durchschlagen des Wundsecrets durch den Verband, noch Temperaturerhöhungen den Verbandwechsel indiciren, dort lassen wir den Verband so lange, bis das Zustandekommen der prima intentio gesichert erscheint. Die Zeitdauer, die wir in solchen Fällen für den Wechsel des Verbandes für geeignet halten, ist nie so lange, als bei denen, die Dauerverbände unter allen Umständen

durchführen wollen, so dass, wenn wir nach 5—10 Tagen den Verband
entfernen und die Wunde geheilt finden, mit Recht behaupten können,
dass die Wunde per primam geheilt ist. Die Nähte entfernen wir dann,
wenn die Verklebung der Wundflächen mit Sicherheit constatirt werden
kann, die Drains hingegen werden gelegentlich jeden Verbandwechsels
wenn möglich gekürzt und, wenn die Secretverhaltung nicht mehr befürchtet zu werden braucht, auch ganz entfernt.

Bei Wunden, wo auf die rasche Verklebung nicht gerechnet wurde,
oder wo dies nicht gelungen, hängt der Verbandwechsel von der Menge
des Wundsecrets ab. Gut granulirende und wenig secernirende Wunden
behalten den Gaze-Juteverband 3—4 Tage, die mit Jodoformgaze verbundenen auch länger; bei profusem Wundsecret wird der Verband
täglich, bei phlegmonösen Processen auch zweimal täglich erneuert. Den
häufigeren Wechsel der Verbände macht übrigens ausser der Quantität
des Wundsecrets auch die Controlle der Granulation nothwendig. Auf
torpide Granulationen sind wir durch einen grösseren Feuchtigkeitsge-
halt anregend einzuwirken bestrebt, ödematöse Hypergranulationen zerstören wir in manchen Fällen mit Lapis, doch erreichen wir zumeist
auch durch trockene Juteverbände den Zweck, und können auch durch
den Druck des Verbandes die ödematösen Granulationen zum Schrumpfen
bringen.

Bei den mit dem Thermokauter behandelten Wunden lassen wir
die unteren Schichten des ersten Juteverbandes so lange an der Stelle,
bis sie leicht entfernt werden können und wechseln inzwischen nur die
oberen Lagen. Im weiteren Verlaufe der Heilung machen wir den
Wechsel des Verbandes auch hier, sowie bei anderen granulirenden
Wunden, von der Menge des Wundsecrets und von der Beschaffenheit
der Granulationen abhängig.

Auch gelegentlich des Verbandwechsels halten wir das Princip fest,
welches wir auch gelegentlich der ersten Versorgung der Wunde zu
verwirklichen bestrebt waren, nämlich die Reinlichkeit. Mit Händen,
die mit warmem Wasser, Seife und Bürste gereinigt wurden, berühren
wir die Wunde, mit reinen Instrumenten werden die Nähte und die
Drains entfernt. Die Wunde selbst wird gereinigt und das Wundsecret,
wenn es Blut oder gutartiger, d. h. nicht zersetzter, nicht stinkender
Eiter ist, mit schonendem Druck aus der Wundhöhle herausgepresst,
und mit dem Irrigatorstrahl abgespült; oft entspricht auch der Spray

dieser Aufgabe und wird die Wunde und ihre Umgebung mit einer geringen Flüssigkeitsmenge gereinigt. In die Wundhöhle irrigiren wir die Flüssigkeit nur dann, wenn diese stinkenden Eiter entleert, und wenn die eingespritzte Flüssigkeit sammt dem noch darin gebliebenen Wundsecret rasch abfliessen kann, sich nicht in der Wunde staut oder gar zwischen die Gewebe gepresst wird. Um dieses Letztere mit Sicherheit zu vermeiden, wird die Flüssigkeit in die Wundhöhle immer nur unter einem geringen Drucke eingespritzt, und wird dieser Druck durch das Heben oder Senken des Irrigators regulirt.

Die zur Reinigung der Wunden benützten Flüssigkeiten, welche in den Krankensälen täglich frisch bereitet in Glasirrigatoren stehen, sind: 1 % und 2 % Carbollösung, 2 % Kochsalzlösung. Die Kochsalzlösung wird bei allen zur prima intentio geeigneten und gut granulirenden Wunden angewendet, und erweist sich da besonders darum vortrefflich, weil sie ganz indifferent ist, und die Gewebe und Granulationen der Wundflächen nicht irritirt, ihre Integrität nicht schädigt. Carbollösung verwenden wir bei Wunden, die reichlich secerniren, und bei denen der Geruch des Secrets Neigung zur Zersetzung verräth, oder wo die Heilung von der Eliminirung abgestorbener Gewebstheile begleitet wird. Wir haben auch die Sublimatlösung eine Zeit lang zu diesem Zwecke verwendet, doch konnte die Desodorisirung der Wunden nur mit ungleichlich grösseren Mengen derselben, oft auch gar nicht erreicht werden.

Nach dem Lockern oder Entfernen der Nähte, der Reinigung, eventuell Kürzung der Drains und dem Abwischen der Umgebung der Wunde wird der Verband wieder angelegt; bei profuserem Wundsecret werden stärkere, bei geringerem Secret schwächere Jutelagen zum Verbande verwendet. Die durch Granulation heilenden Wundhöhlen werden durch einen entsprechenden Druck des Verbandes vor der Stagnation des Wundsecrets bewahrt, und durch Annäherung der Wände zur raschen Heilung gebracht. Gut granulirende Wundflächen werden auch durch Heftpflasterstreifen aneinander gehalten und so deren Verklebung befördert. Wundhöhlen mit starken Wandungen (nach Nekrotomien) werden, so lange sie Neigung zur Blutung zeigen, mit festeren Salicyl-, Jute- oder Jodoformgazetampons, später mit loseren Jodoformballen oder Jodoformstreifen ausgefüllt. Die Jodoformgaze wurde auch auf offene Wundflächen mit gutem Erfolge angewendet, wo bei der Mortification von Gewebstheilen eine Infection befürchtet werden musste.

Nebst all dem wird ein beständiges Augenmerk auf die Reinlichkeit des Kranken im Ganzen gerichtet; wenn möglich, baden sie die
Woche zweimal, oder werden eben so oft ganz abgewaschen. Auch für eine
entsprechend nahrhafte Kost ist gesorgt, um auch so den Hauptfactor
der Heilung, den natürlichen Heiltrieb zu heben.

Unter den eben erwähnten Verhältnissen, und da bei dieser Wundbehandlung auch thatsächlich der bestmögliche Erfolg erzielt wurde,
war es interessant zu erfahren, wie sich die Mikroorganismen dabei ver-
hielten. Theils zur Entscheidung dieser Frage, theils gelegentlich meiner
Untersuchungen behufs Bestimmung des Werthes einzelner Antiseptica
in der Wundbehandlung, habe ich in zahlreichen Fällen das Wundsecret der Wunden, das sich in Salicyljute, Jodoformgaze, Sublimatgaze
eingesaugt hatte, unter dem Mikroskop und durch Impfung auf Peptongelatine untersucht.   Trotzdem ich dabei stets mit der nöthigen Vorsicht vorging, habe ich immer Mikrococcen, oft aber auch Bacterien
in den Wundsecreten gefunden, die sich in die oben erwähnten Verbandstoffe eingesaugt hatten, selbst in Fällen, wo die Heilung der Wunde
nicht nur aseptisch verlief, sondern per primam erfolgte. — Wenn ich
Körnchen des z. B. in Salicyljute eingetrockneten Wundsecrets auf die
Gelatinplatte brachte, entwickelten sich kurz darauf eine ganze Schaar
von Mikrococcuscolonien — als Beweis dafür, dass es nicht an dem
Fehlen der Mikroorganismen gelegen war, wenn die Wunde per primam
heilte, und dass das gänzliche Fernehalten derselben an die Unmöglichkeit grenze.] —

ZWEITES CAPITEL.

**Wundbehandlungsverfahren an der Klinik: bei Kopfwunden, Wunden
im Gesicht, Mammaamputationen, Laparotomien, Herniotomien, Castrationen, Lithootomien, Senkungsabscessen, Operationen an den Extremitäten und traumatischen Verwundungen.**

Bei Wunden am Kopfe wird das Haar in grosser Ausdehnung
abrasirt.   Zur Drainage werden hier zumeist Jodoformgazestreifen verwendet.   Oft wird nicht genäht und blos ein Druckverband zur Erzielung

einer prima intentio angelegt. Die Asepsis sind wir durch häufiges
Reinigen zu erhalten bestrebt, und wechseln bei tiefen, die Schädel-
knochen durchdringenden Wunden täglich den Verband. Die meisten
Verletzungen am Kopfe werden ambulatorisch behandelt.

Im Gesicht bereitete Wunden, selbst wenn sie aus der Exstirpation bösartiger Neubildungen resultiren, werden, wenn möglich, durch
Plastik mit Haut bedeckt; Ausnahme bilden die mit dem Thermokauter
gemachten Wunden, deren Heilung der Granulation überlassen wird.
Bei Nervenresectionen, die durch Nauralgien bedingt waren, wird auch
die Heilung der Wunde durch Granulation abgewartet, und so das
eventuelle Verwachsen der Nervenenden verhindert.

Bei Haasenschartenoperationen und den plastischen Operationen der Lippen überhaupt werden nach der Anfrischung die Wundflächen mit Carlsbader Insectennadeln und der umschlungenen Naht vereinigt. Zwischen den umschlungenen Nähten werden die Hautränder
mit einer fortlaufenden feinen Catgutnaht vereinigt; dasselbe geschieht
mit der Schleimhaut des Lippensaumes. — Die ganze Wundlinie wird
noch mit Heftpflasterstreifen, die quer über dieselbe zwischen den
Nadeln durchgezogen sind, bedeckt, und so die Zerrung der Wundränder
noch besser verhindert.

Die mit Blut und Speichel durchtränkten Heftpflasterstreifen können
eventuell auch schon am nächsten Tag befeuchtet und schonend entfernt werden, die Nähte, d. h. die Nadeln, werden am 2.—3. Tage entfernt. Bei der Exstirpation der Lippenkrebse entscheidet die
Ausdehnung des carcinomatösen Geschwüres darüber, ob dieselbe mittelst
Messer oder Thermokauter vorgenommen werden soll. Bei der Exstirpation mit dem Messer werden verdächtige Schleimdrüsen mit der
Krummschere entfernt. Bei der Anwendung des Thermokauters
wird hier so, wie bei der Anwendung desselben im Allgemeinen, die
Umgebung mit durchfeuchteten Pappendeckelplatten geschützt, welche
zu diesem Zwecke so zugeschnitten werden, dass sie den zu verschorfenden
Theil genau umgeben, und so die umliegenden Gewebe und Theile vor
den heissen Dämpfen und dem heissen herabfliessenden Blute schützen.
Die infiltrirten Drüsen am Halse werden entfernt, und unter einem guten
Druckverbande heilen diese Wunden ohne Naht und ohne Drainage
per primam.

Bei Operationen in der Mundhöhle wird nicht narkotisirt, sondern in neuester Zeit mit 4 % Cocaineinpinselung Local-Anästhese eingeleitet. Die Blutung wird vollständig gestillt und gegen die parenchymatöse Nachblutung feste Jute-Tampons eingelegt. Die Tampons werden nur dann entfernt, wenn sie locker geworden und wenn das darunter sich bildende Wundsecret es von der Stelle hebt. — Während der Nachbehandlung werden die Nasen- und Rachenhöhle fleissig mit Salzlösung ausgespült. Bei dieser Art der Reinhaltung sind wir hier stets die Asepsis zu erhalten im Stande.

Bei der Exstirpation von Neubildungen, insbesondere Carcinomen der Zunge, bestreben wir uns der zweifachen Aufgabe, welche das Schonen des Zungengewebes und die möglichst radicale Entfernung der zu Recidiven neigenden Geschwulst erfordert, dadurch gerecht zu werden, dass wir die Geschwulst zumeist mit dem Drahtecraseur von Maisonneuve abschnüren und die Wundfläche mit dem Thermokauter verschorfen, wobei es der strahlenden Wärme dieses Instrumentes überlassen bleibt, die eventuell in die Nachbargewebe eingewanderten Krebszellen zu vernichten. Der Schorf schützt hier übrigens die Wunde auch vor der Infection, und wenn er abgestossen wird, besorgt fleissiges Irrigiren mit Salzlösung die Reinhaltung. — Die infiltrirten, aber doch beweglichen Drüsen werden auch hier exstirpirt.

Bei den Operationen am Halse wird neben dem eigentlichen Zweck der Operation der Verklebung per primam auch deshalb besondere Aufmerksamkeit geschenkt, damit keine entstellenden Narben zurückbleiben. Bei Lymphomexstirpationen wird aus diesem Grunde auch die Wunde möglichst klein gemacht und die noch nicht erweichten Drüsen, wenn möglich, stumpf aus ihren Hüllen geschält. Oft werden durch eine Wundöffnung zahlreiche auch entfernter liegende Lymphome entfernt, indem sie gegen die Oeffnung geschoben, die über ihnen liegenden Fascien etc. durchschnitten und dann durch die Oeffnung herausgehoben werden. Die vollständige Entfernung der Geschwulst bleibt jedoch auch hier die Hauptaufgabe, und wenn nöthig durchschneiden wir zu diesem Zwecke auch die grossen Gefässe. Nach dem Ausschaben erweichter Geschwülste, wie bei grösseren Wunden überhaupt, tamponiren wir die Wunde mit Jodoformgaze, oft begiessen wir sie mit Jodoformglycerinemulsion. Dass Jodoform aber auch nicht die geringste Fernewirkung hat, haben jene Fälle bewiesen, wo in der Nähe solcher exstirpirten Lymphome, deren Wunden mit Jodoform behandelt werden, noch während der Behandlung ein zweites und ein drittes Drüsenpacket entstand.

Die am Nacken häufig vorkommenden Anthrax-Carbunkeln werden so wie die an anderen Stellen vorkommenden ähnlichen Geschwülste tief eingeschnitten, ausgekratzt, die Wundhöhle mit Jodoformgaze tamponirt, und der Verband, so lange die Wunde nicht überall rein granulirt, täglich gewechselt.

Bei den die Klinik in überaus grosser Zahl frequentirenden Mamma-carcinomen wird die Exstirpation mit dem Messer und mit dem Thermokauter abwechselnd geübt. — Die infiltrirten Achseldrüsen werden, so oft sie nur erkennbar sind, ebenfalls entfernt. Selbst die mit dem Messer und der Schere bereitete Wunde wird nicht immer genäht. Wir wollen hier nämlich den Erfolg der Operation in der Richtung sichern, dass wir, um die Recidive der Neubildung möglichst zu verhindern, weit über die erkennbar infiltrirten Gewebe hinaus in den gesunden Theilen die Schnitte führen, und bei dem so resultirenden bedeutenden Defect ist die Vereinigung der Wundränder oft unmöglich. Wo dies doch geschieht, bestreben wir uns, durch in die Achselhöhle eingeschobene Jutetampons hier die Vereinigung per primam zu Stande zu bringen, und so zugleich der Ansammlung von Wundsecret den Weg zu verlegen. Den Verband befestigen wir mit breiten Leinwandtüchern oder Flanellbinden, die wir um den ganzen Brustkorb herumführen. Den Arm befestigen wir mit einem dreieckigen Tuch an dem Körper.

Bei Rippencaries wird die aus der Entfernung der Rippentheile resultirende Wunde drainirt (Jodoformgazestreifen) und so zur Heilung gebracht.

Zu Laparotomien werden auch hier besondere Vorkehrungen getroffen. Die Operationen werden in der gewöhnlichen Localität, d. h. im Hör- und Operationssaal gemacht.

Die Temperatur des Saales wird auf $24^0\,C - 25^0\,C$ erhalten, der Boden des Operationsraumes (um den Tisch herum) mit reinen Leintüchern bedeckt. Die Operationen werden theils in Gegenwart des ganzen Auditoriums, theils nur in Gegenwart der Assistenten gemacht. Eigene Schwämme, Catgut in noch nicht geöffneten Flaschen, Seide, in warmer Carbollösung gereinigte Instrumente, Uförmiges Drainrohr, Salicylwatte und breite Flanellbinde sind vorbereitet. Ein warmer

Carbolspray wird nur zur zeitweiligen Bespülung der eventuell vorge-
lagerten Gedärme benützt. Diese werden überdies mit flachen Schwämmen,
die in warmer Carbollösung getränkt sind, bedeckt. Die Ligatur des
Stiels bei Ovariencysten, resp. die Ligatur der in demselben verlaufenden
Blutgefässe wird auf die Art bewerkstelligt, dass 1 cm breite Theile des
Stiels in Pincetten gefasst, unterbunden, darüber der Stiel in einer Entfernung von 2—3 mm durchschnitten, und wenn der Tumor vom Stiel
auf diese Art ganz abgelöst ist, über die Wundfläche des Stumpfes das
Peritoneum mit fortlaufender Naht vereinigt, und so die Wundfläche
übersäumt wird. — Bei schmalem Stiele fällt die Ligatur ganz weg und
wird nur das Ueberziehen mit Peritoneum vorgenommen. — Bei der
Exstirpation von Uterusgeschwülsten, deren Entfernung mit der Amputation des supracevicalen Theiles des Uterus verbunden ist, wird diese
Amputation mit trichterförmig nach innen gerichteten Schnitten ausgeführt. In der trichterförmigen Wunde werden die Gefässe, wenn nöthig,
mit Umstechung unterbunden, die Wundflächen mit versenkten, starken
Catgutnähten vereinigt, und über dem Stumpf das Peritoneum mit fortlaufender Catgutnaht zusammengenäht. In die Bauchhöhle werden
Drainrohre nur dann eingelegt, wenn die Blutstillung nicht ganz verlässlich gelungen, oder Cysteninhalt und Gewebsfetzen in die Peritonealhöhle gedrungen, und von hier gelegentlich der Toilette nicht
ganz entfernt werden konnten. Bei der Vereinigung der Bauchwunde
werden drei- oder auch vierfache Nähte angelegt. Die Wundränder des
Peritoneums werden mit einer fortlaufenden Catgutnaht vereinigt, dann
werden die Haut und die Muskelschichten mit Knopfnähten (Seidenfäden No. 3), die 2—2½ cm von dem Wundrande in die Haut einge-
stochen und vor dem Peritoneum wieder herausgeführt, auf der anderen
Seite in entgegengesetzter Richtung geführt werden und zur Entspannung
der Wundflächen dienen, zusammengezogen, bei stark entwickelter
Bauchmuskulatur die Muskelschichte der Wunde mit versenkten Catgutnähten (fortlaufende Naht) genau aneinander gefügt, und zuletzt die
Wundränder der Haut mit oberflächlich fortlaufender Seidennaht vereinigt. Zum Nähen des Peritoneums werden gekrümmte oder gerade,
aber nicht scharfkantige, sondern runde gewöhnliche Nähnadeln verwendet.
Die genau durchgeführte Vereinigung des Peritoneums befördert nicht
nur die rasche Verklebung der Wundflächen, sondern verhindert auch
die nachträgliche Bildung von Bauchhernien. Wenn ein Drain in den

untersten Wundwinkel eingelegt wurde, so wird nach der Reinigung der Haut, in jenen Schenkel des *U*förmigen Drains, welcher nicht durchlöchert ist, eine 1 % Carbollösung hineinirrigirt, bis die Flüssigkeit durch den anderen gefensterten Schenkel rein herauskommt. Auf die Wunde wird nun mit 1 %—2 % Carbollösung befeuchtete Gaze (4—6 Schichten) und 3—4 cm dicke Salicylwatte oder Salicyljute, darüber starke Lagen reiner Watte gelegt und das Ganze mit einer breiten Flanellbinde unter einem gewissen Druck fixirt. Der Verband wird behufs Entfernung der Nähte in 3—5 Tagen gewechselt, und wenn das Wundsecret profus, und Temperaturerhöhungen sich zeigen, die Peritonealhöhle durch das Drainrohr irrigirt.

Bei der **Operation der incarcerirten Hernien** wird ausser dem üblichen Verfahren auch auf die Vereinigung der Wunde besondere Sorgfalt verwendet. Bei den Ingenialhernien bestreben wir uns auch insoferne radical vorzugehen, dass ausserdem die Peritonealwundränder mit einer Catgutnaht vernäht werden, mit einer versenkten Catgutnaht auch die Wände des Bruchcanals selbst zusammengezogen werden. Drains legen wir dann in den meisten Fällen gar nicht mehr ein, sondern legen den Verband an, den wir mit einer seitlich befestigten *T*-Binde fixiren. Nach der Entfernung von gangranösen Darmwandtheilen werden die Darmwandschichten ebenfalls mit circulär fortlaufenden Catgutnähten vereinigt, und dazu auch runde Nadeln verwendet. Angewachsene Omentumtheile werden abgelöst, und wenn sie hiebei zu sehr beschädigt werden, entfernt, die so entstehenden Wundflächen am Omentum mit fortlaufender Catgutnaht zusammengezogen und so gegen Blutung gesichert.

Der grösste Theil der ziemlich häufigen **Blasensteine** wird an der Klinik mit der Lithotripsie entfernt. Bei Kindern wird seit vielen Jahren der Lateralschnitt mit dem besten Erfolge geübt, und ist bei diesen die Wundbehandlung höchst einfach. Nach der Operation, und nachdem die Blutung durch Einspritzungen mit kaltem Wasser in die Wunde, oder der Ligatur einzelner heftiger blutenden Arterien gestillt wurde, wird in die Wunde, oder eigentlich durch die Wunde in die Blase, ein mit Carbolöl getränkter Gazestreifen eingeführt, der die Aufgabe hat, den Harn herauszuleiten, beziehungsweise die Wunde eine Zeit lang offen zu halten. Auf den Damm wird ein zur Aufnahme des Harns und Wundsecrets bestimmter Carbolschwamm gelegt, der öfter gewechselt wird. Der Damm und die Wunde werden täglich abgespült, und das Verfahren so lange fortgesetzt, bis die Wunde durch Granulation sich schliesst, und der Urin durch die Harnröhre fliesst.

In einem Falle von Sectio alta (bei einem alten Manne) wurden 200 grmm lauer Kochsalzlösung in die Blase eingespritzt, und diese dann mit einem 4 cm langen Schnitt über der Symphyse eröffnet. (Die Wunde in der Bauchwand war 6 cm lang.) Nach der Entfernung der Steine (es waren 3 Stück) wurde die Wunde der Blase mit einer fortlaufenden Catgutnaht zum Theil verschlossen, in den unteren Winkel derselben ein auch durch den unteren Winkel der ebenfalls genähten Bauchwunde durchführender, 20 cm langer Gummidrain, und durch die Urethra ein Nelatonkatheter eingeführt. Nach 10 Tagen wurde das Drainrohr, nach 15 Tagen der Katheter entfernt, und am 20. Tage war die ganz re-actionslose Heilung beendet.

Die radicale Operation der Hydrocele wird bei uns nicht geübt; mit der Punction und Jodtinctur-Injection erzielen wir dauernde Heilung. Bei Castrationen werden nach der Ligatur der Gefässe des Funi-culus die serösen Flächen der Scrotalwand mit versenkten Catgutnähten vereinigt, und darüber die Wundränder genäht. Der Verband wird mit einer seitlich befestigten T-Binde befestigt.

Bei der Behandlung kalter Abscesse wird mit der Eröffnung des Abscesses und der Entleerung des Eiters auch das Abschälen der Abscesswände verbunden. Die Abscesshöhle wird mit 2 % Carbollösung oder auch mit Kochsalzlösung ausgespült und drainirt, der Verband täglich gewechselt. Neuestens erzielten wir bei kalten Abscessen mit Einspritzung von Jodoformglycerinemulsion (1 : 10) in mehreren Fällen dauernden Erfolg. Unter einem Druckverbande wurde die Jodoform-emulsion resorbirt; in einigen Fällen war das Leiden nach wiederholter Punction und Jodoformemulsion-Einspritzung als geheilt zu betrachten, bis sich die Kranken nach mehreren Monaten (einer nach $1^1{}_2$ Jahr) wieder mit Senkungsabscessen einstellten. Das hier zu Grunde liegende Knochenleiden bestand in diesen Fällen offenbar fort

Bei den Operationen an Extremitäten wird das Blutersparungsver-fahren angewendet. Das Princip ist dabei dem Verfahren Esmarch's ganz analog, in der Ausführung jedoch so modificirt, dass die Blut-entleerung nicht mit Gummibinden, sondern mit reinen und auch

elastischen Flanellbinden bewerkstelligt wird, welche beim Anlegen stark
angezogen werden. Zur centralen Compression wird kein Kautschuck-
rohr, sondern eine 2—8 cm breite mit Gummifäden durchwirkte elastische Binde benützt.

Diese elastische Binde wird, je nachdem wir einen grösseren oder
geringeren Druck erzielen wollen, je nachdem wir es nämlich mit einem
dünneren oder stärkeren, einer ein- oder zweiknochigen Extremität zu
thun haben, in einigen oder mehreren Touren um die Extremität gewickelt und mit 2—3 schräg eingestochenen Stecknadeln festgesteckt.
Die Entleerung des Blutes aus der zu entfernenden Extremität und die
Compression der stärkeren Gefässe gelingt auch bei diesem Verfahren
vollständig, und hat es überdies noch den entschiedenen Vortheil, dass
der Druck, den die Gefässwände während der Dauer der Compression
nothwendigerweise erleiden müssen, sich auf einen grösseren Raum vertheilt, daher auch geringer ist, und so die daraus resultirende Lähmung
der Gefässe und die Nachblutung leichter vermieden wird. Nach der
Entfernung von Gliedmassen wird die constringirende Binde erst dann
gelöst, wenn die sichtbaren Arterien alle mit der Ligatur versehen sind,
und nur noch die Blutung aus den kleineren Gefässen gestillt werden
muss. Dort hingegen, wo auf eine profuse und durch Ligatur nicht zu
stillende (parenchymatöse) Blutung gerechnet werden muss und wo dem
durch Anwendung fester Tampons gesteuert werden kann (Nekrotomien,
Knochenausschabungen), wird die Gummibinde nur dann gelockert,
wenn die Wundhöhle bereits tamponirt und mit dem angelegten Verband unter Druck gesetzt ist. Bei Amputationen werden die manchette-
förmigen, trichterförmigen und lappenförmigen Schnitte je nach Bedarf
angewendet; drainirt wird immer, und der erste Verband am 2. oder 3.
Tage nach der Operation gewechselt.

Statt der typischen Resectionen werden in den meisten Fällen
ausgibige Arthrectomien gemacht, wobei kranke Knochen und
Kapseltheile mit Meissel, Schere und scharfem Löffel entfernt, die Wundhöhlen tamponirt oder mit Jodoformglycerinemulsion ausgespült, später
bis zur Heilung drainirt werden. Die Tamponade mit Jodoformgaze
hat sich hier vorzüglich bewährt.

Bei offenen Brüchen und Luxationen wird ausgibig drainirt,
zur Immobilisirung zweckmässig angelegte, gepolsterte Schienen verwendet, der Verband möglichst selten gewechselt. Auch hier wird die

Jodoformgaze theils zur Drainage, theils zum Verbande mit gutem Erfolge angewendet.

Bei traumatischen Verletzungen wird die Wunde mit
schwacher Carbollösung, bei ganz frischen mit Kochsalzlösung gründlich gereinigt, oder auch nur mit Jute- oder Jodoformgaze tamponirt,
und verbunden.

Uebersicht und Würdigung der Factoren und Resultate der antiseptischen Wundbehandlung.

Indem wir an die Uebersicht und die Würdigung der Factoren und
Resultate der antiseptischen Wundbehandlung gehen, wollen wir es vermeiden, die Lehre, die sich aus den Erfahrungen Anderer und aus den
von uns selbst beobachteten Thatsachen ergibt, in Form von Maximen
hinzustellen.   Die Wissenschaft der Wundbehandlung, ihrem Wesen nach
eine Erfahrungswissenschaft, duldet das Aufstellen dogmatischer Lehr-
sätze nicht, und wer es dennoch versucht, der muss der wechselnden
Erfahrung stets neue Concessionen machen, bei denen der ursprüngliche
Lehrsatz bald ganz in Brüche geht und verschwindet.   Hier wollen wir,
ohne Lehren zu geben, nur die zerstreut behandelten Thatsachen kurz
zusammenfassen.   Die Lehre ergibt sich von selbst.

Thatsache ist, dass die Resultate der modernen Wundbehandlung
weit die Resultate der Wundbehandlung früherer und selbst die der vor-
letzten Decennien überragen.   Bei der Beurtheilung dieser Resultate muss
jedoch scharf unterschieden werden zwischen der Heilung jener Wunden,
die nicht inficirt waren, bei denen daher der natürliche Heiltrieb ungestört zur Geltung gelangen konnte, und der Heilung jener anderen Wunden, bei welchen dem Heiltrieb das grösste und gefährlichste Hinderniss,
die Infection, im Wege stand.   Die auf rationeller Basis beruhende
Wundbehandlungstechnik, die stricte Durchführung des Princips des
»non nocere« bewirkt die ungestörte und gute Heilung der zur ersten
Kategorie gehörenden Wunden; das ebenfalls einer rationellen Technik
sich anschliessende, auf die Paralysirung der schädlichen Factoren ab-
zielende Desinfectionsverfahren kann die Hindernisse der Heilung bei
den zur zweiten Kategorie gehörenden Wunden besiegen.

Thatsache ist es daher, dass bei der Behandlung der nicht inficirten und auch der inficirten Wunden der Wundbehandlungstechnik eine wichtige Rolle zufällt. Die Bereitung der Wunde, die Blutstillung, die Vereinigung der Wundflächen, die Ableitung des Wundsecrets, das Anlegen des Verbandes, und die bei der Nachbehandlung nothwendigen Handgriffe, all dies gehört zum Mechanismus — zur Technik der Wundbehandlung.

Neben der Technik hat auch der Chemismus eine wichtige Aufgabe in der Wundbehandlung; ihm fällt die Verhinderung der Infection, eventuell — bei inficirten Wunden — die Bekämpfung der infectiösen Factoren zu. Thatsache ist es ferner, dass der Begriff der Antisepsis mit dem neuesten Fortschritt des Chemismus in der Wundbehandlung enge verwachsen ist; aber auch das ist gewiss, dass selbst bei der Desinfection, der Antiseptis strictissime sensu, der Technik ein fast ebenso wichtiger Theil der Aufgabe als dem Chemismus zufällt. Denn insoferne der Hauptzweck des einschlägigen Chemismus die Reinlichkeit ist, wird auch diese zum Theile durch die Technik erreicht. Und aus diesem Umstande lässt sich auch erklären, dass die Wundbehandlungstechnik auch seit jener Zeit und auf Grund jener Ideen sich neu entwickelt hat, welchen das Princip der Antisepsis selbst ihren Ursprung dankt. —

Durch das rationelle Zusammenwirken der Technik und des Chemismus in der Wundbehandlung gelingt es, die Heilung der Wunden planmässig zu leiten, die Asepsis zu sichern, wo keine Infection vorhanden, und die Infection in ihrem gefährlichen Verlaufe da aufzuhalten, wo die Gelegenheit sie zu verhindern nicht gegeben war oder versäumt wurde. Sephthämie und Pyohämie wurden durch die antiseptische Wundbehandlung auf die Liste der stets selteneren Krankheiten gesetzt und nur gegen das Erysipel kämpft sie noch oft vergebens.

Bei der antiseptischen Wundbehandlung heilen die Wunden rasch, und da in den meisten Fällen die so gefürchteten »Wundfieber« fehlen, nimmt der Heilungsprocess die Kräfte und die Gesundheit des Individuums nur insoferne in Anspruch, als die Gesundheit des Organismus zum Heiltrieb der verwundeten Gewebe wesentlich beiträgt.

Die Erkenntniss all dieser Thatsachen hat auch das Denken der Aerzte in eine neue Richtung gelenkt. Die Erkenntniss der Factoren und der Hindernisse der Wundbehandlung, die wissenschaftliche Bestimmung der gegen diese Hindernisse gerichteten Mittel und Verfahren, haben natürlich bewirkt, dass die Heilung der Wunden von der Liste des Zufalls auf die Liste der Resultate plangemässen Vorgehens gekommen, dass die Ansicht Paré's von dem wohlthätigen Einfluss der göttlichen Vorsehung heute bereits dahin modificirt wurde, dass der ungünstige Heilungsverlauf dem Gewissen, ja auch der öffentlichen Verantwortlichkeit des Arztes zur Last falle. Dieses Bewusstsein der persönlichen Verantwortlichkeit ist unleugbar von wohlthuender Wirkung auf das ärztliche Gebahren.

Und hier taucht unvermeidlich die Frage auf, ob bei dem heutigen Stande der Dinge die Verantwortlichkeit für die Heilung der Wunden vollständig dem Arzte aufgebürdet werden kann.

Die Frage ist von eminenter Wichtigkeit, und eine bestimmte Antwort darauf sehr schwer zu geben. Denn wenn es wahr ist, dass die glänzenden Resultate, welche mit der antiseptischen Wundbehandlung von einzelnen Chirurgen und von chirurgischen Anstalten erzielt wurden, dem Verdienste dieser Einzelnen oder dieser Anstalten gut geschrieben werden müssen, so liegt es in der That nahe, daraus zu folgern, dass die Misserfolge, die septischen, pyohämischen und erysipelatösen Complicationen, und die durch selbe verursachten letalen Fälle den Fehlern und Unterlassungssünden des ärztlichen Gebahrens zugeschrieben werden müssen. In der Stilisirung Nussbaum's lautet diese Folgerung sogar so, dass die Iudicatur bei der Beurtheilung von Verletzungen auch die ärztliche Behandlung berücksichtigen müsse, und für die septische Complication, die sich z. B. zu einer Kopfverletzung gesellt und den Tod des Kranken herbeigeführt hatte, der Arzt zur Verantwortung gezogen werden und die Strafe für die leichtfertige Tödtung eines Menschenlebens erhalten solle.

Abgesehen davon, dass hierdurch die juridische Bestimmung des Verantwortlichkeitsprincips verrückt wird, ist diese Anwendung des Princips der Antisepsis und der Anerkennung dieses Princips auch vom medicinischen Standpunkte aus übertrieben und ungerecht. Eine solch decidirte Verantwortlichkeit liesse sich rechtfertigen, wenn es eine unfehlbare antiseptische Behandlungsmethode gäbe, bei welcher septische Complicationen ausgeschlossen werden könnten, wenn nicht oft schwere Verletzungen vorkommen würden, die ohne Behandlung heilen, oder auch ohne Antisepsis nicht septisch werden, und nicht auch die allzugewissenhafte sogen. »energische« Antisepsis zuweilen ihre Opfer fordern würde, die doch consequenterweise dann auch nicht ungestraft ausgehen dürfen. Und wie lässt sich bei dem steten Wechsel auf diesem Gebiete überhaupt ein fixer Punkt finden, auf den man das Verantwortlichkeitsprincip gründen dürfte? Després erzielt mit seiner »alten« Wundbehandlung noch heute zufriedenstellende Erfolge; Nussbaum hatte bei der alten Behandlung Pyohämie und Erysipel in erschreckendem Maasse, soll man ihn deshalb zur Verantwortung ziehen? Eine gesetzliche Verantwortlichkeit des Arztes für die Heilung der durch ihn behandelten Wunden ist aber auch darum nicht gerechtfertigt, weil die Heilung, wenn sie auch zum grossen Theile von der plan- und zweckmässigen Behandlung abhängt, doch nicht unabhängig von Factoren ist, die ganz ausser dem Wirkungskreis der ärztlichen Behandlung stehen.

Die Heilung der Wunden und insbesondere die der Verletzungswunden wird in ihrem Verlaufe wesentlich durch den Zustand des Organismus des verletzten Individuums beeinflusst. Schon gelegentlich der Besprechung des natürlichen Heiltriebes wurde erwähnt, dass derselbe nur ein Theilsymptom der Lebensfunction des Organismus ist, und er mit diesem unzertrennbar zusammenhängt. Wir haben gesehen, dass Dyscrasien von nachtheiligem Einflusse auf die Heilung der Wunden sind, dass z. B. der Diabetes mellitus vorzüglich die Gangrän der verwundeten Theile und das Auftreten der septischen Infection begünstigt. Wir wissen, wie ohnmächtig die Wundbehandlung gegen die Tuberculose ist, und wie wenig die Wunden alter Personen zur Heilung geneigt sind. All diese Factoren schränken den Wirkungskreis der ärztlichen Behandlung und so auch die Verantwortlichkeit des Arztes ein.

»Wir verlieren weniger Kranke bei der antiseptischen Wundbehandlung, aber wir verlieren doch eine gewisse Anzahl,« sagt Verneuil, und auch König bemerkt ganz treffend, »dass es Zeit sei in unseren Mittheilungen die Resultate der Antisepsis nicht noch viel glänzender darzustellen, als sie in Wirklichkeit sind, da selbst die auf diesem Gebiete Geübten es eingestehen müssen, dass Sepsis und Erysipel trotz der antiseptischen Behandlung sich zuweilen selbst zu ihren Operations·wunden gesellen.«

Vielleicht ist auch eine gewisse Absichtlichkeit in den auf die Resultate der antiseptischen Wundbehandlung bezüglichen statistischen Mittheilungen dieser Verkennung der ärztlichen Verantwortlichkeit zuzuschreiben. Von einem Theile dieser Mittheilungen kann nämlich gesagt werden, »dass, wenn auch Alles wahr ist, was sie enthalten, sie doch nicht Alles enthalten, was wahr ist.« Auf gut Glauben hingenommen muss man sich oft durch eigene Erfahrungen von der geringen Verlässlichkeit dieser Mittheilungen überzeugen. Und wenn auch das rechthaberische Raisonnement nie in Verlegenheit ist, »Fehlerquellen« in dem nachgeahmten Verfahren zu entdecken und diesen die Schuld am Misslingen zuzuschreiben, so ist doch leicht einzusehen, dass es der Verbreitung des antiseptischen Princips nicht zum Vortheil gereicht, wenn die im Dienste derselben stehenden und viel gepriesenen Mittel und Methoden in den Händen der Nachahmer fehlschlagen. Für dieses Fehlschlagen die ungeschickte Nachahmung verantwortlich zu machen, ist zwar eine leichte Art der Wahrung der Reputation, doch spricht auch der Umstand, dass gewisse Methoden nur in gewissen »auserlesenen« Händen zu günstigen Resultaten führen, keineswegs für die Vorzüge dieser Methode. In der Statistik, welche sich mit den Resultaten der Wundbehandlung befasst, fallen selbst die grossen Zahlen nicht so schwer in's Gewicht als bei anderen ähnlichen statistischen Vergleichungen. Denn je mehr die an so verschiedenen Individuen vorkommenden und so verschiedenen Wunden generalisirt werden, desto irriger werden die daraus abgeleiteten Consequenzen sein. Weder die Krankheitserscheinungen, noch die Operationen, noch die Resultate derselben, insoferne diese sich auf die Wundheilung beziehen, sollten in allgemeinen Zahlen vorgeführt werden; denn der erfahrene und scharfblickende Chirurg wird zwar die Fälle auch nachträglich noch gewissermaassen auseinanderhalten können, aber zugleich wird auch der Werth der Zahlensummen in seinen Augen verlieren, während der Anfänger von der Grösse der Zahlen befangen gar leicht irre geführt wird. Die als Basis der vergleichenden Statistik dienenden Daten haben mehr Werth, wenn sie von genauer Observation zeigen, und wenn die Mittheilung der Observaton aufrichtig, ungeschmückt, und daher verlässlich ist. Hier müssen wir auch noch des Missbrauches erwähnen, der sich in der Anwendung der antiseptischen Behandlung bemerkbar macht, und dies ist die oft ganz unbegründete Operationswuth, der sich auf die Garantien der Antisepsis stützende »Furor secandi«. Es wird auf diesem Gebiete entschieden viel gesündigt, und um mit seltenen Operationen und grossen Zahlen brilliren zu können, viel »Material« unnütz geopfert. Selbst die schön gefärbte Statistik liefert hierfür traurige Belege.

Einen auffallenden Gegensatz zu den Massenvergleichen und der
selbst kleine Zahlen percentual umrechnenden Statistik bildet die
Zersplitterung der Wundbehandlungsmethoden. Wie aus Allem, was über
die antiseptische Wundbehandlung gesagt wurde, ersichtlich, ist die sich
damit befassende Wissenschaft kein abgeschlossenes Etwas, schon aus
dem Grunde nicht, weil ja ihre Basis, die Lehre von den Mikroorga
nismen, noch wechselnd und in manchen Theilen wankend ist. Die
Neuerungen, die Modificationen und die auf die Verbesserung gerichteten
Erfindungen haben daher alle Berechtigung. Es sind kaum zwei Decennien seit dem Bestande der Antisepsis, und wie wir gesehen, ist die
Zahl der antiseptischen Mittel und Methoden bereits eine sehr ansehn-
liche und noch fortwährend im Zunehmen begriffen. Diese Neuerungen
können jedoch nicht alle ernst genommen werden. Und wenn es doch
so scheint, dass ein Jeder mit jenen Mitteln und mit Hülfe jener Methode, die er vorzugsweise anwendet, auf dem Gebiete der Wundbehandlung günstige Erfolge aufweisen kann, so liegt der Schlüssel hierzu in
dem Umstande, dass bei der consequenten Anwendung irgend eines
Antisepticums und der standhaften Durchführung einer Methode, die
Technik der Behandlung sich immer vollkommener und immer reiner entwickelt.

Da ein Jeder bei der Anwendung der durch ihn favorisirten Wundbehandlungsmaterialien die grösstmögliche Sorgfalt auf die Technik verwendet, und mit minutiöser Genauigkeit die Details derselben durchführt,
so kann er dabei gute Erfolge erzielen. Das Antisepticum, mag es Carbol oder Jodoform oder Sublimat sein, tritt in den Hintergrund, und
die Technik: die Hämostase, die Vereinigung der Wundflächen, die
Drainage und das Anlegen des Verbandes lösen den grössten Theil der
Aufgabe. Dies ist der Schlüssel zu den mit verschiedenen Mitteln erzielten guten Erfolgen.

Und wenn wir auf die Würdigung der antiseptischen Mittel übergehen, müssen wir uns die Frage beantworten, was denn eigentlich die
zumeist verbreiteten und gerühmten Antiseptica seien. Wir haben gesehen, dass die heute zumeist verbreiteten und gerühmten Antiseptica,
das Carbol, das Jodoform und das Sublimat, eben so viele Gifte sind,
die auch local die Wunden reizen, und allgemeine Intoxicationserscheinungen, ja sogar den Tod herbeiführen können, so dass uns nicht wun-
dern darf, wenn neben der verbreiteten und oft übereifrigen Verwen-

dung der Antiseptica sich allmälig auch eine eigene gegen die Antiseptica gerichtete Therapie entwickelt. Es stehen also dem unbestimmten Gifte der Infection die sicheren Gifte der Wundbehandlungsmittel gegenüber, und dass die Anwendung dieser letzteren doch ein Gewinn genannt werden darf, ist ihrer Anwendungsart zu verdanken. Als allgemeiner Grundsatz bei der Anwendung der Antiseptica darf statt der vor nicht langer Zeit beliebten »Energie« heute schon »die Vorsicht« gelten. Ausser diesem einen Grundsatz kann sonst auch Nichts an der Anwendungsmethode generalisirt werden. Es gibt kein allgemein gutes, in allen Phasen der Wundbehandlung und bei wie immer gearteter und geformter Wunde mit gleich gutem Erfolge anwendbares Antisepticum; es kann selbst eine für alle Fälle geeignete Dosis desselben Antisepticums nicht mit Bestimmtheit angegeben werden; es gibt keine in allen Fällen sich gleich gut bewährende Wundbehandlungsmethode. Die Occlusionsmethode kann nicht als allein zweckmässige der offenen Wundbehandlung gegenüber gestellt werden. Es waren und es wird stets Wunden geben, die am schönsten, für den Kranken am besten, für den Arzt am bequemsten unter dem Deckverbande heilen, andere, bei welchen die Dauerverbände mit Aussicht auf Erfolg angewendet werden können, wieder andere, bei welchen der tägliche Verbandwechsel am besten die Asepsis sichert, und endlich auch solche, bei denen nur die offene Wundbehandlung zum Ziele führt, nur mit continuirlicher Irrigation sonst unrettbar verlorene Gliedmassen erhalten werden können. Es gibt Wunden, die ganz geschlossen werden können, andere, bei denen die Drainage unerlässlich ist; ja selbst ganz ähnliche Wunden können mit und ohne Drainage zweckmässig behandelt werden. Die Blutstillung gilt als allgemeine Regel, und dennoch gibt es Fälle, in welchen das Blutcoagulum in der Wunde nicht nur die Heilung nicht stört, sondern die Regeneration der Substanzverluste sogar wesentlich befördert. Gar kein Mittel und gar keine Methode darf als Panacee gelten. Die rationelle antiseptische Wundbehandlung identificirt sich weder mit der ausschliesslichen Anwendung eines Mittels noch mit irgend welcher ausschliesslichen Methode, sondern benützt mit Verständniss die gegebenen Mittel, indem sie dieselben den Bedürfnissen des vorliegenden Falles anpasst.

Bei der Wahl der Mittel und Methoden leitet uns die Sicherheit der Wirkung und die Vermeidung der Nebenwirkung. Natürlich werden von den gleichwerthigen Mitteln und Methoden die einfachsten und wohlfeilsten bevorzugt. Leider gibt es derzeit noch keine Mittel und keine Methode, die von Einwürfen frei wäre, bei denen Fehler ausgeschlossen werden könnten, und die allen Anforderungen, die man mit Bezug auf Sicherheit, Einfachheit und Wohlfeilheit daran knüpft, gleichzeitig entsprechen würden. Je mehr man den Mitteln und Methoden vertraut, desto gewisser werden Täuschungen das Vertrauen erschüttern, und desto gewisser ist es, dass nach dem Enthusiasmus von gestern heute schon eine Verzagtheit und morgen schon das ebenso enthusiastische Aufgreifen eines anderen Mittels folgt.

Gegenwärtig beherrschen die oben erwähnten drei Antiseptica und die mit ihnen zusammenhängenden Methoden das Terrain, und während Lister, Nussbaum und Volkmann es der Carbolantisepsis zuschreiben, dass die hygienischen Verhältnisse ihrer Spitäler besser geworden, dass sie aus denselben die Sepsis und Pyohämie fast total, das Erysipel aber zum grossen Theile ausschliessen konnten, schreibt Mosetig dem Jodoform diesen guten Einfluss zu, und konnte Schede nur mit dem Sublimat sich auf dieses Niveau erheben.

Einen Factor jedoch kann kein Mittel und keine Methode entbehrlich machen, ja alle Mittel und Methoden können nur mit Hülfe dieses Factors reussiren, und dieser Factor ist die Reinlichkeit.

Vom Standpunkte der rationellen Wundbehandlung müssen wir uns gegen die Generalisirung eines jeden Mittels und einer jeden Methode erklären; aber die Reinlichkeit müssen wir als ein unter allen Umständen und in Allem anzustrebendes Postulat der Wundbehandlung hinstellen. Je mehr es gelingt, die Reinlichkeit ohne Chemismen zu erreichen, desto näher sind wir dem Ideale der Wundbehandlung: der mit der Asepsis verbundenen Ruhe der Wunde. Von diesem Gesichtspunkte aus wäre das Ideal der Wundbehandlung die ohne Antiseptica erreichbare Asepsis.

Auch bei der methodischen Anwendung der verschiedenen Mittel ist die Ausschliessung der Mikroorganismen aus der Wunde und der Umgebung derselben nicht gesichert. Man fand unter dem typischen Listerverband Mikroorganismen; ich selbst fand solche unter dem Sublimatgazeverband, und in dem Wundsecret, das sich in die Jodoformgaze eingesaugt hatte; Kümmel konnte die Anwesenheit derselben auf der mit Sublimatlösung irrigirten Wundfläche nachweisen, und es konnte auch constatirt werden, dass diese Mikroorganismen in vielen Fällen die Asepsis der Wunde nicht störten. Es kann nach all dem nicht Aufgabe der Wundbehandlung sein, die Mikroorganismen von der Wunde vollständig auszuschliessen; es genügt, wenn sie deren Einnistung und die Consequenzen ihrer eventuellen Vermehrung verhindert.

Es kann heute nicht mehr Gegenstand eines Streites sein, ob unsere Wundbehandlung antiseptisch sei oder nicht. Die sich gegen den Namen »Antisepsis« sträuben, wie z. B. Lawson Tait, sind doch Antiseptiker, nur auf eine andere Art. Und was die Art des antiseptischen Verfahrens, was die Methoden anbelangt, da können in der That die Meinungen mit Recht divergiren. Da die verschiedensten Antiseptica und die verschiedensten Methoden dem Zwecke entsprechen, ist es besser, die Antiseptica und die Methoden auseinander zu halten. Die an das Mittel geknüpfte, schablonisirte Methode lenkt die Aufmerksamkeit von den speciellen Bedürfnissen des concreten Falles ab, suspendirt die eigene Initiative, und es resultirt daraus leicht, dass die schablonmässige Methode die Wundheilung hindert. Es ist dies eine Thatsache, die, wenn sich auch der Schüler Lister's, Cheyne, dagegen verwahrt, nichtsdestoweniger wahr bleibt und die uns mit Beispielen, sei es aus eigener Anschauung, sei es aus der Literatur, zu erhärten nicht schwer fiele.

Als verlässlichen Führer bei der Anwendung der verschiedenen Mittel und Methoden halten wir die Entwicklung der Wundbehandlungstechnik, umsomehr, als dieser Theil der Wundbehandlung es ist, dessen Grundprincipien unveränderlich sind, dessen Aneignung Jedem möglich, der durch Uebung immer mehr vervollkommnet werden kann, und dessen selbstbewusste Anwendung auch am besten dem Selbstgefühl des selbstbewussten Arztes entspricht. Es ist ja das gar kein Fehler, wenn die Behandlung eines jeden einzelnen Falles einer eigenen Methode entspricht, sind ja zumeist nicht zwei conforme Wunden unter Vielen zu finden. Das unnütze und oft leichtfertige Experimentiren ist darunter jedoch nicht zu verstehen; wir setzen bei dem Erproben verschiedener Methoden immer ein durch Studien und Erfahrungen gerechtfertigtes Selbstbewusstsein voraus. Als Grundsatz darf nur gelten, dass, insoferne unser Verfahren im Interesse der aseptischen und ungestörten Heilung, im Interesse der Ruhe der Wunde sich auf ein System stützen muss, dieses das System der Reinlichkeit sei.

Autorenregister.

A.

Seite

Anders 160, 184
Arton 165
Asthalter 144

B.

Bach 283
Bardeleben 146, 179, 196
Bartscher 86
Barvell 105
Bassini 168
Bälz 105
Beatson 128
Bennion 159
Bergeron 160
Bergmann 21. 203
Best T. 169
Billroth . . . 22, 24, 33, 41, 87, 195
Binz 178
Bircher 282
Birch-Hirschfeld 45, 142
Bloque 217
Boen 167
Boinet 176
Bonning 163
Bottini 210
Bouma 177
Bousson 91
Braynard 176
Brieger 21
Brovn 159
Bruns 145, 150, 205, 305
Buchholz 198
Buchner 30, 33
Burov 86, 87, 171
Butsik 160

C.

Seite

Carle 63
Championnière 71
Champuillon 217
Chassaignac 139
Cheyne 132, 133, 142, 146, 168, 229
Ciamician 190
Cloquet 211
Cohn 23
Councilman 46
Crawford 303
Cserny 129, 145
Czerny 106, 197
Curié 161

D.

Després 50, 175. 333
Dombrovsky 196
Duclat 126
Düsterhoff 299

E.

Eberth 60
Edelberg 28, 118, 128, 129
Ehrlich 199
Esmarch . . 187, 194, 219, 288, 301
Estlaender 235

F.

Falkson 128
Farowsky 160
Fayrer 164
Fehleisen 58, 60
Ferrier 228
Fischer . 142. 161. 162, 171. 174, 310
Fleischer 208
Flügge 30

22*

340 Autorenregister.

Seite

Fraenkel 49, 201, 311
Freundenberg 207
Frisch 104, 100
Füller 158
Fürbringer 102

G.

Garré 48
Gärtner 120, 198
Gerrard 192
Giardano 204
Girdleston 105
Gluck 257
Goldhaber 200
Gosselin 125, 160, 171
Graf 170
Grawitz 30
Guerin 90, 105
Guerin A. 91
Gueterbock 63
Guillaumet 211

H.

Haberkorn 293
Hack 175, 196
Hagedorn 112, 206
Hager 162
Hamilton 209
Hauser 22, 23, 27, 28
Häger 202
Hegar 239, 250
Heidenreich 303
Heine 12
Hiller 21, 27
Hirschsohn 196
Hoffa 49, 61
Hofmeister 42
Hopkins 83
Hoppe-Seyler 128
Houzé 194
Högyes 178
Hueter 291, 293
Hutchinson 208

I.

Israel 37
Iwanow 168

Seite

J.

Jeanneret 167
Jordan 147
Julliard 147
Jurinszky 160

K.

Kaegler 160
Kaesteven 108
Keal 298
Kehrer 103
Kern 86
Kier 208
Klebs 23
Klemperer 47
Koch 23, 60, 198, 215, 126
Kocher 48, 167, 185, 189, 195, 211, 233
Koeberle 197, 245
Kolaczek 291
Korn 192
Kováes 242
König 37, 98, 183, 188, 195, 205, 209, 333
Kramer 228
Kraske 159
Kratschmer 204
Krause 48
Kraussold 292
Krönlein 87
Kühnast 293
Kümmel 97, 99, 101, 110, 111, 113, 202
Küster 128, 145, 152, 157

L.

Labarraque 193
Langenbeck 89, 157, 212
Lanjorrois 215
Lawson Tait 104, 244
Lazarsky 204
Leisrink 112, 113, 187, 206
Lemaire 126, 163
Lesser 302
Liebrecht 233
Lindenbaum 162
Lister 95, 103, 104, 105, 106, 126,
131, 132, 142, 167, 205, 213, 303
Lücke 195

Seite

M.

Maass 38, 172, 194
Mac-Evens . . . 107, 145, 191, 214
Mac Donald 165
Maisonneuve 13
Marchand 179
Marcus 151
Mazzoni 190
Metschnikoff 36
Michel 209
Mikulitz 21, 119, 138, 144, 188,
201, 233, 241
Millet 166
Molodenkov 214
Morosov 109
Mosengeil 153, 257
Mosetig . . 173, 179, 185, 188, 308
Münnich 147, 183, 209

N.

Naegele 30, 33
Neelsen 52
Nenky 21
Neuber 72, 112, 186, 187, 194, 202,
219, 254, 257, 259
Neudörfer 154, 303, 312
Nicolaier 63
Novatzky 170
Nussbaum 228, 269, 333

O.

Oberst 228
Ogston 46
Ollier 91, 92
Oppler 179, 217
Orthmann 46

P.

Panum 21
Paquelin 68
Paquet 158
Partsch 187
Passet 47, 48, 151
Pasteur 22, 25, 26, 33, 131, 168, 209, 297
Pean 169
Peterson 215
Phelps 252

Seite

Philippovics 171
Pinnel 151
Plagge 126, 198
Pollok 105
Popoff 160, 165
Pöhl 157

R.

Ranke 141, 157, 158
Raltome 63
Regnard 169
Reiher 304, 311
Repond 169
Reverdin 269
Rheiner 69
Ribbert 36
Riedel 212
Rigaud 292
Rönnberg 110
Rose 87
Rosenbach . . 23, 29, 46, 48, 49, 63
Roux 166
Ruys 47

S.

Samuel 28
Schanta 242
Schede 67, 91, 157, 171, 181, 188,
189, 201, 204, 221, 259
Scheller 209
Scheuerlen 47
Schinzinger 186
Schmid 145, 153, 190
Schmiedeberg 21
Schröder 242
Schuler 211
Schulze 168
Semmelweiss 34, 192
Serrant 161
Serullas 178
Sims 240
Smith 210
Socin 215
Solger 214
Sonnenburg 128, 130
Spaduro 293
Szénásy 317

Seite

T.

Thiersch 152, 153, 154
Thompson 248
Tilanus 49
Tillaux 208
Tillmans 55, 269
Tomassi 128
Toporoff 175
Töply 208
Trendelenburg 71, 144
Truchart 269
Tyndall 31

U.

Unna 100, 276
Uskoff 46

V.

Vacca 90
Vaulair 270

Seite

Velpeau 211
Verneuil 158, 192, 333
Vesin 86
Vogel 194
Volkmann 118, 248, 337

W.

Walcher 110
Waldeyer 44
Walsham 228
Weljaminoff 163
Wernich 127
Wolf 190
Wölfler 229, 254

Z.

Ziegler 304
Ziemiazky 31

Sachregister.

A.

	Seite
Ableitung des Wundsecrets	70
Abscesse	263
Acupressur	67
Aërobies	25
Aetzschorf	84
Alaun	210
Alkohol	174
Aloë	166
Aluminiumdrain	71
Amaurose bei Sepsis	17
Amputationen	253, 287
Anaërobies	26
Anatomischer Befund bei Pyohaemie	44
Anatomischer Befund bei Sepsis	17
Antisepsis	93
Antiseptica	122
„ Fernewirkung derselben	125
„ in der Kriegschirurgie	306
„ Nebenwirkung derselben	125
„ Werth derselben	124
Antiseptische Tamponade	187
Argentum nitricum	213
Asbest	205
Asepsis	75
Aseptin	210
Aseptischer Drain	107
Aseptisches Fieber	118
Aseptische Heilung der Wunde	118
Aseptisches Ligaturmaterial	104
Aseptisches Nähmaterial	106
Aseptisches Verbandmaterial	108
Aseptol	161
Atmosphaerische Infection	31
Aufgaben der Wundbehandlung	65
Aufgaben der Wundbehandlung bei Heilung durch Granulation	78
Aufgaben der Wundbehandlung bei prima intentio	76

B.

	Seite
Bacillus saprogenes	23
Bacterien	22
Bacterium termo	23
Badeschwamm	113
Balsame	164
Baumwollwatte	108
Beckenabscesse	250
Behandlung der Phlegmone	294
„ des Erysipels	293
„ septischer Wunden	292
Benzoësäure	159
Benzoëtinctur	159
Bismuthintoxication	212
Bismuthum subnitricum	211
Bisswunden	274
Blaue Eiterung	119
Blutextravasate	267
Blutstillung	66
Borsäure	213
Brandschorf	84
Brandwunden	276
Brunswatte	108
Blasensteine	327

C.

	Seite
Callidin	21
Carbol	126
Carbolcatgut	132
Carbolgaze, feuchte	134, 135
Carbolintoxication	127

Seite

Carbolirrigation 144
Carbolisirter Luftspray 144
Carboljutte 146
Carbolmarasmus 129
Carbolsalicylantisepsis 156
Carbolschwamm 147
Carbolstreupulver 150
Carbolumschläge 149
Carbolwatte 146
Carbunkel 295, 325
Catgut 67, 105, 132
Cauterisation der Wunde 80
Cellulosewatte 110
Charpie 108
Chemismus in der Wundbehandlung 74
Chinin 217
Chinolin 217
Chlor 191
Chloral 192
Chlorkalk 192
Chloroform 192
Chlorzink 194
Chlorzinkwerg 196
Chromsäure 214
Citronensäure 170
Coal-tar saponine 163
Coccen 22
Coccobacteria 22
Collodiumhäutchen 85
Complicirte Fracturen 281
Complicirte Luxationen 285
Congelationen 277
Conservatives Verfahren 286
Contact-Infection 34
Contentiv-Verbände 256
Contraapertur für das Drainrohr 73

D.

Dauerverband 218
Deckverband 73
Desinfection der Hände 99
    „ der Instrumente . . . 101
    „ der Luft 95
    „ der Schwämme . . . 103
    „ der Umgebung der Wunde 114
    „ der Wunde 116
Disposition der Wunde zur Pyohaemie 51

Seite

Drainage 71
Drainage der Peritonealhöhle . . 240
Druckverband 74

E.

Einfluss der künstlichen Blutleere auf
    die Resorption 254
Einfluss des Urins auf die Wunde . 246
Eitermetastasen 42
Eiterung 7, 21, 40
Emphysem, brandiges 13
Entspannungsnähte 133
Entzündungswall 38
Erbrechen bei Erysipelas 33
Erbrechen bei Sepsis 15
Ernährender Verband 83
Erysipelas 55
Erysipelas gangraenosum 56
Erysipelas migrans 57
Essigsaures Blei 171
Essigsaure Thonerde 171
Essigsäure 170
Essigweinsaure Thonerde 172
Eucalyptol 167
Eucalyptusoel 167
Exarticulationen 260
Exstirpation des Mastdarmes . . 250
Exstirpation von Abdominaltumoren 242
Extraperitoneale Behandlung . . 243

F.

Ferrum sesquichloratum 197
Feuchter Blutschorf 91, 221
Feuerschwamm 113
Fibrinferment 28
Fieber bei Erysipelas 55
Fieber bei Pyohaemie 41
Fieber bei Sepsis 14
Flachs 109

G.

Gangraena senilis 298
Gangréne foudroyante 13
Gaze 109
Gaultheriaessenz 160
Gährung 18
Gelenkmäuse 262

	Seite
Gelenksentzündung	261
Gelenkswunden	260
Generatio spontanea	32
Gerbsäure	170
Geschwür	1
Gesichtswunden	228
Glasdrain	71
Glaspulver	113
Glasschienen	257
Glaswolle	114
Glycerin	173
Granulation	6, 78

H.

Haarseil	70
Haasenschartenoperation	323
Heiltrieb, natürlicher	1
Heilwirkung des Erysipels	57
Helenol	217
Hernie, incarcerirte	327
Holzcharpie	110
Holzwolle	110
Hospitalbrand	11
Humus und Huminsäure	112
Hyperoxydirtes Wasser	169
Hydrocele	328

I.

Immersion der Wunde	89
Infection der Wunde	9
Intraperitoneale Behandlung	243
Irrigation, continuirliche der Wunde	88

J.

Jauche	11
Jod	176
Jodalbumin	178
Jodoform	177
Jodoformbrei	186
Jodoformcollodium	187
Jodoformemulsion	186
Jodoformgaze	186
Jodoformgeruch	179
Jodoformintoxication	180
Jodoformjute	187
Jodoformirte Seide	187

	Seite
Jodoformpulver	185
Jodoformstäbchen	186
Jodoformwatte	187
Jodol	190
Jodolgaze	190
Jodtannintinctur	176
Jute	109

K.

Kängeruhschwanzfasern	105
Kampfer	164
Katechu	170
Kautschukdrain	71
Kautschukpapier	145
Kleidung des Chirurgen	101
Knochendrain	71
Kochsalz	193
Kohle	173
Kopfwunden	225
Kriegschirurgie	300
Kropfexstirpation	232
Krüllgaze	134
Kürschnernaht	317

L.

Laparotomie	326
Lähmung nach Erysipel	56
Lebensfähigkeit der Wundfläche	5
Leichengift	297
Lint	109
Lippenkrebs	323
Lugollösung	176
Lymphangoitis	12

M.

Mackintosh	135
Mammacarcinom	325
Mäusesepsisbacillus	23
Mikrobe septique	23
Mikrococcus bei Erysipelas	61
Mikroorganismen bei Sepsis	23
Mikroorganismen bei Tetanie	63
Mikrosporon septicum	23
Moos	111
Moosfilzplatten	112
Moostorf	112

Seite

N.

Nachbehandlung 81
Nähmaterial 69
Naphtalin 101
Naphtalinintoxication 162
Natrium sulfuricum 130
Natron silicilicum 217
Natürliche Canalisation 72
Necrotomien 259
Nervennaht 267

O.

Oacum 163
Occludirende Behandlung 90
   „   „ im luftleeren
Raum 90
Offene Wundbehandlung . . . 86
Osteotomien 255
Ozokerit 217
Ozon 166, 168

P.

Papier 111
Peptotoxin 21
Petroleum 164
Perubalsam 165
Pflanzensäure 169
Phenilsulfursäure 128
Phlebitis 12
Phlebitische Pyohaemie 52
Pikrinsäure 161
Plasmatische Circulation 3
Plastische Operation 268
Prima intentio 2, 75
Prognose bei Sepsis 17
Progressive Eiterung 41
Protectiv-Silk 133
Proteus 23
Ptomaine bei Sepsis 21
Puerperal-Pyohaemie 40
Pulverisation prolongée 149
Pyohaemie 39
Pyo-Sephthaemie 52

Seite

Q.

Quecksilbersublimat 197
Quetschwunden 272

R

Reinigung der Wunde 102
Reinlichkeit in der Wundbehandlung 119
Resectionen 255
Resistenz der Wunde gegen die Pyo-
haemie 50
Resistenz der Wunde gegen die Sepsis 35
Resorcin 160
Resorcinvaselinsalbe 160
Risswunden 273, 288
Rosshaarfäden 71
Ruhe der Wunde 75

S.

Salicyl 151
Salicyljute 153
Salicylmethilacther 160
Salicylresorcinketon 160
Salicylverband 153
Salzsäure 191
Sand 131
Sägespäne 110
Schnittwunden 272
Schorfheilung 8
Schusswunden 274
Schusswunden der Gelenke . . 286
   „   „ serösen Höhlen . 280
Schüttelfrost bei Sepsis 19
Schwamminplantation 269
Schwefelkohlenstoff 209
Schwefelsäure 209
Schwefelsaures Sepsin 21
Schwefelsaures Zink und Kupfer . 209
Schwefelwismut 212
Schweflige Säure 209
Schwefligsaures Natron 209
Scrophulose 295
Secundärnaht . . . 80, 187, 211
Senkungsabscesse 264
Sephthaemie 11

Seite

Septische Gangrän 290
Septische Pyohaemie 52
Shock 238
Silkwormgut 105, 68
Spaltpilze 21
Spirituslack 175
Spontanes Erysipel 59
Spray 97, 131
Staphylococcus pyogenes 48
Steinkohlenasche 113
Stichwunden 272
„ am Thorax 178
„ der Gelenke 286
Streptococcus des Erysipels . . . 58
Streptococcus pyogenes 48
Styraxbalsam 165
Styron 165
Sublimat 197
Sublimateiweiss 198
Sublimatgaze 203
Sublimatintoxication 200
Sublimatpulverpräparate . . . 204
Sublimatseide 202
Sublimatserum 207
Syphilis 297

T.

Tenotomie 252
Tereben 167
Terpentin 166
Theer 163
Thorakoplastik 235
Thymol 156
Thymolgaze 157
Thymolirrigation 158
Todter Raum 68
Transplantation 269
Traumatische Wunden 270
Trepanation 228
Trichloressigsäure 171
Trichlorphenol 160
Trinitrophenol 161
Trockenverband 206, 221
Tuberculose 295

Seite

U.

Unterchlorigsaures Natron 193
Ursachen der Eiterung 46
Ursachen der Sepsis . . . 29

V.

Ventilation der Wunde 84
Verband bei granulirenden Wunden 82
„ bei Kopfwunden 227
Verband bei per primam heilenden
Wunden 87
Verbandpäckchen 301
Verbandplatz 304
Vereinigung der Wunde . . . 69
Vereinigungsnähte 133
Verschorfung der Wunde 91
Verwundung der Peritnealhöhle . . 279
„ der Urinblase 280

W.

Walfischsehnen, Ligaturmaterial . . 105
Waldwolle 110
Wachholderbranntwein 167
Watteverband 91
Werg 109
Wirkung der Mikroorganismen bei
Sepsis 27
Wundbehandlung an der Klinik . 313
Wundbereitung 66
Wunddiphtheritis 11
Wunde 1
Wunden am Damme 250
„ „ Gesichte 228
„ „ Halse 231
„ „ Kopfe 226
„ „ Mastdarm 250
„ „ Thorax 233
„ der Bauchwand . . . 236
„ „ Blutgefässe . . . 266
„ „ Extremitäten . . . 251
„ „ Gelenke . . . 260
„ „ Harnorgane . . . 246
„ „ Hoden 249
„ „ Mund- und Nasenhöhle 229
„ „ Nerven 267
„ „ Rippen 233
„ „ Vagina 249

Seite

Wunden des Peritoneums . . . 237
  „ „ Scrotums 248
  „ „ Uterus 242
Wundsecret 4
Wundstarrkrampf 62
Wundzwischensubstanz 4
Würdigung des Lister'schen Ver-
  fahrens 137

Z.

Zeitdauer der Heilung bei prima in-
  tentio . . . .
Zincum sulfocarbolicum . . . . .
Zinkmilch . . . .
Zinkoxyd . . . .
Zucker . . . .
Zungencarcinom . . . . . .
Zymoid . . . .

Pierer'sche Hofbuchdruckerei Stephan Geibel & Co in Altenburg.

www.ingramcontent.com/pod-product-compliance
Lightning Source LLC
Chambersburg PA
CBHW021401210326

41599CB00011B/970